系列自主开放式学术交流活动记录

GeoScience Café

我的科研故事

第五卷

修田雨　王雪琴　李涛　黄文哲　李皓　丁锐　编

武汉大学出版社

图书在版编目(CIP)数据

我的科研故事.第五卷/修田雨等编.—武汉:武汉大学出版社,2021.5
GeoScience Café 系列自主开放式学术交流活动记录
ISBN 978-7-307-22196-3

Ⅰ.我… Ⅱ.修… Ⅲ.测绘—遥感技术—研究报告 Ⅳ.P237

中国版本图书馆 CIP 数据核字(2021)第 047120 号

责任编辑:鲍　玲　　　责任校对:李孟潇　　　版式设计:马　佳

出版发行:**武汉大学出版社**　　(430072　武昌　珞珈山)
　　　　　(电子邮箱:cbs22@whu.edu.cn　网址:www.wdp.com.cn)
印刷:武汉中科兴业印务有限公司
开本:787×1092　　1/16　　印张:29.5　　字数:660 千字　　插页:1
版次:2021 年 5 月第 1 版　　2021 年 5 月第 1 次印刷
ISBN 978-7-307-22196-3　　　　定价:99.00 元

版权所有,不得翻印;凡购买我社的图书,如有质量问题,请与当地图书销售部门联系调换。

编委会

顾　　问　李德仁　龚健雅　陈锐志

指导老师　杨　旭　吴华意　龚　威　汪志良　蔡列飞　关　琳　毛飞跃

编　　委（按姓名首字母排序）

　　　　　　陈必武　陈佳晟　程露翎　丁　锐　董佳丹　何佳妮　胡承宏
　　　　　　黄　立　李浩东　李　皓　李俊杰　李　涛　刘广睿　刘　林
　　　　　　卢祥晨　卢小晓　罗慧娇　马宏亮　舒　梦　田　雅　王翰诚
　　　　　　王克险　王　昕　王雪琴　王雅梦　王　妍　熊曦柳　修田雨
　　　　　　徐明壮　薛婧雅　杨婧如　么　爽　张文茜　张艺群　赵佳星
　　　　　　赵　康

序 一

测绘遥感信息工程国家重点实验室研究生自主组织和开展的 GeoScience Café 活动，至今已经举办三百多期。这是一件很有价值、很有意义的事情！

学术交流，是学术研究工作的一个重要环节。我们提倡走出去向国内外同行学习，也要重视和加强内部学术交流。研究生在导师的指导下开展读书、交流、实践和创新活动，会产生无数经验与体会，加以总结，都是宝贵的财富；加以分享，更有巨大的价值。我们高兴地看到，实验室研究生自主搭建 GeoScience Café 这样一个交流平台，把学术交流活动很好地开展起来，并得到坚持。

今天，GeoScience Café 编撰了《我的科研故事》文集，将此活动的部分精彩报告录音整理成文字，编辑成册，正式出版。这是一件很有意义的工作，不仅可以让更多的人了解、分享研究生和他们老师的创新成果，也会鼓舞同学们更好地组织和开展 GeoScience Café 活动，让优良学风不断得到发扬。

任何时代，青年人都是最为活跃、最能创新、最有希望的群体。祝愿同学们珍惜大好青春年华，以苦干加巧干的精神去浇灌人生的理想之花，为实现中华民族伟大复兴的"中国梦"贡献一份力量！

李德仁

序二

测绘遥感信息工程国家重点实验室是测绘遥感地理信息科学研究的国家队，也是高层次人才培养的重要基地。

学术交流，是科学研究的基本方式，也是人才培养的重要平台。

实验室一直积极倡导并支持研究生开展学术交流活动。以前，这种交流主要停留在各研究团队内部，自从 2009 年 GeoScience Café 活动开展以来，情况有了很大改变。实验室层面的研究生学术交流活动得到持续、稳定、有效推进，而且完全是由研究生自主组织和开展起来的，值得点赞！

记得 GeoScience Café 活动第一期，有一个简短的开幕式，同学们邀请我参加。当时，作为实验室主任，我讲了一些希望，也表示大力支持。数年过去了，我们欣慰地看到，此项活动得到顺利开展。许多研究生同学作为特邀报告人走上这个最实在的讲坛，介绍各自的研究进展，分享宝贵的经验和心得。无数同学参与其中，既有启发和借鉴，也深受感染和鼓舞。GeoScience Café 活动因此也产生辐射力，形成具有一定影响力的品牌。

一项事情，贵在做对，难在坚持。GeoScience Café 活动从一开始就立足于研究生群体，组织者来自研究生同学，报告人来自研究生同学，参与者也来自研究生同学。活动坚持了开放和包容的理念，秉持了服务和分享的精神，赢得了关注，凝聚了力量，取得了成效；在推进过程中，并非没有遇到困难，但在包括实验室领导、组织者、报告人等在内的各方支持和努力下，活动得到顺利推进，相信今后还会做得更好！

希望这套文集的出版，能让更多同仁和学子分享到实验室研究生及其导师所创造的价值，并让可贵的学术精神得到更好的传播和弘扬！

龚健雅

序 三

"谈笑间成就梦想"是 GeoScience Café 这个学生交流平台的真实写照。我曾在欧美高校和研究机构工作 30 余年,像这样一个充满激情、百花齐放、中西合璧的学生交流平台,实属首见。每周五的科研故事丰富多彩,深深吸引着年轻的学子们。我也曾多次参与 GeoScience Café 活动,被很多年轻科学家血性的、富有激情的科研故事所吸引,感觉自己也成了他们中的一员,充满了活力。

自 2009 年以来,GeoScience Café 已举办了三百多期。在这个吸引了上万人次的学术交流平台中,大家高谈前沿探索,激荡争鸣浪潮,碰撞思想火花。在这个平台上,掀起过对很多学科前沿问题的讨论,发出过很多不同的声音,去伪存真,凝聚思想,推动了测绘遥感领域的学术交流,现在这里已经成为很多年轻科学家的精神家园。

经过 GeoScience Café 组织人员的多年努力,GeoScience Café 已经发展为一个比较完善的平台,不仅拥有了约 4600 个成员的 QQ 群,还发展了微信公众号和网络直播平台。网络直播平台的推出让交流突破了时空的限制,受到了国内外相关学科年轻学者的欢迎,观众经常达到 200 人。为了让更多人受益,GeoScience Café 组织人员在 2016 年 10 月出版了 GeoScience Café 学术交流的报告文集《我的科研故事(第一卷)》,图书里面饱含质朴的语言、鲜活的例子和腾腾的热血,受到了师生们的热烈欢迎。在大家的鼓舞下,GeoScience Café 组织人员以更高的效率分别在 2017 年、2018 年和 2019 年推出了《我的科研故事(第二卷)》、《我的科研故事(第三卷)》和《我的科研故事(第四卷)》,我看了很是喜欢!

GeoScience Café 的特点体现在其日益扩大的影响力上,在学术交流和各项社团活动丰富多彩的今天,GeoScience Café 仍然能吸引成千上万的忠实"粉丝",不能不说是大家努力和智慧的结晶。从成立之初,GeoScience Café 就以解决年轻科学家的交流问题为己任,促进科学思想、科学经验、科学方法和科学知识的传播和发展;此外,GeoScience Café 又做到了时时结合新时代信息传播的特点,与年轻科学家对学术交流、思想争鸣的需求相呼应，我想这就是 GeoScience Café 受欢迎的主要原因吧！

作为实验室的领导，我想跟 GeoScience Café 的组织人员和报告人说，你们的坚持和努力没有白费，请大家继续坚定目标、求是拓新、汇聚思想，把 GeoScience Café 办好，让她继续陪伴广大年轻科学家一起成长、一起积淀、一路同行！

陈锐志

目 录

1 智者箴言：GeoScience Café 特邀报告 ... 1

1.1 "做人、做事、做学问"的故事（边馥苓） ... 3
1.2 从遥感卫星到信息服务（钟　兴） ... 14
1.3 测量南极（赵　羲） ... 43
1.4 被动微波土壤水分反演
　　——原理、观测、算法与产品（曾江源） ... 60
1.5 高光谱激光雷达植被生化参数遥感定量反演（孙　嘉） ... 76
1.6 深度学习下的遥感应用新可能（李　聪） ... 111
1.7 城市土地扩张与人口增长的关联机制及演化模型（许　刚） ... 133

2 精英分享：GeoScience Café 经典报告 ... 159

2.1 捷联 PDR 辅助的智能手机多源室内定位算法研究（旷　俭） ... 161
2.2 基于主被动卫星观测的气溶胶-云三维交互及其气候效应研究（潘增新） ... 184
2.3 基于信杂比（SCR）的雷达动目标检测方法（龚江昆） ... 202
2.4 珞珈山战疫
　　——武汉大学新冠肺炎临床救治工作与科研成果介绍（陈　松） ... 216
2.5 战疫，Sigma 在行动
　　——新冠肺炎智能诊断平台简介（朱其奎） ... 226
2.6 如何撰写和发表高影响力期刊论文（时芳琳） ... 243

3 他山之石：GeoScience Café 人文报告 ... 261

3.1 桂林专场校友分享交流会
　　——第二届校外 Café ... 263
3.2 人生中最后一份职业——创业或投资（万　方） ... 274
3.3 就业经历分享
　　——如何加入产品经理大军（李韫辉） ... 297

3.4 从 idea 到 SCI 论文发表
　　——关于科研那些你想知道的事儿(徐　凯) ……………………… 309
3.5 InSAR 三维地表形变监测及科研经验分享(刘计洪) ………………… 318
3.6 学术发展之路与公派出国留学
　　——机遇与挑战(代　文) ……………………………………… 335
3.7 审稿人视角下的学术论文撰写与留学经验分享(雷少华) ……………… 350

附录一　薪火相传：GeoScience Café 历史沿革 …………………… 363

材料一：《我的科研故事(第四卷)》新书发布会 ……………………… 365
材料二：GeoScience Café 2020 届毕业生欢送会 …………………… 374
材料三：2020 年更新的 GeoScience Café 线上+线下活动流程和注意事项 ……… 381
材料四：GeoScience Café 成员感悟 ……………………………… 390
材料五：GeoScience Café 的日新月异 …………………………… 399
材料六：2019—2020 年度荣誉合集 ……………………………… 404
材料七：后记 …………………………………………………… 406

附录二　中流砥柱：GeoScience Café 团队成员 …………………… 409

附录三　往昔峥嵘：GeoScience Café 历届嘉宾 …………………… 425

1 智者箴言：
GeoScience Café 特邀报告

编者按：荀子言：不登高山，不知天之高也；不临深溪，不知地之厚也。在过去的一年，GeoScience Café 有幸邀请到勇攀学科高峰，勾勒遥感宏图，考察地球南极，探索学术前沿的七位智者分享宝贵经验。七次活动，不仅有边馥苓教授分享个人命运与专业发展相结合的传奇故事，钟兴老师剖析航天遥感信息服务的需求和瓶颈，而且有赵羲老师畅谈测量南极的奇妙之旅，曾江源老师介绍被动微波土壤水分反演的原理和卫星观测技术，还有孙嘉、李聪、许刚三位年轻而博学多才的老师分享他们的研究成果。我们体会到智者们"可上九天揽月，可下五洋捉鳖"的豪迈气概，仰视他们"会当凌绝顶，一览众山小"的勃勃雄心。

1.1 "做人、做事、做学问"的故事

(边馥苓)

摘要：2019年10月30日下午4点，武汉大学遥感信息工程学院原院长，武汉大学国际软件学院空间信息与数字工程研究中心主任边馥苓教授，做客由中英文"咖啡"合办的"使命担当，开拓创新，与中国GIS女杰——边馥苓教授面对面交流"活动。通过聆听边馥苓老师的人生经历，重温她将个人理想和地理信息科学发展结合的故事，启发新一代测绘遥感地信人对当下使命和担当的思考，指导同学们对"做人做事做学问"这一永恒话题的再思考和再学习。

【报告现场】

主持人：大家好，我是今天的主持人韩承熙。她，不是职业意义上的企业家，却以全国知名教授、GIS学科带头人的学识、胆识和奉献精神，讲述了一个又一个"科技是第一生产力"的经典故事。她，是武汉大学遥感信息工程学院原院长，国际软件学院空间信息与数字工程研究中心主任，博士生导师，享受国务院政府特殊津贴，湖北省有突出贡献的中青年专家，湖北省第十届人大代表……她取得的成就可能一下午都念不完，那么她是谁呢？她就是荣获中华全国总工会全国先进女职工、湖北省优秀共产党员、湖北省劳动模范等称号的中国GIS女杰——边馥苓教授(图1.1.1)。今天让我们一起聆听中国GIS女杰边

图1.1.1 边馥苓老师(右)做精彩分享

馥苓老师的成长经历和人生故事。将个人理想与地理信息科学发展相结合,会碰撞出哪些火花呢?新一代测绘遥感地信人的使命和担当又是什么?与边老师面对面交流,可以引发同学们对做人、做事、做学问的思考,接下来就把时间留给边老师与同学们。

边馥苓: 大家好,今天在座的有领导也有同学,有这个机会和大家交流,我感到非常荣幸。我 75 岁时退休,距今离开学校已经有三年多了。想起退休的时候,唯一觉得心安的就是这一生没有白过,我还是做了一些事情。从 1959 年考进大学,之后的时光中,我没有虚度一天,每天都是忙忙碌碌的。所以,退休后我就退出了"江湖",可以每天养花、种树、锻炼身体,做一些自己喜欢的事情。今天回来,我想从以下几个方面与大家进行分享。

1. 人应该学会不断成长

首先,人应该学会不断成长。所谓成长,不是说从十岁长到了二十岁就叫成长,而是要让你成长中的每一天都有意义,即有意义地成长。在上大学之前我还是很稀里糊涂的,因为我出生在知识分子家庭,没有受过什么苦,后来就考进了武汉测绘科技大学的航空摄影测量系。从刚开始对专业的不了解,到后来有兴趣,再到热爱并愿为专业付出毕生的精力,我觉得这就是一个成长的过程。

我在大学待了五年,学到了各种知识,之后就要去劳动锻炼,那时候我们主动请求到西北戈壁滩去,但真的去了那里之后才知道什么叫艰苦。我们平均每天都要走三四十公里路,水都是靠骆驼从很远的地方驮过来,只能保证日常的饮用,我们经常没有水喝,更别说洗脸。偶尔可以洗脸,洗完脸的水要留着洗脚,洗完脚的水还要留着洗衣服。

艰苦的环境也很磨练人,我也遇到过许多惊心动魄的场面。比如夜晚我们铺着一条毛毡睡在冰冷坚硬的戈壁滩地上时,可能早晨起来就发现毛毡下有一条大蛇,待在里面取暖;我们也曾被一群狼包围过,最后它们把一筐大肉吃了个精光,等狼吃饱离开时,我们才跑出来;有时候没有盐吃,我们就抓一把泥土放在菜里,只是为了增添一些咸味,根本不会在意是否有沙子。类似的情况还有很多,这对我而言确实是种锻炼。

那时候我们有个口号:"一杆红旗引路,一顶帐篷扎营,人在戈壁,心怀世界。"你们现在可能会觉得好笑,但那时候我们真的是这样想的。我觉得我在戈壁滩,每天扛着大大小小的仪器工具跋涉千里,就是在干革命,就是为了祖国。所以,虽然自小生在大城市,我也咬牙坚持下来了,我觉得这也是一种成长。

我刚刚劳动锻炼完,就遇到了(原)测绘局、(原)测绘学院的解散,4000 多名大学生都只能被分配去不同的服务行业。我当时自学了英语,碰巧西安的一个仪器厂来招学英文的人,我就被调去了西安第四机械工业部仪器厂。去了以后先去挖防空洞,之后厂长看我一位女大学生还能下防空洞,觉得我不错,就把我调去翻砂,做了大概一个月后又被分配到了情报室,当时有三个人同时被分到了情报室,两个管图书,一个管情报。另外两个人,其中一个是张家口外院毕业的女同志,和我一样大,她在部队做情报监听工作;另外一个是在外语学校读了八年的小青年。他俩都是专业学英语的，只有我的英语是半吊子——自学的，那为什么最终厂长将我分去管情报？归根结底，是我的专业知识和综合能力更好。

当时厂长拿了一本叫《示波器原理》的书，让我们每人翻译 1/3，翻译完后给他检查。虽然他俩学了十几年英语，但翻译时不懂专业术语，比如说示波器，因为它是高压有一个很厚的面板，就用了"face"这个单词来描述面板，他们就翻译成"这个示波器有一个厚脸皮"。但我就不会犯这样的错误，因为我在大学里学过电工、化学和物理，那时候我才意识到综合知识的重要性。之前在学校上物理、电工等课程时，有同学说自己将来不从事这个行业，学它们没用，但其实不是这样，大学主要是培养能力，让我们储备综合知识。所以厂长就因此认可了我的能力，让我负责情报工作，另外两个人管图书，我就在工厂里做了几年情报工作。

后来学校重建，找我回去教书，但厂长不让我走，理由是"这个人我们用起来很方便"。但我坚持要离开，因为我学了五年的专业知识还没得到实践。在工厂，电路、结构设计是主要工作，情报是辅助工作，厂长觉得我提供的报告有价值、好用，所以想留下我，但我是学航测的，我不想让自己的专业知识继续"闲置"。磨了一年多，厂里终于放人了，我就回到学校开始了我的教师生活。我在外边闯荡了一圈，虽然没做专业相关的工作，也没取得什么成就，但在不同的环境下增长了一些不同的经验和阅历，对于自己来说也是个锻炼。所以我觉得自己首先要有意识地成长，要能使自己一步步迈向目标。

我 1975 年回到了学校，那时候学校每天都停电，我的一个学生就从汉口买了蜡烛给我。我每天在学生宿舍，点着蜡烛学外语。到了 1978 年，我就翻译了一本书——《遥感手册》(第一分册)，这是我(包括在工厂时期)翻译的第二部作品，也都正式出版了。

1984 年，我 43 岁。学校里有一个出国名额，当时老师们考英语都很难通过，但我还是想去尝试。考试地点在北京，我就买了张火车票，坐了二十几个小时的硬座，从武汉去北京，然后到北二外(北京第二外国语学院)。那是我人生中参加的第一次英语听力考试，心里很慌，导致第一题根本来不及听。我就干脆放弃了这一道题，这样后面的题就变被动为主动，后来别人告诉我，考托福就应该这样。我是临时总结出来的经验，因为当听力考试开始时，你再看题目就已经来不及了，不如从后一题开始抢占先机。最后考试成绩还不错，因为它有很大一段是关于电子仪器的中英互译，而我在工厂里接触过很多电子仪器，那些单词都很熟，所以虽然听力丢了较多分，但也顺利通过了。

英语考试通过后，本来我被通知去法国，但因为不想学法文，就改去了欧洲空间局。但后来又告诉我要先到意大利，这就意味着我 43 岁还要学意大利语。我当时在大学里学了俄语，自学了英语，但都和意大利语不是一个语系，所有语法和发音都不一样。等到了国外，我就用圆珠笔芯在过期的报纸上，一边写一边背单词，没想到三个月就过了关，考取了语言学院的毕业证，然后就去了欧洲空间局学习。

我在那边主要做遥感，其实我们当时出去的时候说是去学 GIS，但去了后没人教你这方面的知识，学的都是计算机、C 语言等。当时有一件事让我很有感触。我到罗马世界粮农组织的一个工作单位去参观，他们知道我是中国人后，给我看了一份关于中国的录像，里面录的是黄土高原上的农民和孩子，并告诉我这就是世界上较为贫困的地区之一，缺吃少穿。我作为一个中国人，看得心里很不是滋味，感慨万千。我从国外回来后正好就参加了中科院牵头的黄土高原信息系统开发的项目，几年间经常往返北京。那时候是1987年，中科院给我们学校的开发经费是1万元，其中包括了我和其他人来回的路费，所以我们从来不坐卧铺。有一次，我要将重达30kg的卫星数据存储装置从北京带回武汉，我把它放在了纸箱里，下了火车后再坐汽车。但汽车只到街道口，离学校还有段距离，我就用一根绳子把它拖到了学校，因为太重了，到了学校后肩膀上都磨出了血印子。

在做黄土高原信息系统的那几年里，当时学校买的计算机的内存和速度都很差，如果我上机时把这些卫星影像都导入计算机，会占去所有内存，同一时间别人就用不了计算机。所以我就等晚上大家都下机后，把数据导进去，然后早晨再把数据导出来，就这样在夜里工作了好久。但那个时候不觉得苦，我拿了1万元的科研经费，根本没想着要从里面赚钱，一分钱都舍不得花，最后这项任务完成得很好。别人对我们就有了信任，觉得我们能干活，从那之后我们的局面就打开了。

当时我们是从中科院地理所接的这个项目，因为成功的合作我们都变成了很好的朋友。

我是从国外学 GIS 回来的，之后我们就向（原）国家测绘局的教育部门提交了报告，说要成立 GIS 专业。当时（原）国家测绘局负责管教育的一个人，就提议我去北京教育部讲给他们听，但因为当时国家还没有地理信息系统这个专业，所以只能挂在信息工程下。获批之后，我在1988年招了第一批学生，实际上就是中国 GIS 专业的第一批学生。

为什么武大在中国的 GIS 教育方面占有非常重要的地位，就是因为我们第一个成立了 GIS 专业，又在1992年办了全国第一个 GIS 研究生班。现在好多国土局和测绘局的局长，都是当年那个班的学生。所以，武大 GIS 学科的地位在很早就确立了，我也做了十几年的中国 GIS 协会教育专业委员会的主任，虽然每次换届都要选举，但是我们武大的地位不会动摇。

2. 注重团队精神才能干成大事业

我在和社会各方面的合作过程中，也离不开武汉大学这个强大后盾。比如1993年我到深圳去竞标一项400万的规划管理系统项目，当时规划局还管好几个部门。同时竞标的还有中科院地理所和测绘研究所的人，我们三家都在争取这个机会。到深圳以后就开始做方案，最后我们的方案通过了，所以深圳的项目我们拿了下来，当年就签了400万的开发费给学校。我记得，当时大家合作也会因为各种分歧和问题而争论不休，虽然各方竞标人也都是我多年的好朋友，但那个时候都有各自的立场和原则。我是学校派去的，所以我必须放下个人感情，要全力为学校争取这个项目。

由于我之前在海口做了方案，又到深圳去做了方案，接着又是顺德、杭州、汕头等。慢慢地，全国有大概二十几个城市的规划局先后来找我们，由一开始我们找项目，变成别人拿着项目来找我们。当时最大的受益者是我们 GIS 班的本科学生，因为当时学校由国家测绘局管，学生实习的时候，每年只有极少的设备经费。当时海口、深圳等都是发展得比较好的城市，去那边做项目，别人管吃管住管路费，学生还有补助。之后连续八届的学生，都是我带着他们去北京、广州等各大城市的规划部门实习。

GIS 专业就是这么办起来的。后来信息工程学院由一个 GIS 班扩招到了五六个班，可见那时候我们的 GIS 专业还是很受欢迎的。但也有困难，我们没有教材，只能靠自己编写。直到现在国外都没有系统的 GIS 教育，但是国内从本科到硕士、博士一直到博士后工作站，我们都有完整的 GIS 教育体系。所以我说，我们拥有全世界高校当中最完整的 GIS 教育体系，它起源于中国，现在 GIS 专业的学生已经非常多了。这也说明，有一个强大的团队很重要，凭自己一个人能干成的东西很少，说得再好，也得有人干活。

这些年来，我和学生之间的关系处得非常好，学生对我也很好。有时候天气变了，我一下飞机就能看见学生拿着大衣在那儿等我，给我送温暖。对学生而言，我是既当妈又当导师，每个人的大小事都要管。我大概一共指导过一百零几位博士生，三百多名硕士生，所以在全国各地都有学生。有一次我到北京开会，ESRI 想请我做个报告，但一到北京我就感冒了，嗓子说不出话来。我汇报的 PPT 也做好了，正好我有一位学生在地理所做博士后，就喊他来替我做报告。在北京的学生知道我生病了后，从城东城西城南城北一下来了三四十人，来我住的宾馆里看望我，房间里挤得站都站不下，因为我们的团队很团结，很早业内人士就给我们取名叫"边家军"。

当年我在做深圳项目的同时，也在争取大亚湾的任务，记得当时那里是开发区，没有路。我第一次去大亚湾时，坐的是摩托车，驾车的师傅是一个农民，走的都是土路，开得也很快。等到了大亚湾开发区后，我从头到脚都是灰，大亚湾开发区的城建主任看到后就很感动，所以那个项目一下子就签了下来。关于 GIS 我就谈到这儿。

那后来为什么在 2001 年成立了空间信息与数字工程这样一个专业呢？因为当时全国已经有 200 多所院校开设了 GIS 专业，我觉得 GIS 作为一种发展中的技术，应该要扩大它的理念，所以就希望能够有一个更大的共享平台，于是就提出了数字工程的概念。为了成立这个专业，我们专门写了报告给学校，但学校一开始是不太同意的。后来我就去找了校长，校长和书记让我别担心，因为学校还要经过常委会研究，结果常委会一开，报告就通过了，于是就上报到了教育部。当时的李文兴校长负责教学事务，他回来告诉我，我们学校报了二十几个专业，只通过了三个，其中一个就是我们这个专业，于是我就很幸运地有了这个新的机会。那时候也没有教材，我就领着原来我们工程中心的这一批人从大纲做起，写中文大纲、英文大纲和教学计划，还出了几本书，都是根据我们多年做项目的经验编写的。从现在的专业眼光看，我觉得当时的教材还不是最完美、成熟的水平，但是对于当时的专业领域的学生来说，还是提供了非常全面的学习内容。

于是我们又把这个新专业做起来了，后来也得了国家奖、省部级奖等很多荣誉。这些奖和荣誉我在退休的时候都留在了学校，因为我不需要用这些来证明自己，我的使命已经完成了，从此我退出了"江湖"，远离了专业的事。

我这次回国(2019年9月底)一下飞机,我的学生就给了我一枚共和国纪念章和一封致退休人员的信,上面有校长和书记的签名。学校还告诉我,这些都是从北京领回来,带编号的,说明国家、学校都没有忘记我,我觉得很感动。这也是我这次回来后很大的一个收获,是我的光荣,也是我们航测遥感专业的光荣。航测遥感专业,在我1959年进校的时候,它只是测绘学科下的一个二级专业,我们当时招硕士、博士,也只是一个二级学科,到现在我们申请到了"遥感科学与技术"自设交叉学科,按一级学科进行建设,这个过程很漫长,也是经过了好几代人共同的努力。

3. 对年轻人的期望和建议

大家赶上了好时候,有这样的环境,有这么好的实验室,还有很多优秀且年轻的导师,这样一个大平台是很多届老师、学生们共同努力累积的成果,应该好好珍惜。我50岁当上教授的时候,校长还说这是我们学校唯一的女教授,那时候当教授很难,我做了十六年的助教、八年的讲师和四年的副教授,最后才当上了教授。所以说,现在年轻人的成长速度比我快多了,一方面说明时代在变化,另一方面也说明社会进步得很快,你们的条件好了,进步也快了。但总的来说,我们整个测绘遥感事业发展到今天,是很多届师生——从王之卓老教授那一代人开始,到李德仁、张祖勋为代表的一代人,再到龚健雅和我们现在的各位老师、同学,努力堆积汇总起来的,是非常不容易的一个过程,所以大家要珍惜,这是我的一个体会。

另外,我觉得我们还是应该多考虑怎么把事情做好,少想物质方面的条件。在深圳做项目的时候,我流鼻血到差点昏倒,跑到水管冲一冲,之后照样和没事一样;50岁的时候到澳大利亚去访问,当时那边学校的系主任对我说,他每天都会收到好多中国人的申请信,没看过就直接扔纸篓里,我听了就很不舒服。后来他指导的一个博士在做珊瑚海污染的研究,我是做遥感图像处理的,就帮他指导了这个博士,从那以后他就改变了看法。我去那儿访学,教育部给我每月500澳元的生活费,我租了一个6平方米的房子,一个月就200澳元。坐车要走三个区,在澳大利亚走一个区是7澳元,一天下来就是42澳元来回的路费,所以我就走路,那时国家能给这个钱已经很不错了。经过了指导那位做珊瑚海污染的学生这件事之后,系主任对中国人的态度有了很大的转变。他直接亲自给我安排了一个两室一厅的免费住房,还每天派人开车来接我,房子里连大米都已经买好了,取暖的被子也都有。这并不是他配给每一个访问学者的待遇,也是第一次给中国人这种待遇。这归根结底是因为昆士兰工业大学觉得我能为实验室创造价值,有用。所以我觉得中国人去了国外还是得争气,你不争气,别人就觉得你是来"讨生活"的。后来他想留下我,说给我年薪5万澳元(1990年),而我当年在我们学校每月大概拿一百多块钱的工资,但我依然回来了。

我觉得我的选择是对的,回来后我有了很大的发展空间。虽然学校没钱,但是学校对我很重视,记得当时学校分房子,按照我的年龄和资历应该排在后面,但宁校长就说让我第一个挑。当时学校很多人都有意见,但是宁校长说必须要给我这样的待遇,我觉得还是备受鼓舞的。历届校长对我都非常支持。比如有时候我要去找校长，但找校长是要排队预约的。因为我去找他讲的都是公事，没有个人要求，所有每次我一找，马上就能安排见面，这也给我原来的学院提供了很多方便。我回来后，大家都很尊重我，我在开展工作时，就少了一些阻力，我的学生也得到了很好的锻炼机会，这让我觉得比我在国外拿多少钱、买什么房都要好。

我退休后去了国外，是因为我的孩子都在国外，但是说实在话，我不想离开。我经常会想起我在国内的 60 年，我的同事、同学和弟子们，这些都是非常美好的回忆！当然在美国硅谷那个地方，地处高科技中心，当地也经常会开一些高端峰会，我有时候会去听一听。我以前指导博士生时，每天晚上都要学习，因为只有不断地学习才能判断学生写的东西到底是对的还是错的，所以常常晚上半夜三更还在查资料。退休以后，我就没有这个负担，所以就可以稍微轻松一点，但是有类似这样的会，我就很希望能碰到武大的人，有一次我碰到了我的一个博士生，参加一个非常高端的会议，我就去听了听，虽然只是一知半解，但能大概了解是怎么回事。

到了现在这个年纪，我觉得就是应该放下，多去支持年轻人的成长，支持他们去创造事业。而我觉得我已经基本放下了，我现在养花、养草、旅游、健身和锻炼身体，做了很多我过去那么多年没有做的事情，享受着退休后的生活。

【互动交流】

主持人：感谢边老师讲述她自强不息的人生追求，以及那么多生动感人的故事。我们通过这些故事也可以感受到，作为一位培养过一百零几位博士，三百多位硕士的"边家军"领军人物，边老师这一辈子都在践行永不停歇地学习和创新的理想和精神。我想此时应该将掌声再次送给边老师，下面就到了我们的提问交流环节。

主持人：边老师，我先抛砖引玉，问您两个问题，第一个问题：是什么让您在求学的时候保持自强不息的理想信念？

边馥苓：我觉得理想信念有自主的，有不自主的。在我那个年代，提倡知识分子要改造。那时候我比较擅长读书，但除此之外，什么都不会做。我参与过很多劳动，但因为不擅长这些，吃过很多苦，所以我开始意识到我也是需要锻炼和改造的。比如那时候学校修图书馆，我去挑担子，基本上就是用脖子顶着担子，脚底都沾满了湿土，如果下雨担子上也是湿土，我才知道原来劳动这么难。最初派到戈壁滩去做外业锻炼的女生不多，我是其中之一。我觉得如果没有过去的这些艰苦的体力、毅力的锻炼，我在后来的科研工作中也就不会有那样的毅力。

创办 GIS 专业的那些年也很辛苦，每天都要全国到处跑。那时候去海口做方案，我都是从武汉坐火车出发，坐 36 个小时的硬座到湛江，再坐 5 个小时的大巴到海安，在那儿待一晚上，住着 7 块钱一晚的单间，第二天清早再坐摆渡到海口。那时（1992 年）我已经是教授了，按照规定可以坐飞机，学校会报销，但是太费钱了，我还是选择了这条波折的旅行路线。海口规划局的人看到我们这样就很感动，项目谈起来也很顺利。我花了19天时间写出方案，没要他们一分钱，之后海口市的市长就拨了400万给海口市规划局来建系统。后来我的学生去海口实习，两个班大概70多人，那边管吃、管住、管路费，所以我虽然做方案没要他们的钱，却换来了我的70多个学生们很好的实习条件。那时我已经在办GIS专业了，如果没有设备，学生就没法实习。后来我就利用这些开发经费，建了一个很好的实验室，买了绘图机、数字化仪、扫描仪等各种各样的设备。现在回想起来，要不是当时这么艰苦地去做，也换不来之后学生们的这些学习机会，换不来别人对你的信任。所以，我觉得自己很多不计代价的坚持，还是有回报的。我也坚信这一点，我这一辈子都比较好强，要办的事不管多难都要办成。

我一共当了三届人大代表，最后到省里当代表的时候，我已经过了60岁。作为代表，我确实为学校做了一些事。比如大家都知道的软件学院西门，当时校长说了很多次想打开西门，由于各种原因，洪山区都没有同意。后来，我和区长、规划部的部长多次协商后，没有收我们一分钱就把门开了，当时很多人就把这个门叫"边门"。和其他一些代表相比，我这个人比较爱"讲话"。但我不是为了私事，也没有谋私利，所以有时候反而能办成一些事，因为我这个人的性格就是如此。我的学生有做得不好的地方，我也会批评他们，不然就无法尽到一位导师的责任，但我知道他们是不会记恨我的。

主持人：在您刚才的讲述过程中提到了王之卓先生，我们都知道王之卓先生是中国摄影测量与遥感学科的奠基人，那么在您创办武汉大学的GIS专业的过程中，受到王之卓先生的哪些影响？

边馥苓：王之卓先生是大家心中最崇拜、最尊敬的一位长者。我曾经在1978年想要报考他的研究生，但是没有名额，而且当时需要我去讲遥感课，于是我就在航测系开设了"遥感技术"的课程，最后没有做成王先生的研究生。但是王之卓先生对我非常关心，比如我从深圳做项目回来去看王先生，他就会拉着我说："边馥苓，你真的把我们航测遥感事业往前推了一步，我觉得你做得很好！"我真的很受鼓舞。

王之卓先生对我一直非常鼓励。在我放弃所学的航测专业而转去研究GIS的时候，我承受了一些非议，但他却一直非常支持我，会在各种场合下夸赞我。没有这种鼓励，我也就没有这种干劲和信心，一直把它做下去，做大、做强，成为全国著名的GIS专业。从这点来说，王先生的鼓励和支持对我的帮助很大。

另外，我觉得王先生非常平易近人。曾经他在撰写《摄影测量原理》这本书时，整理的手稿需要有人逐字抄在稿纸上，我当时也十分有兴趣地参与了这项工作。之后出书时，他会送书给我们；分稿费时，也会分给我们一部分，有这些东西时他都在想着我们。其他教授出书我们也帮忙誊写过，当时觉得能帮上忙，就是我们的荣幸，但他们可能都不会像王之卓先生这样考虑得如此细致。这样一比较，我心里就会觉得王之卓先生不仅学识高，受人尊重，而且平易近人。

所以我觉得我这辈子很有幸，能够得到这样的名师的培养和支持，后来我能够一直走下去，跟王之卓先生的支持和鼓励是分不开的。

提问者一：尊敬的边老师，作为您的一名弟子，平常得到了您非常多的教导，您就像我们的妈妈一样。今天在这个非常特别的场合，我们很想知道，您对弟子们有什么期望？

边馥苓：如今科技发展很快，我觉得如果你们想出大成果，做大事情，首先一定要强调集体合作的精神，如果每个人都去开一个小铺，是做不了大事的，集体精神很重要。我之所以能办成这两个专业，在全国还很有名，源于我和我的弟子们的集体创造。当然个人的创新发展是允许的，但团队精神不可忽视，有了一个强大的团队，你才能有更好的发展。我刚才提到，我们测绘遥感这样一个大的平台，是经过多代人的努力沉积起来的结果，不是哪个人单独做就能有的，所以大家要牢牢记住必须有团队精神才能做成大事。

另外一点，你们不要想太多的物质生活。现在大家都很重视薪资待遇的高低，钱固然重要，没钱就没法生活，没法养家——但客观来讲，我觉得未来还是很美好的。我走过了一个非常困难的时代，以前我也苦过，但是因为我经历得够多，到了该收获的时候，收获就来了。

杨旭书记：非常感谢边老师的精彩分享！我们也是在边老师的教诲之下成长起来的。刚才听了边老师的演讲，也是感慨万千！我们国家刚刚举行了70周年的国庆，发展成就十分巨大，已经成为了世界第二大经济体。科学技术发展日新月异，我们的学科也发展到了一个非常高的水平。这些成绩的确来之不易。这么大的发展，是一代又一代人接力传承下来的结果。从王先生那一代创始人，传到李德仁院士、张祖勋院士和边老师这一代，又到了现在的年轻一代，每一代人在各自那个时代都起着不可替代、至关重要的作用。看着现在的发展，我们就会感恩前辈们把我们的学科做到那么高的水平。

我们也要看到自身应当承担的责任，我们从前辈身上应该学些什么？从刚才边老师的演讲当中我们可以领悟到很多，包括前辈们的精神、能力、智慧、情怀等，这些对我们都有极大的教育意义和鞭策作用，都是我们学科的内在力量，是一直存在那里的，这种力量要靠我们来传承，现在接力棒传到了我们的手上。

我们刚刚开展了"不忘初心、牢记使命"主题教育的学习交流活动，谈到了如何贯彻落实党的教育方针，谈到了党的教育方针里面所讲到的"全面实施素质教育"的要求。我们要做大事，一定是靠能力、靠素质支撑。我觉得前辈们所拥有的这种过硬的、全面的素质和能力，是最值得我们去学习的。

做人、做事、做学问，摸爬滚打，吃苦耐劳，艰苦奋斗，勇于担当，讲求奉献等这些可贵的品质在我们身上是不是都有？我觉得可能还是有点差距，这也许恰恰是容易被我们忽视的。现在同学们的知识基础很好，那是因为教育水平提高了。但我们的素质和能力并不一定提高了，因为素质和能力是在实践中形成的。我们要运用所学的知识去解决科学和技术的问题，去解决做人、做事、做学问的各种问题，才能形成真正的素质和能力。在这个方面，前辈们为我们树立了非常好的榜样。你要打天下，干事业，靠的就是这种属于自己的真正的素质和能力。

刚才有人提问，问边老师对大家有什么期望，我觉得边老师的回答给我们指明了方向。从我自身的体会来看，边老师等前辈把他们的事业传承到我们手上，我们有责任把实验室的管理工作、服务工作做好，也希望在座的老师和同学们共同努力，把前辈交给我们的事业，继续向前推进。这是我的一点小体会，再次谢谢边老师！

提问者二： 边老师您好！我听了您的故事，十分敬佩您，但是我有一个疑问，就是作为一位女性科学家，您是怎样平衡事业跟家庭关系的？相比于男性，女性可能会担负更多的家庭责任。我也在犹豫以后要不要从事科研工作，心中有一点理想在，但是又会担忧，所以想向您请教一下。

边馥苓： 这个问题很好。我多次被评为全国先进女职工，曾经上过世界第四届妇女代表大会，是国家测绘方面的唯一代表。我觉得作为一个女性来说，有的时候你要比较事情的重要性，学会取舍。如果重担放在你头上，就像以前革命先烈那样，即使他有妻子和儿女，也愿意去牺牲。我们的选择还谈不到牺牲，但也确实做不到两全。

我有两个孩子，有时候也有矛盾。比如我去意大利留学，离开的时候，我的两个小孩就跟在车后边跑边喊妈妈。我还是一狠心就走了，不走就迈不出这一步。我去意大利留学的时候，交通不方便，也没有手机，电话差不多一个月才能打一次，信也要来回一个月才到，所以我当时也是非常地难过。但是人在外边，就要认真学习，我天天背意大利语单词，因为我必须在三个月内考到语言学院的毕业证，才有资格到欧空局学业务。所以虽然会有矛盾，但是我觉得要学会取舍。

对孩子我也是以身作则。比如我从意大利回来，买了八大件。当时出国买八大件可以免税，所有的东西买齐大概一千美元，很便宜。我把电视机拿回家，硬是没拆包装放了几年。孩子晚上上自习，我就在备课，一直到我二女儿考上大学，我才打开。有的时候你要求孩子，首先自己要先做到。如果你在打麻将看电视，却让孩子念书，这不太可能。所以说，一你要有取舍，二你要有做父母的责任。责任不是说只管他吃喝就可以，教育的责任在于以身作则，我觉得父母能够做到，孩子也可以做到。学生在学校里有比较好的学习习惯，也是因为我们很多老师做出了好的表率。

当然，我这一辈子是有愧于子女的，让人欣慰的是，她们最后都自己考取全额奖学金出国留学并在当地就业，现在发展得很好。但在生活上，我对她们的照顾不是很周到，那时候我整夜在航测楼工作，虽然家离得很近，却经常不能回家，我女儿常常来给我送饭。好在我家里人对我一直比较支持，我也会在工作之余尽量照顾他们。但是有的时候就要有取舍，作为一个女同志，这方面我也有愧，不应该是你们的榜样，我现在也在弥补，多和孩子们在一起。但因为我年纪大了，所以还是他们照顾我。不过现在孩子过得很好，家庭也比较和谐，我也没有什么可发愁的事情，只是在国外，隔着这么远的距离，会非常想念学校，想念过去的同事和我的弟子。

所以说，做妻子、做母亲，我都是不合格的，我的孩子会说我对我的学生比对她们还好，因为只要我的学生有什么困难，我会千方百计地出面解决，他们的学习和生活我都会管。但是我的孩子基本上是独立的，我也要培养她们这种独立的精神，现在看来是成功的，这一点也让我感到很欣慰。

（主持：韩承熙；摄影：郑昊焜；摄像：丁锐；录音稿整理：陈佳晟；校对：王雪琴）

1.2 从遥感卫星到信息服务

(钟 兴)

摘要： 博士生导师、长光卫星公司副总经理、"吉林一号"卫星型号总师钟兴研究员做客 GeoScience Café 第252期，带来题为"从遥感卫星到信息服务"的报告。本期讲座，钟兴研究员从航天遥感信息服务的需求和瓶颈出发，深入阐述了遥感卫星的建设以及发展前沿。

【报告现场】

主持人： 本期讲座我们有幸邀请到钟兴老师为我们分享，钟兴老师主要从事空间光学技术研究，发表论文90余篇，专利授权20余项，出版专著1本，主持参与多个航天项目研究，先后获得省级奖励3项、中科院青促会优秀会员、吉林省青年科技特别奖等荣誉。下面我们把时间交给钟老师，他将分享自己在遥感卫星的建设、发展前沿和卫星研制过程中自己的成长感悟。

钟兴： 很荣幸能够参加 GeoScience Café 举办的讲座，我主要想从自己的经历出发，谈谈最近的一些思考。本次的报告题目虽然看起来比较简单，但内容涉及的方面很多，整个主题是"从遥感卫星到信息服务"。

首先简单地介绍一下自己，我虽然没有出国的经历，但这恰好让我可以一直专注于做和传统光学工程相关的工作，无论是早期光学工程专业的学习，还是到后面开展的有效载荷和卫星的研发，以及目前开展的卫星总体和遥感应用方面的研究。我将整个过程称之为"一头一尾"："一头"就是光学卫星，首先是用户需要什么样的数据，其次是数据用怎样的光学载荷来提供；"一尾"就是卫星成功发射运行后，数据应该怎样处理和应用。我从长春光机所到了企业，目前在企业全职工作，整体是一个大闭环的过程(图1.2.1)。

我一直说光学遥感卫星在我眼里是一个"好玩"的光学仪器，实际上在10多年前我以研究生的身份做光学设计和光学系统研究的时候，就有了这样的想法。因为在一个光学工程师的眼里，光学遥感卫星和大街上的摄像头并没有什么差别，它们都有搜集光线，把光信号转化为电信号的部分，也都有供电和信号传输的设备，所以我们就是把光学遥感卫星看作信息获取的一个装备，或者说就是一个光学仪器。比如说为了让它在轨道上指向确定的位置，就需要配备相应的姿态控制系统；为了给它供电，就需要有太阳能的翻板和蓄电池；为了保持它在宇宙空间中的温度，就需要进行相应的热控制。所有的这些学科，最终的目的都是为了获取高质量的遥感影像。以上是简单地分析了光学遥感卫星的本质，接下

1.2 从遥感卫星到信息服务

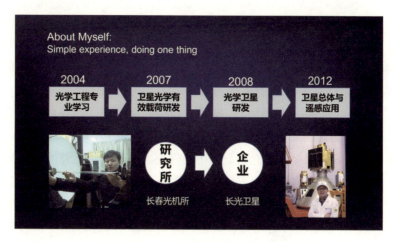

图 1.2.1 钟兴老师个人简介

来是今天的报告，主要有以下几方面的内容：
- 遥感信息服务数据需求；
- 遥感卫星现状与趋势；
- 高时效服务实现途径；
- "吉林一号"星座发展历程；
- 多维遥感应用开发；
- 智能化高效遥感服务探索；
- "珞珈一号"的小故事。

1. 遥感信息服务数据需求

首先和大家分享遥感信息服务的数据需求，也就是讨论遥感应用和信息服务现在发展到了怎样的阶段。我认为遥感应用可以分为四个阶段（图1.2.2）：首先是示范阶段，它可以展示遥感的能力，即"能做"；在数据的基础上，我们可以进行一些操作，比如说变化的提取、多层次的信息融合等，我们称之为分析（第二阶段），即从"能做"到"能常做"；往前发展的监测（第三阶段）实际上不仅要"能做"和"能常做"，还要求"能及时做"；而预测（第四阶段）更要求"能及时做好"。虽然现在国内外很多企业，特别是欧美很多下游的创业公司，它们已经在用卫星数据做监测或者预测，也取得了很好的效果。但是客观来说，现在遥感的应用发展阶段还是处在从分析到监测的一个转变阶段，更多的还处于分析阶段，而业务化的监测和预测还有待进一步的发展。

图 1.2.2 遥感应用发展阶段

接下来，我们再看看遥感服务是如何升级的。我们都知道从1999年、2000年，美国开始做商业遥感时，他们早期的IKONOS、QuickBird卫星就开始提供高分辨率的商业遥感数据。而早期都是以销售图像为主，在此基础上逐渐出现了从图像中提取信息进行信息服务的一些下游企业。对遥感信息服务的升级，我总结了4个"I"：从Imagery（影像）到Information（信息），再到Insight（领悟），最后到Income（收入），而要最终形成一个可持续的商业行为，最重要的就是要获得Income，即收入（图1.2.3）。

因此，在欧美商业遥感服务理念的启发下，遥感服务的升级之路实际上是根据供给侧提供的形态多样的产品，通过产业生态圈的融合，不断地去满足需求侧，来获得持续稳定的收益。在转化的过程中，涉及非常多的环节，包括图像如何转化成信息、信息如何和更多层面的多来源信息（包括政府的规划、其他行业的背景等）进行进一步的融合，来实现一些决策，这些都是非常重要的遥感服务的形态和实现商业化的诉求。

图1.2.3　遥感服务的升级

经常有人提问，全世界已经有700多颗遥感卫星，为什么还要用商业化的方式发展遥感卫星？后面我的讲解将逐步回答这个问题。

从我们对终端用户和行业用户的调研来看，可以把用户目前的痛点总结为4个方面：看不清、看不准、看不快和不好用。"看不清"主要是指空间分辨率不足，无法满足应用要求，比如5~15m分辨率的数据，就很难实现像违章建筑的监察、林地单棵树木的监测等任务；"看不准"主要是指数据质量差异大，数据的处理验证在非常重要的工作中实施起来很困难；"看不快"主要是指获取数据不及时，端到端流程烦琐，而这很多时候是由卫星的重访周期或者说卫星的视场决定的。

低分辨率的卫星数据更新很快，比如说MODIS或一些气象卫星，都是小时级的更新，但这些数据的分辨率都比较低。如果我们想获得高分辨率的数据，往往要几个月才能更新一次，离业务化的要求还是非常遥远的，所谓鱼和熊掌不可兼得。同时我们获取数据，从发起请求到拿到我们想要的某个地方的数据，它的流程也是比较烦琐的。还有数据的维度方面，比如光谱、时间、空间、角度这些维度，在我们的分析过程中很多时候也不太丰富，很难支撑分析的结论。

1.2 从遥感卫星到信息服务

从我关注的 2010 年前后所有行业的分析报告来看，其实在国内也有很多人在说，我们的遥感应用这个行业该怎么升级、怎么形成社会化的服务。很多人的观点还是认为遥感应用应该要更加深入地挖掘，更多地从下游、后端去说这个事情。而在所有的行业咨询报告中提到全球的遥感数据市场时，美国都占有最大的规模。我们前面已经讲了，美国是从 20 世纪 90 年代就开始起步了商业化遥感以及提供最丰富及时的数据，它目前规模最大到底是因为它拥有及时丰富的数据，还是因为它有最优秀的遥感研究者呢？这是一个谁是因谁是果的问题。在我看来，恰恰是因为它有了最丰富的上游数据和成熟的商业化模式，才能促成这么大规模的遥感市场。

从服务需求类型来看，不同类型用户的需求区别非常大。比如国防安全，它要求及时获取甚至尽可能接近实时的高分辨率、高定位精度的影像，一般来说还需要直接的卫星编程服务；对于公共部门，比如环境监测、自然资源管理、灾害应急管理等，因为经常要进行监测和历史回溯，它需要大面积周期性更新的标准产品，再进行进一步的处理；而行业用户，像能源、工程与基础设施建设、基于位置的服务（LBS）等，需要直接深度加工的信息产品，他们一般不需要二级、三级这种标准产品，而是希望能够直接得到一些报表，或者图形化、可视化的展示。

从这些需求出发，服务需求可以再分成几个层次，包括数据需求、工具需求和其他需求。数据需求，第一是要及时交付，不管哪种需求类型，从提出需求到拿到数据，都是有一定的时效和周期要求的；第二是质量要求稳定，只有这样，用户的进一步处理、应用的指标才能趋于稳定；第三是希望这种数据即插即用，即不需要再去进行一个非常高门槛的处理。为了实现这样的一个应用，对于工具的需求也有要求——面向用户、省时高效和简单应用。其他的还有比如说存储资源、发布等方面的需求。这些共同构成了服务需求的类型和不同的层次(图 1.2.4)。

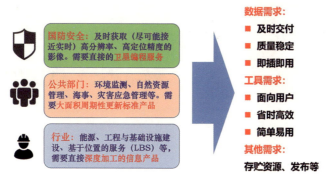

图 1.2.4　服务需求的类型

这几年说得比较多的是时效性问题，很多研究者也进行了总结，如土地利用要求每季度检测、施工进度的每天监测以及国防安全的近实时等。关于维度方面有不同的谱段，比如近红外谱段对植被的观测，红外谱段对植物的健康度监测，短波红外对水体、土壤、含水量的观测等,都有不同的表征。还有比较特殊的多视角以及连续动态的观测,例如对运动目标的观测等。这是时效性和维度方面的需求。

但是总结而言,所有的遥感数据,它最本质的需求能不能满足,是由三个分辨率(时间、空间和光谱分辨率)和两个质量(数据几何和辐射质量)共同决定的。而这三个分辨率和两个质量,实际上也决定了遥感卫星的本质——以有效载荷为核心的信息获取装备。就像我前面所说,光学遥感卫星就如同一个光学仪器,它最后生产的信息是什么样的,最终都是由有效载荷决定的。比如说空间分辨率,它要能够提供足够的解译度,比如做农林方向,10m、5m 的分辨率数据就是非常好的,因为有很多成熟的模型都是基于这样的数据去做的;而国防安全方面,它一般要求解译度达到 5 级,对应的像素分辨率是 1m 及更高;像光谱分辨率从全色到标准五谱——红、绿、蓝、近红外和拓展谱段,WorldView-2 的 8 谱段到 WorldView-3 增加到 16 谱段,都共同构成了数据的要求。

质量方面则包括数据几何和辐射质量,前者包括一景图像的无控定位精度、内精度等,后者包括像 MTF、SNR、量化位数等,它们都包括了星地一体化的环节。从图 1.2.5 中可以看出,空间分辨率、光谱分辨率的决定因素都是载荷,而时间分辨率是由载荷、平台、轨道,甚至星座来共同决定的,数据几何、辐射质量则是由平台和载荷一起决定的。这些不同的环节,它们的提升成本和提升难度都是不同的。因此,当我们要构建一个符合要求且高性价比的遥感装备和星座,这样的分析是一个非常重要的基础。总体而言,就是如何更好地发挥有效载荷的性能,使整个星座的建设成本降低。

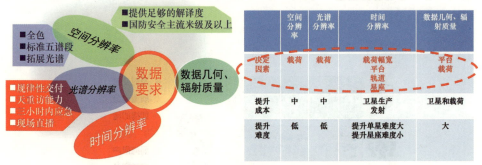

图 1.2.5　遥感数据要求与影响因素

我们再来看看遥感数据的商业价值。从咨询报告中我们可以找到很多关于遥感数据的定价策略,包括光学、SAR 的数据价格,总体而言它们都是基于空间分辨率和时效性的时间幂指数的分布,也就是说越新鲜、越高分辨率的数据,它的价格就越高。按照高中低的时间分辨率和空间分辨率进行列表(表 1.2.1),我们可以画出一个大致显示商用潜力的线,世界各国基本上是将 10m 或 5m 分辨率以内的数据都列为具有较高商业潜力的数据。

1.2 从遥感卫星到信息服务

表1.2.1　　　　　　　　　　　　　　遥感数据的商业价值

空间/时间/光谱		低空间分辨率	中空间分辨率	高空间分辨率
高时间分辨率	高光谱分辨率	Modis/风云	"吉林一号"光谱系列卫星	
	中光谱分辨率	Landsat7/8	Sentinel-2	"吉林一号"高分系列卫星
	低光谱分辨率		鸽群	"吉林一号"视频系列、宽幅系列
中时间分辨率	高光谱分辨率	OCO		
	中光谱分辨率			WorldView-2 WorldView-3
	低光谱分辨率			
低时间分辨率	高光谱分辨率			
	中光谱分辨率			
	低光谱分辨率			

如图1.2.6所示是从欧洲咨询公司的报告中得到的一个图表，从全球范围来看，除了环境监测外，众多应用领域都大量采用了商业数据源，且呈快速发展趋势。锡安市场研究的分析显示，预测到2020年全球商业卫星数据市场规模将达到53亿美元，到2025年它将发展到83亿美元。实际上，我们国内现在的规模是远小于全球的，而要使国内的遥感具备社会化服务的能力并扩大市场规模，我认为需要上下游一齐努力。

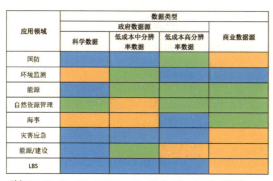

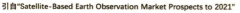

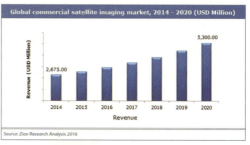

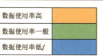

图1.2.6　遥感数据的商业应用

从遥感信息的获取和处理的过程来看，可以大致分为成像获取过程、预处理过程和应用处理过程（图1.2.7）。我们长光卫星公司一直潜心研究成像获取过程，即如何根据目标

19

的几何辐射特征,在拍摄条件和辐射传输条件下提供一张满意的图像。而预处理过程和应用处理过程,武汉大学是行业中的佼佼者。可以看到,只有上游在成像获取过程中获取了足够丰富且及时的数据,下游的信息和服务才能得到更好的发展。因此,在整个获取处理过程中,不管现在有多少应用产品或 AI 处理,源头活水还是遥感卫星。

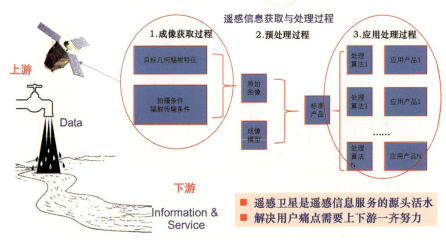

图 1.2.7　遥感信息服务上下游

谈到遥感卫星目前的状况,就要提到很多人都会问的一个问题:全世界已经有 700 多颗遥感卫星,为什么还要用商业化方式发展遥感卫星?现状到底是多还是少?如果我们仔细分析,第一,刚才已经提到了遥感数据最具有商业价值的部分是高分辨率和即时数据,虽然遥感卫星的绝对数量很多,但米级以上的高分辨率卫星的占比很少;第二,规模以上的星座少,数据更新还是很慢;第三,也是最主要的原因,传统遥感卫星的研制发射过于昂贵,数据成本居高不下,这也是遥感数据市场亟待改变的一个方面。

商业目标的定位,区别于政府科学的立项和公益性遥感卫星服务,它是从用户需求出发,寻求其中高价值部分并提出解决方案。商业化航天遥感的服务追求,包括降门槛甚至零门槛、提速度、升精度和增效益。总结一句话,商业化的航天遥感(服务)需要具有智能化、多维度和高时效三方面的特征。

2. 遥感卫星现状与趋势

刚才提到遥感卫星是整个遥感信息服务的源头活水,那么再来看看它的现状和趋势。整个对地遥感的卫星系统正在朝着全球覆盖、全天候、全天时的连续动态、高分辨率观测方向发展,这算是亘古不变的一句话——技术在不断进步,模式在不断创新,应用也在不断融合。对传统对地遥感卫星观测体系进行分类,若从应用目的角度可以把它分为陆地、大气和海洋三类,如果从传统角度来分,可以分为军、民、商,而它的划分实际上是看卫星的主要资金来源,而非绝对用途。我们平时看到的许多卫星,民用卫星的数据基本上可以免费拿到,军用卫星的数据基本上我们是看不到的,商用卫星数据一般是要付费的,它在民用和军用方面也都提供服务。

传统商业遥感卫星已经成为遥感产业升级的一个重要手段,几大"天王"我也不需要过多的介绍,因为有相当多的数据资料、卫星资料可供参考,包括WorldView系列、GEOEYE、Pléiades和KOMPSAT-3A卫星。这些卫星中,我个人最喜欢的卫星是WorldView-3,它高效、精密、精确,无论是设计理念,还是近乎"变态"的采集能力,都让人非常羡慕。但是这颗卫星的研制大概花了七八亿美金,再加上非常昂贵的维护费用,让人感觉这颗卫星更像是只为精英服务的一个艺术品。虽然有时候它的图像通过一些渠道,比如在谷歌地球上也变成半开源的,但是它的遥感产品定位一直还是比较高端的。所以,这些年我一直在反复思考两个问题:第一个是能不能用1/10乃至1%的成本去实现WorldView-3这样的获取能力;第二个是极致性能的几颗卫星与由成本低廉的卫星组成的大规模星座,该如何更好地融合发展。而现在这两个问题都逐渐有了比较清晰的答案。

总的来说,近20年是长江后浪推前浪(图1.2.8)。上个10年是分辨率越来越高,特别是从2000年到2010年这段时间,光学雷达的商业化数据,从之前的可望不可及,变为在行业应用里能够经常看到。这个10年你会发现,高分辨率卫星自身质量越来越轻,从之前的动辄几吨到现在的一二百千克,再到几十千克,比如2014年底Skysat的0.9m分辨率的卫星就只有90多千克;还有像2015年我们发射的光学卫星,那时候有400千克,而在2019年我们海上发射的高分03星就只有40千克,只有以往1/10的重量;以及0.5m分辨率的高景卫星也只有400千克左右,相较传统的轻了很多,也在图像质量上取得了很好的发展。对于航天而言,卫星质量越轻,发射到轨道的成本就越低,这是很有意义的。当然,我们更多的还需要综合去评价,包括数据获取能力,比如WorldView-3,虽然单颗星很重,但由于有控制力矩陀螺,它的数据采集能力实际上非常强,一次过境可以来回扫21张相同的图像。

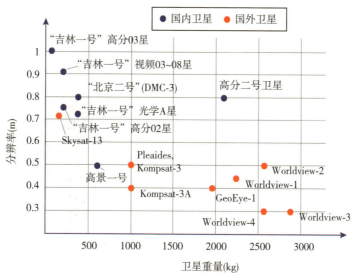

图1.2.8 国内外遥感卫星的分辨率和重量对比

除传统的遥感卫星之外，这些年国际上有个说法叫"New Space"，即新航天的出现。新航天有时候和商业航天表达的是一个意思，即多指来自民间资本自主投资建设的卫星或星座。就星座与卫星技术现状而言，New Space 的遥感卫星，其制造成本大幅下降，性价比显著提升，下面我来举几个例子进行介绍。

比较显著的就是 Planet 的鸽群卫星（图 1.2.9），在第一次发射失败后，一周时间就又拿出了 5 颗。最开始我一直觉得 Planet 的鸽群卫星技术含量不高，但后来查了很多资料，发现它是真厉害，像它的很多技术，现在在国内解决起来也是比较困难的，比如几年前就可以实现功率 50W 数传带宽达到 200M，与国内同等带宽相比，功率降低了很多。而且它在电子学、微波和成像一体化设计方面，都有很多独到的设计理念。虽然鸽群发了几百颗卫星，可以每天更新全球 5m 的数据，但因为分辨率比较低，所以服务的应用领域不多。后来通过资本运作兼并了一系列的卫星公司后，它现在不仅有数量很多的卫星，而且又有最丰富的数据服务，从 5m 的快速覆盖到米级的高分辨率，再到 5m 多光谱分辨率。实际上，现在在轨的 Skysat 卫星已经有十五六颗了，它唯一的缺陷就是没办法获得长条带数据，但是它的成像质量非常优秀。

Planet 公司拥有世界上最大的商业对地成像卫星星座，目前有 120 余颗 Dove（鸽子）卫星，15 颗 Skysat（天空）卫星以及 5 颗 Rapid-Eye（快眼）卫星在轨运行，可每天完成整个地球的陆地图像获取，可以提供地面分辨率 0.8m、3m 和 5m 遥感图像。

(a) Dove

(b) Skysat

(c) Rapid-Eye

图 1.2.9　Planet 多维高时效星座介绍

黑天全球（BlackSky Global）也发射了很多颗卫星，也是四五十千克量级的，可提供 1m 分辨率的图像，保证星座的重访时间缩短到几小时甚至更短（图 1.2.10）。这个公司是一个退役的美国军官创建的，所以他非常了解国防安全方面的一些服务需求。

黑天全球（BlackSky Global，BSG）分别于 2016 年发射探路者 1 号（BlackSky pathfinder 1）、2 号，并于 2018 年底发射 2 颗业务卫星。该公司计划发射一组 60 颗地球观测卫星，以保证卫星星座的重访时间可以缩短到几小时或更短，并提供 1m 分辨率的图像。典型卫星重量为 40～50kg，设计寿命 3 年。

BlackSky pathfinder 1

图 1.2.10　BlackSky Global 卫星星座介绍

前两年，英国的一家公司和 SSTL 联合发射了 Carbonite 卫星（图 1.2.11），意在构成一个实时直播的星座，瞄准了米级高清视频的市场，而且延时要达到秒级，但这颗卫星之后没有下文了。我也和运营公司的人交流过，发现他们的数据非常不错，由于用的探测器比较小，导致它的幅宽只有 5km，但他们做了一些非常有意思的应用，比如说去探测沙漠中油管泄漏情况，通过一些处理把含有云层的视频处理成无云的图像，图像的质量也非常好。

SSTL 于 2015 年 7 月发射了微型卫星 Carbonite-1，可以获取地球的视频和静止图片，地面分辨率在 1.5m 以下。之后于 2018 年 1 月发射了 Carbonite-2，作为 Vivid-i 星座的首颗业务星，地面分辨率达到 1m，幅宽 5km。

图 1.2.11　Carbonite-1 卫星介绍

另外，日本的"跨界"卫星——佳能电子小卫星（图 1.2.12），说它跨界是因为佳能做了很多的消费电子产品，他们就用商业单反做了一个 1m 分辨率的卫星，虽然从已发的论文中看图像有些模糊，且后续计划还不清晰，但他们已经发了一颗卫星去验证一些技术，也取得了一些成果。

近年来，日本遥感微纳卫星发射数量逐年增加。佳能电子一号卫星（Canon Electric Satellite 1，CE-SAT1）于 2017 年 6 月发射，可以提供 1m 地面分辨率、6km×4km 大小的图像，采用与商业单反 5D Mark Ⅱ 一致的传感器。

图 1.2.12　佳能电子卫星介绍

最后是阿根廷的 Nusat 卫星（图 1.2.13），目前已经发射了 8 颗，它的特点是既带了

1m 的相机,又带了一个超光谱的相机,做高分辨率的同时又做多光谱和超光谱遥感。阿根廷 Satellogic 这个公司,实际上是做遥感应用出身的,他们认为传统的卫星研制理念都比较落后,因此从遥感应用的角度去重新定义和开发遥感卫星,并开展了相关的探索。

Nusat 卫星是由阿根廷 Satellogic 公司研制并负责运营的商业遥感卫星,目前已经发射了 8 颗入轨。

该公司计划发射 25 颗 Nusat 卫星组成 Aleph-1 星座,这些卫星将配备可见光和红外成像系统,从而实现地面分辨率 1m 的商用实时地球成像。

图 1.2.13 Nusat 卫星介绍

另一个很重要的发展体现在卫星星座层面,像 Black Jack 项目(图 1.2.14),现在网上也经常有这些报道,它最有意思的一点就是自主运行、自主决策,比较像我们现在说的区块链的概念。它和现在的卫星或星座的一个最大区别,就是它提出的理念是卫星在轨不需要有人管理,它自行地去收集信息,自己决策应该拍什么地方、产生什么样的信息。比如它可以去推特中搜索热点的词,然后把这些词加工成需要进行拍摄和需要得到的信息,通过不同的模型或者路径自动产生。在未来大规模遥感卫星星座到来时,目前这种需要地面大量规划的模式肯定是不适用的,不管是全自动,还是线上决策,都是很重要的发展方向。

2018 年 11 月 DARPA 与卫星运营商 Telesat 公司合作为"Black Jack"项目研发平台。2019 年 4 月,DARPA 挑选了雷神等多家公司为"Black Jack"项目设计"大脑",即"Pit Boss"系统,该系统可以从 LEO 卫星上获取数据,在太空中处理这些信息,并在没有任何人工输入或指令的情况下将这些信息分发给地球上的用户。

采用分布式在轨决策处理器,能够在轨进行数据处理,在轨自主运行并执行共同任务

图 1.2.14 Black Jack 项目介绍

小型 SAR 这两年也有很大的进展（图 1.2.15），包括美国、芬兰、日本都有很多传统的 SAR 卫星。SAR 卫星一方面价格很昂贵，因为它的载荷、器件非常贵，另一方面体积重量很大，为了实现主动成像，一般需要上千瓦甚至几千瓦的功耗，很显然能源系统的帆板、电池都要很大。但是这两年发生了一些向好的变化，比如武汉大学的"珞珈一号"02星，以及在 2018 年 1 月芬兰 ICEYE 公司发射的第一颗不到 100kg 的 SAR 卫星，目前已经有 5 颗在轨，原定指标分辨率为 1m，它在 2020 年 3 月还突然宣布提供 25cm 的超高分辨率 SAR 图像。

- 美国：Capella Space 公司规划了 36 颗卫星的 SAR 星座，卫星 100kg 级，分辨率优于 1m，于 2018 年发射了第一颗技术验证星。Xpress 公司计划购买以色列 TecSAR 的 4 颗卫星进行数据运营；
- 芬兰：ICEYE 公司规划了 18 颗卫星 SAR 星座，卫星 100kg 级，分辨率 1m，目前在轨 5 颗；
- 日本：QPS 研究所规划了 36 颗卫星 SAR 星座，卫星 100kg 级；
- 其他：英国 SSTL 和以色列国家航天机构在 400~600kg 级卫星方面发展较多，尤其是以色列的 TecSAR 系列载荷。

图 1.2.15　小型 SAR 卫星发展情况

另一家是美国的 Capella Space 公司（图 1.2.16），它规划了 36 颗 SAR 卫星星座。它早期公布的设计非常科幻，折叠起来非常小，可以展开，像两个小翅膀，和传统的卫星相比，它具有体积小、重量轻的特点。体积小的好处是整流罩中可以放置多颗卫星，节省发射成本。但是 2020 年他们改了设计，从展开平板变成了展开抛物面的第二代设计。

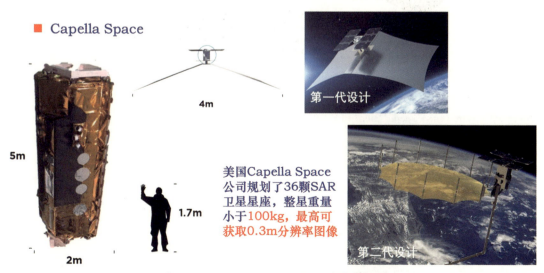

图 1.2.16　Capella Space SAR 卫星星座介绍

总的来说，这些卫星能够越做越小，并有如此多的新航天公司提出很多新的计划，其实和地面设备的更新换代是一样的，地面设备摩尔定律一直在作用，摩尔定律也一直在影响航天，只不过它在影响航天的过程中，中间有一个鸿沟，就是系统工程的复杂性和试错的成本。航天试错成本特别高，比如说很多的元器件、制造工艺、辐照特性、特征尺寸、半导体的类型、封装方式等都有不同。一般来说，航天都比较讲究继承性，后果就是一直用旧的东西，体积一直减不下来，有了新的元器件也不敢用，但是有些特征尺寸小的，只要设计合理，空间环境辐射条件也完全没有问题，像这些年我们也积累了很多这样的设计经验。总的来说，在摩尔定律的影响下，航天的元器件或航天部件的升级，虽然是迟滞的，但它的发展一定是朝着这个方向的。

除了摩尔定律之外，我们也非常关注新的物理机理如何影响航天。像早期的比如折叠展开、编队飞行、合成相控阵，包括最近 NASA 的一个平板成像新概念设计（图 1.2.17），它采用光波导直接实现光波的接收并进行干涉成像，使得一个传统大圆筒的相机，最终可以做成一个小的平板，虽然目前还处于概念设计和原理实验的阶段，但是它展示了一个非常好的场景。我们也相信像这样的新的物理机理，在不远的将来能够走向实用化，带来更加颠覆的发展。

图 1.2.17　NASA 平板成像概念设计

（引自 K. Badham et al.，"Photonic integrated circuit-based imaging system for SPIDER"，Conference on Lasers and Electro-Optics Pacific Rim（CLEO-PR），2017 年）

3. 高时效服务实现途径

畅想了很多新的物理机理和摩尔定律后，回到当前，我们首先还是要提供接地气的服务。前面我们已经分析了高时效、多维度、智能化，而数据的价值和时效性密切相关，那该怎样提高服务的时效性呢？

首先我们分析遥感数据时效性的内涵，即怎样才能看得快。时效性，从用户的角度来说其实很简单，即我什么时候要数据到你什么时候给数据，这就是一个时效性。但是从服务端来说,时效性可以被分为过去式和未来式(图1.2.18)。

过去式可以这样理解:例如前段时间某个地方突然发生了几起火灾,之后相关部门让我们提供这个地区在当时这个时间段的高分辨率影像。但我们的高分卫星不可能正好在那一天覆盖,这种需求在一些历史演变分析或常态化监测中很常见。而现在的常态化监测,比如我们国家现在的高分系列,米级的基本上可以做到月度的覆盖,亚米级的可能还是半年左右。这种就是过去式的需求,或者叫常态化的需求,即在某个事件发生后,我们要去找原因,就需要这种过去式数据,这就要求我们平时要进行固定周期的更新。未来式的时效性是这样的:比如某处灾害已经发生了,要去救灾,需要观测一下这个地方。再比如军事行动,要明天或后天到某个地方去侦查,这种是未来式的,即要求快速进行热点的重访。而这两种方式是缺一不可的,它们共同构成了对终端用户而言的"看得快",保证了用户的数据时效性。

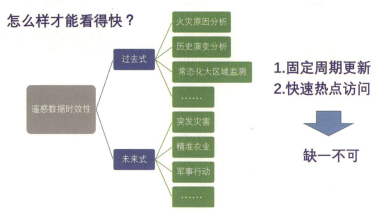

图1.2.18 遥感数据时效性划分

从面向应用来说,遥感信息服务的时效性关键环节有很多,既包括目标影像更新的时间频率,也包括获取目标影像更新的最长周期,还包括用户从给出需求到获取数据的周期。总的来说,它的影响环节包括星座本身的重访周期、任务接收与上注周期、拍摄后数据回传周期、数据处理周期和最终的信息传递到终端用户的周期,每个环节都需要进行优化。

时效性提升的途径,即如何构建一个高时效性的遥感星座,包括单星的多轨重访、多星的组网重访、同轨的往复推扫和定点凝视。一般而言,光学遥感比较特殊,绝大部分星座以天重访作为基本设定目标,而大规模星座的意义更多地在于增加可观测目标的数量和提高覆盖速度。卫星的时间分辨率是决定服务时效性的基础,时间分辨率取决于卫星成像的重访周期,而重访周期的缩短,有以下两个途径:

途径一是增强单星能力。单星的重访能力是由允许侧摆角度和轨道高度一同决定的,轨道越高、侧摆越大,重返的周期就越短。如WorldView利用大侧摆拓展可观测目标的时间段,提高了时间响应率和分辨率,仅用5颗星就可以做到在白天时间段全球任意地点三个小时响应,具体来说就是从早上 9:30 到下午 2:30 拓展到早上 8 点到下午 4 点。由于卫星在上一轨就可以看到这一轨的区域,因为它的侧摆足够大,就可以跨轨。图 1.2.19 右下角的图就是 WorldView-3 侧摆 64.5°拍摄的影像,它的分辨率能达到米级,而且建筑的窗户都能看得很清楚。有了一个大侧摆能力后,它的可及范围能达到跨轨的程度。

图 1.2.19　缩短重访周期的途径一

途径二是多星组网(图 1.2.20),前面提到的鸽群星座,它可以提供目前现势性最强的遥感卫星影像,其实它也不是一个构型很固定的星座,但是只要数量够多,它就总能在合适的时间,有合适的卫星在目标上空,同时它在轨时用的是长期推扫模式,所以覆盖也很快。

图 1.2.20　缩短重访周期的途径二

分析以上两种途径,途径一是由单星的成本和技术门槛所决定的,比如侧轨轨道高度离得远了,相机要获取同等分辨率的口径,就需要增加侧摆角,随之而来它的大气等效厚度也要增加很多，传函的要求也会变高，单星的成本和技术风险急剧增加。像 2019 年 1 月，WorldView-4 当时的损失就超过了 14 亿美元。途径二就不一样，它主要是由商业模式决定的。跨过一定的技术门槛后，通过重复的生产和资金投入就可以持续提升，它的投入和提升是线性增加的，风险也合理，性价比较高，也比较适合商业化使用。所以，我们认为在提升单星性价比的前提下，降低卫星的研制成本、实现大规模组网，是比较合适的发展道路。同时在我们早期成立公司的时候，就规划了不同系列的卫星，Planet 是后来通过并购，才有了高分辨率、快速覆盖和超光谱卫星，实际上我们早期就规划了好几个系列，如视频、光谱、高分等。

而为了缩短从任务发起到卫星响应的周期，在星座具备较短的重访周期的前提下，还需要实现任务的随时上注，因为卫星在天上飞，你得告诉它未来式的需求，要告诉它拍哪儿。比如现在很多的商业测控公司，像航天驭星公司就是我们国内一个很优秀的民营测控网络公司，它们也拥有全球的测控网络，可以提供这样的服务。同时，天基测控也是一个很有前景的测控手段，在我们最新的卫星上也在使用，像前面提到的小型 SAR 卫星星座 Capella，它就携带了测控终端，通过 Inmarsat 通信卫星网络提供上下行服务。

除了要"告诉得快"之外，拍摄完载荷的数据还要及时回传（图 1.2.21），而这包括星间数传链路和星上智能处理这两方面。其中空间光通信是解决海量遥感数据的最佳方式，我们国内在激光通信领域也取得了新的进展。还有星上智能处理可以在短期内迅速提升系统效能，比如灾害监测和国防安全，还有一些商业情报，可能高分辨率的图像一景就要十几个 G，但它的核心要素（时间、地点和物体）实际上都可以语义化和文本化，所以如果在星上直接处理成语义或文本，它只需要几 KB，就可以实现信息的及时回传。

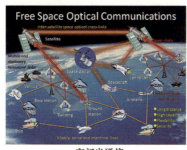

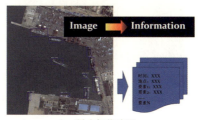

空间光通信　　　　　　　　　　星上智能处理

图 1.2.21　信息的及时回传

还有对于用户而言的直接接入（图 1.2.22），像 DG 公司，它用的是 Directly Tasking & Receiving 模式，用户可以直接告诉卫星需要拍摄的目标，然后卫星自动去执行，非常方便且不需要中转。另一个就是本地化的处理，它省去了海量数据传输的环节，也是一个非常重要的服务模式。欧洲影像公司，像 DG 提供的服务，就是卫星从地平线出来，你上注任务后，卫星就开始边拍边将数据传给你，完成后，当它离开地平线时，这颗卫星就开始为另一位用户服务，开始一个新的循环。它的这种模式既为用户提供了高效的直接接入，又使星座的利用效能得到了很大的提升。

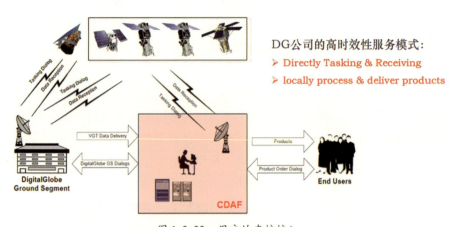

图 1.2.22　用户的直接接入

（来源于 EuroImaging 公司的宣传资料）

总的来说，提升航天遥感信息服务水平的基础，要用大规模遥感星座提供多维度、高时效的航天遥感信息。

4. "吉林一号"星座发展历程

前面说了很多国际的情况，分析了一些重要的因素，下面我来介绍一下"吉林一号"星座的发展历程。

现在我们长光卫星的产业布局，实际上是全产业链的，三大业务领域包括航天装备制造、卫星在轨运营和遥感信息服务。航天装备的制造是我们的老本行，包括提供单机、载荷、整星和技术服务；卫星在轨运营更重要的是服务有需求的传统遥感用户，里面的产品形态包括用户接入终端数据的引接系统，以及标准的分级数据等；遥感信息服务这块我们也在和一些公司进行合作，但更重要的还是把前端卫星和标准服务产品做好，进而保证下游的使用。从我们的商业模式来看，成本链，包括卫星研制、发射和管理环节，串联形成了卫星的价值。可以看到，航天信息确实是一个非常长的链（图 1.2.23），从研制开始一直到运控、处理和交互才能够形成一个价值链。

对我们本身而言，目前（2020 年 5 月）已经发射了 19 颗卫星，比如 2018 年 6 月 2 日和武汉大学联合研制的"珞珈一号"01 星，还有 2019 年 6 月 5 日和中电联合研制的"天象" 1、2 星，最新的一颗是 2020 年 1 月发射的"红旗一号-H9"宽幅型卫星。其中"吉林一号"系列卫星有 16 颗，且"吉林一号"星座已经经过了国家发改委批准，并且入选了工信部"服务型制造示范项目"，我个人觉得服务型制造这个定义和我们非常契合，因为我们提供的产品就是为行业提供信息服务的。

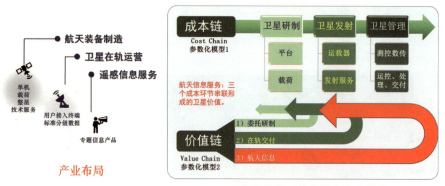

图 1.2.23 "吉林一号"产业布局

总的来说,"吉林一号"星座的建设目标包括三方面:提升热点的重访能力、缩短大区域的覆盖周期和采集多维度的信息,卫星的型号有四个系列:高分、视频、光谱和宽幅。在技术层面,"吉林一号"卫星确实已经创造了很多个国内外的第一,对此我进行了以下的总结:

2015 年 10 月 7 日成功发射的光学 A 星组星,其中的视频卫星是世界首颗 4K 彩色视频卫星。灵巧验证星首次完成了国产高性能 CMOS 探测器及多模式成像的在轨验证,具有沿轨成像、夜光成像、空间目标成像等模式,开拓了后续卫星的技术发展思路,一些技术在"珞珈一号"01 星里面也有使用。

2017 年 1 月 9 日发射的视频 03 星,实现了从 4K 升级到三倍 4K,是一个专门的视频卫星,分辨率也达到了米级,而且它是世界上首颗米级彩色夜光成像卫星。

2018 年初,为了增加覆盖效率,视频 04、05、06 星,视频 07、08 星分别以一箭三星、一箭双星的方式成功发射,同时在国内高分卫星中率先针对农林应用设置了红边谱段,并在国内首次应用了 X 波段高速相控阵实时数传技术。

2019 年 1 月,光谱 01、02 星成功发射,可以获取 5m 分辨率、110km 幅宽和 26 谱段的遥感数据,具有宽波段、多光谱、大幅宽、超高速传输等特点,而且首次具备天基测控和在轨图像处理的功能,这两颗星的突出之处,可以参见图 1.2.24。以 5m 分辨率的量级去做这么多的谱段,对比现在的一些公开发展计划来说,它在未来 5 年左右还会保持一个领先状态,所以现在我们在和国家对地观测科学数据中心合作,也在申请一个项目,希望把产品的大区域国际数据做成多期的数据集,免费向大家开放。在 2019 年的 6 月,我们完成了全流程的在轨测试工作,工作状态稳定,成像性能优异。

2019 年 6 月,我们第 3 代的一体化产品高分 03A 星在海上发射成功,它是国际上首颗采用 CMOS-TDI 探测器的卫星,具有"三低一高"的特点,即低成本、低功耗、低重量和高分辨率,并且具有基于深度学习的目标智能识别功能。因为这颗星体积小、成本低、分辨率高,所以是未来星座迅速提升时间分辨率的主力型号。图 1.2.25 中弧线代表的是美国典型的几类卫星的重量与分辨率的情况,我把它称作"技术瓶颈线",可以看到大部分的卫星都在平均线之外,但高分 03 星就突破进来了,因为它只有 40kg 但达到了 1m 的分辨率,确实是一个比较大的进展,这在三四年前是无法想象的。

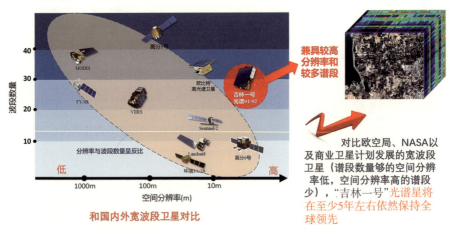

图 1.2.24 "吉林一号"光谱 01、02 星介绍

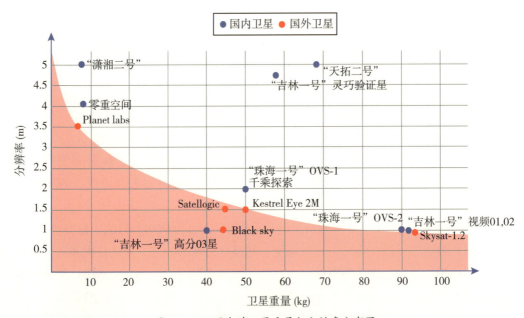

图 1.2.25 国内外卫星重量与分辨率分布图

在 2019 年 11 月和 12 月,我们又连续发射了两颗卫星——高分 02A 和高分 02B,分辨率 0.75m,幅宽 40km,指标完全是按照国际主流标准来设计的。目前我们测试的无控能达到 10m 以内,而且单轨立体成像的精度非常高,能够敏捷地连续多点成像,所以目前也已经有很多的数据订单。

2020年1月,我们的最新成员"红旗一号-H9"卫星发射成功,这颗卫星的形状是方的,因为用了离轴三反式光学系统,整星重量1.25t,可获取全色分辨率0.75m、多光谱分辨率3m、幅宽136km的推扫影像,是目前全球幅宽最大的亚米级光学遥感卫星,星座亚米级大区域覆盖更新能力得到大幅度提升。图1.2.26是2020年3月拍的北京的影像,原始数据是没有切割的(136km×136km),但为了符合用户的电脑配置,我们把它切成了36份,每一份是22.5km×22.5km。几万平方千米的区域在卫星推扫的十几秒里就冻结,这对于分析是非常有利的,因为它是同时相、同视角、同辐射条件下获取的数据。

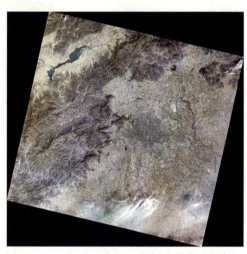

图1.2.26 "红旗一号-H9"拍摄的影像图与介绍

接着分析"吉林一号"星座目前的服务能力。关于全球覆盖情况,前面介绍的光谱双星现在基本上一年可以将全球覆盖一次。在2019年6月的测试中,统计发现南北纬65°以内的区域,覆盖范围为70%以上。我们也在做全球覆盖,从2020年3月1日到2020年5月6日,两个多月的时间,全国主要陆地覆盖就达60%以上。目前,该星座可对全球任意地点实现每天5~7次重访,每天获取影像面积超过120万km^2,遥感信息的时间、空间分辨率达到全球领先的状态,可为农林生产、环境监测、智慧城市、地理测绘、土地规划等各领域提供高时效、多维度航天遥感信息。

从我们的技术发展来看,我们卫星集成度的提升经历了两代。从传统的平台加载荷的方式,到早期的星载一体化(以载荷为中心,平台围绕载荷需求设计,平台仍然保留着较多的独立结构功能,电子学部分集成,体积重量大幅减少,代表例子:Pleaides、"吉林一号"光学A星),再到现在的载荷即平台的设计(载荷完全主导,大幅度减少平台结构,电子学软硬件高度集成,有效载荷比显著提升,代表例子:Kestrel Eye,"吉林一号"高分03星)。由于时间原因这里面涉及的相关技术细节就不再展开介绍。

在服务的时效性方面,从第一代的准实时/事后回传,到第二代的相控阵数传实时成像,再到第三代的天基测控和星上智能,我们正在全力发展第三代技术(图1.2.27)。

图 1.2.27　服务时效的提升

在遥感服务系统成本优化方面(图 1.2.28)，一是抓住载荷核心，提升载荷性能，降低平台成本，使传统的成本构成模式(平台成本>发射成本>有效载荷成本)，变为现在的有效载荷和平台成本基本 1∶1，卫星平台和发射成本基本 1∶1；二是传统的多是一个卫星一套地面系统，而我们是整个星座使用一个通用化的地面系统，减少重复投入，降低分摊成本，使性价比得到持续提升。

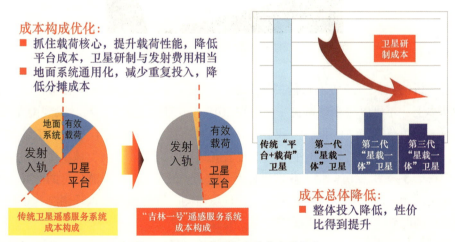

图 1.2.28　遥感服务系统成本的优化

5. 多维遥感应用开发

在多维遥感应用开发方面，我们现在主要有高分辨率影像，视频图像，宽波段的多光谱产品，多角度、三维及 DSM 产品，多时相产品等，由此开发了不同的服务产品(图 1.2.29)。对于标准的 L1 到 L5 级的高分辨率光学影像、存档影像，我们可以提供亚米级、米级全色及多光谱；对于编程摄影，36 个小时以内可以交付。

1.2 从遥感卫星到信息服务

图 1.2.29　多维度遥感产品体系

其中，视频是我们的特色产品（图 1.2.30），视频的获取就是在卫星拍摄过程中一直看着地面上的某一点，也有相关的应用，比如对航母停泊过程、车流量的评估。现在也逐渐有很多遥感应用的研究者在做视频的信息提取，我们也有很多的样例，通过分享的形式在向研究者发放。但视频有个问题，它的数据量非常大，所以我们也进行了处理，把它变成图像表达的一个产品，这样就可以用一张图记录运动信息，同时又将数据量减小。

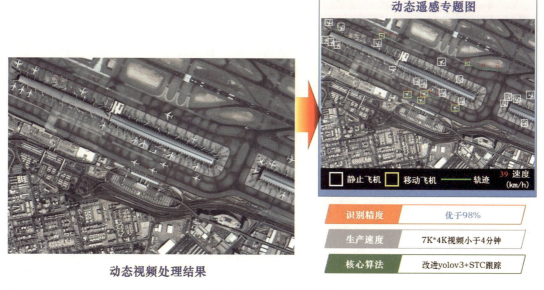

图 1.2.30　动态视频产品

还有多时相产品，我们现在有飞机、机场、港口、油库以及经济作物产地这些热点的数据库,因为已经积累了很多年,所以数据库也非常丰富,可以进行很多地方的重点分析,像船舶维修、厂房建造过程。多时相产品信息服务(图1.2.31)实际上是很多服务的一个基础,包括建筑、疫情前后路上的车辆的对比等。

图1.2.31 多时相产品的信息服务

另外,还有多角度及DSM产品,我们现在除了视频星的DSM产品外,还可以用高分02星获取同轨立体数据,这样范围更大一些。

在光谱星方面,我们也开展了很多的研究。比如对2019年全国主要陆地区域地物的分类,"吉林一号"光谱星已完成国内首个主要陆地区域5m分辨率地物分类应用,我们和国家统计局的数据进行了对比,符合度非常高。也和主流卫星进行了对比,同时和气象局、遥感所一起做了大量的工作。还有指数交叉验证、在轨定标与辐射稳定性监测,后者是我们和气象局的合作,打算建立一个辐射基准,我们现在的数据在国内的卫星拍摄月球数据当中,辐射稳定性是非常优秀的。我们用相同分类算法对同一天同一区域图像进行地物分类精度评价试验,结果显示,精度明显高于其他相同的宽波段、多光谱卫星。

我们还和吉林林科院合作,去尝试对树种进行分类,并进行了验证,分类精度也能达到90%以上,而且树种的分辨类型比原先的数据更多。在米级夜光产品上,我们是全球唯一的数据供应商,开发了很多有意思的应用,也开发了一些分析工具,像白天-夜晚图像的融合、住宅空置率计算(图1.2.32)等。疫情期间,我们也利用夜光遥感进行了一些疫情的分析。住房空置率是我们对长春进行的实地调查,并和我们的分析结果进行了对比。

在遥感综合应用方面,像在地铁施工监管、河道的蓝线管理、采矿采砂的管理、房地产开发选址评价、森林病虫害防治、精准农业、保险定损、新闻报道等领域多有应用。

1.2 从遥感卫星到信息服务

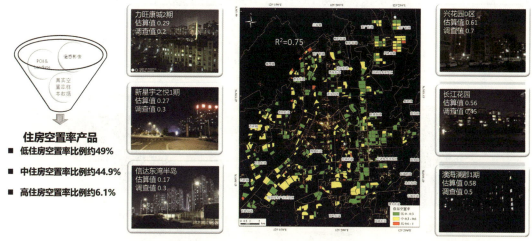

图 1.2.32 米级夜光产品的应用

6. 智能化高效遥感服务探索

在智能化服务方面,为了使用户使用更加快捷,我们有全流智能任务响应和数据引接系统。在我们的系统中,存档、数据查询以及编程应用需求的受理都进展良好,我们也希望今后让网络平台变成我们主要的服务手段,因为以后的社会会更加自动化、智能化。

我们还有全自动响应流程(图 1.2.33),已形成从任务规划、卫星成像、数据接收、数据生产到数据分发的整套全自动快速响应流程。

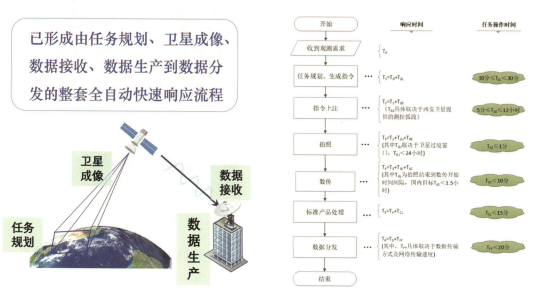

图 1.2.33 全自动响应流程

我们的高时效服务支撑产品(图 1.2.34)包括移动式快速接收处理、可扩展客户端和便携式应用平台。移动式快速接收处理是指在有地面站的情况下,我们在里面放一个盒子,插到它的机柜里,就可以直接对数据进行接收处理。没有地面站的,我们可以使用一体化的可扩展的客户端去查询、浏览、下单等。

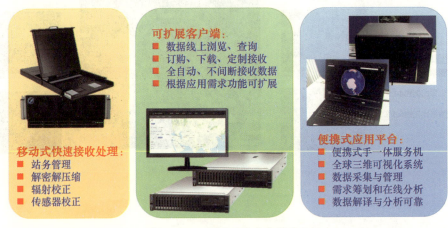

图 1.2.34 多时效服务支撑产品

还包括在一些实际的场景中,如图 1.2.35 所示的应急响应案例,通过优化后效率显著提高,从发送观测需求到接到数据仅需 10 分钟左右。

图 1.2.35 应急响应案例

对在轨智能的处理(图 1.2.36),我们两代的系统都取得了很好的进展,短消息传下来之后,我们打开就可以直接看到,事后再验证它的精度。

在国际应急服务方面我们也有涉及,在老挝、伊朗、所罗门群岛和巴西等一些国家的自然灾害中,我们也提供了相关的灾情数据和分析服务(地震、海啸、台风等),为当地的风险防控提供了很大的帮助。科技部给我们的感谢信当中也提到:这彰显了我国地球观测力量的高效、可靠和国际责任。

图 1.2.36　在轨智能处理

7. "珞珈一号"的小故事

最后，分享一下"珞珈一号"的小故事，"珞珈一号"缘起于 2015 年，最早其实是武汉大学张过老师提出来的。在那之前我就已经关注到了当时很轰动的一个消息，就是武大公布的一个遥感成果——叙利亚内战造成 83% 夜间灯光消失，当时我第一次听说夜光遥感，后来又看到李院士和李熙老师发表的《论夜光遥感数据挖掘》论文，我才知道原来夜光遥感数据这么有用。

在那个时候，我们的验证星最早实际上是用来验证 CMOS 探测器和多模式成像，还没做夜光遥感。但是因为探测器有相关的能力，我就进行了验证，后来也成功了。在这里我要提两个有趣的问题：（1）"珞珈一号"相机的遮光罩为什么是斜的？（2）"珞珈一号"相机采用的面阵，是不是同一时刻曝光？大家思考一下。

关于第一个问题，我做副总师时，用"吉林一号"灵巧验证星通过相机的高灵敏成像，验证了夜光遥感相机的关键技术，后来我也查阅了美国 VIIRS 相关的文献，发现它对高纬度地区进行夜光成像时，图像的层次都会变差，觉得很奇怪。后来经过仔细分析，发现夜光成像时地面是晚上，但是在宇宙空间卫星上，它不一定是晚上。图 1.2.37 就很清楚地说明了这个问题，虽然地球地面是阴影区，但是卫星是被光照着的，因为卫星灵敏度很高，导致光线就算只打到镜头的边缘也会散射到相机里面，实际上就是太阳杂光的直接影响。所以为了避免这种散射，在右上角"珞珈一号"的相机里面，我们就分析了它的轨道特性，提出来把遮光罩切成一个斜面状，这样即使太阳光打过来也不会发生散射了。后来我还专门做了个实验，发现这个角度设计得很精确，能够反映这项措施的有效性。

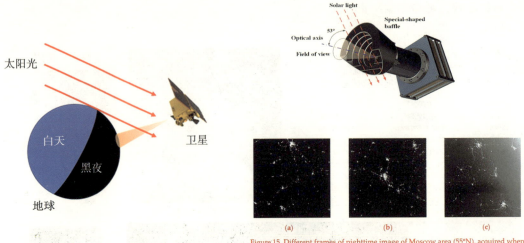

图 1.2.37 轨道光环境的影响

实际上,夜光成像一方面受轨道光环境的影响,另一方面还受场景光环境的影响,这两个方面是分开的,轨道光环境一定要避免,场景光环境我们避免不了,但可以对它进行分析。场景光环境,比如夏天天黑得比较晚,地面本身就是有光的,但和灯光的光是两部分,地面反射的光会存在。图 1.2.38 就是同一地区不同时间的两幅影像,一幅是夏季的,一幅是冬季的。

Images of Amsterdam (52°N), in different seasons.

(a) acquired on 29th June 2018　　　　(b) acquired on 7th September 2018

图 1.2.38 场景光环境的影响

关于第二个问题,其实探测器有个特性,它有两种快门,一种是全局快门,另一种是卷帘快门,全局快门的灵敏度低,卷帘快门的灵敏度高。为了提高"珞珈一号"的灵敏度,采用了卷帘快门，但是卷帘快门每行像素并不是同一时刻曝光，就会担心这会不会对几何造成影响。我们对"珞珈一号"相机卷帘快门造成的图像形变和矫正的原理，也进行了分析和仿真。后来和张过教授讨论，他说只要有模型、位置、姿态信息和原理就能处理出来，果然最后证明处理的效果非常好。这件事也让我深刻地体会到，遥感卫星的设计，用星地结合可实现最佳的效果，既充分利用卷帘快门的高灵敏特性，获取了低照度的夜光，又实现了高精度的几何质量。

当"珞珈一号"下传首幅图像时，真的让我再一次感受到了航天系统工程的魅力，它在于一群人通过长期的努力，实现目标时莫大的喜悦。

最后，我们公司也有很多武汉大学优秀的毕业生，我也希望大家有机会能够到公司实习或工作，多关心和支持我们公司，感谢大家！

【互动交流】

主持人：非常感谢钟老师为我们带来的报告和分享，他从遥感信息服务的需求和瓶颈出发，深入阐述了遥感卫星建设和发展前沿，干货满满，相信大家一定有所收获，下面是我们的互动环节。

提问人一：请问钟老师，SpaceX 的通信卫星星链（StarLink）计划对我们遥感对地观测有哪些启发？

钟兴：SpaceX 对我们最大的启发，是它一箭 60 星的部署方式。它的卫星上天后有一个折叠展开的过程，而且它没有分离装置，就是一起发射，然后上去后一起释放，这样就节省了很大的空间，在遥感方面也有很多值得借鉴的地方。实际上我们现在也是在朝这个方向努力，但是和它的通信不太一样，通信还是要提供一个实时无缝的高通量的服务，而遥感是产生数据源的地方，在这里李院士也提出了 PNTRC，通导遥一体化，也是一个值得探索的方向。

提问人二：请问您如何看待印度一箭 104 星的发射？中国、印度、日本以及西方国家的卫星和航天实力到底是处于什么样的水平？

钟兴：第一个问题，我觉得印度一箭 104 星这事从技术层面来讲，更多的是组织管理的模式需要创新。发射的视频我们也看了，它的很多卫星分出去后都是处于一个翻滚的状态，按照以前国内的航天标准来说，可能首先做卫星的人自己就不干。而且如果按照国内流程做 104 星，申报、评审、发许可证可能要折腾好几年，但我觉得这个技术上有很多值得借鉴的地方。国内卫星比较追求的是发射上去后第一时间建立姿态、确认状态，而鸽群其实很多是发射上去好几天都不管它。也有专家说其实 104 星就是胆大，但是我觉得这里面系统性可借鉴的东西还是很多的。

第二个问题，我觉得现在在新航天领域，各国各有千秋。在一些方面我们也不落后，但是从最顶尖的技术水平来看，我们和西方国家有些地方的差距还是很大的。比如，美国

20 世纪 80 年代发射的卫星，所有我们现在能想到的成像模式它全有，从这方面来比，可以说是落后了 30 年。我们和西方国家还有差距，但是差距会越来越小。再说印度，这些年火箭发射的成功率和它低成本的升空探测计划，一点都不差，所以我们也要深入来看。

提问人三：我了解到"吉林一号"有发射视频卫星，但是现在视频卫星的商业化用途好像不多，您认为视频卫星的主要应用出口在哪里？此外，视频卫星目前空间分辨率大概只有一米，未来视频卫星的空间分辨率和光谱分辨率有无限提升的可能吗？

钟兴：视频的应用，我觉得从连续动态的场景来说，它的应用场景首先一定要基于大规模的星座，比如对一个地区，至少可以一天看个两三次，像海关、边境还有一些国防安全出口，肯定是一个很大的出口，用它来记录动态信息。至于交通监测，我觉得做一些示范可以，但是真正要实现业务化却很难。很简单的一个道理，如果不是一个关心全球交通规划态势的人去做一个城市的交通管理，你用视频星一是成本很高，另一个是没有必要，因为用路面的交通探头就完全足够了。关于分辨率的问题，空间分辨率肯定是可以进一步提高的。但光谱分辨率会有一些难度，如果在牺牲空间分辨率的前提下倒是有可能，但同时会带来数据量的增加和重构算法复杂性的问题。而且实际上视频卫星在拍摄过程中是一个动态成像过程，工程和处理的难度都需要考虑。

（主持人：何佳妮；摄影：舒梦；录音稿整理：王雪琴；校对：徐明壮、刘广睿）

1.3 测量南极

(赵 羲)

摘要：《硬核！武大女教师"滞留"南极，祖国这样接她回家》，这样的一篇刷屏文章让大家认识了南极科考队队员赵羲老师，同时也激发了大家的好奇心——在南极科考是一种怎样的体验？五一前夕，我们邀请到了故事的主人公赵羲老师做客 WGDC 在线直播间，与大家分享"测量南极"的故事。本次直播由泰伯网、WGDC2020 组委会主办，由新浪科技、武汉大学、中国自然资源报社、GeoScience Café 协办。

【报告现场】

主持人：欢迎大家来到 WGDC2020 在线直播间，我是本场主持人马天舒。前几天，《硬核！武大女教师"滞留"南极，祖国这样接她回家》的文章不断刷屏，让大家认识了南极科考队队员赵羲老师。今天泰伯网有幸邀请到故事的主人公，武汉大学中国南极测绘研究中心副教授，博士生导师，中国第 36 次南极科考队队员——赵羲老师，来为我们分享测量南极的故事。1984 年为了发展中国南极考察事业，我国首次开展了赴南极科学考察。好多网友对您本次"滞留"南极的经历十分好奇，能否请您简单介绍一下"滞留"南极的经历呢？

赵羲：非常感谢大家，其实我也看过相关报道，虽然"滞留"打了引号，但我还是不太喜欢这个词，因为这次疫情是在考察期间突然发生的，从国内到国外变化得非常快。在此期间，国家也非常重视考察队的行程安排，为了保证几百名考察队员安全回家，他们做了非常周密细致的安排。在南极科考期间，我们长期生活在无菌的环境下，科考队员的免疫力都比较低，在考察期间我们不会停靠国外港口，由于船上的物资很充足，所以考察队员心里都特别踏实。在全球疫情蔓延的情况下，国家全力保障了我们考察队员的绝对安全，虽然和家人团聚的时间稍微晚了一些，但是我们是健康平安的，所以我们特别感谢祖国接我们回家。

主持人：您这次在南极停留了这么久，回来之后家人对这次去南极有什么看法？或者说您回来之后家人的态度前后有没有什么变化？

赵羲：我的家人都很支持我去南极，因为身为武汉大学中国南极测绘研究中心的一员，去南极考察是我们的常规工作。家里人都觉得作为一名科研人员，能够为国家效力、为国家的考察尽力是一件非常光荣的事情。受到考察最后行程的影响，我们晚了一点回到国内，当时接到通知的时候，大人们都很理解，因为这是最安全的回国办法。但是小朋友们不能理解，所以后来我就和老公商量如何以一种不那么直接的形式让他们理解这件事情。最后我老公拿了一个地球仪，告诉孩子们哪里是南极，哪里是上海，哪里是澳大利亚，跟他们说因为疫情的关系，现在没有飞机可以回家，并问那妈妈怎么才能回来呢？5岁的妹妹就抢着说，"这里都是大海可以游回来"，然后8岁的哥哥考虑后说："游泳太慢了，如果有船的话就会快一点。"这个时候爸爸就赶紧接话，说现在"雪龙"号就可以接妈妈回来，只是比坐飞机要久一点，但这是最安全的办法。最后，孩子们哭着接受了现实，但因为是他们自己想出来的坐船这一答案，所以还是减轻了很多焦虑。

主持人：请问这次乘坐"雪龙"号穿越西风带的感受是什么呢？

赵羲：因为我是第一次参加南极考察，所以很多经历也是第一次。第一次坐"雪龙"号，其实我也不知道自己晕不晕船，但我还是比较兴奋，因为去考察的队员都会经过"咆哮"西风带，他们说都经历过那种吐得起不了床的感受，我就很羡慕他们的这种经历。而且现在船上的实时气象预报越来越精准，船在航行中就可以避开一些大的气旋，找一些好的天气窗口过西风带，就很难见到以前考察碰到的 10 米大浪的情况，今年通过西风带遇到最大的浪涌也只是 5 米多。进了西风带之后，有很多晕船的人躺下就起不来了，但是我的状态一直都还可以。印象很深的一次是在餐厅吃饭的时候，大家把盘子放在桌子上面，船突然一晃，桌子上面一碗汤和一个餐盘"嗖"地一下，同时飞出去一米开外，泼到地上。另外一个队员想拿手机拍照，记下这一刻，结果当他一松手，他的盘子也飞出去了。总之，我们在晕船的同时也经历了很多有趣的故事。

主持人：相信听了您讲的这些，各位直播间的观众更加迫不及待了，下面的时间就交给赵老师，请她为我们分享测量南极的故事。

赵羲：大家好，下面我以"测量南极"为主题为大家汇报。我的报告将从 4 个方面展开：首先介绍南极科考的大背景；然后是测绘在南极考察的先行模范作用；接下来再讲一下我们测绘人在南极考察中传承的故事；最后分享一些精美的图片，讲一讲我们科考队员在南极和大自然的故事。

1. 南极科考

秉着"认识南极、保护南极、利用南极"的理念，我们国家已经进行了 36 次南极科学考察。本次考察实施"两船四站"考察任务，我国首艘自主建造的极地科学考察破冰船——"雪龙"2 号将与"雪龙"号一起进行"双龙探极"，开启中国极地考察新格局。本次科考从 2019 年 10 月 9 日到 2020 年 4 月 23 日，共执行了 198 天，共计 394 名考察队员，分别来自 105 家单位，共同完成了南极陆地科学考察、工程技术维护以及南极罗斯海、宇航员海、阿蒙森海等相关海域的调查等 62 项任务。

1.3 测量南极

"雪龙"2号是一艘非常先进的破冰科考船,也是一艘现代化的智能操控船,搭载了很多不同学科的科考设备。"雪龙"2号的首航航程有35000海里,其中在冰区航行了1500海里,破冰能力非常强。如图1.3.1所示,右边小一点的就是"雪龙"2号,大哥"雪龙"号已经是极地考察的"元老"了。此次两船伴行,一起送我们南极科考队员回家。

图 1.3.1　南极科考之双龙探极

固定翼"雪鹰"601是一个新型的高科技航空观测平台,自2015年雪鹰第一次参加中国南极考察以来,我们就在这个平台上做了很多的航空调查项目。如图1.3.2所示,背景

图 1.3.2　南极科考之固定翼飞机队

中显示的就是雪鹰，它停在距离中山站 10 千米的一个出发基地。我所在的固定翼飞机队，2019 年有 18 名科考队员，其中 15 名是我们中方的，大部分来自中国极地研究中心，还有部分来自高校，比如武汉大学、同济大学等，中间旗子后面的三人是来自加拿大的机组人员。

2. 测绘先行

（1）航空调查

在极地科考里面，有一句话叫"极地科考测绘先行"。在探索一个未知领土的时候，测绘发挥着很重要的作用。例如，现在使用的航空调查平台——"雪鹰 601"，就搭载了很多传感器和载荷，像冰雷达、重力仪、磁力仪、航空相机、激光测距仪等，通过这个平台可以获得航空重力、航空磁力，冰表的地形和影像，进而获得冰盖的厚度、冰层的内部结构以及冰下环境等参数，为认识南极提供了很多数据源。

自从第 32 次南极考察固定翼航空平台加入我们的考察队后，其累计科研测线飞行已达 17 万千米。在第 36 次考察中，我们一共进行了 15 次科研飞行，累积里程 3.7 万千米。从图 1.3.3 左边可以看到，我们历次的航空调查主要覆盖的是东南极，主要是伊丽莎白公主地这一片在国际航空调查空白的区域。

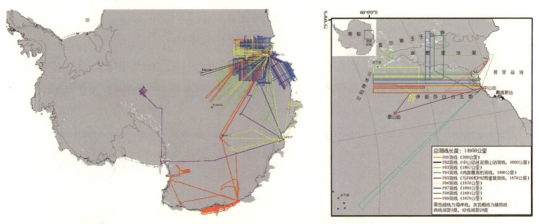

图 1.3.3 航空调查测线

（图片来源：中国极地研究中心，崔祥斌）

另外，这次考察还将国产自主研发的航空载荷首次应用到南极航空科考和全球变化研究当中。如图 1.3.4 左图所示，每一次科研飞行时，飞机上除了两名机长外，还会有 2~3 名科考飞行人员来操控这些载荷设备，并且每半个小时就要检查这些设备运行的状态和情况。我此次参加的科研测线，原计划是在 4km 的高空进行，这条测线是本季度最长、最深入内陆且纬度最高的一条。但高度还没到 4km 的时候，机长就说由于天气状况不佳，为保证安全，飞机必须飞到 5km 的高度。飞机就从 3km 直接爬升到 5km，由于科研飞机没有加压设备,相当于机舱里面的温度和压力与机舱外面是连通的,所以我们在 5km 的高空就需要吸氧。我们队员还开玩笑说,第一次觉得氧气甜丝丝的。我们大部分的测线都是从中山站出发,往内陆方向飞,所以在飞行过程中,看到下面都是白茫茫的冰盖,只有在起飞和降落的时候会经过中山站附近的一些海域,能够看到大海和一些美丽的冰山和海冰。

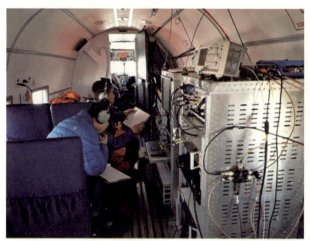

图 1.3.4　参与固定翼飞行任务感受 5km 高空的"甜"氧

(2) 地面调查

除了航空平台外,无人机还可以搭载各种各样的载荷,所以我们也会用无人机对考察站区域进行大比例尺测图,如图 1.3.5 所示,同时还会做一些像企鹅分布、地衣苔藓分布的地面调查。

图 1.3.5　无人机站区成图

"雪龙"或"雪龙"2号会在每年11月左右给考察站送补给,此时中山站附近的固定冰还没有完全融化,船无法停靠在中山站码头,只能停靠在距离中山站10~40km的范围内。船停靠在海冰上面,我们再通过车辆进行卸货,把"雪龙"号上的货物运输到中山站,但卸货的时候要经过一个危险的海冰区域,该区域海冰的厚度在一两米左右,所以我们必须规划一条非常安全的卸货路线。如图1.3.6所示,2020年在魏福海副领队的指挥下,同济大学的老师用无人机搭载光学传感器及探冰雷达,获得了海冰的分布范围和厚度,来保障我们海冰卸货作业的安全。

图1.3.6 利用无人机为"雪龙"号卸货提供路线规划支持

此外,我们还会在地面上做一些常规的冰雪环境观测(图1.3.7),用光谱仪测量冰雪地物的光谱,用雪叉测量雪密度,再用这些测得的冰雪环境参数帮助我们进一步发展遥感反演的算法。

图1.3.7 冰雪环境观测

在中山站附近还有一座很著名的冰川,叫达尔克冰川。如图1.3.8左上角所示,武汉大学在达尔克冰川做了很多年的连续观测。我们会架设标志杆,用全站仪、经纬仪观测这些标志杆点位的变化,进而测算冰川表面的流速以及它的物质平衡。如图1.3.8中间所示,我们的队员用固定翼无人机航拍达尔克冰川前缘的冰裂隙图片,我们可以利用这些数据观测冰川对全球气候变化的响应。

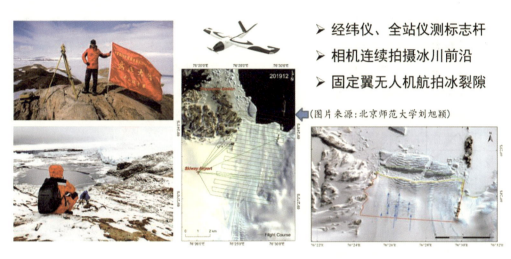

图1.3.8 在达尔克冰川附近开展冰川表面物质平衡观测

(3)大洋调查

在搭乘"雪龙"号返回的途中,我们有幸经过了海冰区域(图1.3.9),因为我的研究方向是海冰遥感,做研究时都是从影像上看海冰,所以第一次亲眼见到海冰时很兴奋。海冰在海洋上以不同的形式呈现,如图1.3.9左上角的叫莲叶冰,因为形态很像荷叶。

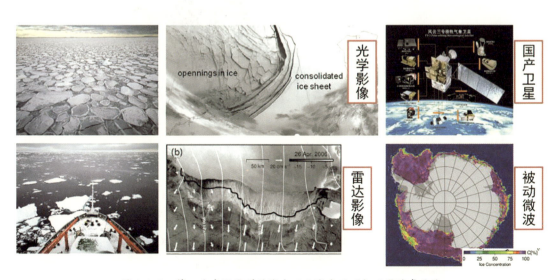

图1.3.9 第一次亲眼见到的海冰以及海冰观测与卫星遥感反演

从光学影像上可以通过不同的反照率,看到白色的海冰和黑色的冰间水道,从雷达影像上则可以通过它的后向散射系数和不同的纹理,来区分不同类型的海冰。在我的科研项目里,现在也使用一些国产的卫星,像"风云"3 号极轨气象卫星,来做被动微波的海冰密集度反演,"雪龙"号在冰区的航行也是用被动微波的海冰密集度反演的产品来指导的。

3. 传承故事

极地测绘人在南极是有传承的。1984 年,我们测绘人就参与了第一次南极考察。鄂栋臣教授是有名的"极地测绘之父",当时鄂老师首次远征南极,做了第一个长城站的控制点,命名了第一个南极的地名,也绘制了第一张南极地图。随后,他 7 次远征南极,4 次考察北极。而我与鄂老师之间也颇有缘分,早在我高中的时候,鄂老师就去过我家乡的一所学校——湖北荆门龙泉中学,去做南极科考的宣讲。他富有激情的演讲,深深地打动了我,所以我在填高考志愿时就选择报考了武汉大学。

我本科专业是武汉大学资源与环境学院地图制图专业,大四的时候,我就跟着庞小平老师制作我国第一幅南极全图大挂图。2005 年,张胜凯博士跟随内陆队首测南极的最高点 Dome A,如图 1.3.10 所示,我作为学生代表之一欢迎他的凯旋后,就和南极结下了不解之缘。我在硕士生导师庞小平老师的带领下,参与了第一本南北极地图集的制作。就因为这样一颗种子,这样一个梦想,我和南极结缘了。

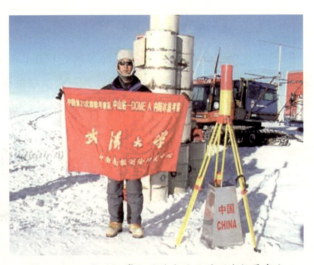

图 1.3.10　张胜凯博士跟随内陆队首测南极最高点

从第一次南极科考开始,武汉大学中国南极测绘研究中心每次都会派师生去参加。我们创建了我国北斗卫星导航系统境外唯一的南极监测站,改善了北斗卫星地面监测网结构,使北斗卫星定轨精度提高了三倍以上;建成了 4 个 GPS 卫星跟踪站,参与建立和维持了中国极地高精度动态坐标基准,并测定出南极板块运动速度场(图 1.3.11)。我们还首次完成了对长城站和中山站地区的绝对重力测量,建立了中国南极第一个永久性验潮站,为我国实时分析南大洋潮汐特征奠定了基础(图 1.3.12)。

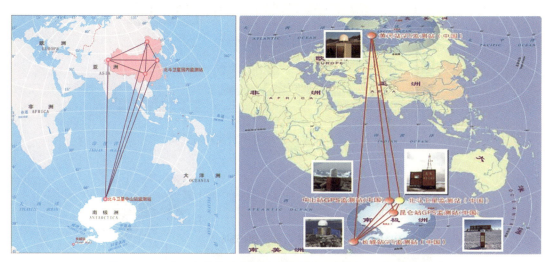

图 1.3.11　武汉大学中国南极测绘研究中心在南极所做的部分工作

图 1.3.12　冰海下高难度验潮站的建成

通过多种航空航天卫星平台,还有地面的冰雷达,我们获得了很多有版图意义的极区地图,编制了我国第一本南北极地图集。回顾极地测绘这 30 多年的进程(图 1.3.13),从 20 世纪 80 年代的从无到有的传统测绘,到 90 年代数字化的测绘体系,再到今天信息化、全天候、多维立体的观测,测绘在极地考察中的发展是非常迅速的。

在极地考察中,测绘扮演着很多角色。如图 1.3.14 所示,它可以支撑考察站的管理、规划海冰卸货路线,还可以辅助地面调查、建站选址,实现卫星、航空、地面观测的立体化观测,也为全球气候变化研究作出了重要贡献。

图 1.3.13　极地测绘 30 年来的发展与进程

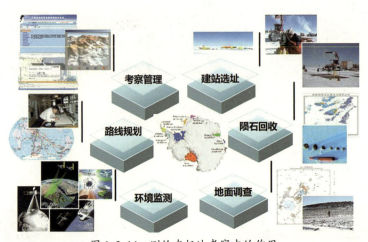

图 1.3.14　测绘在极地考察中的作用

4. 人与自然

最后分享一些在考察期间拍摄的图片。图 1.3.15 是浪漫的极光，是目前还留守在中山站越冬的考察队员——武汉大学的博士生曾昭亮拍摄的，极光下是中山站里设备越来越完善的一些科研栋和观测栋。

图 1.3.15　浪漫的极光（拍摄：曾昭亮）

图 1.3.16 中的景色，被取名为"和你一起看星星"，是因为在中山站能看到特别绚烂的银河，拍摄者是武汉大学校友李航博士。

图 1.3.16 和你一起看星星(拍摄：李航)

除了自然的极光之外，还有激光。如图 1.3.17 所示，拍摄的是中山站的激光雷达观测栋，射向天空的几处激光都非常美丽。

中山站激光雷达系统

图 1.3.17 一飞冲天的激光(拍摄：黄文涛，李航)

图 1.3.18 中的几张照片是无人机在中山站门口拍摄的百变冰山。中间的一幅其实是冰山的俯瞰图，上面蓝色部分是冰山表面的融水，看起来非常漂亮。

中山站还有一些可爱的动物们，例如企鹅、雪鹱，最常见的企鹅类型是阿德利企鹅，因为它们比较喜欢在岩石区生活。图 1.3.19(a)是阿德利企鹅，该图是在它的羽毛要褪毛的时候拍摄的，灰色的羽毛要褪成黑白色的，就像酋长戴了个帽子；图 1.3.19(b)所示的则是像天使一样雪白的雪鹱。

我们全站有 90 多名队员，但只有两名厨师，所以除了平时的科考任务外，我们还要帮厨。虽然我们的食材很丰富，肉类也管饱，但是蔬菜不好储存，前几个月还可以维持，到后面就要自己发豆芽、磨豆浆和打豆腐，来增加一些素菜。大年三十的时候，来自天南海北的考察队员们还会一起包饺子。

无人机航拍中山站冰山

图 1.3.18　不同形态的冰山（拍摄：崔祥斌）

（a）　　　　　　　　　　　　　　　（b）

图 1.3.19　南极中山站附近的小动物们（拍摄：刘旭颖）

企鹅是我们考察队员的心头好，因为它们特别可爱。图 1.3.20（a）这张图是我跟在企鹅后面的场景，我以为企鹅脚短所以走得会很慢，但其实它们走路和滑行的速度比我快多了；图 1.3.20（b）是我们快离站的时候，阿德利企鹅来我们站上褪毛的场景，它们其实不怎么怕人，只要保持安全距离，它们很配合我们拍照。

南极的风雪很大，除了冷以外就是风，所以它不仅被称为寒极还被称为风极。我们遇到过南极中山站的 8 级大风（图 1.3.21），我做过实验，人站在风里往后倒都倒不下去。考察队的旗子、固定翼飞机队在冰盖基地的旗子，考察到一半的时候就被风刮走了一半，考察结束的时候就只剩旗杆了。

南极是我们共同的家园，在南极时我们会和很多其他站的科考队员相互交流。图

1.3.22(a)是俄罗斯站纪念俄罗斯探险家发现南极两百周年的时候,我们和他们一起狂欢。因为我们站上有标准的羽毛球馆,他们没有这些运动设施,并且俄罗斯站和中山站很近,所以他们每个周六都会到我们站上打球。如图 1.3.22(b)所在地是印度站,它也在中山站附近,我们就在那儿进行了一场"四国学术交流会",包括中国、印度、俄罗斯和澳大利亚。

(a)

(b)

图 1.3.20　与企鹅一起拍照

中山站8级大风

图 1.3.21　南极的风

(a)

(b)

图 1.3.22　南极各国考察站之间的人文活动与学术交流

55

除了完成科考任务外，我们在业余生活中也会自己找乐子。如图1.3.23(a)所示，我们几个固定翼飞机队的好朋友会一起拍照；图1.3.23(b)是一个叫"劳基地"的地方，它是澳大利亚建的一个避难所，因为离中山站比较近，所以我们也经常会把我们的小零食放到那里补给。

(a) (b)

图1.3.23 在南极的乐趣

在南极的日子里也会很思念家乡的亲人，所以在我女儿过生日的时候，气象队员们给我出主意，说赵老师你可以在探空气球上写下对女儿的祝福，这也算是我们科研人员独特的浪漫，如图1.3.24(a)所示。图1.3.24(b)是我在雪地上写下的对武汉和祖国的祝福——"武汉平安，中国加油"。

(a) (b)

图1.3.24 给女儿的生日祝福以及对家乡和祖国的祝福

春节的时候，考察站有很多活动，其中我最喜欢的就是送福字。我们会写满桌子的"福"字，然后贴在房间的门口，每一个福字都代表着满满的期望，希望我们的家人和国家福气多多(图1.3.25)。

每一个"福"字都是满满的期望

图1.3.25 春节送福字

感谢中国第36次南极科考队的所有队友们,感谢国家自然资源部的领导们,感谢极地考察办公室、中国极地研究中心对我们这次考察的精心组织和得力的后勤保障,感谢祖国接我们回家,武汉大学和中国南极测绘研究中心永远都是我坚强的后盾(图1.3.26)。

图1.3.26 致谢(拍摄:祝标)

【互动交流】

主持人:下面进入问答环节,我们已经提前征集了几个问题,先请赵老师来进行解答。在这个过程中,如果大家有什么想法或者问题,也欢迎发到我们的直播间,稍后赵老师将在线与大家进行互动。

提问人一:需要具备什么样的资质,才能够参与到南极的科考工作当中?

赵羲：刚才我的汇报 PPT 里面也讲了，我们南极科考的成员来自 100 多家单位，包括很多科研院所、高校都有参加南极的科考。南极科考不是一个人能做的，包括南极测绘也不是一家单位做的，要把南极科考做好，需要大家齐心协力。其实南极只是一个研究区域，在这个区域里面有很多的学科都能来做科考，比如说生物观测、海洋领域、大气，以及测绘等。另外，我们武汉大学每年都会参加南极科考，所以报考武汉大学也有机会去。

提问人二：和 1984 年首次赴南极科考相比，现在的探测条件有了哪些方面的提高？

赵羲：我觉得有两个方面的提高，一个是科研条件方面，另一个是保障方面。科研条件方面，我从测绘的角度去谈。第一次踏上南极大陆长城站时，我们用传统的测绘仪器、水准仪和经纬仪，大比例尺的地形图都是我们用脚踩土地去量出来、测出来的，条件非常艰苦。而现在我们有近地面的无人机平台、航空调查平台，还有卫星数据，大洋下有水下机器人，海洋上有浮标，都是全方位立体观测。在考察的保障方面，因为南极是一个非常特殊的区域，如果没有后勤保障人员来支持科研人员，我们是没有办法工作的。刚才我给大家展示的这些图片里面，没有一项工作能单独完成，都有后勤保障在支撑。最早的科考时代都是肩挑手扛，而现在有很多大型的机械在站区工作，能够有更好的保障。像我所在的固定翼飞机队，有一个飞行基地，出发基地和中山站之间有 10 千米的直线距离。我们通勤的时候有一辆通勤车，它可以爬 30° 的坡，水深一米的地方也能直接蹚过去，如果水上有浮冰，通勤车开得就像小型破冰船。如果在夏季，冰融化得特别厉害，不好走的时候，我们是坐直升机通行的。所以，你可以想象以前都是靠脚走、靠肩挑手扛，现在我们通勤都能坐直升机了，这是非常大的一个进步。

提问人三：您经历了这次南极"滞留"，相关经验肯定也非常丰富了，您对后续参与南极科考的工作人员有什么建议？

赵羲：其实来南极科考主要作两个方面的准备，第一个是身体上的，因为这次行程是艰苦的，像我们坐船去南极要经过西风带，有时晕船晕得起不了床，就很难受；第二个是心理上的，因为在一个相对与世隔绝的环境里面，处在一个很小的人类社会中，我们会有孤独感，所以要有比较强大的内心。另外，南极还有很多比较危险的地方，虽然我们现在已经有很先进的保障条件，但是仍然无法完全避免来自大自然的风险，比如以前考察中会出现冰裂缝，所以需要拥有探索和冒险精神。

提问人四：在南极从事测绘工作的特殊要求以及面临的困难有哪些？

赵羲：这个问题是行业的问题，测绘在极地考察中发展得很快，已经不像老一代的测绘了，但是面临的困难仍然存在，例如无人机在南极的应用。我今年（2020 年）带了一个无人机去就不太好用，后来发现很多无人机在极区都是这样，因为南极离磁极点太近，指南针辨不出南北。如果是在国内用无人机，会通过 GPS 和指南针这两个参数来控制飞机，但是在南极经常会遇到指南针或者 GPS 异常的情况，这个时候无人机就没法控制，有很多无人机因此都沉湖了。所以，其实在极地特殊的环境里面，有很多能在城市中使用的测绘手段，在极地还是有些困难。

提问人五：您从事的相关科考工作是否对学界、企业有合作需求？

赵羲：谈到合作，我觉得这次南极考察的经历让我对此体会深刻，我相信越来越多的合作也会更高效、更快地推进。因为极地考察是各行各业、各个学科科学家一起合作的结果，科研人员和后勤保障人员的配合、不同学科之间的交叉和合作都很重要。我后来在"雪龙"2号上，和国家海洋技术中心的老师们一起组织了一个小型的学术研讨会，一起来探讨合作，参会的包括来自不同高校的十几个科研单位以及国家自然资源部。因为我们有很多需求，比如硬件和观测方面的，像我自己做海冰遥感、冰间湖的一些水气界面的观测，如果有浮标能在海面上做一些气象参数的获取，将会大大推动学术进展。我觉得合作在极地考察中能发挥非常大的优势。在企业合作方面，像定制在南极使用的无人机，就是很典型的应用。

（主持人：马天舒；摄影：李皓；录音稿整理：丁锐；校对：田雅、王雪琴）

1.4 被动微波土壤水分反演
——原理、观测、算法与产品

(曾江源)

摘要： 土壤水分是地球生态系统包括全球水圈、大气圈和生物圈水分和能量交换的重要组成部分。被动微波遥感由于其全天时、全天候、穿透性强、对介电特性敏感的独特优势，被认为是目前大范围监测土壤水分最有效的手段。在 GeoScience Café 第 203 期报告中，曾江源博士系统地介绍了被动微波土壤水分反演的原理和卫星观测，并重点介绍了现有主流反演算法的优缺点、新发展的算法及当前土壤水分产品的验证与误差来源分析工作。最后，曾博士对产品的使用提出了建议，并对微波遥感土壤水分未来发展进行了展望。

【报告现场】

主持人： 各位同学、各位老师，大家晚上好！我是本次活动的主持人么爽，欢迎大家参加 GeoScience Café 第 203 期的活动。本期我们非常荣幸地邀请到了中科院遥感地球所遥感科学国家重点实验室曾江源博士作为我们的报告嘉宾。曾老师 2010 年毕业于武汉大学，获学士学位；2015 年毕业于中科院遥感与数字地球研究所，获博士学位。以第一/通讯作者在 RSE、IEEE TGRS、JGR 等期刊发表 SCI 论文 11 篇，其中 RSE 论文入选 ESI 前 1%高被引论文，授权专利 3 项。在 IGARSS、EGU、PIERS 等国际会议上作口头报告 10 余次，担任 IGARSS 2017 "Soil Moisture Remote Sensing" 分会场主席。获得国际无线电联盟青年科学家奖、中科院优秀博士论文、中科院院长优秀奖及北京市优秀毕业生等多项奖励。下面让我们有请曾老师。

曾江源： 各位老师同学，大家晚上好！今天很高兴能够回到武汉大学做报告，也很感谢 GeoScience Café 团队的邀请。我先简单自我介绍一下，我叫曾江源，目前在中科院遥感与数字地球研究所工作。我本科最美好的四年时光是在武汉大学度过的，当时是在遥感信息工程学院、GIS 方向、06032 班。2010 年我本科毕业并被保送至中科院遥感地球所硕博连读，2015 年博士毕业之后就直接留所工作。所以今天很荣幸再次回到母校，阔别母校八年，感觉武大和武汉变化都很大。这次能以主讲人的身份回到母校给学弟学妹们做报告，心里还是很激动的。

据我了解，我们武大的遥感研究主要有图像处理、三维重建和卫星导航等方向，这些方向实验室有很多做得很好的老师。而今天我给大家汇报的内容则属于定量遥感的范畴，这个方向武大涉猎相对较少，而遥感所和北师大研究得较多。今天报告的内容是我从博士期间一直延续到现在的研究方向，报告的题目是：被动微波土壤水分反演。在座的很多同学可能对这个研究方向不是很了解，因此今天我打算讲得细致一些，从反演的原理、观测、算法和产品四个方面为大家介绍这个领域以及自己的相关工作。希望能在一个半小时之内让大家有一些收获。

我此次报告的提纲总共分为四个部分：

① 微波遥感土壤水分反演的基本原理。

② 现有的土壤水分观测资料，包括最主要的卫星反演的产品、用于卫星产品验证或者作为补充资料的地面观测数据以及模型模拟产品。

③ 被动微波观测手段、算法的发展与产品验证，主要介绍现有算法的难点、存在的问题以及现有产品的精度和误差来源。此部分从三个方面展开：特殊区域——青藏高原地区土壤水分产品的验证及误差分析工作，针对这些产品的问题而发展的新算法以及在不同地区不同尺度下八种土壤水分产品的验证及误差分析工作。

④ 总结与展望，包括现有的土壤水分产品的使用建议与注意事项，以及对微波遥感土壤水分未来可能方向的展望。

首先，我们开始第一部分——被动微波土壤水分反演的基本原理介绍。

1. 被动微波土壤水分反演原理

今天我们谈论的对象是土壤水分，什么叫作土壤水分？土壤是由土壤固体颗粒、空气和土壤水分所组成。简而言之，土壤水分就是存在于土壤固体颗粒之间的水。而如何计算得到土壤水分呢？相信大部分人首先能够想到的是我们通常所说的土壤重量含水量，即土壤中水的重量与土壤干重的比值。但是在我们遥感领域中另一种概念用得更加广泛，即土壤的体积含水量。它和重量含水量之间的转换关系也很简单，就是重量含水量乘以土壤的容重，土壤容重即土壤的密度。实际上，土壤体积含水量的物理概念表示的是每立方米的土里面有多少立方米的水。它等于土壤水分的体积与土壤水、空气加土壤固体颗粒的体积的比值。因此我们在实际研究中经常看到的单位是 m^3/m^3、cm^3/cm^3 或者百分比。另外，大家还需要注意的是，虽然说遥感，尤其是我们今天谈到的微波遥感，具有一定的穿透性，但是它的穿透性是有限的。一般而言，我们把土壤水分分为表层土壤水分和根区土壤水分，我们遥感能够看到的是表层（通常为 0~5cm）的土壤水分。

那么我们为什么要研究土壤水分？它的重要性体现在哪里？地球循环系统包括水循环、碳循环和能量循环等，其中水循环系统是最重要的循环系统。而土壤水分是地球水循环系统中一个非常关键的参量。相关研究表明，虽然土壤水分只占全球水量的十万分之一，但是它却捕获了整个水循环过程的 20%，由此可见土壤水分非常重要。以布法罗流域的降水预测为例，当我们不加入土壤水分信息，利用大气预报模型进行预测的时候，预测值与真实值偏差较大。但是加入土壤水分信息之后，模拟的精度得到了显著提高。因此，通过提供土壤水分这样的地表初始状态和边界条件，可以提高天气预报的预测精度。此外，我们也知道土壤水分在干旱监测、作物产量估算和洪涝预警等方面也发挥了非常重要的作用。正是因为土壤水分的重要性，欧空局把土壤水分定义为需要重点关注的 13 个关键气候变量之一，而在地球观测组织 GEO 定义的 25 个优先观测的变量中，土壤水分的优先级更是排到了第二位，由此可见，准确获取土壤水分非常重要。

那么获取土壤水分的手段有哪些？通常来说有地面测量、模型模拟和遥感反演这三种。地面测量通常较为简单，在野外我们可以采集土壤样本带回来烘干，或者用设备在野外进行测量，还可以买一些设备埋在土壤里面进行长期的观测，这就是我们通常所说的站点观测。但是人工测量非常费时费力、站点维护的成本很高且无法实现大范围的持续监测；第二种方法是模型模拟的手段，通过建立水量平衡方程模型，得到模拟的土壤水分，但模型模拟受到模型结构和驱动数据精度的影响，不确定性因素比较大；最后的方法就是我们今天聚焦的遥感反演的方法。遥感方法又分为光学、热红外和微波几种，今天我们聚焦微波遥感。这是因为微波遥感在反演土壤水分方面有其独特的优势，首先它能够弥补光学受雨雾、天气影响的问题。其次它能够弥补地面观测无法大范围持续监测的问题，最后就是遥感反演的结果也可以作为模型的输入，提高模型预测的精度。

微波遥感分为主动微波和被动微波。主动微波以 SAR 为主，它发射电磁波，然后接收反射回来的信号；被动微波是直接接收地物发射的信号，两者在监测土壤水分方面各有优势。主动微波的空间分辨率高，适合精细尺度的土壤水分监测，但其时间分辨率低，且容易受到地表粗糙度和植被结构的影响，因此主动微波在监测土壤水分上的不确定性比较大；被动微波正好相反，它的时间分辨率高，空间分辨率低，适合大尺度土壤水分的监测。同时被动微波相比于 SAR，较少受到植被和地表粗糙度的影响，因此它对土壤水分更加敏感，所以今天我们聚焦的也是被动微波。

下面我开始介绍被动微波土壤水分的反演原理，根据 Plank 定理(公式(1))，物体辐射的亮温可以表示为地表发射率和地表温度的乘积：

$$T_{b(p)} = e_{s(p)} T_s \tag{1}$$

地表温度易于理解，而关于地表发射率一般表示为：假设地表光滑条件下(暂不考虑植被和地表粗糙度)，依据能量守恒定律，地表发射率等于 1 减去地表反射率。而光滑地表反射率则可以通过菲涅尔方程得到(公式(2)和公式(3))。

$$R_{sh} = \left| \frac{\cos\theta_i - \sqrt{\varepsilon - \sin^2\theta_i}}{\cos\theta_i + \sqrt{\varepsilon - \sin^2\theta_i}} \right|^2 \tag{2}$$

$$R_{sv} = \left| \frac{\varepsilon\cos\theta_i - \sqrt{\varepsilon - \sin^2\theta_i}}{\varepsilon\cos\theta_i + \sqrt{\varepsilon - \sin^2\theta_i}} \right|^2 \tag{3}$$

从公式中可以看到，反射率的值和土壤介电常数 ε 以及传感器入射角 θ_i 密切相关。而

土壤介电常数 ε 和什么相关呢？从图 1.4.1 可以看到，干土和湿土介电常数差异很大，且土壤越湿，土壤介电常数越大，即土壤水分在土壤介电常数中占据主导地位。归纳一下，土壤水分的细微变化会导致土壤介电常数的变化，进而引起地表反射率、发射率的变化，最后引起微波辐射计接收到亮温的变化。这就是利用亮温监测土壤水分的物理基础。

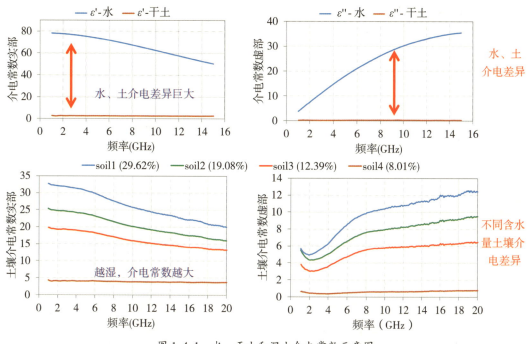

图 1.4.1 水、干土和湿土介电常数示意图

另外，图 1.4.2 为不同微波波段的植被透过率和对介电常数的敏感性情况。我们知道，微波根据不同的波长和频率会细分成不同的波段。在土壤水分反演领域，主要以 L 波段、C 波段和 X 波段为主。图 1.4.2(a) 表示的是不同波段植被的透过率，可以看到，当蓝色代表的波长最长的 L 波段在植被生物量达到 $2kg/m^2$ 时，它对应的植被透过率约为 75%。而此时最短的 X 波段对应的植被透过率几乎为零。植被透过率低代表植被下面的土壤信息很难被传感器所接收到。因此这个图告诉我们波长越长，信号对植被的穿透性越强。

图 1.4.2(b) 表示的是不同波段的介电常数的敏感性。可以看到在相同的土壤水分变化情况下，蓝色代表的 L 波段引起的土壤介电常数的变化最大，表明 L 波段对土壤的介电常数最敏感。

综合以上两方面：对植被的穿透性和对介电常数的敏感性而言，L 波段被认为是目前监测土壤水分最优的波段。因此，像欧空局的 SMOS，美国的 SMAP 这些专用的土壤水分监测卫星等都是获取 L 波段的数据。

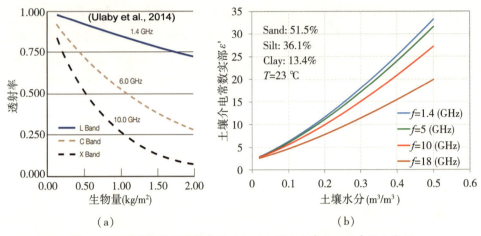

图 1.4.2　不同波段的植被透过率和对土壤介电常数的敏感性示意图

2. 被动微波土壤水分观测资料

第二部分我为大家介绍一下土壤水分观测的一些相关资料，首先向大家介绍卫星反演的产品，接下来介绍用于产品验证或者作为补充资料的地面观测数据和模型模拟产品。

（1）卫星反演的产品

图 1.4.3 是从 20 世纪 70 年代到现在（2018 年 6 月）所有大尺度土壤水分监测的主流的卫星或传感器，这里我也将主动传感器归入其中。需要注意的是，虽然从 1978 年 SMMR 就开始工作并且提供多通道的观测，但是直到 2002 年发射的 AMSR-E 才开始第一次提供全球土壤水分产品。此后，像 AMSR2、SMOS 和 SMAP，还有我国的风云三号（FY-3B）也陆续开始提供土壤水分产品。

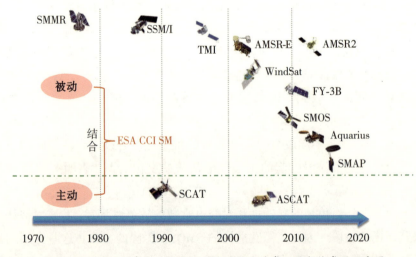

图 1.4.3　用于土壤水分反演的主被动微波遥感卫星或传感器示意图

1.4 被动微波土壤水分反演

我将现在能获取的遥感土壤水分产品总结成一个表格(表 1.4.1)。可以看到,被动土壤水分产品以 SMAP、SMOS、AMSR2 和我国的 FY-3 为主;主动的以 ASCAT 为主,还有主被动融合的 ESA CCA 产品,之前也叫作 ECV 产品。这些产品主要以日作为时间分辨率,同时分为升轨和降轨。从时间跨度上看,我们发现很少有一个单独的卫星的时间跨度超过十年。而很多实际应用,如干旱监测,通常需要好几十年的土壤水分产品。在此背景下,欧空局发展的主动、被动融合的 ESA CCA 产品能够提供从 1978 年到 2016 年年底的土壤水分数据,共计 38 年,并且该产品仍在不断更新。它也是到目前为止能够提供最长时间序列的遥感土壤水分产品。从空间分辨率来看,现有土壤水分产品的空间尺度都比较低,大部分是 0.25 度或者 25km,也有少量产品比如 SMAP 的主动产品是 3km,但它的雷达已经失效了。另外,SMAP 现在能够提供最高分辨率为 9km 的被动增强产品。此外,AMSR2 传感器也能够提供 0.1 度的土壤水分产品。

表 1.4.1　　　　　　　　目前可以获取的遥感土壤水分产品信息

卫星/传感器	产品	空间分辨率	时间分辨率	时间跨度	分发机构
SMAP	Passive	36km	日(升/降轨)	2015.04~至今	NSIDC
	Active	3km	日(升/降轨)	2015.04~2015.07	NSIDC
	Active-passive	9km	日(升/降轨)	2015.04~2015.07	NSIDC
	Enhanced passive	9km	日(升/降轨)	2015.04~至今	NSIDC
SMOS	CATDS	25km	日(升/降轨)	2010.01~至今	CATDS
	BEC	25km	日(升/降轨)	2010.01~至今	BEC
	SMOS-IC	25km	日(升/降轨)	2010.01~至今	CATDS
AMSR2	LPRM	0.25°/0.1°	日(升/降轨)	2012.07~至今	GES DISC
	JAXA	0.25°/0.1°	日(升/降轨)	2012.07~至今	JAXA
FY-3	FY3B	25km	日(升/降轨)	2011.07~至今	CNSMC
	FY3C	25km	日(升/降轨)	2014.05~至今	CNSMC
AMSR-E	NASA	25km	日(升/降轨)	2002.06~2011.10	NSIDC
	JAXA	0.25°	日(升/降轨)	2002.06~2011.20	JAXA
	LPRM	0.25°	日(升/降轨)	2002.06~2011.20	GES DISC
ASCAT(主动)	ASCAT	25km/12.5km	日(升/降轨)	2007.06~至今	EUMETSAT
主被动融合	ESA CCI(ECV)	0.25°	日	1978.01~2016.12	ESA

那么,这些土壤水分产品在全球的分布是怎样的?这里我以最新的 SMAP 为例,给出了全球月平均土壤水分的分布(图 1.4.4)。我们看到该产品能够较好地捕捉土壤水分的空间变化,比如说像非洲北部、中东和澳大利亚中部这些传统的沙漠地区,土壤水分的值较低。而在非洲的中部和亚马孙平原,因为降水量较多,所以土壤水分值较高。而在不同的

月份,尤其是北半球的土壤水分会有一些差异。我们看到 2016 年 1 月北边大部分值缺失,这是为什么呢?因为这个时候温度很低,土壤冻结了。而我们现有的卫星很难反演冻结时期的土壤含水量,因此这部分值就被掩膜掉了。所以以前经常有同学问我,为什么他使用的土壤水分产品很多都是无效值,很多时候可能是所选的区域温度在零度以下,或者说被积雪覆盖,此时卫星无法进行有效反演导致的。

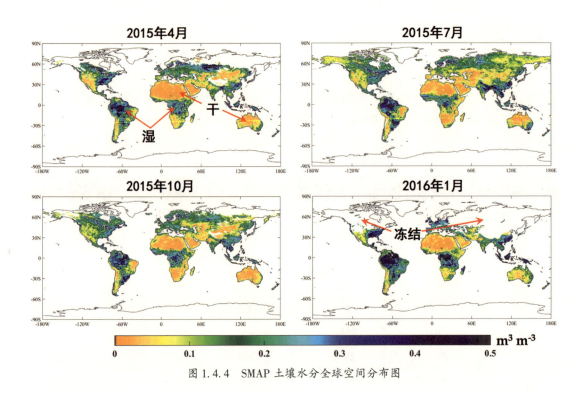

图 1.4.4　SMAP 土壤水分全球空间分布图

(2)实测土壤水分

前面我们讲到了土壤水分产品有三种获取方式,第一种就是实测的土壤水分。实测土壤水分可以用于分析土壤水分变化特征或者作为验证资料,是非常宝贵的数据。那么实测土壤水分如何获取呢?这里我为大家总结了四种方式:第一种方式主要是针对国外土壤水分观测资料,包括最主要的全球土壤水分观测网(ISMN)、美国农业部和澳大利亚的莫纳什大学等提供的土壤水分观测资料;第二种方式主要是针对国内的实测资料,可以通过相关的数据共享中心,比如寒区和旱区科学数据中心、中国气象数据网、青藏高原数据中心以及国家地球科学数据共享平台,都可以获取很多国内的土壤水分实测资料;第三种方式就是需要大家去关注相关科研人员的公共主页,有些会在公共主页上公布自己的产品;第四种方式是直接联系相关数据的负责人。

这里我们以 ISMN 为例向大家展开介绍,对于做土壤水分的研究人员来讲,它是最重要的一个数据共享平台。它目前能够提供全球 59 个观测网,2400 多个站点,从 1952 年到现在的,包括北美、欧洲、亚洲、非洲和南美的土壤水分和土壤温度资料。另外,北美和欧洲等经济发达的地区数据比较丰富，非洲和南美洲这些欠发达地区的资料就相对较少。我国的土壤水分资料还比较缺乏，比较新的数据主要集中在青藏高原以及黑河流域。值得一提的是，我们重点实验室的陈能成老师项目组也在 ISMN 上面公布了中国湖北地区的土壤水分实测资料。

(3) 模型模拟的产品

最后一种方式是我们前面讲到的模型模拟的产品，做水文或者与同化相关的同学可能比较了解。在遥感领域，这类产品经常被用来对比验证，或者说在我们遥感产品进行融合的时候作为基准产品。这里我也进行了一些总结，比如说最常用的 ECMWF、GLDAS 等，另外就是中国区域的 CLDAS，它能够提供亚洲地区的土壤水分模拟产品。模型模拟产品的优点在于它的时间分辨率相对来说比较高，时间跨度也比较长。此外，模型产品不仅能够提供表层土壤水分信息，还可以提供深层的土壤水分信息，也是一种非常好的数据资料。

3. 被动微波土壤水分算法发展与产品验证

接下来我会以自己的三个工作内容为例，向大家重点介绍被动微波土壤水分算法发展和产品验证。主要包括青藏高原土壤水分产品的验证，在该地区发展的新算法以及在其他区域不同尺度八种土壤水分产品验证和误差分析的工作。

首先为大家简单介绍一下被动微波反演土壤水分的难点。被动微波传感器接收到的信号是传感器系统参数和地表参量的函数。传感器参数是指使用的频率、极化方式、入射角等。地表参量包括一些植被参数和土壤参数，植被参数主要包括植被光学厚度和单次散射反照率。土壤参数包括土壤水分、地表粗糙度、土壤温度和土壤质地等。另外需要区分的概念是正演和反演。正演通常来说就是从地到星，即正向模拟。比如依据辐射传输模型，我们给定模型的输入参数，然后模拟得到我们的卫星观测值。反演刚好反过来，它是从星到地，通过已知的亮温观测数据，利用反演算法推算得到我们的目标参数，比如土壤水分。而其他的参数如植被光学厚度、地表温度等就是一些扰动参数。

为什么遥感反演很难？一个重要原因是通常我们拥有的观测量远远少于未知量，也就是 Y 小于 X，从而造成病态反演，这也是反演里面的难点。那么怎样解决病态反演的问题？第一种方式是增加观测量，如提供多个波段观测，如 AMSR-E/2；或者提供多个角度的观测，如 SMOS；抑或者主被动协同观测，如 SMAP。第二种方式就是引入辅助数据，很多算法引入光学的植被指数，如用 NDVI 来参数化植被的影响；或者引入地表分类数据去参数化不同的地表植被和粗糙度的影响，又或者引入模型模拟的数据等。但是这种方式也存在缺陷。因为我们用的辅助数据可能和微波观测数据存在时空不匹配的问题，以及辅助数据本身也存在一些误差。另外，我们引入辅助数据也增加了算法的使用难度等。从以上方面可以看出土壤水分反演是一个比较棘手的问题。

在被动微波土壤水分反演领域，我们通常会用零阶微波辐射传输模型去模拟从地到星的整个辐射传输过程。理论上亮温的贡献来自 6 个部分，包括：大气的向上辐射、土壤反射以及冠层削弱的大气向下辐射、冠层削弱的土壤辐射、直接的植被辐射、土壤反射以及被冠层削弱的植被辐射、宇宙背景辐射（一般为2.7K左右）。前面我们讲过微波遥感的优点在于它能够穿透大气，在10GHz以下时，大气的影响可以忽略。因此辐射传输可以简化为三个部分：第一部分是土壤发射后经过植被衰减的辐射；第二部分是植被自身的辐射；第三部分是植被辐射经过地表的反射之后再次经过植被衰减的辐射。基于微波辐射传输模型，不同的机构根据不同的传感器设计了不同的反演算法。比如AMSR-E/2主要的算法有NASA官方算法、LPRM算法及JAXA的查找表算法，SMOS采用L-MEB模型，SMAP采用单通道算法等。这些机构针对相应的算法生产了不同的产品。

而针对目前被动微波土壤水分反演产品及算法，还存在两个问题：①目前主流的被动微波土壤水分产品精度如何？应用时如何选择产品？②目前主流的被动微波土壤水分反演算法存在什么问题？如何改善？

首先我们看第一个问题，目前主流的被动微波土壤水分产品精度如何？应用时如何选择产品？这里我总结了我们的工作和以往产品验证工作的不同，主要有四个方面：首先是以往的验证主要集中在欧美和澳大利亚的一些发达地区和国家，针对亚洲区域尤其是对整个亚洲甚至全球气候有着重要影响的青藏高原地区，验证工作较少；第二个是以往研究的产品数量比较单一，缺乏对现有主流产品的全面比较和评估；第三个是以往的研究大多聚焦于单一的尺度如0.25度，缺乏多尺度的比较研究工作；最后一点也是比较重要的一点，以往工作往往只关注精度本身，并没有分析产品的误差来源是什么，而这一部分对于算法的改进非常重要。针对这些问题，我后面将会为大家介绍两项全面的产品验证和误差分析工作。

那么，我们验证的手段有哪些呢？主要有三种：第一种是直接验证，就是用地表实测的土壤水分进行验证，而实测数据又包括密集观测网和稀疏观测网；第二种方式是对比验证，即相同尺度的卫星产品的对比；第三种是交叉验证，就是用我们前面讲到的模型模拟的产品来进行对比。误差指标主要包括均方根误差（RMSE）、无偏均方根误差（ubRMSE）、相关系数（R）以及偏差（Bias）。

现在为大家介绍第一部分工作——青藏高原土壤水分产品验证及误差分析。为什么要选择青藏高原作为我的研究区？主要有三个方面的原因：第一，它属于中国的区域，也是全世界科学家尤其是水文气候学家特别关注的区域；第二，因为它已经有丰富的土壤水分观测网，可以提供研究必备的地表观测数据；最后一点也是最重要的一点，就是青藏高原对整个中国、亚洲甚至全球的气候都有着非常重要的影响，而土壤水分是影响该地区陆气交互，包括气候和水文非常重要的参数。

我们用于研究的地表实测数据来源于三个观测网：CAMP/Tibet、玛曲（Maqu）和那曲（Naqu）。这三个观测网地区具有不同的植被生长状况且有不同的气候条件，从而对验证的全面性和可靠性提供了充分的保障。验证的产品共计八种：包括AMSR-E的三种（NASA, JAXA, LPRM），AMSR-2的JAXA，SMOS的CATDS L3、ASCAT、ECV和ERA-Interim。首先，不同的产品有不同的分辨率，我们用最邻近插值法将所有的产品分辨率统一到 0.25 度，然后对土壤水分实测值中的异常值进行排除；接着就是验证策略，我们前面提到过卫星观测与站点观测在空间尺度上存在不匹配的问题，现在主流的验证方式是将格网内的密集观测站点实测值进行平均化，作为地面真值。在我们的研究中，我们是将观测网内所有站点观测的土壤水分平均值作为地面验证的真值，将观测网内所有卫星格网反演值的平均值作为估算值，然后利用地面真值对卫星估算值进行精度验证。

首先，CAMP/Tibet 的验证结果显示，LPRM 会明显高估，NASA、JAXA 会明显低估。同时我们发现在夜晚和白天时间，LPRM 在冻结期有明显的表现差异。在白天时刻冻结期有反演值，而在夜晚时刻没有反演值。要知道，LPRM 是通过一个经验性的温度模型来校正温度影响，同时辅助判别冻结与非冻结时期的。理论上，冻结时期被认为无法反演得到准确的土壤水分估算值，进而会进行无效值的去除。但在白天时刻我们看到这部分无效值在冻结期并没有被去除掉。因此，我们推测 LPRM 温度模型在青藏高原地区存在误差。依据玛曲观测网结果，SMOS 产品表现出了明显的异常，推测 SMOS 亮温受 RFI 的影响较大。而通过将验证日期分为冻结期和非冻结期，可以看到三个观测网 LPRM 产品在升降轨冻结期差异很大。在非冻结期，所有被动微波产品均明显高估或低估地表土壤水分。针对前面提到 LPRM 存在异常的问题，我们首先对其温度模型进行验证，如图 1.4.5 所示。LPRM 的温度模型在青藏高原存在较大误差：在降轨时会低估，在升轨时会高估。因此，非常有必要建立新的温度模型来改进 LPRM 温度模型的精度。而通过对那曲地区 SMOS 亮温随角度变化的结果分析得出，青藏高原 SMOS 产品误差主要来自 RFI 影响。因此，在亚洲尤其是中国，不建议使用 SMOS 产品。

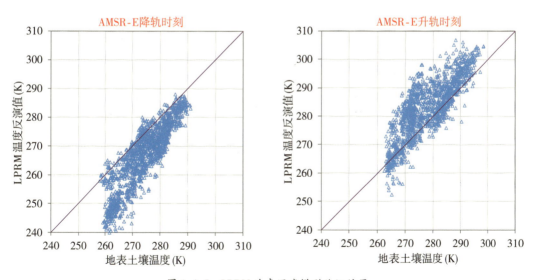

图 1.4.5　LPRM 地表温度模型验证结果

下面是针对第二个问题，即主流的被动微波土壤水分反演算法存在什么问题？如何去改善？我为大家总结了当前国际主流土壤水分反演算法在解决地表温度、植被光学厚度和地表粗糙度影响时存在的三个不足：①仅在某些区域标定的作为算法温度影响校正的温度经验模型在全球范围内如非常特殊的青藏高原地区的适用性问题，第一个问题主要是针对地表温度影响校正的问题；②对辅助数据过分依赖(如需要利用光学植被指数获得植被参数)进而导致算法适用性不强，第二个问题主要是针对植被光学厚度影响校正的问题；③因缺乏辅助数据而不得已做出与实际情况不符的参数假设(如假设地表粗糙度在全球范围内为固定值)，导致算法产生较大的反演误差。第三个问题主要是针对地表粗糙度影响校正的问题。针对上述不足，下面将向大家介绍我做出的地表温度、植被和地表粗糙度校正新方案，从而形成新的土壤水分反演算法。

我们首先结合青藏高原的数据对 LPRM 算法中的温度模型进行分析，由于该模型建立的数据来源于美国和欧洲部分国家，因此该模型存在区域依赖性，在青藏高原并不适用。另外，在升轨和降轨两种情况下，我们通过提取 AMSR-E 不同的波段，最终发现，所有实验区 Ka 波段 V 极化亮温与地表温度的相关性是最好的，且其在降轨的相关性更强。基于该发现，我们重新建立了青藏高原地区的地表温度模型。经过精度验证，该模型在青藏高原地区精度明显优于 LPRM 温度模型。而对植被和地表粗糙度影响的校正，我们则考虑到了地表粗糙度和植被光学厚度对亮温有相似作用的特点，从而将两者合并为一个综合影响因子。而关于波段选择，经过 RFI 检测，我们发现 C 波段(6.9GHz)在青藏高原地区未受 RFI 影响，因此更适合青藏高原地区的土壤水分反演。此外，对于反演最佳极化方式选择，经过模拟结果与实测结果比对，我们认为在青藏高原 H 极化相对于 V 极化更优。在以上的实验基础上，我们提出了青藏高原地区土壤水分反演新算法(图 1.4.6)。

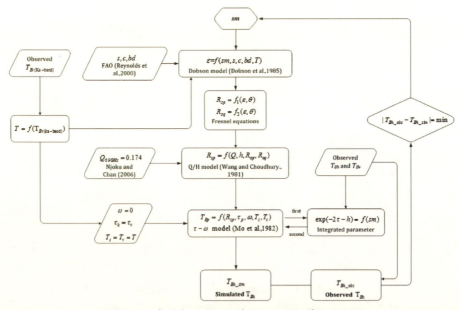

图 1.4.6　青藏高原地区土壤水分反演新算法流程图

经过验证，该新算法相较于 NASA AMSR-E 及 SMOS 官方算法在青藏高原地区使用有两大优势：首先是新算法反演值捕捉土壤水分随时间动态变化的能力更好；其次，新算法反演值与实测值更接近。进一步利用 AMSR2 亮温数据进行反演，以中国荒漠化土地分布图作为参考依据，发现新算法在中国的反演结果明显优于 JAXA AMSR2 产品（图 1.4.7）。

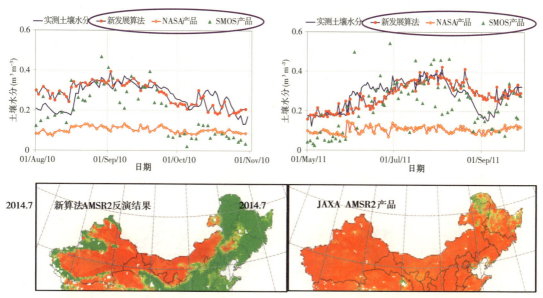

图 1.4.7　新发展的土壤水分反演算法在青藏高原那曲地区及中国荒漠化区域与国际主流的 NASA AMSR-E，ESA SMOS 及 JAXA AMSR2 算法的对比

前面两项工作我们都是针对特殊区域即青藏高原展开的，下面将为大家介绍我们在其他区域开展的第三项工作。我们知道美国目前有最新的 L-band 的 SMAP 土壤水分产品，我国的风云系列也能够提供土壤水分产品，以及主被动融合的 ESA CCI 产品也在不断地更新。另外，前面我们的验证工作是针对 0.25 度这样一个比较粗的尺度，那么大家可能关心的是现有的这些在轨的最新的产品表现如何？它们在 0.25 度以外的 0.1 度即更高分辨率的表现如何？带着这样的疑问我向大家介绍最后一项工作，就是不同尺度下八种土壤水分产品的验证以及误差分析。这八种产品包括：0.25 度下的 SMAP、SMOS、AMSR2 LPRM、AMSR2 JAXA，FY-3B 和 ESA CCI 以及 0.1 度下的 SMAP Enhanced Passive 和 AMSR2 JAXA。这八种产品不仅使用的频率不一样，使用的反演算法也不一样，因此我们可以预计不同的产品在不同的地方会有不同的表现。我们这次选择的实验区都是平原地区，包括美国的 LWW 观测网和欧洲西班牙的 REMEDHUS 观测网，我们选择这两个观测网的原因主要有三个：第一个是因为它们是密集站点观测网，这两个观测网都有 20 个站点，可以最小化卫星观测和地表观测之间空间不匹配的问题；另外就是这两个观测网都有高质量的数据，经常被选为算法的定标场；最后一个原因是这两个观测网有不同的地表覆盖，LWW 是草地覆盖，REMEDHUS 是农作物覆盖，能够保证我们验证的全面性和可靠性。

首先是 0.25 度的结果(图 1.4.8),左边是美国 LWW 结果,右边是西班牙 REMEDHUS 结果。图中蓝色线表示实测数据,散点代表产品。我们看左边这幅图,首先这些产品在 LWW 的表现比青藏高原都要好很多。另外红色代表的 SMAP 产品在 LWW 观测网能够较好地捕捉土壤水分的动态变化。看右边 REMEDHUS,可以发现紫色代表的我国 FY-3 产品也有较好的表现,同时在这两个观测网我们可以看到黄色圆圈代表的 LPRM 产品会明显地高估,同时绿色三角形代表的 JAXA 产品会明显低估土壤水分,这和前面我们在青藏高原得出的结论是一致的。再来看 0.1 度下的结果(图 1.4.9),我们看到红色代表的 SMAP 被动增强产品和紫色代表的 JAXA 产品都会低估土壤水分。相对来说,SMAP 产品在捕捉土壤水分的动态变化能力上要明显优于 JAXA 产品。另外,我们还通过计算相关误差指标来分析各种产品的表现,结论和时序图一致。

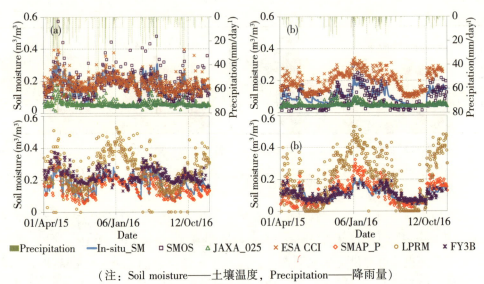

(注:Soil moisture——土壤温度,Precipitation——降雨量)

图 1.4.8　0.25 度下 LWW 和 REMEDHUS 观测网土壤水分产品验证结果

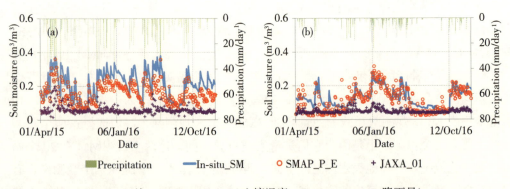

(注:Soil moisture——土壤温度,Precipitation——降雨量)

图 1.4.9　0.1 度下 LWW 和 REMEDHUS 观测网土壤水分产品验证结果

下面再看误差分析，前面我们讲到了 LPRM 的温度产品在青藏高原不太准确，造成了 LPRM 的土壤水分产品精度不高。这里我们也提取了 LPRM、SMAP(被动和被动增强)及 SMOS 的温度产品，因为目前只有这四种产品能够提供土壤水分对应的温度产品。可以看到，首先这些温度产品表现比青藏高原要好很多(图 1.4.10)，和 1：1 直线比较接近，其次需要和大家说明的是目前的 SMAP 和 SMOS 都是采用模型模拟值去校正温度的影响，而 LPRM 是利用高频的 Ka 波段来校正温度的影响。

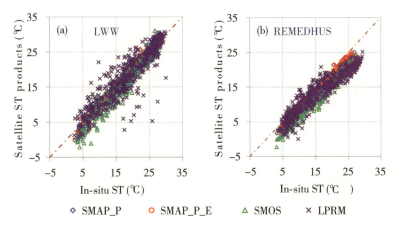

图 1.4.10　LWW 和 REMEDHUS 观测网卫星地表温度产品验证结果

我们发现 SMAP 和 SMOS 产品中模型模拟温度的精度整体上优于紫色的 LPRM。而通过计算相应的误差指标，发现 SMAP 的温度精度是最高的，其次是 SMOS，表现最差的是 LPRM，这与我们前面土壤水分产品验证的结果是类似的，因此在一定程度上说明 SMAP 表现最好与它的温度模拟值精度最高有关。此外，我们还看到一个有意思的现象：无论哪个产品，它的温度都出现了一定程度的低估。前面我们讲过亮温等于地表发射率和地表温度的乘积，地表温度低估会导致发射率的高估，而发射率和土壤水分是成反比关系的，发射率高估会导致土壤水分低估。前面我们发现 SMAP 和 SMOS 的土壤水分均有一定程度的低估，因此我们得出的结论是：这两种卫星土壤水分的低估部分是来自其地表温度的低估，因此有必要进一步改进地表温度的精度，去提高 SMAP 和 SMOS 的精度。另外，我们发现 LPRM 土壤水分在两个观测网地区均会高估，但是其地表温度是低估的，因此可以推测其土壤水分产品的高估并不是由地表温度引起的。随后，我们还做了植被和无线电波干扰 RFI 对土壤水分产品的影响研究，得出的结论是 SMOS 光学厚度在时序上会出现不规则的波动，与实际植被生长不符，因此 SMOS 需要进一步提高光学厚度的精度来提高其土壤水分的反演精度。此外 SMAP 由于采用了新的 RFI 监测与抑制技术，其亮温受到 RFI 影响程度要显著低于 SMOS。这也是 SMAP 产品表现优于 SMOS 的可能原因之一。

4. 总结与展望

好了，给大家洋洋洒洒讲了这么多，最后对今天的报告进行总结与展望。首先是在座的有一些做应用的同学比较感兴趣的微波土壤水分产品使用建议与注意事项。经常有同学问我要使用什么样的微波土壤水分产品，让我推荐一下产品。这里需要跟大家明确的是，目前没有一种土壤水分产品能够打败全球范围内其他所有的产品，也就是说各种产品的表现会随着空间和时间的变化而变化。另外就是大家在使用时务必注意不同波段的 RFI 影响。再来和大家说一下现有主流产品的一些表现的共性：我们前面提到 SMOS L 波段亮温受到 RFI 影响比较大，SMAP 由于采用了新的 RFI 抑制技术，受到的 RFI 干扰要小得多，但并非完全消除了。从整体结果来看，大多数情况下，SMAP 和 SMOS 会不同程度地低估土壤水分，JAXA 产品会低估土壤水分且低估土壤水分的动态变化，而 LPRM 产品会高估土壤水分且高估土壤水分的动态变化，但 LPRM 产品与土壤水分的整体相关性会更高。NASA 官方的 AMSR-E 产品除了美国地区外，绝大多数情况下均会低估土壤水分且缺乏动态变化，因此不建议使用。目前来看我国的风云产品在温带地区表现较好，其他地区需要更多的测试。各种产品表现互有优劣，从现有研究总结来看，高频的 AMSR-E/2 产品（主要指 LPRM）在稀疏植被条件下表现得更好，L 波段如 SMOS 产品在中等植被条件下表现得更好，而主动散射计 ASCAT 产品在高植被覆盖条件下表现更佳。我作个总结，如果是现阶段，推荐使用产品的话，首先在粗分辨率情况下，如果你的研究不考虑时间周期，我建议使用 SMAP 被动微波产品；如果考虑时间周期，时间周期要求比较长，我建议使用 ESA CCI 产品，而中等分辨率情况下，建议使用 SMAP 增强被动产品。

最后是一些简单的展望。第一是针对土壤水分验证的问题，我们可以发展新的真实性检验技术，尤其是提高产品在空间异质性较大区域验证的可靠性；第二可以发展新的无线电波干扰抑制以及开放水体动态识别技术，进一步提高用于反演土壤水分的微波信号的准确性；第三主要是针对反演的问题，未来的传感器主要是朝着主被动、多极化和多频段结合的方向发展；第四是现在武大有些同学在做的，就是结合光学数据、利用深度学习等方法去进一步提高土壤水分的时空分辨率；第五主要是发展 P 波段载荷的相关理论技术，我们知道 P 波段比 L 波段波长更长，因此它能够得到更深层的土壤水分和土壤剖面信息；第六是目前传统的雷达接收到的信号只有后向散射这一个方向，我们可以利用未来的双站雷达提供多维度信息的特点，去解释耦合土壤水分和其他干扰参数的影响；第七是进一步加强土壤水分在实际生活生产中如天气预报、干旱监测和洪涝预警等方面的应用。虽然目前土壤水分在这些领域中得到了一些实际应用，但是还不够多，未来也希望大家能够进一步加强产品的实际应用，去真正发挥卫星遥感土壤水分产品的效益。以上就是我今天汇报的内容，如果大家有什么问题，非常欢迎与我交流讨论，我也想和大家一起学习，共同进步，谢谢大家！

【互动交流】

主持人：非常感谢曾老师专业且详细的报告。下面是我们的互动环节，有问题的同学可以向曾老师提问。

提问人一：您在报告中提到主动（SAR）相对于被动更容易受到植被和地表粗糙度的影响，请问是什么原因呢？

曾江源：这一方面与它们的观测方式有关，被动是直接接收地物发射的信号，主动是自己发射信号再接收地物返回的信号，比如对于植被覆盖地表而言，主动相当于经过了两次植被的衰减，所以受到的影响更大；另一方面与它们观测的空间分辨率有关，被动的空间分辨率相比主动 SAR 而言要粗得多，卫星接收的信号反映的是地物空间综合平均的结果，如地表粗糙度在被动几十千米的空间分辨率下的效应容易被"平均"掉，所以影响没有主动的那么大。

提问人二：您提到微波手段观测土壤水分只能观测到表层（0~5cm），我们知道对植被生长更重要的是根区土壤水分，那么用遥感有没有好的监测方法呢？

曾江源：我觉得有两种可行的方式：一个是未来可以考虑利用波长更长的波段，比如展望里提到的 P 波段，它的穿透力更强，可以得到更深层的土壤水分信息；另一个就是通过数据同化的方式，通过同化表层土壤水分信息来获取根区土壤水分信息。

提问人三：您在验证产品精度的时候，同时用到了 RMSE 和 ubRMSE，这两个误差指标有什么区别？

曾江源：你的问题很专业，刚开始接触时我也思考过这个问题。你去查阅早期（SMAP 发射之前）的文献就会发现，之前的卫星或传感器在制定目标精度的时候用到的绝对精度指标是 RMSE，如 AMSR-E 和 SMOS。AMSR-E 的预设精度是 $0.06m^3/m^3$，SMOS 是 $0.04m^3/m^3$。但是很多研究者发现在全球尺度上要达到这个目标精度是非常困难的。在 SMAP 发射后，ubRMSE 被用来作为它的目标精度（即 ubRMSE$\leq 0.04m^3/m^3$）。主要是考虑以下两个方面的原因：①地表观测数据本身会存在误差，不一定完全准确；②即使利用密集观测网的站点数据进行了平均，这种空间站点的平均值并不一定能够真正代表卫星对应的地面"真值"（即水平方向和垂直方向都会存在不匹配的问题）。也就是现在所用的地表实测数据与真正意义上的"真值"之间可能存在系统偏差，而利用 ubRMSE 可以在一定程度上消除这种系统偏差的影响。当然我们需要注意，在验证产品的时候不能仅关注某一个误差指标，很多时候需要进行综合分析。

（主持人：么爽；摄影：马宏亮；录音稿整理：马宏亮；校对：董佳丹、修田雨）

1.5 高光谱激光雷达植被生化参数遥感定量反演

(孙 嘉)

摘要： 中国地质大学(武汉)地理与信息工程学院特任副教授孙嘉做客 GeoScience Café 第243期，带来题为"高光谱激光雷达植被生化参数遥感定量反演"的报告。本期报告，孙嘉副教授基于高光谱激光雷达特点，介绍利用经验模型和物理模型分别对植被氮含量和叶绿素、水含量等生化参数进行反演的研究，并分享了自己的科研经验和感悟。

【报告现场】

主持人： 本期讲座我们很荣幸地请来了 GeoScience Café 曾经的负责人孙嘉师姐，她一共担任了两届负责人，在任期间她为 GeoScience Café 做了很多工作。师姐现在是中国地质大学(武汉)地理与信息工程学院特任副教授，武汉大学2019届优秀毕业生，10余个 SCI 期刊的审稿人，目前已发表 SCI 论文30余篇。下面有请师姐为我们带来本期的精彩讲座，大家掌声欢迎。

孙嘉： 大家晚上好，感谢大家在周五休息时间前来听我的报告。能站在这里作报告我感到非常荣幸，我在 GeoScience Café 待了很多年，扮演过不同的角色，这是我第一次以报告主讲人的身份站在 GeoScience Café 的舞台上，也是我很长时间以来的一个小梦想，很感激今天可以圆这个梦。我的报告主要由两部分组成，第一个部分是我在读博期间的主要研究，第二个部分是做研究的一些经验分享和心得体会。下面我们开始第一个部分的内容。

1. 高光谱激光雷达植被生化参数遥感定量反演

(1) 研究背景及思路

为什么要研究植被呢？第一，因为植被生态系统是地球辐射收支平衡的核心研究内容之一(图1.5.1)。对于来自太阳的入射辐射，植被会进行反射、吸收和透射，植被冠层的反射会驱动整个地球系统的辐射强迫效应。与此同时，植被覆盖的季节性和年际性变化直接影响地表的能量平衡，例如植被的蒸腾作用会降低地表温度等。

第二，植被参与了全球碳循环的多个环节(图1.5.2)。例如，通过光合作用，植被可以将大气中的二氧化碳固定成有机物，是一种非常重要的碳汇过程。同时，植物的呼吸作用以及死亡后发生的分解作用，是释放二氧化碳的过程，所以植被也是碳源。埋葬在地下的植物，经过几千万年乃至几亿年会变成化石燃料，被人类开采，通过燃烧提供能量，也会释放出大量的二氧化碳。由此可见，植被参与了全球碳循环的多个环节，植被生态系统碳循环研究的不确定性是碳失汇的重要因素之一。如果我们能够厘清植被生态系统作为碳源和碳汇的贡献，将有利于碳失汇问题的解决。

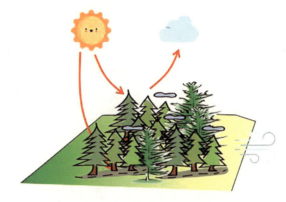

图 1.5.1　植被生态系统

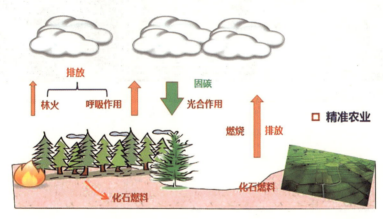

图 1.5.2　植被生态系统的碳循环

第三，农作物作为重要的植被类型，与我们的生活息息相关。为了实现精准农业，我们迫切需要监测农作物的实际生长状态，为农民施肥和灌溉等实际应用提供定量指导。

从图 1.5.3 中可以看出，叶片细胞内含有多种重要的生化组分，包括叶绿素、水、氮素等。这些生化组分直接影响了植被的许多重要生态过程，如光合作用、呼吸作用、蒸腾作用、分解作用，等等。植被叶片生化组分是生态系统功能、植被压力的重要指示，因此我们需要对其进行监测。

对于植被生化参数，目前有哪些有效的监测手段呢？如图 1.5.4 所示，现有监测手段大致可以分为两种：第一种是比较传统的地面人工监测，第二种是遥感监测。地面人工监测的优点是精度很高，其通过化学方法可以非常准确地测定叶片的各种生化参数含量。但它的缺点也很明显,一方面,这是一种破坏性的测量方式,需要采集植被叶片带回实验室进行化验;另一方面,它的监测范围非常有限,无法实现快速的大面积探测。

图 1.5.3　植被重要生化组分

图 1.5.4　现有监测手段

遥感是目前唯一一种可以实现快速大尺度监测的手段。为什么可以通过遥感技术对植被的生化参数进行探测呢?从图 1.5.5(a)中,我们可以发现入射到植被表面的光大致有三个归属:一部分被反射,一部分被透射,还有一部分被吸收,遥感技术可以探测到植被的反射光。图 1.5.5(b)是非常典型的植被反射光谱特性曲线。植被之所以具有区别于其他类型地物的独特的光谱反射特性,主要是受到叶片内的叶绿素含量、水含量等生化参数,以及叶片内部结构差异的影响,这些因素导致了植被叶片对入射光具有不同的响应,这就是我们利用遥感手段对它进行探测的一个基础和依据。

为什么不同的生化组分在反射率上会有不同的反应呢?其实是因为组成这些生化组分的化学键和化学元素,对不同波长的电磁波有不同的响应和吸收特征。因此如果我们可以获得非常高的光谱分辨率或者连续的光谱曲线,就可以描绘出细微的生化特征差异。植被叶片生化组分的遥感探测可以追溯到 20 世纪 80 年代,那时就有研究者发现可以利用植被的反射光谱特性来反映其内部生化信息。之后国内外都开展了许多项目和研究,20 世纪90 年代以来,随着硬件传感器的不断改进和完善,出现了高光谱甚至超高光谱的传感器,这也给植被生化组分探测带来了新的可能。

1.5 高光谱激光雷达植被生化参数遥感定量反演

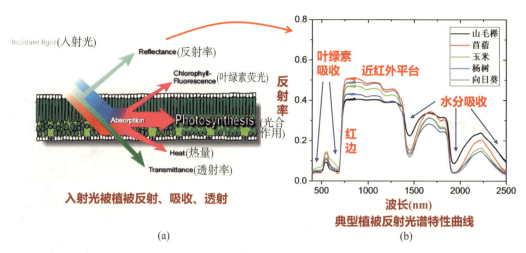

图 1.5.5 植被反射光谱特征及典型植被反射光谱特性曲线

遥感传感器大致可以分为两类，如图 1.5.6 所示，第一类是大家比较熟悉的被动光学传感器。这种观测手段的优点是可以探测到非常丰富的光谱信息，但是存在三维空间分辨率比较低的缺点，并且由于它是一种被动探测方式，会受到光照、气象等条件的限制。第二类是单波长对地观测激光雷达，它的优势是可以获得目标非常准确的三维信息，但是与被动方式相比，它缺少光谱信息，因此对地物的物性探测能力非常有限。基于植被探测的目的，我们很希望可以将地物的光谱特征和空间特征进行结合，这也变成了国内外一个新的研究热点。

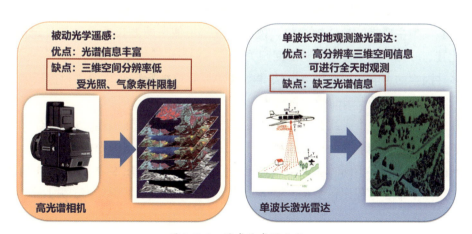

图 1.5.6 遥感传感器分类

如图 1.5.7 所示，正如被动光学遥感是朝着全色到多光谱再到高光谱的方向发展，激光雷达也经历了从单波长激光雷达到多光谱激光雷达，再到现在的高光谱激光雷达的发展历程。高光谱激光雷达的工作原理主要是通过将多个激光合束或使用一个可以发出非常宽谱段，也称为连续谱的超连续激光器，实现扫描点云中的每一个点既有三维信息，又有多个通道后向散射强度信息的效果，因此可以避免主被动数据融合时必须要进行的数据配准处理。

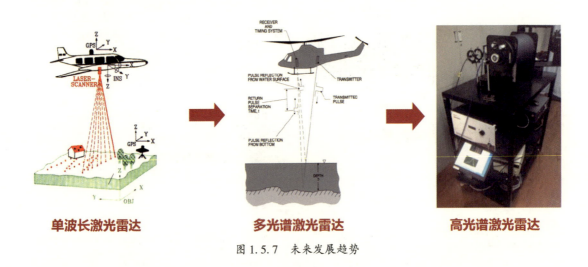

单波长激光雷达　　　　多光谱激光雷达　　　　高光谱激光雷达

图 1.5.7　未来发展趋势

不管采用何种遥感传感器，为了实现反演目的，都要在叶片的反射率和化学方法测定的生化参数之间建立起联系，可以采用哪些方法反演生化参数呢？如图 1.5.8 所示，生化参数的反演方法大致可以分为三种：经验模型、半经验模型、物理模型。下面我们来看看它们都有哪些特点。经验模型一般是线性或非线性回归模型，它的优点是简单易用，缺点则是通用性很差。经验模型的效果直接取决于训练样本是不是具有代表性，同时，由于它的整个过程只是一个统计回归的过程，所以缺乏物理含义。

半经验模型主要指的是植被指数。植被指数当中使用的波长通常具有一定的物理意义，因此其与叶片生化参数建立起的回归关系是一种半经验模型。但是同一个植被指数可能受到多种因素的影响，因此没有办法准确判断引起植被指数变化的究竟是因素 A 还是因素 B，这也就限制了模型的精度。

物理模型模拟了整个光线在叶片内部或冠层内部的辐射传输过程，它有非常严密的物理和数学推导，所以与前面两种方式相比，它最大的优点在于它考虑了物理机制，可以在多个不同的植被种类，不同的生长状态之间进行拓展应用，通用性非常好。它的缺点也很明显，就是数学推导过程比较复杂，模型参数比较多，反演成本比较高，并且需要一定的反演技巧。

我们来具体看一看经验模型的原理（图 1.5.9）。首先，通过化学方法测定训练样本的生化参数含量，然后利用遥感所测得的相应样本的反射率和数学变换进行训练，此时建立起来的统计回归关系就是一个经验模型。经验模型建立后，我们再对新的样本进行反射率的探测，输入到模型中就可以获得我们想要的生化参数的含量。从这个过程中我们也可以看到，经验模型的效果直接取决于训练过程的好坏，以及训练样本是不是具有代表性。

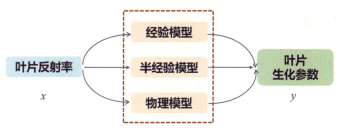

图 1.5.8　遥感反演生化参数方法

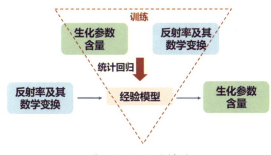

图 1.5.9　经验模型

表 1.5.1 列出了几种比较常见的半经验模型——植被指数。我们可以看到不同的植被指数所选取的波长差别比较大，比如大家最熟悉的 NDVI，它既与叶绿素含量有关，又与叶面积指数含量有关。所以，当 NDVI 变化的时候，并不能够完全确定是受叶绿素的影响还是受叶面积指数的影响。与此同时，NDVI 有一个很明显的缺点，就是当叶绿素浓度或者是叶面积指数比较高的时候，容易出现饱和现象，因此它对低浓度的叶绿素反演效果较好，对高浓度的叶绿素反演效果一般。

表 1.5.1　　　　　　　　　　　　半经验模型计算公式

光谱指数	缩写	计算公式	参考文献
归一化植被指数	NDVI	$NDVI = (R_{NIR} - R_R)/((R_{NIR} + R_R)$	Rouse Jr et al. (1974)
红边 NDVI	mNDVI	$mNDVI = (R_{750} - R_{705})/(R_{750} + R_{705})$	Gitelson and Merzlyak (1994), Sims and Gamon (2002)
简单比值指数	SR	$SR[675, 700] = R_{675}/R_{700}$	Chappelle et al. (1992)
调整的简单比值	MSR	$MSR[670, 800] = \dfrac{(R_{8001}/R_{670}) - 1}{\sqrt{(R_{800}/R_{670}) + 1}}$	Wu et al. (2008)
总和反射率指数	SRI	$S_1 = \int_{700}^{750} (R_\lambda/R_{555} - 1)/\mathrm{d}\lambda$ $S_2 = \int_{700}^{750} (R_\lambda/R_{705} - 1)/\mathrm{d}\lambda$	Gitelson and Merzlyak (1994)

续表

光谱指数	缩写	计算公式	参考文献
调整的叶绿素吸收率指数	MCARI	$MCARI[670, 700] = [(R_{700}-R_{670})-0.2(R_{700}-R_{550})]\left(\dfrac{R_{700}}{R_{670}}\right)$	Daughtry et al. (2000)
光化学反射指数	PRI	$PRI = (R_{531}-R_{570})/(R_{531}+R_{570})$	Gamon et al. (1990)

图 1.5.10 是物理模型正演和反演方式。物理模型模拟了光线在叶片/冠层内部的辐射传输过程，一旦完成对整个传输物理过程的模拟和数学推导，并建立好物理模型之后，理论上就不再需要训练样本了。如果将已知的生化参数含量输入到物理模型中，就可以获得模拟的植被光谱，这个过程被称为前向(正向)模拟。反过来，如果将遥感手段探测到的植被光谱输入到物理模型中，就可以获得生化参数的含量，这个过程被称为后向反演。这就是物理模型正演和反演的原理。

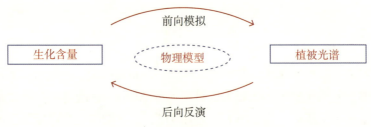

图 1.5.10 物理模型正演与反演

由于叶片物理模型模拟了光在叶片内部的辐射传输过程，因此若想了解其原理必须先了解叶片的结构。如图 1.5.11 所示，我们把一片叶子的横截面进行放大，可以看到叶片基本上是由上表皮、栅栏组织、海绵组织和下表皮组成。其中栅栏组织中的细胞排列非常紧密，空气间隙比较小，细胞内含有许多叶绿体。而其下的海绵组织排列就没有那么紧密，空气间隙比较大。图中还可以看到栅栏组织中的叶绿体比海绵组织中的多一些，这也是为什么大部分叶片上表皮比下表皮更绿的一个原因。

了解了叶片的结构之后，我们来看一下平板模型是如何对一枚叶片进行近似和模拟的。如图 1.5.12 所示，假设叶片当中只有栅栏组织，即可视为没有空气间隙，从而把一枚叶片近似地看作由一层致密的平板构成。

当光线从介质1入射到平板(介质2)时，有一部分被反射，一部分被吸收，一部分被透射。那么如何计算这一层平板的反射率呢？以单次传输为例，首先有一部分在上表面直接被反射了(r_{12})；一部分透射进入了叶片内部，我们把介质1到2的透射率(t_{12})乘以光在叶片内部的透射率(τ)，再乘以在下表面被反射的概率(r_{21})，然后又一次穿过叶片的平板层，再乘以一次 τ，最后从上表面透射出去，所以乘 τ_{21}，即在叶片内部单次传输后被

反射的光为 $t_{12}\tau r_{21}\tau t_{21}$。对于光线在叶片内部进行了两次、三次甚至更多次传输的情况，都可以用类似的公式来进行表达。计算所有的路径并求和，可以计算出上表皮反射出来的光有多少(公式(1))；同理，下表皮透射出的光有多少，也可以这样计算出来。

$$
\begin{aligned}
R_\alpha(1) &= r_{12} + t_{12}\tau r_{21}\tau t_{21} + t_{12}\tau r_{21}\tau r_{21}\tau r_{21}\tau t_{21} + \cdots \\
&= r_{12} + t_{12}r_{21}t_{21}\tau^2(1 + r_{21}^2\tau^2 + r_{21}^4\tau^4 + \cdots) \\
&= r_{12} + \frac{t_{12}r_{21}t_{21}\tau^2}{1 - r_{12}^2\tau^2}
\end{aligned}
\tag{1}
$$

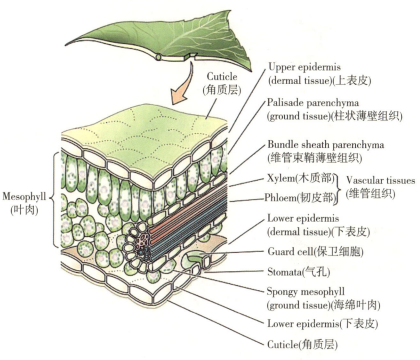

图 1.5.11　植被叶片结构

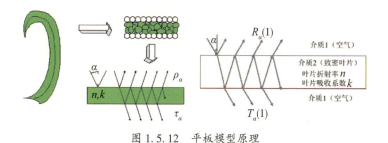

图 1.5.12　平板模型原理

平板模型把叶片假设成一层均匀且致密的平板，但是我们知道对于双子叶植物或其他的具有海绵组织的叶片类型来说，是不能把它近似地看成一层致密的平板的。怎么办？于是就有学者把单层的平板模型拓展到了由 N 层致密的平板组成的 PROSPECT 模型。

如图 1.5.13 所示，每一层平板内部可看作是均匀一致的，平板和平板之间有空气间隙。光线会在第 1 层被反射，也会进入到下面几层。与上面的推导过程类似，我们同样可以推导出这样 N 层的平板对光线总的反射有多少，最后被透射出来的有多少。这个从单层到多层平板的过程也就是 PROSPECT 模型的发展过程。

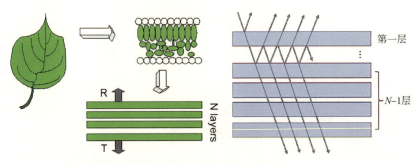

图 1.5.13　PROSPECT 模型

图 1.5.14 是 PROSPECT 叶片辐射传输模型原理图。其中光学常量、折射指数、特定吸收系数是在模型内部包含的已知参数，当然也可以通过采集样本进行标定，来获得一个更准确、更符合所用样本情况的参数。

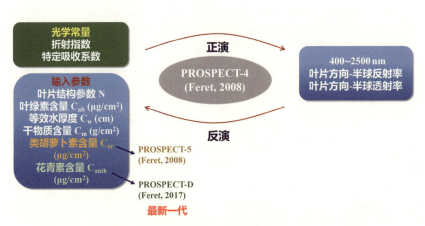

图 1.5.14　PROSPECT 叶片辐射传输模型原理图

PROSPECT 模型的输入参数包括叶片结构参数 N 和图中几种生化参数含量。如果我们有了这些信息，再把它们输入到模型里面并进行正演，就可以获得 400~2500nm 这样一个非常宽的光谱范围内的叶片方向-半球反射率和透射率。对于反演来说，如果我们能够测出 400~2500nm 的叶片方向-半球反射率和透射率，输入到模型中，就可以获得 N 和各生化参数的含量。

PROSPECT-4 是在 2008 年发布的，它的参数包括叶片结构参数、叶绿素含量、等效水厚度、干物质含量这 4 个参数，其中叶片结构参数是一个假定的量，也就是这枚叶片可以看作是由几层致密的平板组成的,这个量是不能被实测的,只能通过反演得到。与 PROSPECT-4 同时发布的还有 PROSPECT-5,这个版本的模型将叶绿素与类胡萝卜素进行了区分,在 2017 年发布的最新一代 PROSPECT-D 当中,又将叶片色素进一步细分为叶绿素、类胡萝卜素和花青素。从这可以看出,PROSPECT 模型是一个相对成熟的物理模型,它的改进主要是进一步对色素进行区分。

以 PROSPECT 模型为例,我们已经了解了植被物理模型的原理,对于这样的模型要如何进行反演呢?一般地,如果我们有一个函数表达式 $y = f(x)$,其中包括 n 个未知量,需要列出 n 个方程,才可以解出所有未知量。但是在物理模型反演过程中,通常都是一个病态反演的问题,即未知量数目超过了观测量,在这种情况下要怎么进行反演呢?

从数学角度讲,物理模型反演无法直接获得一个解析解,因此我们需要采用迭代反演的方法来获得近似解。以图 1.5.14 举例来说,在初始值的基础上,我们不断给出结构参数、叶绿素含量、水含量等假定值,输入模型中进行正演,获得一个模拟的反射率和透射率,然后与实测的反射率和透射率进行比较。当二者差异较大时,调整模型输入参数的设定,当模拟值和实测值差异足够小的时候,我们认为最初给定的叶片结构参数和生化参数含量就是我们想要反演的结果,即通过一个不断迭代的过程来解决病态反演问题。

迭代反演过程可以看作是一个非线性最优化的问题,其实现需要三个因子的结合:一个好的代价函数,一个好的优化算法和一个好的反演策略。它的最终目的就是要使得代价函数最小,什么是代价函数?如公式(2)的例子所示,R_{obs} 是观测到的反射率,R_M 是模型模拟出来的反射率,将这两种反射率在各波长的差异求和,就得到了一种代价函数,当代价函数取得最小值的时候,我们就认为给定的这组生化参数和结构参数是与实际最相符的,这就是模型反演的实质。这个代价函数的选取不是固定的,可以根据反演的具体情况进行定义。

$$cost(X_i) = \sum_{i=1}^{n}(R_{obs}(i) - R_M(X_i, V))(0.1) \tag{2}$$

总结一下(图 1.5.15),对于植被生化参数定量遥感反演来说,目前的研究现状是怎

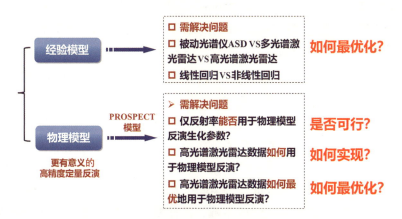

图 1.5.15 现有植被生化参数定量反演方法存在的问题

样的呢？在经验模型反演方面，我们既有被动遥感探测光谱，又有主动遥感探测光谱，同时经验模型中有多种回归算法，何种方法是"最优"的呢？对于 PROSPECT 物理模型反演来说，我们需要解决的是模型要求透射率观测的问题。从图 1.5.14 中可以看出，模型的反演需要反射率和透射率，但是对于大部分遥感手段来说，透射率的观测是非常困难的。在只有反射率的情况下，是否可以使用物理模型进行反演呢？高光谱激光雷达探测到的光谱数据不满足物理模型所建立起来的假设，如何使用高光谱激光雷达进行物理模型的反演呢？最后，如何实现反演的最优化问题呢？这些都是我们需要研究的。

具体来说，对于经验模型的反演，我们有许多种反射率的数学变换可以选择，也有多种回归方法（图 1.5.16）。那么，何种是最优的，何种能够通用于主被动的光谱？这是需要研究的问题。

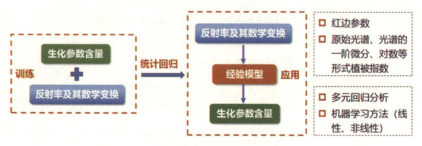

图 1.5.16　经验模型估计叶片生化参数原理图

对于物理模型的反演，如图 1.5.14 所示，我们可以看到它需要 400~2500nm 这样一个非常宽的波段的光谱探测，而且是叶片方向-半球反射率和方向-半球透射率，而激光雷达探测到的是方向-方向反射率，所以并不满足模型的这一个假设，因此就迫切需要发展针对高光谱激光雷达的植被生化参数反演方法和模型。

针对以上问题，我主要开展了图 1.5.17 中的工作，第一个是基于经验模型的高光谱激光雷达植被生化参数反演。第二个是在透射率难以观测的情况下，如何仅基于反射率进行 PROSPECT 模型反演；当面对 400~2500nm 这样一个宽谱方向-半球反射率不满足的情况时，如何针对高光谱激光雷达进行 PROSPECT 模型反演。第三个方面，因为高光谱数据存在严重冗余，我们希望能够找到最优的几个探测波长，来实现物理模型的反演。

以上的这些工作可为高光谱激光雷达植被定量遥感监测提供理论指导和技术支撑。下面就具体介绍一下我的几项工作。

（2）基于经验模型的高光谱激光雷达植被生化参数反演

第一项是基于经验模型的高光谱激光雷达植被生化参数反演（图 1.5.18），对于不同的生化参数，其可反演方法是不同的。以 PROSPECT 模型为例，其能够反演的生化参数种类是非常有限的，只有叶绿素含量、水含量和类胡萝卜素含量等。对于氮素，由于它的吸收功能非常弱，难以确定其特定吸收系数，因此我们没有办法利用 PROSPECT 等物理模型对叶片氮含量进行反演，需要依靠经验模型的手段。

1.5 高光谱激光雷达植被生化参数遥感定量反演

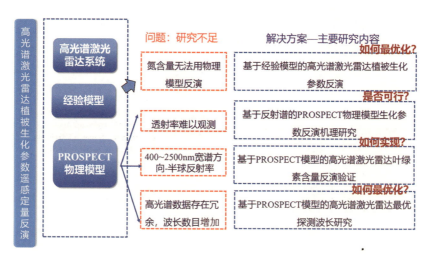

图 1.5.17 高光谱激光雷达植被生化参数遥感定量反演

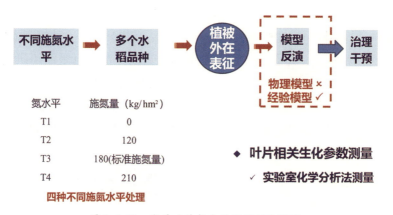

图 1.5.18 发展叶片氮含量反演经验模型

针对这个问题，我们设计了一个不同施氮量的水稻田实验，目的是获得不同氮含量的水稻叶片样本，与此同时对采集的叶片利用实验室化学分析方法进行氮含量测定，作为氮含量反演的真值。我们实验样田的位置在湖北省的武汉市和随州市（图 1.5.19）。我们在两个生长期分别采集了不同种类的水稻叶片样本，利用 ASD 被动光谱仪、4 波长的多光谱激光雷达和 32 波段的高光谱激光雷达三种主被动探测器分别对水稻叶片的反射率进行了测量。

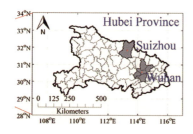   

图 1.5.19 实验地点与仪器

由于不确定反射率和氮含量之间的关系究竟是线性还是非线性,如图1.5.20所示,我们既使用了线性回归方法,又使用了非线性回归方法。

图1.5.20 基于经验模型的叶片氮含量反演

考虑到神经网络的传输函数种类比较多,我们进行了针对性的实验,对SVR(Support Vector Regression)的不同非线性核函数也进行了研究,以探明哪一种探测器的表现更优。此外,这么多种回归算法,是否有通用于主被动光谱的方法,也是需要研究的问题。图1.5.21是使用线性回归算法的结果,我们可以看到总体的精度都比较低。其中,4波长多光谱激光雷达的精度是最低的,因为它的光谱特征最少;高光谱激光雷达和ASD估计氮含量精度高于多光谱激光雷达,但是总体上线性回归算法对氮含量的反演精度都比较低。

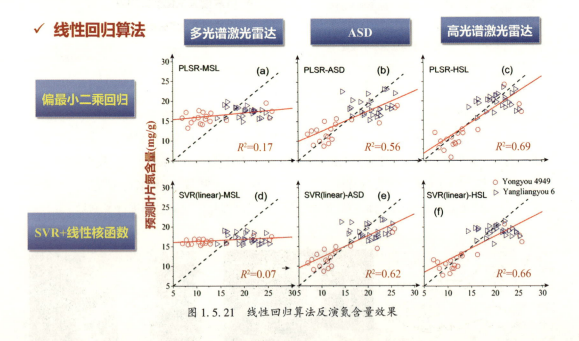

图1.5.21 线性回归算法反演氮含量效果

图1.5.22是使用非线性回归算法对叶片氮含量进行反演的结果。我们可以看到,多种方法的R^2都比较高,明显高于线性回归算法的精度,由此可推测:反射率和氮含量之

间的关系更接近非线性而不是线性。从图中也可以看到，在使用 BP（Back-Propagation）神经网络的情况下，不管使用哪一种传感器数据，R^2 都比较高，最高的情况下接近 0.8。对于多光谱激光雷达来说，当使用 SVR 的时候，它的精度是最高的，接近 0.7。因此，可以得出以下结论：①高光谱激光雷达氮含量反演的精度优于多光谱激光雷达，并与 ASD 的表现相当；②BP 神经网络无论使用是对于主动还是被动的反射光谱，都表现出了比较优异的效果，SVR 次之。当然，这些结论还需要更大的数据集来进一步验证。

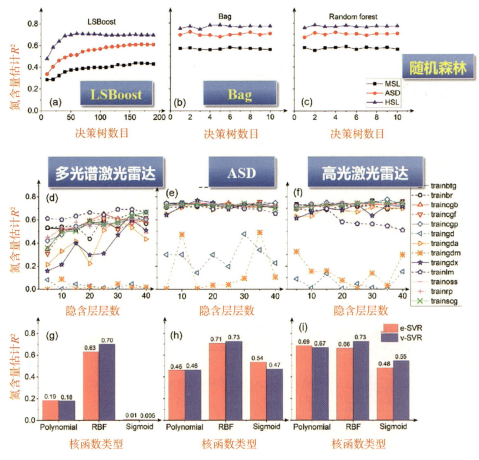

图 1.5.22　非线性回归算法反演氮含量效果

（3）基于反射谱的 PROSPECT 物理模型生化参数反演机理研究

下面介绍我的第二项研究，基于反射谱的 PROSPECT 物理模型生化参数反演机理研究。前面已经提到过，标准的 PROSPECT 模型反演需要 400～2500nm 的反射率及透射率，但是透射率是大部分遥感手段难以探测到的，所以我想探究只使用反射率可以反演哪些生化参数，与使用反射率加透射率相比，反演精度到底相差多少。其实已经有很多研究是只使用反射率进行物理模型反演的，我在学习的时候感到很疑惑，标准的模型反演明明是需要反射率加透射率的，为什么这样做是可行的呢？我也曾和只使用反射率进行反演的研究者们进行过交流,但是没有得到很好的答案,所以才有了这一项研究,希望能回答:如果 PROSPECT 模型只使用反射率进行反演,哪些生化参数能被反演,哪些不能被反演,与使用反射率加透射率的标准反演的结果到底有何差异?

为了进行这项研究,我使用了两种类型数据。第一种是模拟数据集,利用模型正演获得,第二种是两个公开的实测数据集。为了分别探究只使用反射率、只使用透射率、使用反射率加透射率的反演效果,需要构造不同的代价函数,如图 1.5.23 所示。我在这项研究中使用的是 PROSPECT-5 版本,对叶绿素含量、类胡萝卜素含量、水含量、干物质含量这四种生化参数的反演效果进行了研究。

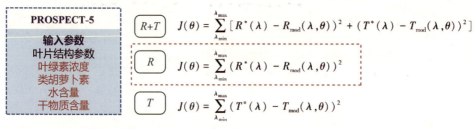

图 1.5.23　三种反演策略代价函数不同

如表 1.5.2 所示,这是用于生成模拟数据的生化参数的设定范围。与此同时我还给模拟数据加了不同水平的随机噪声和系统噪声,想要看一看噪声对于不同的生化参数含量反演有什么样的影响。

表 1.5.2　基于 R、T、R+T 的 PROSPECT 模型反演统计结果

Parameter	Unit	Min	Max	Mean	Std.
Leaf structure parameter(N)(叶片结构参数)	—	1.1	2.3	1.60	0.30
Total chlorophyll content(C_{ab})(叶绿素浓度)	μg/cm^2	10	110	32.81	18.87
Carotenoid content(C_{xc})(类胡萝卜素)	μg/cm^2	2.5	25	8.51	3.92
Equivalent water thickness(EWT)(水含量)	cm	0.004	0.024	0.0129	0.0073
Leaf mass per area(LMA)(干物质含量)	g/cm^2	0.002	0.014	0.0077	0.0035

表 1.5.3 中是模拟数据的反演结果,这里给出的结果都是均方根差。其中绿色标出的是使用反射率加透射率的效果好于反射率的,橙色标出的是使用反射率的效果好于反射率加透射率的。这个结果是不是很让人惊讶?只使用反射率,有时效果竟然好于反射率加透射率。我们可以看到对于干物质含量来说,在任何的噪声水平之下都是这样的一个结果。对于叶绿素、类胡萝卜素和水,基本上都是反射率加透射率的效果更好。我们分析出现这个结果的原因:干物质含量的反演本来就比较困难,它对光的吸收基本上是在长波的近红外波段,所以它的贡献很容易被水的强吸收所掩盖。对于干物质反演,在有了反射率的基础之上引入透射率,可能不但没有增加信息量反而引入了更多的噪声,导致反演精度下降。

表 1.5.3　　　　　　　　　　　模型数据集三种反演策略结果对比

RMSE		随机高斯噪声 3%			7%			10%		
相对偏差		R	T	R+T	R	T	R+T	R	T	R+T
5%	C_{ab}	2.18	1.74	1.92	2.21	1.83	1.96	2.44	1.87	2.18
	C_{ar}	0.61	0.50	0.22	0.69	0.53	0.72	0.87	0.60	3.02
	C_w	0.00093	0.00056	0.00077	0.00094	0.00057	0.00077	0.00098	0.00059	0.00079
	C_m	0.00072	0.00011	0.00335	0.00077	0.00039	0.00335	0.00085	0.00029	0.00345
10%	C_{ab}	4.68	4.09	3.50	4.67	4.11	3.53	4.68	4.32	3.87
	C_{ar}	1.29	1.20	4.31	1.34	1.21	4.01	1.39	1.13	1.15
	C_w	0.00198	0.00113	0.00175	0.00198	0.00112	0.00175	0.00198	0.00112	0.00168
	C_m	0.00148	0.00020	0.00659	0.00151	0.00027	0.00661	0.00155	0.00030	0.00658
20%	C_{ab}	7.62	4.96	5.03	7.66	6.27	5.00	7.55	6.44	5.03
	C_{ar}	2.78	1.34	5.56	3.78	1.57	1.24	2.19	1.68	0.67
	C_w	0.00320	0.00166	0.00278	0.00323	0.00178	0.00265	0.00319	0.00173	0.00278
	C_m	0.00232	0.00174	0.00950	0.00238	0.00182	0.00942	0.00238	0.00171	0.00947

表 1.5.4 是两个公开数据集的数据分布情况。

表 1.5.4　　　　　　　　　　　两个独立公开数据集数据特点

LOPEX(320)	单位	最小值	最大值	平均值	标准差
总叶绿素含量(C_{ab})	μg/cm²	1.36	98.80	47.28	17.30
类胡萝卜素含量(C_{ar})	μg/cm²	3.45	28.35	10.28	4.22
等效水厚度(EWT)	cm	0.0021	0.0525	0.0114	0.0069
单位面积叶片重量(LMA)	g/cm²	0.0017	0.0157	0.0054	0.0025
ANGERS(276)	单位	最小值	最大值	平均值	标准差
总叶绿素含量(C_{ab})	μg/cm²	0.78	106.72	33.88	21.71
类胡萝卜素含量(C_{ar})	μg/cm²	0	25.28	8.66	5.08
等效水厚度(EWT)	cm	0.0044	0.0340	0.0116	0.0049
单位面积叶片重量(LMA)	g/cm²	0.0017	0.0331	0.0052	0.0037

图 1.5.24 是利用 LOPEX 公开数据集分别只使用反射率、只使用透射率、使用反射率加透射率对叶绿素含量和类胡萝卜素含量的反演结果。从图中可以看到，反演精度没有那么高，而且散点图中有很多接近竖直的线。主要原因是这个数据集在测量叶片叶绿素含量的时候是每 5 个样本取平均，而这 5 个样本的反射光谱是不同的，所以数据集本身的叶绿素含量真值就没有那么准确，导致反演值跟真值有点对不上。

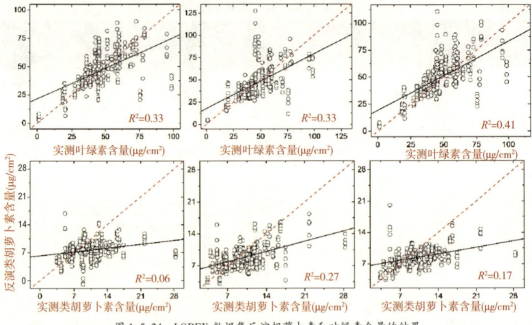

图 1.5.24 LOPEX 数据集反演胡萝卜素和叶绿素含量的结果

图 1.5.25 是对干物质和水含量反演的结果。这个数据集中的水含量和干物质含量是对单片叶子进行化验,所以没有出现上面的问题。图中第一行可以看出只基于反射率反演水含量虽然没有反射率加透射率那么高,但是精度也还可以。第二行是干物质含量反演,可以看到只使用反射率的精度要高于使用反射率加透射率。

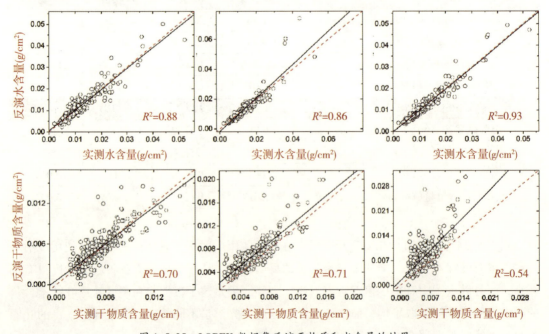

图 1.5.25 LOPEX 数据集反演干物质和水含量的结果

图 1.5.26 是 ANGERS 数据集的结果，它的规律与 ANGERS 数据集类似。不过，它的叶绿素含量和类胡萝卜素含量的反演效果是比较好的，叶绿素含量的 R^2 超过了 0.8，这是因为它的叶绿素含量的真值本来就比较准确。干物质含量和水含量的反演规律，与前一个实测数据集是一致的。

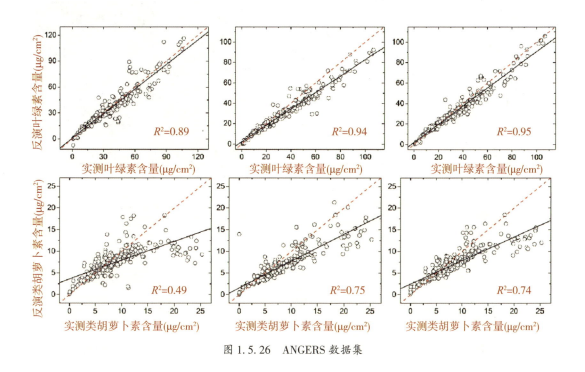

图 1.5.26 ANGERS 数据集

通过上述模拟数据集和实测数据集的结果可以得到以下结论：对于叶绿素含量和水含量而言，仅基于反射谱的 PROSPECT 模型反演可以得到较好的结果，精度略低于反射谱加透射谱；对于干物质含量而言，仅基于反射谱的反演精度要高于反射谱加透射谱；对于类胡萝卜素含量而言，仅基于反射谱无法获得较好的效果。这一项研究为利用高光谱激光雷达进行物理模型反演奠定了基础，让我们知道了在什么情况下只使用反射率反演是可行的。

那么，接下来就产生了一个新的问题，高光谱激光雷达虽然被称为"高光谱"，但是它与被动高光谱的光谱分辨率还是有差异的，如图 1.5.27 所示。比如我们的高光谱激光雷达系统只能探测 32 个波段的光谱信息，无法达到 400~2500nm 的范围，而且每个通道探测的强度值是中心波长附近 12nm 范围内的一个平均值，因而光谱分辨率也没有达到 1nm。那么如何使用这样一个探测通道有限的高光谱激光雷达数据进行物理模型的反演呢？首先，我对其探测通道的范围进行了 PROSPECT 模型的敏感性分析，图 1.5.27(b) 是敏感性分析的结果。图中不同的颜色代表了不同模型的输入参数，而不同颜色所占的面积就代表了这个参数在该光谱范围内的贡献有多大。比如我们可以看到在 400~700nm 这个范围之内,基本上绿色占据了主导,说明叶绿素对该波段反射率起到了主导作用。而在红色波长之后,基本上是叶片的结构参数占据主导作用,干物质含量有一点贡献,这与前面讲的一致,对干物质的反演是比较困难的。

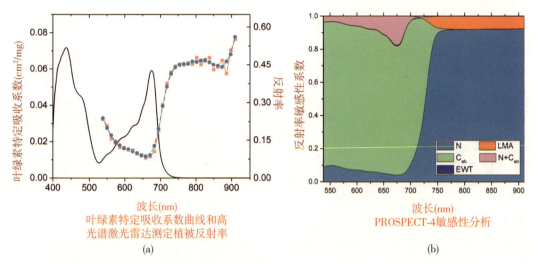

图 1.5.27　高光谱激光雷达 32 通道分布及对应光谱区间的 PROSPECT 模型敏感性分析

有了敏感性分析的结果,自然而然会产生一个假设,即使用这样一种波段设置的高光谱激光雷达系统探测的反射率可能无法反演干物质含量和类胡萝卜素含量,但是叶绿素可能会有一个比较好的反演结果。所以,我的研究问题就是:如果只使用高光谱激光雷达的这 32 个通道,能不能通过物理模型反演叶绿素含量?高光谱激光雷达探测的主动反射率是方向-方向反射率,可不可以应用于 PROSPECT 模型的反演?

为了回答上述两个问题,我使用了模拟数据集和公开的被动光谱数据结合实测的高光谱激光雷达数据集。前两个数据集的分辨率都比较高,是 1nm 的分辨率,我把它们根据高光谱激光雷达的数据特点,每 12nm 取一个平均值,获得了模拟的和实测的高光谱激光雷达数据。构造图 1.5.28 中的代价函数,将其他的生化参数含量固定在初值,只对结构参数和叶绿素含量进行反演。从前面的敏感性分析也可以看出,这些参数的贡献是比较小的,所以把它固定的影响不是很大。为了更好地评价物理模型的反演结果,我们还使用了经验模型——SVR 进行对比验证。

图 1.5.29 是分别使用模拟数据集、公开被动数据集和高光谱激光雷达实测数据集进行叶绿素含量反演的结果。可以看到,虽然高光谱激光雷达数据的反演精度不如两个被动数据集的精度高,但是 $R^2 = 0.55$ 也还可以接受。图 1.5.29 右下角是我们实测与模拟反射率之间的均方根差,整体精度比较高,但在两端的探测通道误差比较大,这是因为我们的系统在两端通道的噪声比较大。

1.5 高光谱激光雷达植被生化参数遥感定量反演

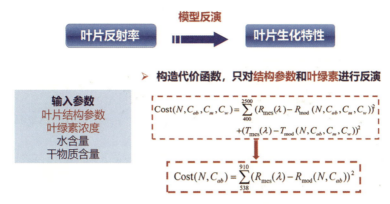

图1.5.28 高光谱激光雷达叶绿素含量反演验证

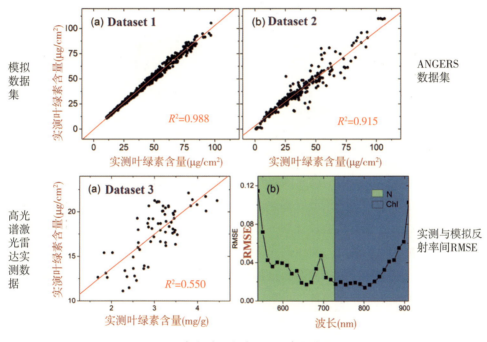

图1.5.29 高光谱激光雷达叶绿素含量反演验证

作为对照，我们将 SVR 回归重复了 200 次，随机取了一组三折交叉验证的结果（图 1.5.30）。在右下角的 R^2 分布直方图中，可以看到这 200 次的 SVR 回归的 R^2 中位数小于 0.5，也就是说在这个例子中经验模型的效果不如物理模型反演。而物理模型反演的一大优势是它可以通用于不同类型和生长状态的植被，这一优越性在这组实验中还没有体现。这一组研究的结果表明，虽然不满足 400~2500nm 的宽波段探测范围，但是我们使用的 538~910nm 探测范围的高光谱激光雷达系统，可以通过 PROSPECT 物理模型比较精确地估计出叶片的叶绿素含量，且使用物理模型反演的精度高于 SVR 经验模型。由此我们可

95

以想象：如果我们有更大探测范围的高光谱激光雷达，就可以对更多的生化参数进行定量反演。

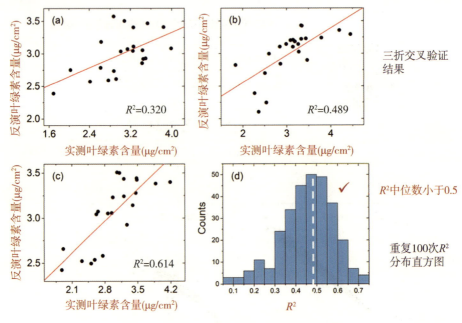

图 1.5.30　SVR 经验模型反演叶绿素结果

（4）基于 PROSPECT 模型的高光谱激光雷达最优探测波长研究

我们已经知道了使用高光谱激光雷达可以反演生化参数含量，那么接下来自然而然会产生一个问题，如果我们有机会设计新一代的高光谱激光雷达系统，设置哪些探测波长可以使物理模型反演的效果最好？对于高光谱激光雷达来说，所选波长数量越多意味着我们要使用更多的激光器和相应的探测器，这将大大增加仪器成本，所以我们希望使用的波长数量尽可能少，而反演精度尽可能高（图 1.5.31）。

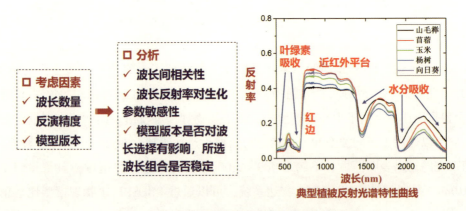

图 1.5.31　基于物理模型反演最佳探测波长思路

前面也提到 PROSPECT 模型有不同的版本，我们也希望研究不同模型版本对反演的影响。为了实现波长数量尽可能少和反演精度尽可能高，我们需要让波长间的相关性尽可能小，并且选择对想要探测的生化参数的敏感性尽可能高的波长，然后再研究一下模型版本对我们选择出来的这些波长是否有影响，即 PROSPECT-4、PROSPECT-5 和 PROSPECT-D 选择出来的波长是不是差异很大，以此来验证我们选出的波长组合是否稳定。这项研究可以为新型探测器的研制和应用提供理论指导。

图 1.5.32 是整个波长选择的原理图。首先我们利用模型正演获得两组模拟数据集，一组进行波段空间自相关性分析，找到相关性比较低的波长组合；对模型进行敏感性分析，找到对感兴趣的生化参数（叶绿素和水）比较敏感的波长，以获得很多种备选的波长组合，利用另一组模拟数据进行反演，获得最优的探测波长组合。之后利用不同的公开被动数据集，使用该波长组合对叶绿素含量和水含量进行反演验证，以此判断我们用模拟数据集选择出来的波长用于反演的效果是否足够优秀。因为这个方法使用了物理模型，因此选出的波长组合具有一定的物理基础，理论上可适用于不同的植被类型。

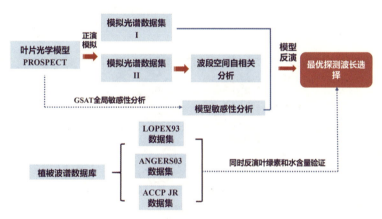

图 1.5.32 最优探测波长选择流程图

图 1.5.33 是模拟数据的空间自相关性分析结果，黄色区域中的每个点，其横纵坐标对应的两个波长之间的相关性非常高，可以看到黄色区域的面积是非常大的，说明高光谱数据存在非常严重的冗余，也说明进行波长选择的工作是非常有必要的。图 1.5.33(b) 是把图 1.5.33(a) 中每个点的相关性进行直方图统计，有利于后续设定 R^2 阈值。如果两个波长相关性超过了这个阈值，我们就要舍弃相对不敏感的一个波长，从而实现波长选择。

图 1.5.34 是 PROSPECT-4、PROSPECT-5、PROSPECT-D 三个版本模型的敏感性分析结果，可以看到在近红外波段是非常相似的，差异主要体现在可见光波段。这个差异的主要原因是前面提到的不同版本模型对色素的区分差异：PROSPECT-4 只包含叶绿素，PROSPECT-5 把色素区分为叶绿素和类胡萝卜素，而 PROSPECT-D 又进一步区分出了花青素。对色素的不同定义导致敏感性分析在可见光波段出现明显差异。基于敏感性分析结

果，我们可以获得结构参数、叶绿素和水这三个参数的敏感波长列表。在这个列表中，排序越靠前的波长对该参数的敏感性越高。我们希望尽可能选择在列表中排序靠前的波段，即更敏感的波长纳入最佳探测波长组合当中。

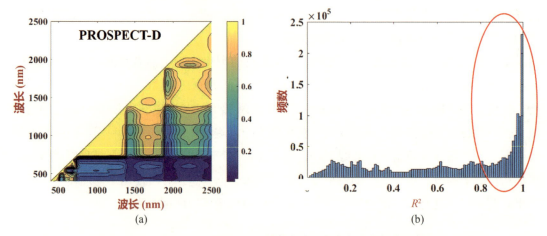

图1.5.33 400~2500nm植被高光谱反射率空间自相关分析

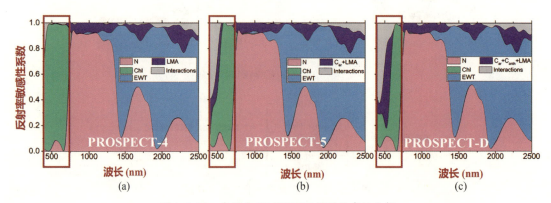

图1.5.34 多版本PROSPECT模型敏感性分析

图1.5.35是具体的波长选择原理图，主要思想是选择对生化参数尽可能敏感，相关性即冗余度尽可能低的波长组合。

图1.5.36中的表格列出了不同模型版本所选出的波长组合，可以看到在近红外波段它们的差异非常小。而在可见光波段，差异比较明显，这与前面敏感性分析的结果相一致。由于PROSPECT-D是最后发布的，可以看作是精度最高的PROSPECT模型，所以我们选择了这个版本的波长选择结果。在图1.5.36中将这五个波长在敏感性分析和空间自相关性分析结果中进行了标注，可以看到它们确实是对生化参数比较敏感，同时相互冗余度比较低的波长。

1.5 高光谱激光雷达植被生化参数遥感定量反演

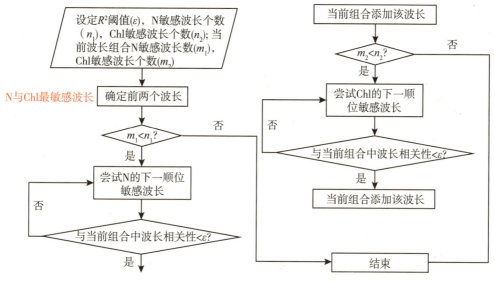

图 1.5.35 最佳探测波长选择原理图

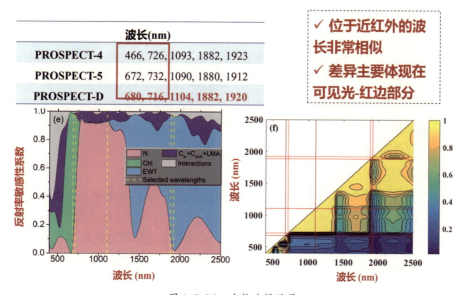

图 1.5.36 波长选择结果

对于这个五个波长组合的效果，我们利用实测数据集进行了验证（图 1.5.37）。从三组实测数据集的结果中可以看出，利用这五个波长建立的模型对叶绿素和水含量的反演精度都比较高。其中，由于 LOPEX 和 JR 这两个数据集的主要目的不是测定植被色素，所以叶绿素的化验精度不高，导致计算的反演精度也就没有很高。实测数据的结果证明了该波长组合可以获得非常高的精度，同时又能反演叶绿素含量和水含量。

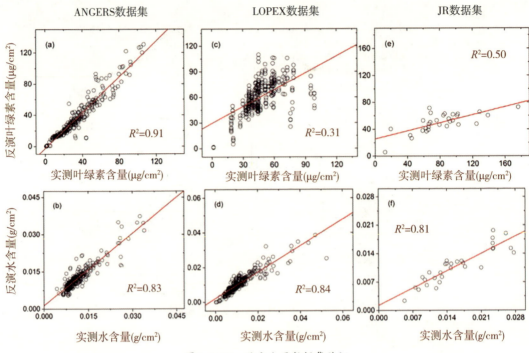

图 1.5.37 独立公开数据集验证

这一项研究说明：对 PROSPECT 模型反演生化参数而言，我们进行最优波长选择的工作是非常有必要的。由于此过程是基于物理模型的，并经过大量公开数据集样本的验证，所以该波长组合可应用于不同的植被类型。同时，这五个波长可以构建不同的植被指数或建立经验模型。在探测特定的植被种类或特定生长阶段的植被时，可能其他更有针对性的波长组合效果更好。

(5) 总结与展望

总结一下我博士期间的主要工作，可以分为三部分。第一是发展了高光谱激光雷达植被生化参数反演的经验模型，第二是提出了基于反射谱的 PROSPECT 物理模型反演方法，第三是提出了具有物理基础的高光谱激光雷达探测植被生化参数最优波长选择方法。

2. 科研经验分享

接下来进行第二个方面的报告——科研经验分享。

(1) 论文阅读

在论文阅读方面，对于刚刚踏入研究大门的新同学，我比较推荐读博士论文和综述，这能构建起你对整个研究领域的一个总体框架。然后精读一些经典的文章，即引用率较高的文章以及近三四年发表在高水平期刊上的文章，之后可以略读最新的质量稍差的文章，了解研究前沿，帮助你获得更多的灵感。

以上工作主要是为了构建你的整个知识框架和"肌肉"。那么如何阅读文章呢？我比较推荐从题目开始，先读摘要，然后直接看图表、结论，如果感兴趣的话，可以再看一下讨论部分是怎么写的。如果是非常相关或非常重要的文献，则可以将介绍、方法部分都看一下。

读文献要做读书笔记，最简单的就是记录题目和摘要内容。如果你觉得这篇文章质量比较高，或者收获比较大，可以把创新点、受到的启发，还有这篇文章存在的不足也记录下来。文章存在的不足就有可能成为你接下来研究的创新点。同时，要定期复习读书笔记。在你最开始读这篇文章的时候，可能只理解了其中的 30%，但随着你阅读量的增加，对所研究方向了解得更加全面后，再读原来读过的经典文章可能会有新的感受，所以需要有一个温故知新的过程。对这些文章和读书笔记要定期进行分类总结，积累参考文献。平时做好了这项工作，自己写 Introduction 部分的时候就不愁找不到相关性高、质量好的论文了。

再一个是要关注文章的期刊、作者、国家、单位。不管大家是否有出国深造的想法，都应该在阅读论文的过程中注意一下哪些国家、哪些研究单位的知名学者跟你的研究方向是相关的，找到小同行。一旦你发现了高频作者，就可以持续跟踪他的研究工作，比如说在"谷歌学术"上关注他，订阅 Alert，或是在 ResearchGate 上关注他。总之，可以通过跟踪与你研究方向相关的知名学者来获得更有针对性的帮助。

具体到谷歌学术的 Alert 订阅，以图 1.5.38 所示，比如说我对叶绿素含量感兴趣，我可以输入 "leaf chlorophyll content"，然后输入自己的邮箱，点击"创建快讯"。一旦有文章的题目包含了这个关键词，这个邮箱就会收到邮件，通过这种方式可以轻松接收你所研究的领域内的最新研究成果。

图 1.5.38　谷歌学术订阅 Alert

如图 1.5.39 所示，比如我看到这篇文章的引用次数非常多，是篇好文章，我想把它保存下来，就可以点击文章下面的引号，导入 EndNote 软件中，并在 EndNote 中对不同的文献进行分组，这样不仅有利于温故知新，还方便进行文献的引用。

1　智者箴言：GeoScience Café 特邀报告

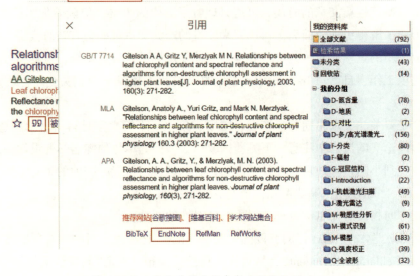

图 1.5.39　从谷歌学术将参考文献导入 Endnote

(2) 论文写作

这里我想分享的第一点经验是，可以通过阅读论文来辅助写作。对于新手，写作的第一步就是模仿，首先要掌握写一篇文章的套路，保证论文结构完整、思路清晰、有理有据，能够自圆其说。写论文也好，人生也好，都是在戴着镣铐跳舞，有很多范式是必须要满足的，在满足了这些范式的前提之下，你就有了自己发挥的空间。

下面具体介绍怎么掌握一篇文章的套路。以图 1.5.40 为例，这是南京大学陈镜明老师团队最近发表的一篇文章，做了全球的叶绿素含量分布图。这是件比较难做的事情，而且更难能可贵的一点，他使用的是物理模型反演的方式，这篇文章发表在 *Remote Sensing of Environment* 中。下面我们来具体看一下这篇文章的 Abstract 是怎么写的：首先说明本文的研究主题及意义，即叶片的叶绿素含量对××来说起着核心作用，接下来整体介绍这篇文章做了什么，然后分开介绍，先做了什么，其次做了什么，通过这样的方式对主要方法和过程进行介绍。之后是结果，证明了什么，进一步揭露了什么。最后，这一篇研究对于所在整个领域来说有什么样的意义，这就是摘要的一个套路。

再举个例子，Introduction 的套路是什么？我们来看看这篇文章的第一段 (图 1.5.41)，洋洋洒洒写得这么长，其实都是用来介绍叶绿素在物质与能量交换和气候变化背景下的重要性。那么套到你自己的研究上面就是：你的研究主体在你研究的大背景下面的重要性到底是什么？

1.5 高光谱激光雷达植被生化参数遥感定量反演

ABSTRACT

Leaf chlorophyll is central to the exchange of carbon, water and energy between the biosphere and the atmosphere, and to the functioning of terrestrial ecosystems. This paper presents the first spatially-continuous view of terrestrial leaf chlorophyll content (Chl_{Leaf}) at the global scale. Weekly maps of Chl_{Leaf} were produced from ENVISAT MERIS full resolution (300 m) satellite data using a two-stage physically-based radiative transfer modelling approach. Firstly, leaf-level reflectance was derived from top-of-canopy satellite reflectance observations using 4-Scale and SAIL canopy radiative transfer models for woody and non-woody vegetation, respectively. Secondly, the modelled leaf-level reflectance was input into the PROSPECT leaf-level radiative transfer model to derive Chl_{Leaf}. The Chl_{Leaf} retrieval algorithm was validated using measured Chl_{Leaf} data from 248 sample measurements at 28 field locations, and covering six plant functional types (PFTs). Modelled results show strong relationships with field measurements, particularly for deciduous broadleaf forests ($R^2 = 0.67$; RMSE = 9.25 μg cm^{-2}; $p < 0.001$), croplands ($R^2 = 0.41$; RMSE = 13.18 μg cm^{-2}; $p < 0.001$) and evergreen needleleaf forests ($R^2 = 0.47$; RMSE = 10.63 μg cm^{-2}; $p < 0.001$). When the modelled results from all PFTs were considered together, the overall relationship with measured Chl_{Leaf} remained good ($R^2 = 0.47$, RMSE = 10.79 μg cm^{-2}; $p < 0.001$). This result is an improvement on the relationship between measured Chl_{Leaf} and a commonly used chlorophyll-sensitive spectral vegetation index; the MERIS Terrestrial Chlorophyll Index (MTCI; $R^2 = 0.27$, $p < 0.001$). The global maps show large temporal and spatial variability in Chl_{Leaf}, with evergreen broadleaf forests presenting the highest leaf chlorophyll values, with global annual median values of 54.4 μg cm^{-2}. Distinct seasonal Chl_{Leaf} phenologies are also visible, particularly in deciduous plant forms, associated with budburst and crop growth, and leaf senescence. It is anticipated that this global Chl_{Leaf} product will make an important step towards the explicit consideration of leaf-level biochemistry in terrestrial water, energy and carbon cycle modelling.

图 1.5.40 掌握文章"套路"(Abstract)

Chlorophyll molecules facilitate the conversion of absorbed solar radiation into stored chemical energy, and the exchange of matter and energy fluxes between the biosphere and the atmosphere. Our ability to accurately model these fluxes is important to forecasting carbon dynamics, within the context of a changing climate. However, within conventional carbon modelling approaches, the parameterisation of vegetation structure and physiological function over both spatial and temporal domains, with an acceptable level of accuracy, remains challenging (Groenendijk et al., 2011; Houborg et al., 2015). Within such modelling approaches, leaf area index (LAI) is a core biophysical parameter used to represent vegetation density, seasonal phenology, and the fraction of absorbed PAR by vegetation that is converted to biomass (Bonan et al., 2011). The ecological importance of LAI has led to well-validated datasets of LAI maps at global scales and relatively fine spatial resolution (~1 km) (Baret et al., 2013; Deng et al., 2006). However, recent studies have found that a temporal decoupling between vegetation structure and function can occur (Croft et al., 2014b; Croft et al., 2015a; Walther et al., 2016), particularly in deciduous vegetation with a strong seasonal phenology. Chlorophyll molecules are an important part of a plant's photosynthetic apparatus (Peng et al., 2011), via the harvesting of light and production of biochemical energy for use within the Calvin-Benson cycle (Porcar-Castell et al., 2014). Leaf chlorophyll content (Chl_{Leaf}) therefore represents a plant's physiological status, and is closely related to plant photosynthetic function; demonstrating a strong relationship to plant photosynthetic capacity (Vcmax) (Croft et al., 2017). Neglecting to consider chlorophyll phenology within carbon models can lead to an overestimation of the amount of plant carbon uptake at the start and end of a growing season in deciduous vegetation (Croft et al., 2015a; Luo et al., 2018). The incorporation of inter- and intra-annual variations of chlorophyll within ecosystem models has been shown to improve the simulations of both carbon and water fluxes (Luo et al., 2018; He et al., 2017; Luo et al., 2019).

图 1.5.41 掌握文章"套路"(Introduction 第一段)

第 2 段(图 1.5.42)讲的是目前的研究存在哪些难点,或者说现有的方法和研究存在哪些不足?为什么要进行这项研究?

Global efforts to map Chl_{Leaf} have been hampered by the complexity of the relationship between satellite-derived canopy reflectance and plant biophysical and biochemical variables. Thus far, satellite remote sensing applications to map Chl_{Leaf} have largely been limited to empirical methods, via the derivation of statistical relationships between spectral vegetation indices (VIs) and leaf or canopy chlorophyll content (Le Maire, Francois, and Dufrêne 2004; Sims and Gamon 2002). Indices that include 'red-edge' wavelengths (690-740 nm) are the most strongly related to Chl_{Leaf} (Croft et al., 2014a; Malenovský et al., 2013), due to the ready saturation of chlorophyll absorption bands when Chl_{Leaf} exceeds ~30 μg cm^{-2} (Croft and Chen, 2018). Some studies have shown promising results using empirical methods (Datt, 1998; Haboudane et al., 2002). However, this is usually achieved at local scales, within closely related species (Blackburn, 1998) or for uniform, closed canopies, where the vegetation stand essentially behaves as a 'big leaf' (Gamon et al., 2010), and where contributions from other variables, such as background vegetation and non-photosynthetic elements are low. At the leaf level, variations in internal leaf structure, leaf thickness and water content, differentially affect leaf reflectance (Serrano, 2008; Croft et al., 2014a). At the canopy scale, vegetation architecture including LAI, foliage clumping, stand density, non photosynthetic elements and understory vegetation, in addition to the sun-view geometry, affect measured reflectance factors (Demarez and Gastellu-Etchegorry, 2000; Verrelst et al., 2010; Malenovský et al., 2008).

图 1.5.42 掌握文章"套路"(Introduction 第二段)

103

上面的铺垫都完成之后,就可以顺势引出本文的思路(图1.5.43)。第四段具体列出了本文的目的或者说创新点——"this paper presents…"。可以看到这篇文章的逻辑非常清晰,每一段的第一句话基本上都可以看作是这一段的中心句,如果你只想略读的话,读每段第一句就好了。这样清晰的段落布局,不管是审稿人还是读者都可以快速地理解到要点。所以如果你是个写作新手,你可以按照这些"套路",写出一篇让审稿人满意的文章。

An alternative satellite-based approach for deriving Chl$_{Leaf}$ from top-of-canopy reflectance data is through the use of physically-based radiative transfer models. Radiative transfer models provide a direct physical relationship between canopy reflectance and Chl$_{Leaf}$ because they are underpinned by physical laws that determine the interaction between solar radiation and the vegetation canopy. Leaf-level estimation of foliar chlorophyll content is achieved by coupling a canopy model and leaf optical model, in a two-step process (Croft and Chen, 2018): firstly to derive leaf level reflectance from canopy reflectance and then to derive leaf pigment content from the modelled leaf-level reflectance (Zhang et al., 2008; Croft et al., 2013; Zarco-Tejada et al., 2004). A number of canopy models have been used for this purpose,
This paper presents the first global Chl$_{Leaf}$ map from satellite data using physically-based radiative transfer models. Chl$_{Leaf}$ is defined on a leaf-area basis, as chlorophyll content per half the total surface leaf area. Expressing Chl$_{Leaf}$ by leaf area (as opposed to by dry mass) is the closer representation of what is directly measured by a satellite instrument, and is most appropriate for linking Chl$_{Leaf}$ to ecosystem processes, such as carbon and water fluxes in relation to surfaces (Wright et al., 2004). Chl$_{Leaf}$ is modelled from ENVISAT MEdium Resolution Imaging Spectrometer (MERIS) 300 m reflectance data in a two-step modelling approach, using coupled canopy and leaf radiative transfer models. Modelled Chl$_{Leaf}$ results are subsequently validated using measured ground data at a range of different field sites over six different plant functional types (PFTs). Chl$_{Leaf}$ maps are produced at the global scale every seven days for an entire calendar year in 2011, in order to provide spatially- and temporally-distributed leaf chlorophyll content for ecosystem modelling and ecological applications.

图1.5.43 掌握文章"套路"(Introduction第三、四段)

对于论文的其他部分,例如Methods and Materials、Results等,要类似地研究你所在领域的优秀论文的写作"套路",这种"套路"可能有很多种,然后把它们灵活地化为己用。

第二点经验是平时就要积累遣词造句和背景意义的"套话"。比如我们写论文时经常会用到表示结果和原因的一些词或词组,如果在读论文时看到类似的表达就随手记下来(图1.5.44),那么在写论文的时候,就有很多类似的表达可以替换。例如,表示"由于和因为"的有: due to, result from, reasons for this include等;表示"考虑到"的有: considering that, given that, take into account, bear in mind等。类似地,表目的的、表转折的、表承接的、解释说明的、总结的,都可以这样整理下来。这是常用的连接词,还有常用的动词、名词、形容词、介词等也可以记录下来。这样你在写论文的时候,就可以直接进行检索,然后非常高效率地完成你的论文。再如,前面也提到过,Introduction中第一段通常都是交代背景和意义的话,大家在平时读文章的时候,就可以直接把好的表达记下来:这篇文章是怎么表述××的重要性的,如此之后在写文章的时候就可以把它们融会贯通,写出一个属于自己的更全面的表述。

再就是方法论与实践相结合。我觉得在互联网时代,大家不管想学习什么,都可以在网上找到特别多的资源,我们其实并不缺方法,缺的是将方法与实践相结合。这里送大家一段话,摘自 *On Writing Well*,这本书是我少有的认真看过的关于写作的书,写得很真挚,也非常精炼,推荐给大家。想分享的这段话是——"Writing is hard work. A clear sentence is no accident. Very few sentences come out right the first time, or even the third time. Remember this in moments of despair. If you find that writing is hard, it's because it is hard"。哪怕你掌握再多的方法,写作都是很困难的,而且很难一下子就写出一个很优秀、很完美的句子。总是要一而再,再而三地修改,对于我们是这样,哪怕对于专业的作家来说,也是这样的。当你觉得写作很痛苦的时候,想一想这句话,也许会鼓励你一遍一遍地改下去。

> 表示结果和原因:
> 　　由于,因为:due to,result from,reasons for this include,given that,because,because of,part of the reason lies in
> 　　考虑到:considering that,given that,take into account,bear in mind
> 　　所以,因此,导致了,造成:thus,thereby,therefore,consequently,hence(比 as a result 更书面语),so that,so as to,for this reason,result in,as a result,this leads to,give rise to,cause,engender
> 表目的、表转折、表承接、表解释说明、表总结……
> - 常用动词、名词、形容词、介词……
> - Introduction-e. g. 叶绿素——自己写文章的时候方便凝练
> 《题目》-叶绿素重要性 balabala…

图 1.5.44　遣词造句的积累

(3) 一个英文写作网站推荐

接下来分享一个论文写作宝藏网站——Linggle。这个网站使用起来非常简单,又非常好用。比如我想寻找高频写法,"present a method"后面可以加什么词呢?我就在这个短语后面加一个下划线,点击搜索,就会出现每一种搭配出现的频率与频次。图 1.5.45 中可以看到"present a method"后面跟 for 是出现频率最高的。我也可以在后面加两个下划线,就可以搜索出来"present a method"后面加两个词都有哪些用法,看看别人都是怎么写的。

图 1.5.45　论文写作宝藏网站——Linggle(高频写法)

当你不确定某个位置要不要加一个词(图 1.5.46),到底是"discuss the issue"还是

"discuss about the issue",你可以在 about 前面加一个问号,这个网站会告诉你在 99% 的情况下用的是"discuss the issue"而没有 about,那你就可以理所当然地使用这种表达。假如这两种表达都是存在的,比如一个占百分之六十,一个占百分之四十,那么就需要了解这两种是不是含义上有什么差别。你可以点击"Show",它会出现很多的例句,通过例句来揣摩一下不同的表达到底是什么含义,从而决定你是否要用这个词。

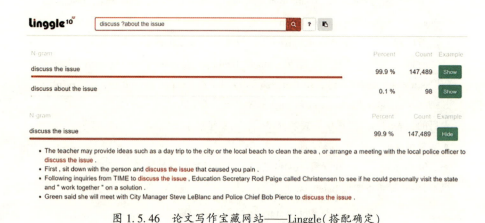

图 1.5.46　论文写作宝藏网站——Linggle(搭配确定)

如图 1.5.47 所示,第 3 种情况,你不确定哪一种说法是正确的,到底是"not in the position to"还是"not in a position to",你可以把这两个都写上,中间用一个斜杠分隔,这个网站就会显示到底哪一种出现的频率更高。

图 1.5.47　论文写作宝藏网站——Linggle(搭配确定 2)

这个网站还有一个非常重要的用途是找搭配——Collocations。对于英语专业的学生来说 Collocations 的学习是非常重要的,因为你的英文是否地道与搭配是非常相关的。中文里其实也是这样,比如"视野"这个词,我们通常会用什么动词和它进行搭配呢?一般是说"开拓视野",对吧?"开拓"和"打开"意思差不多,但是说"打开视野",你作为一个中国人会觉得很奇怪,但从一个外国人的角度讲,他可能觉得打开和开拓的含义差不多,这就是为什么我们要学习 Collocations。

比如我想表达"做实验",但是我不知道可以用哪些动词,我可以用一个动词的缩写"v.",加上 an experiment 来搜索。然后,你可以看到 conduct an experiment 是出现频率比较高的,我想找的就是这个单词。

(4) 关于英语学习

如果你只想做一个好的研究者，更好地写出论文，用前面的这些方法就足够了。而如果你是以应试为目的，那么我建议选择一个比你的考试难度高一个等级的单词量来进行准备，然后实现降维打击。比如说你要考六级，就去准备托福；你要考托福和雅思，就去背 GRE 的单词，如果你正着背一遍，反着背一遍，把单词吸收得七七八八，再去考托福就很简单，这就是降维打击。

在我看来，英语能力的提高是件付出多少就回报多少的事情，冰冻三尺非一日之寒。英语很难进行突击。如果你希望全面提升听说读写能力的话，我比较推荐你从每天读半小时英语开始，这也是我上双学位课程的时候，我们的老师非常推荐的练舌头的方法。还有非常有用的一个方法是背诵好文章。我曾向一个英语特别厉害的师弟取经，他说他从本科开始就加入了一个学英语的社团，每天早起去小树林里面读英语，同时他会要求自己每天背一小段，所以背诵是提高英语非常重要的一个途径。还有可以参加背单词打卡群。我们小组的同学就建了这样一个微信群，大家每天都要把背单词的截图发到群里，否则就要发个小红包。我觉得这种方式虽然简单，但可以很好地督促你每天完成一定的背诵量，然后积少成多。不要奢望自己可以一天突击 50 个或者 100 个单词来提升你的英语水平，还不如坚持每天背 5 个、10 个来得好。

再一个是反复听，将自己浸润在英语环境中，我本科坚持学英语的时候，把 MP3 里面的所有歌曲都删掉了，全部换成英文资源，空闲的时候就听英语磨耳朵。如果你是出于学语言的目的来看美剧或英剧的话，不要关注它的剧情，你要反复地看一集，可能看个 10 遍、8 遍，一直到你对这一集中的每一句台词的意思都了然于心，可以清楚地听到演员说的每一个词，如果达到这种程度，这一集就可以 pass 了，换到下一集继续。这样做听上去可能有点枯燥，但实践起来我觉得还好，你可以选一个自己最感兴趣的剧，然后用这种方法来提高英语水平。时间久了，你会发现自己不自觉就会使用一些英语表达，比如说到了一个特定的情景之下，你想吐槽的时候，可能会自然地蹦出主人公当时的一句吐槽，这就是你之前看的那些剧、背的那些文章对你产生的影响。在英文写作方面，如果不以参加考试为目的的话，我比较推荐大家经常性地进行一些英文写作，比如说你最近心情很不好，想写点日记直抒胸臆，那么我推荐你用英文来写。在写的过程当中，你会发现一些中文里非常简单的表达，你可能竟然不知道怎么用英文去表述，这样你就会去查相关的表达，这个过程可以很好地为你的英语打基础。

(5) 科研感悟分享

下面分享一下我的科研感悟。第一点，科研要坐得下去，才能升得上来。这句话来自实验室之前举办的一个机房照片征集活动，张翔师兄拍了自己在机房坐了很多年的一把椅子，椅面基本上已经被磨得"皮开肉绽"了，当时他的配文就是这句话：科研要坐得下去，才能升得上来。我是非常认同这句话的，我请教过小组非常优秀的师兄，为什么能写这么多文章，为什么有这么多点子？他说他每天的有效科研时间可以达到 12 个小时。我们虽然很难达到这种程度，但是绝对要花足够的时间在科研上面，才可以期望它有一个比较好的结果。

第二点是要向身边的优秀的人看齐。为什么是身边的优秀的人？因为这个世界上从来都不缺乏优秀的人：一个离你比较远的优秀的人，虽然可以赢得你的赞叹，但因为离你太遥远，你可能并不相信自己有能力望其项背。而身边优秀的人是你可以近距离观察的，你会更有信心：如果他能做到，我是不是也可以往他的方向再进一步？也许很多事情就做成了。

第三点，"心流"，全身心投入你的研究。"心流"是一个心理学上的概念，指的是你在全身心投入一项事情的时候达到忘我的一种境界。我曾看过一篇文章，说的是我们解决很多问题的过程，其实经常不是在我们有意识的时候，而是在我们潜意识的时候。当你在科学研究中遇到困难时，如果把自己沉浸到问题中，无时无刻不在思考采用什么样的方法去解决它，可能你的潜意识会帮你更好地去解决这个问题。

第四点是几个软件的推荐。一个是番茄工作法。在做一个番茄的时候，要 25 分钟不受任何事情打扰，结束后给自己 5 分钟的休息时间。现在我们手机使用得太频繁了，所以要控制自己在这 25 分钟内把所有社交软件的消息提醒都关掉，把手机背放在桌子上，全身心地投入你的工作中，你要相信没有任何事情是等不了 25 分钟的。与此同时，番茄工作法还有一个优点，就是可以量化你一天所做的工作。你可能一整天连一篇文章都没看完，没关系，你做了很多的番茄，也可以说明这是充实的一天。然后你可以看一下自己一天到底能做几个番茄，从而了解这一天跟前一天比到底有没有做更多的工作。

推荐大家使用有道云笔记或者印象笔记来总结文献和好的写作资料。云笔记除了可以联网备份之外，最大的好处是可以检索，比如说我做好笔记之后，直接搜叶绿素，就可以把所有我之前整理的，跟叶绿素相关的文档都调出来，比手写要方便很多。

第五点是重视小组汇报和周报。准备小组汇报和周报是停下来做思考和总结的绝佳机会，因为必须要保证自己所汇报的东西每一步都想得非常透彻，经得起别人的提问和攻击，所以希望大家不要敷衍。周报还有一个好处是日后可以帮助你拾起搁置了一段时间的 idea，看一下自己的周报就可以很快地了解当时的思路到了哪里，都做了哪些工作，不用再浪费时间从头开始。

第六点是要关注心理健康，我非常认真地讲这一点，因为我觉得读博或者搞科研难免会有压力大的情况出现，有时还会面临其他问题的干扰。当你觉得自己难以承受的时候，一定要找到你的"精神支柱"，及时进行交流；如果不行的话，还可以求助老师或者做心理咨询。我们武大的心理咨询预约非常方便，咨询室的老师们可以向你提供一个新的看待事物的角度，可能会打破你很多固有的想法，避免自己走入牛角尖或死循环。一个更健康的心理和更健康的状态，我觉得比有多少成果更重要。

最后送一段话给大家，出自王安石的《游褒禅山记》，"有志矣，不随以止也，然力不足者，亦不能至也。有志与力，而又不随以怠，至于幽暗昏惑而无物以相之，亦不能至也。然力足以至焉，于人为可讥，而在己为有悔；尽吾志也而不能至者，可以无悔矣，其孰能讥之乎？此余之所得也。"这段话有几个关键点，想做什么事情要有"志与力"，同时

"不随以怠",最后要有"物以相之"。如果可以做到"尽吾志"而无悔,我觉得是非常棒的一个境界。我的报告就到这里,谢谢大家。

【互动交流】

主持人:非常感谢孙嘉师姐精彩的报告,这次报告真的是干货满满啊,相信大家也有很多问题想向孙嘉师姐请教。下面是我们的互动环节,有问题的同学可以提问。

提问人一:您用高光谱的雷达去做植被生化参数探测后,又用了 ASD 光谱仪进行验证,你觉得主动遥感和被动遥感的区别在哪?

孙嘉:在利用光谱信息反演生化参数方面,两者是没有很大区别的,但高光谱激光雷达还可以探测目标三维信息,比如可以获得植被叶片或冠层的三维生化参数分布,而这是被动遥感没办法做到的一点。

提问人一:PROSPECT 的模型是针对叶片,不是针对冠层的,所以两者还是有区别的。

孙嘉:是的,冠层有冠层的模型,你可以使用不同尺度的物理模型来实现不同尺度生化参数的反演。

提问人二:请问您在农田里面做实地观测的时候,你们观测的一些数据,既有高光谱也有多光谱,还有高光谱激光雷达,你们是怎样做观测的?

孙嘉:因为我们的系统目前还处于样机的阶段,所以是把叶片样本运回到实验室进行的观测,没有在农田里直接进行测量。

提问人三:请问 ASD 测到的反射率和高光谱激光雷达 32 个波段的反射率之间有何差异?

孙嘉:首先,ASD 光谱仪的光谱分辨率更高,可以达到 1nm,而我们使用的高光谱激光雷达是每 12nm 一个通道,每个通道探测的是这 12nm 范围之内的信号累加值。其次,ASD 光谱仪和高光谱激光雷达探测的视场角和观测的反射率方向(如果 ASD 没有搭配积分球)也不同,会造成测量的反射率绝对数值有所差异,但二者的整体趋势是一致的。目标反射率的方向差异与目标本身是朗伯体还是非朗伯体,镜面反射和漫反射所占的比例有关。

提问人四:您之前提到激光雷达获得的是一个方向反射率,我想问一下反射率信息对 PROSPECT 模型的适应性怎么样?因为它本来是根据方向-半球反射率和透射率设计的。

孙嘉:这个问题提得很好,PROSPECT 模型的建立确实是基于方向-半球反射率,在做实验的时候需要用一个积分球来把整个半球范围内各个方向的反射光做一个累加进行测量。因为我们探测的水稻叶片表面相对光滑,激光垂直入射,如果把其他方向的反射光忽略，可以近似看作方向-方向反射率，这与和方向-半球反射率没有相差很大，所以才能用这个模型。比如说我换一种比较粗糙的叶片，可能漫反射比较强烈，但只能接收一个方向的回波信号的话，可能就没办法直接用这个模型了。

（主持人：王翰诚；摄影：李浩东、丁锐；录音稿整理：王翰诚；校对：赵康、修田雨）

1.6 深度学习下的遥感应用新可能

(李 聪)

摘要：深度神经网络(Deep Neural Networks，DNN)技术的突破为众多行业发展带来新生机，尤其在计算机视觉领域，作为与计算机、电子、物理等专业高度交叉的遥感方向，不可避免面临着新的挑战与机遇。例如：如何认识深度学习技术与传统技术间的鸿沟，进而破除藩篱做更好的技术融合？在数据、算力、算法的支撑下，哪些应用将得到升级甚至成为现实？在学术与工业层面上，哪些将是能够相得益彰的方向？

商汤科技公司基于原创自主研发的深度学习平台，结合二十余年计算机视觉研究积淀，对以光学影像为主的遥感数据进行深入探索，通过分割、检测、变化监测三大核心任务，申请了20多项发明专利，并有多项产品研发落地。本期嘉宾将直面上述问题，解读深度学习下的遥感应用新可能。

【报告现场】

主持人：各位同学、各位老师，大家晚上好！我是本次活动的主持人纪艳华，欢迎大家来到 GeoScience Café 第226期的活动。本期我们邀请到了商汤科技公司的研究员李聪，他毕业于清华大学土木系摄影测量与遥感专业，现任商汤科技研究院高级研究员，主要负责基于深度学习下的遥感数据处理，下面有请李聪老师为我们带来题为"深度学习下的遥感应用新可能"的报告。

李聪：我本次报告涉及的三个主要方向如图1.6.1所示。第一个是人工智能技术(主

图1.6.1 报告内容总览

要为 DNN)结合遥感数据处理进行的探索和积累；第二个是遥感场景的夯实与拓展，主要是我们目前正在大力推进研发的技术，希望可以在 2019 年年末或 2020 年的夏季，推出一些有价值的产品和成果；第三个是我们认为未来有前景的技术和方向。

1. 遥感场景下的深度学习应用实践与探索

对第一个方向，我们目前处理的主要是光学卫星影像，因此将这些应用根据技术特点范围分为三个方面，分别是语义分割、目标检测与变化监测。

（1）语义分割

关于语义分割，它在光学遥感数据中主要有三个典型的应用场景：

①土地利用类型的分类，主要是多类别的分割；

②典型地物的提取，只提取一类，例如道路、建筑物、水体等；

③在植被方面的应用。

首先强调一下，光学遥感数据在通用场景下存在的一些差异，或是由于自身特点导致的一些问题，我们认为分析这些问题可以对遥感场景模型的优化起到帮助。

遥感数据的分割问题包含三个难点（图 1.6.2）。遥感数据要分割的对象分布广、覆盖范围大，不同于通用场景中对象的概念，即有一个比较明确的几何边界，因此如何在大范围内进行分割是第一个难点。第二个难点是遥感场景里的对象结构信息比较少，比如说分割无人驾驶里的一个自然场景，我们知道一栋建筑物会有窗户这类的结构特征，但遥感场景对象可以用来分割的特征比较少，例如水、森林都是一片一片的，中层信息比较少，顶多有一些纹理特征。还有一个难点是传统做分割的方法主要是面向像素和面向对象的，面向像素主要关注光谱信息，面向对象可以先做一个超像素分割，然后再找一些特征。

图 1.6.2 光学遥感影像的特点

深度学习或者卷积神经网络（Convolutional Neural Networks，CNN）的好处就是它可以自己学习出很多特征，大家在解析这个网络的时候通常把这些特征分为三类，第一类是比较细节（detail）的浅层特征，第二类是比较高层级（high level）的语义特征，第三类是一些中层特征，如何将这些特征与传统手段中做得不够好的光谱信息结合起来是我们要解决的问题。

图 1.6.3 是我们解决上述问题的实际应用案例,我们直接做到了一个应用级的产品,对整个山东范围内的结果进行了测试。图 1.6.3(a)是全球地表覆盖图,现在展示的是 5m 分辨率的,2020 年六七月份会发布 3m 分辨率的;图 1.6.3(b)是道路提取图,是在整个山东省范围直接提取的道路信息,这是一个矢量图;图 1.6.3(c)是冬小麦提取图,我们采用国产数据中的时序信息,但由于它的获取周期不够,最多只能得出三四个物候期的结果,如果是时序信息比较丰富的数据,例如 Planet 的信息数据,我们就可以直接用一年的,而且也不用挑选比较重要的物候期。

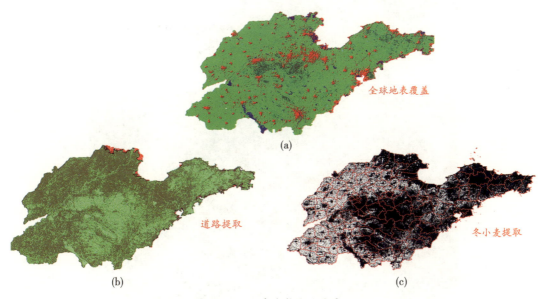

图 1.6.3 山东省整体效果展示

第一个展示的是地表分类情况,从图 1.6.4~图 1.6.6,我们可以直接看到效果,图 1.6.4 的下方标出了我们处理的时间(2h)以及采用的数据源(Planet 数据)。有同学提到国家的一些重点单位不太允许用国外数据这一问题,其实我们在解决问题的时候,并不是说完全去依赖哪一方数据,因为我们不想做这种绑定数据的产品,我们更重要的目标是实现数据模型的通用。在遥感场景里,分辨率是一个比较重要的指标,这次展示的是一个 3~5m 分辨率的产品,但即使是在缺乏数据训练的情况下,通过我们的通用数据模型,也可以得到一个比较理想的测试结果。

第二个展示的是我们提取出来的山东省全省道路覆盖情况(图 1.6.7、图 1.6.8),花了大约 12 个小时进行处理,其中只有 2 小时左右是数据处理的时间,即用 CNN 做网络提取出道路栅格结果的时间,其余时间都用在对道路进行栅格转矢量、矢量的初步优化以及矢量的拼接上,因为后者都是用 CPU 操作,没有做专门的优化,效率会低一些。

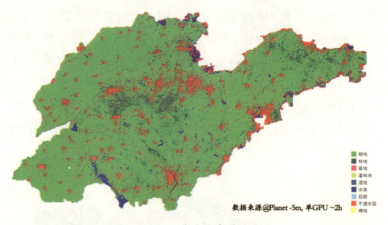

图 1.6.4　山东省地表覆盖分类

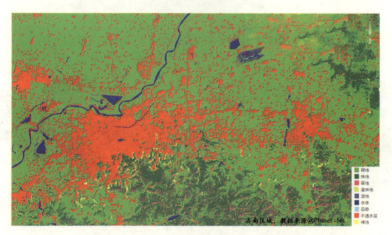

图 1.6.5　山东省地表覆盖分类放大效果

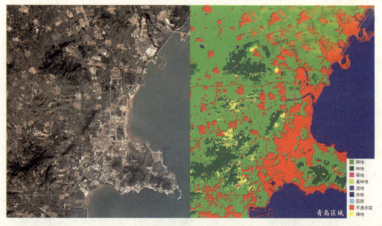

图 1.6.6　山东省地表覆盖分类放大效果(青岛区域对比)

大家可以看到路网叠加在原始影像上的一个效果,这个道路不是我们在 Planet 数据上训练的结果,而是积累了一些资源 3 号和高分 2 号的数据,训练出来了这个分辨率的模型,然后在 Planet-basemaps4.7 的数据上做的测试结果,为的是尽量满足数据迁移的效果。

图 1.6.7　山东省道路提取全图

(a)局部图　　　　　　　　　　　　　(b)放大图

图 1.6.8　山东省道路提取局部图和放大图

第三个展示的是山东省冬小麦的提取(图 1.6.9),这个不需要进行矢量的转化,只需要导出一个栅格的预测结果,比较简单,整个山东省的数据处理时间差不多需要几十分钟。

为了验证结果的准确性,我们按照形状区块进行了裁切,统计它的种植面积,并调研了农业部门发布的县级种植面积的数据,对两者进行了对比,结果是比较吻合的。而且能检测出一些传统方法中的错误,比如客户提供给我们的数据中的一些明显错误。图 1.6.10 是山东省 16 个地级市中部分县区的提取效果。

图 1.6.9　山东省冬小麦分布情况

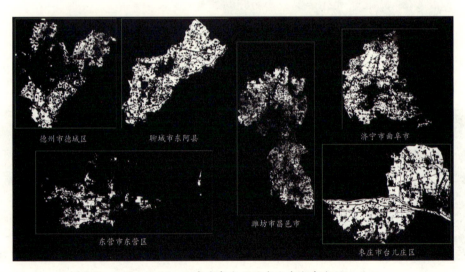

图 1.6.10　山东省部分县区冬小麦分布个例

刚才给大家展示了一些成果，以及我们是如何取得这样效果的，至于克服和优化了哪些问题，图 1.6.11 中做了大概的展示。

直接看这些问题，大家可能很难有直观的感受，接下来我将直接通过两个解决方案，为大家做一些介绍。

第一个案例是我们一个大四实习生做的土地利用类型分类试验，并在 2018 年 DeepGlobe CVPR 比赛中拿到了第一名。我先介绍网络是如何设计的（图 1.6.12），然后再针对遥感影像的三个问题解释如何通过网络的设计进行体现。

首先选择一个网络结构，大家应该都知道做遥感场景时，U-shape 的网络结构会比较好，但我们还选择了全连接密集网（Fully ConnectDenseNet, FC-DenseNet），这是为了保障细节的分割。而且我们对网络进行了压缩，就是在通道（channel）数目里进行了一些缩减，这也是为了解决做精细分割时所占显存比较大的问题。

- 遥感数据有哪些特点？
- 用不用开源网络？
- 是不是必须要有 pretrain model？
- 如何选取匹配的网络结构？
- 网络中有哪几个核心超参数？
- 怎样高效地做些特征融合？
- 如何提升模型效率？
- 如何增加空间上下文信息？
- 有什么归一化技巧？
- 是不是互补任务可以联合训练？
- 如何融合非同源数据？
- ……

图 1.6.11　语义分割总结

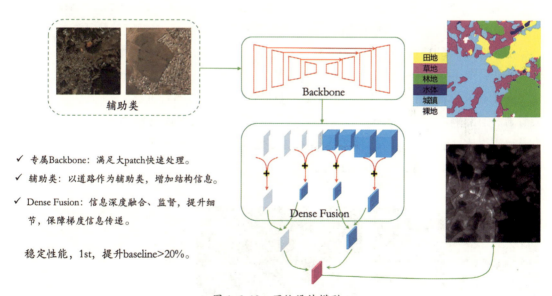

图 1.6.12　网络设计模型

对于遥感产品的分割对象分布广这一问题，我们必须有一个比较大的感受点，才能得到较好的空间信息，知道它到底属于什么类别。因此，如果你要用一个传统的网络，可能会受网络的大小限制，进而不能塞入一个比较大的图像，这在遥感影像尤其是高分辨率的影像上，可能会导致看不出来它到底是什么。所以我们有两方面的考虑，一是要提高效率，二是能够处理更大的图像或者从更大范围上感受视野里的信息。

第二个是中层结构信息比较少的问题，我们都知道道路可以组成路网，且有自己的一些特殊形态，我们也知道，道路出现在不同地类上的特征是不太一样的，比如在城区里肯定特别密集，而水体区域肯定不会有道路。水体和林地通常比较暗，容易混淆，而当我们加入道路信息后，就会知道林地偶尔会出现一条道路，但是水体肯定不会有。在这里，道路就是中层结构信息，我们会把道路作为辅助类加进去，并使用 multi-task（多任务训练）的训练方案，能达到 10% 这样一个巨大的提升效果。我们做其他分割任务时，也经常使用这个方案，都能取得非常显著的效果。

第三个问题就是如何将浅层、细节的特征与抽象的语义特征进行比较好的连接。首先要介绍的是密集连接的神经网络模型，当我们进行梯度反向传播的时候，它能直接把梯度传达到浅层，对整个网络进行较好地优化和特征使用。然后是 FC-DenseNet，它在后面进行的反演和差值让细节特征更精细，具有一定的优势，但是它的网络比较深，所以浅层的一些特征优化得不是很好。最终，我们采用了一种级联的优化方式，把浅层的特征融合好之后，再将相邻的两个区域进行融合，这样能缩短我们最终的误差与浅层特征的距离，对浅层特征也能进行比较好的优化和回传，同时因为它能直接对浅层信息进行修正，从而加快了训练速度。最后，我们参加比赛取得的结果相较他们的 baseline（对照组），直接提升到 20%，就取得了第一名。

前面其实是一个尝试的过程，之后我们就要分析为什么用了道路辅助后，结果性能提升的幅度如此大。于是，我们添加了一个不加道路的对比试验，并把它的特征进行了可视化显示。如图 1.6.13 所示，图 1.6.13（a）是不加道路，也就是一个单任务训练的分割结果和特征；图 1.6.13（b）是加上道路的训练结果；再看图 1.6.13（c）中高亮的蓝色区域，就会发现城镇的响应不那么清晰。但是如果我们看图 1.6.13（b），就会发现城镇里面都有很清晰的道路响应，而图 1.6.13（a）中则一点也没有。有可能就是因为加了道路的响应，边界也变得比之前好很多，进而区分出这些大类。从这些特征来看，它（道路）作为中间层的结构信息，确实起到了较好的作用。

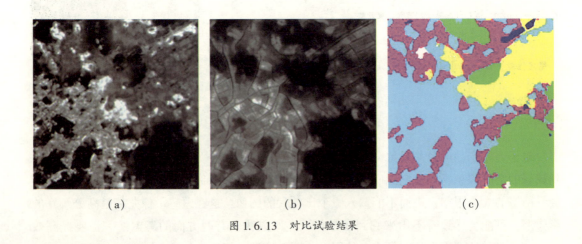

图 1.6.13　对比试验结果

为了验证该方案的有效性，我们在建筑物提取的任务上进行了尝试，当时 SpaceNet

Challenge 比赛第二轮的冠军是 XD_XD，他的总分是 69.3（图 1.6.14）。我们从大家经常用到的开源网络中，挑选出在视觉场景里最优秀的一些网络，想看看通用场景下的开源网络结构是否可以满足遥感领域的应用。像最好的掩膜基于区域的卷积神经网络（Mask Region-based Convolutional Neural Network，mask_rcnn）结构，虽然它的计算量非常大，但确实能达到一个比较好的效果，因为经过大量的任务验证后，它现在的性能比较稳定，而且与这个任务比较匹配。

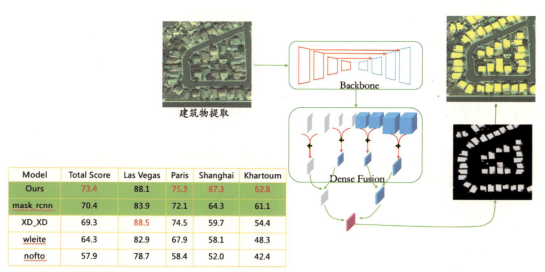

图 1.6.14　模型的性能比较

但是我们的网络结构比较小，就只有两三百万的参数，而 mask_rcnn 是我们的十几倍。最终我们得到的结果比 mask_rcnn 高了近三个点，比之前挑战赛中的第一名高四个点。在比较复杂的场景下，我们的模型处理得相对好一些，最理想的展示就是拉斯维加斯，因为它的建筑物比较规整。如果只是在学术上的话，大家只需要看哪个指标高，指标高肯定就好。但要将这个学术成果落地，真正解决一些实际问题，我们更应该关注的是那些处理不好的点，因为它就是块试金石，会直接验证你这个模型的性能到底怎么样。自然场景下的数据质量不会那么理想，所以如果只是强调一些比较理想化的数据，那离应用确实会差得比较远。

现在再回看刚才我提到的一些问题，就都有了答案：

①遥感数据有哪些特点？刚才我说了自己的一些理解，可以参照图 1.6.2。

②用不用开源的网络？如果只是想简单地实现自己的一些思路，那么可以用，并且也能达到较好的效果。

③用不用先验模型（pre-train model）？这方面我觉得可能没什么必要，因为我们的很多方案都没有用 pre-train，在做一些落地的产品时，我们通常使用目标检测网络（train from scratch），就可以得到一个比较好的结果。

④如何选取匹配的网络结构？在研究遥感影像数据集时，大家用得比较多的是U-shape的模型，而如果你要做医学影像的数据集，百分之七八十可能都会用U-Net。医学影像与遥感影像比较类似，但是它存在网络结构特别大这一问题，尤其是当我们想得到一个比较精细的分割结果时，都会将其插值回去检校原始的尺寸，尽管插值回去的时候通道数减少了，但是参数量是增加的，就使得这一块的fusion（融合）特别耗显存和计算量，继而导致效率降低得很明显，但有时又必须要把它插值成原始尺寸的大小。因此，只要网络结构选择得更合理，例如我们组之前用的金字塔场景分析网络（psp，Pyramid Scene Parsing Network）或者DeepLab系列，都能实现远超上述方案的结果。

⑤网络中有哪几个核心超参数？在这里只说遥感数据的处理，有两个特别显著，一个是我们刚才说的crop-size（裁剪尺寸），要是想做一个道路的分割，超参数肯定不能太小，当它比较大时才能知道这到底是不是一条路。另一个是batch-size（训练样本数），如果大家去做实验，就会发现batch-size有时并不是越大越好，也并不是越小越好，这个和具体的问题以及数据量是否充足都有较大的相关性，不能一概而论。但是batch-size的改变，确实能让你在做对比实验时感受到非常明显的变化，无论是在量化指标上还是可视化结果上。大家可以去分析和验证在不同的问题和场景下各自适用的batch-size大小。

⑥怎样高效地做特征融合？在很多任务中，为了把分割做得精细，我们需要进行反卷积或插值的操作，但是像U-shape在效率上不是特别经济。

⑦如何提升模型的效率？搭建或训练一个小网络有比较多的解决方案，比如你可以让整个模型的通道数减少，或是用一个大模型去替换一个小模型。另外，训练与测试是不一样的，测试的时候把一些没用的或全是线性操作的参数进行融合，就可以把一个模型变小，然后达到提速的目的。

⑧如何增加空间上下文信息？在很早之前DeepLab系列加了一个条件随机场（Conditional Random Filed，CRF），但是CRF的效果在现在的网络结构下没那么大的优势，而且效率特别低，后期其实主要看它可不可以直接在网络里传递空间信息。或者就将整个图像上的context（上下文）信息变为特征一同使用，虽然好像没有特别大的实现难度，但是效果会有非常大的影响，现在也成了很多分割任务里经常要做的一个对比方案。

⑨有什么归一化技巧？归一化经常会用到，它对我们前面所提的迁移问题也会有比较大的帮助。大家现在基本上就用一个默认的批规范化（Batch Normalization，BN），但是BN里面有很多其他的问题，比如是在单卡（单GPU）上做，还是用多卡（多GPU）一起做，或者是多机多卡。它涉及batch-size有多大，以及我如何训练和调整learning rate（学习率）。其实除了BN，针对不同问题还有一些其他比较有效的方式，不仅能节省计算量，还能更快地训练，例如Instance Normalzation（实例规范化）、Layer Normalzation（图层规范化），且前者应用得更多，它解决的主要是例如换脸、风格迁移的问题。这种问题在解决时，基本上就是一张图像对一张图像，这就涉及一个比较重要的问题，即无法像其他分割中一次处理多张图、训练多张图，进而就会导致当图像的对比度不同或者图像质量有问题时，会对迁移效果造成影响。基于这样的启发，我们把这样的Instance Normalzation也放到网络里

去一块进行训练,就很好地解决了遥感场景里的迁移问题。例如我拿一种数据训练了一个模型,想测定另一种数据,或者是我用这种数据的一个时间去测定这种数据的其他时间,可能这个时间因为天气状况模糊不清、对比度不高,而在使用了 Instance Normalzation 后,效果就会有特别明显的差距。

⑩如何融合非同源的数据?以全球地表覆盖为例,我们用的是 planet 的数据。从之前 30m 到现在 10m 的精度提升花了七八年的时间,且 10m 的数据是近期才公布出来的。公布出来后我们用这个数据进行训练,所以我们的结果是依赖于 planet 数据,而效果之所以比较好,是因为我们之前的数据只用一期影像直接做预测,而后来我们使用一年中各季度的一期影像来做,这样就能解决很多其他的问题,例如成像的质量问题,还有农作物从播种到收割过程中的一些变量也能很好地被抑制。

但是这样就产生了另一个问题,就是以后再做预测时,都得准备至少四期影像,每个季度一期,但这样成本就非常高,而且也只能依赖于 planet 或者是其他能够提供重访周期的数据,就大大地制约了训练方案的应用场景与便捷性,体验也较差。于是我们当时就尝试着只使用两期数据,上半年、下半年各一期,发现精度下降了百分之三至百分之四,而如果只使用一期,精度则下降了百分之十。因为之前的分类中没有道路,只有耕地、林地、草地、裸地和水体这些类别,把各个道路与建筑物统一为不透水层,但其实我们有单纯的路网数据,另外根据在比赛中得到的经验,我们现在在做的,就是加入道路的模型进行训练,来提供中层的信息。如果加上道路模型与 multi-task(多任务)一块训练,使用两期影像就能达到四期的效果,通过这种方式进行优化,数据量的要求就少了一半。

但上述方案还是不够方便,我们想要的是只使用一期影像,这样我们训练好的 planet 模型就可以直接测试其他的数据,从而大大提升国产数据的应用能力。所以我们考虑再加入数字高程模型(Digital Elevation Model,DEM)数据来一块进行训练,DEM 是一个高程数据,就相当于通用视觉里的深度信息。但高程信息的值域不同于普通图像,即使是 16bit 的普通图像,它的值也可能都是在 0~1024 区间取的,这样训练就会出现另一个问题,即如何把这种值域区间非常大的数据与影像数据进行结合?我们的做法是先训练一个 pre-train(预训练)的高程模型,该模型也进行了相应的分类,我们不要求它能得到一个特别精细的结果,只需要它大概提供某个地形属于什么样的类型。可以理解为,它能够大概地告诉我们这一块应该是山地,不可能出现耕地或水体;或那块是平原,它可能是一个植被区域。目前我们用一个时像的影像加上 DEM,效果得到了提升,比起四时像的效果只降低了三到四个百分点,这还是一个初期试验,可能后面我们还能够进一步优化,得到更加理想的结果。

(2)目标检测

目标检测这个问题,我们先找两个比较常见但又具有代表性的案例进行分析。参照分割问题,先分析遥感场景下目标的特点。

首先是图像非常大,不同于训练数据,我们拿到的带标注的数据,通常都是 10k×

10k(kilo，千)的，尤其是客户给的任务通常是需要测一个地级市的范围，目标特别小，而目标与分辨率是相关的，通常一个米级或者亚米级的飞机(大型客机除外)，可能二三十个像素都已经算是大的。另外，在网络里不能读这么大的图，需要拆成小的块再去做预测，例如一张 10k×10k 的数据，要裁成 600×600 的图片，数量就会非常多，这种效率的累积会导致建模非常慢，应用效果较差。这就要考虑如何保证小目标被检测到，即针对小目标如何提升它的召回效果？但是当把小目标的召回提升到效果比较好时，不可避免地就会有很多虚警，而对于虚警需要用怎样的手段去抑制，主要是从目标检测精度的角度思考，如何对这些问题进行克服或优化、效果如何？等等，这些都是要思考的问题。

我先展示一些已有的成果。图 1.6.15 都是在 planet 数据上进行的测试，训练的是来自各种数据源的其他数据。对图 1.6.15(d)这样一个 0.8m 分辨率的数据，它的大小是 40k×30k，我们现在的处理时间接近 10 分钟。

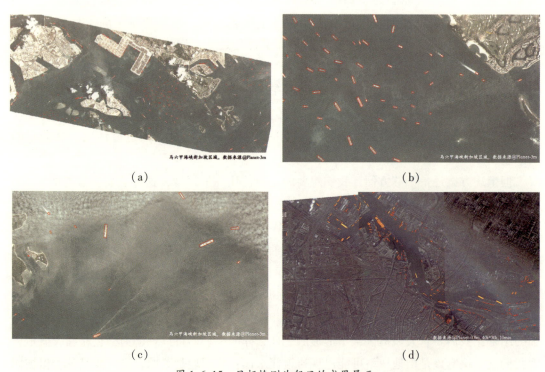

图 1.6.15　目标检测为船只的成果展示

图 1.6.16 是将飞机作为目标检测的效果，直接测试的 0.8m 的 GF-2(高分 2 号)数据，18k×18k 的大小，飞机检测用时不到两分钟，只不过这是对飞机场里面飞机的检测效果。正常的检测除了机场里面有飞机，机场外面也是有飞机的，比较理想的场景下都是看机场里面飞机的检测情况。

1.6 深度学习下的遥感应用新可能

图 1.6.16　目标检测为飞机的成果展示

但是在一些未知的区域，检测就需要遍历较长的时间，所以如果算法能较快地把非先验区域的目标找到，也会是一个比较好的成果。当然，这也是有代价的。在图 1.6.17 中，左下角和右上角两幅图是对两个机场里面飞机的检测，都是比较正确的；左上图和右下图分别对应 3、4 号区域，它就是两个虚警，但还是可以接受的。

图 1.6.17　目标检测为飞机的细节展示

针对刚才提到的三个问题，该如何去克服和优化它们，我觉得可以从两个方面来考虑：一个是效率，让它更快；另一个是精度，让它更高。前面检测针对的都是点目标，如果是一些面目标或多种区域的目标，例如学校、机场、港口这些区域，又应该如何设计方案。如何训练一个小目标，提升效率，这是关于效率的问题；针对应有的目标，如何保证高召回率，同时还可以抑制虚警，还有关于精度方面的两个问题。我们要取得精度与效率之间的平衡。

因为目标很小，所以本身的特征就较少，语义信息就比较关键。如何做语义信息的增强？根据我们自己的总结，可以给大家提供一个思路：如果使用基于区域的卷积神经网络（Region-based Convolutional Neural Network，RCNN）方式，大家可以把它想象成传统方案里面的一种模板匹配。模板匹配需要选一个模板的形状（shape）和大小，就相当于在RCNN方案中的先验框（anchor）设计；还需要选择出模板里面的特征，像之前的HOG（人工设计的目标检测提取）特征，对应的就是RCNN一系列操作中的如何优化特征、如何选择训练时的正负样本以及预测时非极大值抑制（Non-Maximum Suppression，NMS）该如何做。

以上文所说的这三个问题为例，形状和召回率有一定的相关性，尤其是小目标，我可以想办法使召回的形状（shape）与目标更匹配；而抑制虚警就要考虑使特征更理想，空间上下文也是在特征（feature）层面进行的考量；NMS就和选择正负样本相关性较大，多任务（Multi-task）也是为了特征（feature）的优化。接下来简单介绍我们是怎样将这些技术融合进舰船和飞机检测中去的。

首先是对舰船的检测，我们用了one stage，它的效率高但精度低，我们就要考虑如何在满足效率的同时提高精度。对于船这种长宽比较大的目标，若使用传统的方案，遇到并排或密集排列的情况时，召回率比较低。这不是一个新的研究方向，所以有很多论文可以用来参考，以提高计算的准确度。如果加入角度设计，就会导致先验框（anchor）数量暴增，总的目标就会变多。所以当前的计算是针对倾斜框的交并比（Intersection over Union，IoU），虽然计算量比水平矩形框向量大很多，但相较于目标变多，这是一个更合理的选择。对于精度不理想的问题，我们借鉴了RCNN的一些思路，它通过不同分支、不同任务，对目标进行优化。例如，要回归算出一艘船的位置，由于方向不确定，此时对对象的监督不充足，于是我们又加入了另一个分支，即附加了一个分割的任务，而这就是一个项目级的预测，它虽然没有对象的概念，但是预测某个像素（pixel）对应的物体信息比较准确。通过这种像素级别（pixel level）的监督，再进行特征优化，来提升one stage的效果，这是前面提到的类比层模板关联时，在特征（feature）层面进行的考虑。

在选取正负样本方面，首先要计算IoU，如果IoU达到阈值就是一个正样本，不在一个阈值区间就是负样本。由于现在多了对角度的考量，所以正负样本的选取要更严谨。但是船的长宽比悬殊，所以稍许的角度倾斜，都会使其IoU的计算偏差很大，使选取数量足够的正样本工作难以进行。若正样本较少，对该角度上的回归的帮助就会较小。为了解决这个问题，我们选用外接圆来计算IoU，大大提升了正样本的比例，就可以对对象进行更深度的学习，在方向上也有了更多的监督。另外，测试时的IoU计算方式与训练时是不一样的，前者需要一个更精确的IoU。如图1.6.18所示，图中的两个目标分别对应两艘船，左船在方向上差异较大，但计算结果是 IoU1 小于 IoU2，所以在最后预测的过程中，IoU2 会被抑制，IoU1 会被留下。但 IoU2 更有可能是对的，所以要想办法把第二种情况也留下来。为了解决这个问题，我们在 IoU 的基础上又加了一个关于角度的约束，即进行余弦值的计算，这样就会留下那些可能仅仅是因为紧密排列导致初始 IoU 较小的对象，进一步提高召回率。

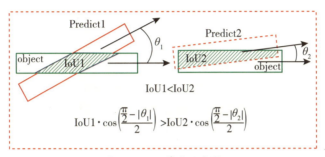

图 1.6.18　算法示意图

其次是对飞机的检测（图 1.6.19）。在效率方面，我们训练了一个小的网络来进行提升；在精度方面，我们设有一个目标检测的子网络，来提升小目标的召回率。在目标检测中，小目标的特征有限，所以语义信息就比较重要，为此我们设计了一种多尺度池化（multiscale pooling）方案，同时将语义信息放进去，这样就显著抑制了虚警。例如，我在城市里找到了一个目标，它和飞机外形特别像，但是由于加入了语义信息，我知道这一地块物是一片建筑群，所以它是飞机的概率比较低，就起到了虚警抑制的作用。

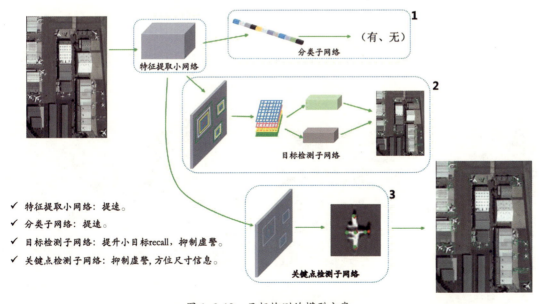

图 1.6.19　目标检测的模型方案

另外,分类子网络也起到了虚警抑制的作用。在做批量训练时,我们会导入大量的小图片来直接预测是否有飞机,若没有就不进行后续的检测操作。飞机这类目标,会有很多和它外形比较像的目标,例如大型风力发电设备、一些"十"字形的建筑,这就导致了虚警较多。我们主要借鉴了关键点检测中的一些思路,将目标的特征提取出来,再做一个关键点的预测。这几个关键点分别是飞机的头部、中心、尾部以及左右翼,再确定这五个关键点的关系,例如,头部、中心和尾部是一条直线,左、右翼的端点到中心的距离相近等,满足这些条件才有可能是飞机,这样就可以抑制很多虚警。

(3)变化监测

上面所说的是对单元影像进行的处理,下面我再介绍如何对两幅影像做变化监测。首先来看一下效果的展示,如图 1.6.20 是应客户要求对南京城区进行的测试,客户拿到成果时,就先问了一个问题:"你们这个结果是用模型直接得到的测试结果,还是经过了人工剔除后的结果?"他的反应也让我觉得很欣慰。

(a)　　　　　　　　　　　　(b)

图 1.6.20　江苏南京城区变化监测

如图 1.6.21 是对湖南靖州林地变化的监测,(a)图是 2015 年 9 月的数据,(b)图是 2016 年 9 月的数据。

(a)　　　　　　　　　　　　(b)

图 1.6.21　湖南靖州林地变化监测

1.6 深度学习下的遥感应用新可能

关于变化监测,第一个要考虑的是在光谱空间做还是在特征空间做。前者通常对这两幅图在光谱上直接做差,对低分辨率的应用会好一些,但如果是高分辨率,遇到异谱或配准问题就很难解决。经过多次实验验证,我们认为在特征空间里做变化检测较好,即先提取不同层次上的特征,例如浅层、中层和高层的,在特征上再进行融合、求差等操作,最后进行分类。但这样配准误差就比较严重,尤其是我们展示的都是亚米级的成果。前面展示的几个案例,测试的都是不同的数据、区域、分辨率和季节,如何在多种变量下,进行应用的迁移,得到比较好的结果,这也是一个非常重要的问题。

具体的模型方案如图 1.6.22 所示,这也是我们的 baseline(基线)。变化监测所需的数据量大,有时候 block 输进去的数据维度是 N×C×H×W,因此我们要在特征空间里对 C 有一个较好的重构,如果有比较好的结构就能提升这些操作。模型的中间部分是个 backbone,主要来自特征,我们依然使用了 FC-DenseNet 的结构。下面部分是做空间语义信息的增强,即 psp 模块,例如把 feature 降采样到 8 倍、16 倍的时候,可能要再做一个网格金字塔,再把它插值回去,和原特征连接到一起,作为语义信息的一种补充。

接下来就是做了一个多层次的监督,用来优化特征和抑制虚警。第一种是用 FC-DenseNet 来做特征提取与融合,因为变化监测的重点在于需要比较关键的语义信息,例如知道这一块地属于什么类型;另外对于形状比较相似的物体,需要更精确的细节特征,可能越浅层的特征越重要,因为它对于接近类别有比较好的区分效果,能够提供最后特征的区分度,所以最终设计了这样的结构。

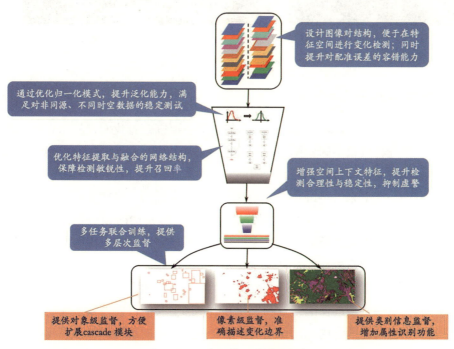

图 1.6.22 变化监测的模型方案

按照前面设计的结构读完图后，为了抑制配准误差，我们会随机地在某个位置上做一个抖动操作，人为地加入一些偏置，让机器进行学习，这样可以在很大程度上优化配准误差。图 1.6.23 是我们在光学卫星影像处理方面做得比较完善的应用，例如做分割任务的时候，我们分割水、道路等，做到了多类的分割。

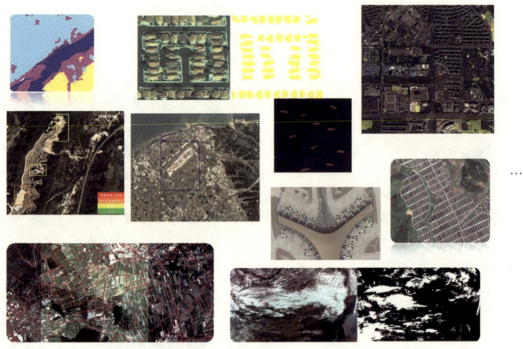

图 1.6.23　遥感场景下的深度学习应用实践与探索成果展示

2. 遥感场景的夯实与探索

第二个方向是我们现在进行的一些技术探索，主要围绕着我们在实际应用中遇到的一些问题，如场景迁移效果不好，模型训练时需要大量数据，数据的准备工作时间太长等。前面已经介绍了我们目前做得相对完善的部分，未来我们会把这些东西做得更扎实，让客户用起来更方便。接下来，再讲一讲这段时间我们正在做的，包括如下一些方向：

第一个是全球地表覆盖。我们计划在 2019 年六七月份的时候提供一份 3m 的基础地理数据，至少能给一份全国的数据，因为对全球范围还需要做多方面的考虑，所以我们先发布全国的，听一听大家的反馈意见。

第二个是在植被方面。因为从商务或者市场产品方面的需求来看，人工智能现在最成熟的方向，就是金融领域的保险期货和农业方面，加上我们目前数据实现的优势，后者也是我们最近会着重关注的方向。而像期货，主要就是信息的不对称，如果我们能拿到全球的一些统计信息，应该会比较有价值。

第三个是目标检测。在刚才展示的案例中，一张 40k×30k 的影像使用 GPU 大概需要十分钟左右,效率还没有达到特别高,我们也没投入特别多的时间去做。考虑到不同客户的需求,我们还是希望能够有更高的效率,毕竟海洋有更大的范围。另外,我们也想在任务上再做一些检索功能,例如操场、医院,这也是存在的需求。

第四个是变化检测。我们现在有两款产品,一款主要处理亚米级,另一款处理1~3m的,当然亚米级也能处理,但是处理出来的结果没有真值做对比,所以通常会让客户先看一下效果。通过对比可以发现,我们召回的效率,应该是比人的召回高很多,这也是我们的目标,就是一定要找到我们关心的变化。

我们公司整体是做人工智能(Artificial Intelligence,AI)的,所以想用AI尤其是计算机视觉来驱动其他行业,我们现在和十七八个行业有比较深入的合作,像遥感就属于被驱动的一个。但其实遥感是一个交叉行业,它的数据和成果能够用到很多其他的方向上,例如海洋、大气、水质、城市规划、农业等,所以我们也想把遥感数据和AI做一个比较好的结合,让成果可以为相关产业创造能量。

3. 未来方向

最后是未来的方向,也就是我们认为可能会很有价值的一些方向,它们虽然现在离落地较远,但是能够在学术层面进行探讨,将来肯定会有很大的应用前景。

首先是模型压缩,最近发射了很多微小卫星,我们了解到很多这样的卫星其实能拍摄更高分辨率的数据,但因为在往下传输数据的时候,受带宽以及地面站密度的影像,导致分辨率降低。如果我们能提前告知哪些数据是有价值的,就可以进行有选择性的下载,进而实现即使不更新换代也能比较好地获取数据,所以未来发射的卫星,可以在星上做性能的提升以及智能的处理。

其次是网络搜索,前面提到的每个网络,虽然已经有了很多的应用,但也都是用汗水一点点浇灌出来的,但将来会面对更多的需求,而这种东西可能没法用大量体力劳动这种模式来复制。我们希望能做一些针对遥感场景的网络搜索,因为通用场景下的问题是特别具体的,但对遥感应用而言,可能每个问题都没有定义得很清晰。例如,做道路检测时,每个人对道路的定义是不一样的;做变化检测时,对变化的定义也是不一样的。而且没有一份比较官方的数据集,不仅精度足够而且能够满足大家通用的需求。因为不管是分割还是检测,遥感数据集的精度实在堪忧,这样做搜索也会受到影响,而这个方面还没有开展。

还有生成式对抗网络(Generative Adversarial Networks,GAN)问题,遥感里面使用GAN算是比较前沿的研究方向,在超分辨率重建上是比较靠谱的方向,也确实能建设得比较明显。我们刚才提到的其实都是对空间特征进行提取,然后做预测。比如像道路这类目标被遮挡后,它的连接其实会影响一整条道路,但其实这都是一些错误信息或错误结构,对这种错误特征的提取,传统CNN就没办法做得特别好。而近期推出的一些非常好的Graph-CNN(图卷积网络),就能在这方面做非常好的补充,我觉得这也应该是未来的一个研究热点。

最后，还有Image2GPS，这也是视觉里比较有意思的内容。

【互动交流】

主持人：非常感谢李聪老师今天的报告，非常详细，而且内容非常丰富，整场大家的热情也非常高，前面交流的氛围特别好。接下来就是答疑环节。大家可以向李聪老师提问。

提问者一：我们输入网络的时候图片是分割成patch（小图块）的，您前面强调相同条件下压缩模型能加大可处理的图像尺寸，一般可以处理多大的？

李聪：如果是比较高的分辨率，比如说亚米级别的，我们能处理七八百到八九百尺寸的。

提问者一：在做切割的时候，有一些地物，例如倾斜的高楼，较大的火车站、工厂，它们的覆盖区域可能比我们输入的尺寸更大，应该如何处理呢？

李聪：对于变化的检测，有时候不是一个对象整体的变化，比如不是整个工厂发生了变化，肯定是工厂某个区域发生了变化，这个变化应该就没有那么大的尺寸。

提问者一：但是对于倾斜的楼房，分割时会被当成一个变化，就是一个虚警，又该如何处理？

李聪：这是个抑制问题，即模型把这里当成了一个变化，我们就要想办法抑制这个变化。像我前面介绍的那几种方案，context信息的增强，最后把它扩展成不同尺度、有无变化的一个分类，这样精度就会有非常明显的提高，我们在碰到高楼倾斜和阴影时主要是这样解决的。

提问者一：你们是先用planet的数据训练，然后迁移至资源三号卫星。但由于遥感影像，特别是国产遥感影像的质量比较差，加上辐射差异等因素，只要不是同一批影像，感觉就会相差很多，这方面是怎么解决的？

李聪：其实我们的遥感背景不如大家坚实，就有可能错误地把它当成视觉问题。关于你说的辐射差异，我想先说一个我们做过的案例。我们做过一个气象卫星的数据，客户比较专业，告诉我们一定要用哪几个波段，每个波段要做怎样的定标工作，还告诉我们该如何处理，这样我们训练出的模型精度当然会比他们原始处理出来的要好。但同时我们又训练了另一个方案，根本没管定标工作，直接进行训练，效果也不差。其实我们在做这些处理的时候，对于变化监测，色彩信息可能不会起特别重要的作用，除非你关注的是植被健康状况的预测，以及目标检测，结构信息会更重要一些。

提问者二：您好，我有几个问题想请教一下，第一个问题是您在做目标检测的时候有没有数据的扩充，例如旋转或者翻转？第二个问题是现在深度学习的框架比较多，您认为哪一类框架对于项目落地更有利一些？第三个问题是你们在做深度学习检测的时候，飞机和船只上的效果很好，那在面对不同的数据源时，有没有测试过模型，还是只是针对这类数据源的效果比较好？

李聪：对于第一个问题，我们很早之前做过，就是当我们的数据量比较少的时候做过旋转和缩放。对于第二个问题，这就是我们公司的骄傲了，我们公司有一套原创的深度学习框架叫 Parrots，除了有优良的处理性能外，还能较好地解决多种框架下的模型迁移问题，非常适合做各种科研与工程应用。我们这套框架现在对 pytorch 的兼容性是最好的，训练的 pytorch 模型也比较多，而在做工程的时候，肯定需要转换成 caffe（Convolutional Architecture for Fast Feature Embedding，深度学习框架）的模型来做。对第三个问题，首先之前展示的案例都是在各种数据上的直接测试结果，我们对数据源并没有特殊约束，主要是需要有相同的数据格式以及分辨率在一个区间。同时，我们的这个框架也经过了广泛的验证，人脸识别一直是我们公司的核心产品，而且我们有自己的一个数据集，所以我当时就将该方案在难（hard）级别的人脸数据集上进行了验证，当时测试出来的结果可以和论文中多个模型融合后的结果相比，而在中等（middle）和简单（easy）的数据集里的精度可能有所降低。

提问者三：您前面提到你们在船只目标检测中加入了方向的先验框（anchor），那在训练时，真实的目标方向是基于传统垂直的，还是带有方向的？

李聪：训练的时候就是带有方向的。在测试的时候，之前我回归计算出来的是 XYWH，现在是 XYWHθ。刚开始实验时，我把它拆成了两个任务，一个预测水平，一个预测方向，但效果不如用一个任务预测五个相关性高的参数好，就会导致最后的效果没那么好。

提问者四：您的道路提取都比较规整，是引用了参考数据还是直接提取的呢？另外，为了提高道路的识别效率，你们先对数据进行了矢量化处理，那之后有没有再将道路栅格化？

李聪：道路是直接测试的结果，但我们在训练时会对道路的网络结构进行一些优化，另外当时我们也使用了不同尺度下的数据进行训练。后一个问题，我们没有再栅格化处理。我们有两个方案，一个方案是不训练道路，例如输入影像后，直接去执行地表覆盖的任务；另一个方案——因为我的网络已经是固定的，所以只需要把特征提取出来，并告诉网络这里有道路响应的特征，再把它集成到土地利用类型分类地表覆盖的任务中，如果已经有了一个比较好的训练模型，就可以这么做。但如果没有，可以两个任务同时训练，当数据读入时，backbone 是共享的，只是多了两个任务，一个预测地表覆盖，另一个预测道路。

提问者四：你们得到变化监测结果后，是否会进行二次识别，分析变化的原因。

李聪：我们最近正好在做，前期针对数据检测出了很多 proportion（部分），但里面有很多虚警，算是待定的状态。我们就用了 fast RCNN（fast Region-based Convolutional Neural Network，快速基于区域的卷积神经网络）的思路，先用一个 propose（处理）框，看是否发生了变化，然后再将检测出来的框进行分类。自己做学术还好，可以通过指标来定义几种类。但对我们而言，每个人的定义都不一样，没法无穷尽地增加类别，所以我们也在考虑结合视觉里通用的视觉任务，做一些弱监督的模型。这样的分类效果可能没有那么精确，但大概可以反映出某个特征属于哪种类别，把它抠出来后，加上前面的变化监督结果和可能存在的中间矢量数据，再去预测它的分类。

提问者五：可以简单介绍一下根据道路提取结构提取道路中心线的过程吗？另外，道路中心线使用数学形态法，会产生大量的毛刺以及交叉口连接不均匀的情况，所以我也想了解一下你们提取的道路精度大概能达到多少？

李聪：这部分我们用的都是开源的算法，没有单独去做，精度方面能达到百分之九十多。关于你说的毛刺，如果直接对其进行矢量化，确实会有这些问题，所以我刚才说处理这个数据要12个小时，分割中心线后再进行对象化，知道这是一条道路后再进行一次规划，例如做一些点的筛减，使其更平滑，我们也借鉴了一些图形学的知识。当然，优化的效果也不是特别好，因为道路的连接拓扑关系很复杂，这就是为什么我们希望用其他手段把它的拓扑关系也融合进来。

提问者五：在道路提取中，你们有没有在道路的材质方面进行区分？比如一些农村的路可能不是水泥的，跟城市的道路材质也不同。

李聪：我们没有进行区分，因为我们对道路的定义，主要是看它的功能，比如说满足一定的长度、周围连接一些居民区等。

提问者六：我想问一个比较宽泛的问题，现在的研究成果都是基于遥感影像的，但现在无人机的应用也十分广泛，能不能直接将这样的研究成果移植到无人机的影像里面，还是说需要再做一些其他的工作？

李聪：我觉得移植能用到的概率没有那么高，主要有两个问题：其一是移植到无人机上后，可能你对问题的定义就不太一样了，在卫星影像上可以忽视的问题，现在就都要进行针对性的考虑。其二是我们现在做的这些模型，我们不看重它们使用的是什么数据，而更关注数据的分辨率，航空和航天影像的分辨率能差一个量级，从这个角度而言可能就不是同一个问题了。

（主持人：纪艳华；摄像：陈菲菲、杜卓童；录音稿整理：卢祥晨；校对：李皓、黄立、徐明壮、王雪琴、陈必武）

1.7 城市土地扩张与人口增长的关联机制及演化模型

(许 刚)

摘要：武汉大学遥感信息工程学院博士后许刚做客 GeoScience Café 第 244 期，带来题为"城市土地扩张与人口增长的关联机制及演化模型"的报告。本期报告，许刚博士后围绕着城市土地与人口关联关系的定量化、模型化并指导城市发展的目标，讨论城市土地扩张与人口增长的定量关系、影响机制和演化规律，并回应中国城市发展中土地管理面临的现实问题，让观众受益匪浅。

【报告现场】

主持人：各位同学、各位老师，大家晚上好！我是本次活动的主持人王雅梦，欢迎大家参加 GeoScience Café 第 244 期的活动。本期我们非常荣幸地邀请到了土地资源管理专业博士，地理学博士后许刚老师。许刚老师的研究方向为遥感监测城市扩张及其环境效应，提出了城市人口密度随时间下降的指数模型和城市系统演化概念模型，研究成果发表在 *Landscape and Urban Planning*、*Land Use Policy* 等期刊上。曾获博士研究生国家奖学金和武汉大学学术创新奖。今天许刚老师将为我们细致讲解其提出的城市人口密度随时间下降的指数模型和城市系统演化概念模型的原理及应用。下面有请许刚老师。

许刚：非常感谢大家的到来。在读硕读博期间，我就经常在 GeoScience Café 举办的活动中听到自己感兴趣的报告，在别人的报告中我也学到了很多。今天非常感谢 GeoScience Café 给我这个机会向大家报告一下我的研究成果。我报告的题目是"城市土地扩张与人口增长的关联机制及演化模型"，这次报告主要是我的博士论文内容。我的硕士和博士研究生都是在武汉大学资环学院就读的，硕博专业均为土地资源管理。今天我的报告比较偏向于人文地理，内容主要包括以下几个方面：

① 研究背景；
② 城市人口密度时间变化特征及定量模型；
③ 城市人口密度时间变化关联因素及影响机制；
④ 城市土地标度律及系统演化模型；
⑤ 中国土地城镇化的政策建议与路径选择；

⑥ 结论与展望。

1. 研究背景

中国已经有超过一半的人口生活在城市，最新数据显示，中国的常住人口城镇化率已经达到了60%，全球在2007年已经有超过一半的人口生活在城市。所以城市问题非常重要，是可持续发展的核心，解决好城市问题，可持续发展的问题也会迎刃而解。

在城市问题的大背景下，土地和人口是城市复杂系统中两个最重要的关键要素，也是我们要关注的两个具体的点。

关于土地和人口的研究，目前有两个共识。

①土地扩张快于人口增长，即城市人口密度随时间下降。

随着城市人口的不断增加，城市用地也在不断地向外扩张，研究普遍发现，土地扩张快于人口增长。这是土地管理领域已经默认的事实，但是土地扩张快于人口增长的原因是什么？这就要从土地扩张的驱动力来考察。

土地扩张的驱动力包括人口的增长、经济的增长，以及交通成本的降低。比如欧洲很多城市现在人口已经不增长，部分城市的人口甚至在减少，但是土地仍然在扩张。这是因为经济还在增长，居民的收入水平增高了之后，想要住更大的房子，想要占有更多的土地资源。城市的交通成本也在逐渐降低，如果没有发达的交通系统，城市的面积也不可能过大。交通成本的降低支撑了城市的扩张。城市研究中有一个概念，每一个时期城市的最大半径是对应于当时最快交通工具一小时的通勤距离，此处通勤距离是指在市区内一小时的行驶距离，而不是在郊区、高速上的行驶距离。比如在马车时代，伦敦、巴黎的城市范围，就是马车的一小时行驶距离。现在武汉、南京等大城市的城市半径大概是30~50km，基本上对应了汽车一个小时的通勤距离。交通成本降低了，城市才有可能向外扩张。

总之，虽然存在某一个城市在某一个时间段会出现人口增长快于土地的情况，比如该城市在某个时间点突然放开了人口的准入条件，吸引了很多人落户。但是长远来看，对于大部分城市，土地扩张都快于人口增长。这是我们今天要讨论的一个非常重要的事实。土地扩张快于人口增长的一个直接结果就是城市的人口密度随时间下降。这个观念是纽约大学的Angel教授率先提出的，虽然之前，他只是在文献中进行零散的分析，但是目前他已经系统地总结了这个趋势，他认为城市人口密度随时间下降，不是孤例，也不是个案，是全球普遍的现象，并且是一个历史的长期趋势。

②时序上，城市人口密度随时间下降，而同一时间点，大城市的城市人口密度更高。

城市人口密度随时间下降，是时序上土地和人口之间的关系；而同一时间点，大城市的城市人口密度更高，是截面上土地和人口之间的关系。比如，北京、上海的人口密度比武汉高，武汉的人口密度比宜昌高，宜昌的人口密度比一般县城高。

土地扩张和人口增长在时序和截面上表现出相反的速度差异，这两者都是基本事实，这两个事实之间的矛盾看起来似乎是不可调和的。人口密度逐渐下降表示随着一座城市自身人口规模的增加,人口密度逐渐降低。但从截面上来说,一座城市的人口规模越大,它的人口密度也越高。两者好像恰恰相反,从这个角度出发,就引出了我的研究课题的两个方面,一方面虽然 Angel 教授提出了城市人口密度随时间下降的现象,但是具体的下降特征规律及影响机制,我还可以展开进一步研究。另一方面就是时序上,城市人口密度随时间下降,而从同一时间点来看,从小城市到大城市,城市土地扩张的速度又慢于人口增加的速度。这两者在时序和截面上表现出了相反的速度差异,目前还没有统一的理论来解释这个矛盾。

2. 城市人口密度时间变化特征及定量模型

(1) 城市人口密度时间变化特征及国际对比

1) 城市人口密度的定义与辨析

首先介绍城市人口密度的定义和几个概念。有同学可能有疑问,武汉市的人口密度怎么会下降呢?明明人口一直在增长。这里就涉及城市人口密度和市域人口密度概念的辨析。本研究中讨论的是城市人口密度,而统计年鉴中的数据为市域人口密度,即一个城市的行政范围内居住了多少人。它们是两个容易混淆的概念:

城市人口密度,定义为城市常住人口与建成区面积的比值,即公式(1):

$$D = \frac{P}{S} \tag{1}$$

城市人口密度的变化,取决于居住在城市范围里的人口和建成区面积两者增长的相对速度。如果土地增加快,那么密度就会下降,反之密度就会上升。

市域人口密度,定义为整个行政范围内的人口密度。行政区域内人口数量不断增加,由于行政区域面积一般不变,所以市域人口密度会随着时间而增加。

还有一个概念是城市内部人口密度。此处讨论的是城市总体人口密度随时间下降,我不否认在城市的某个局部范围内人口密度可能上升。比如武汉市的汉街,汉街原来是个农贸批发市场,相对来说比较破败,居住的人也不多,但是后来和万达联合改造后,汉街成为了一个繁华的区域中心,这里局部的人口密度一下子就升高了。还有北京市的市政府整体迁移至通州,随着通州副中心的建设,通州局部的人口密度在短期内也升高了。

2) 研究区及数据

本研究不仅收集了中国的数据,还收集了全球范围内的数据。比较重要的一个数据集是纽约大学、联合国人居署和林肯土地政策研究院共同发布的数据集。这个数据集包括 200 个城市在 1990 年、2000 年和 2014 年三个时间点的数据,其中涵盖了 34 个中国城市。土地数据是解译 Landsat 影像数据获得的,空间分辨率是 30m。如图 1.7.1 所示,以东南亚的三个城市为例展示了三期土地利用信息。我们可以清楚地看到这些城市在扩张。

1 智者箴言：GeoScience Café 特邀报告

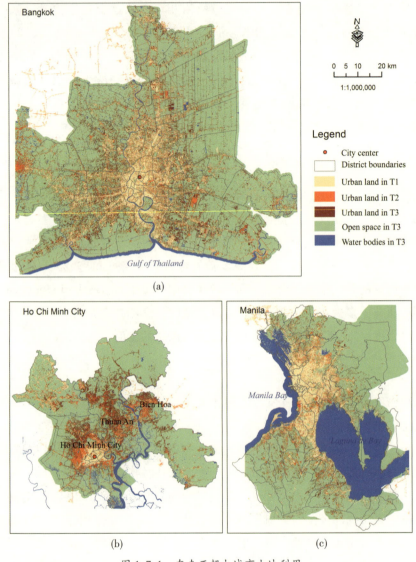

图 1.7.1 东南亚超大城市土地利用

除了土地数据，该数据集还提供了人口数据，人口数据的获取是先确定城市范围，然后再对城市范围内的人口数据进行统计。图 1.7.2 展示了非洲各个城市人口数量的变化。

有了每个城市的建成区面积和城市人口数量，就可以利用公式（1）计算城市人口密度。计算结果如图 1.7.3 所示，图中给出了 2000 年和 2014 年城市人口密度的对比。可以发现，很多城市都在 1∶1 指示线的下方，说明了这些城市在 2000 年的人口密度更高，到了 2014 年人口密度出现了下降。中国 34 个城市几乎都位于 1∶1 指示线的右下方，也就是说中国 34 个城市的人口密度都在下降。

1.7 城市土地扩张与人口增长的关联机制及演化模型

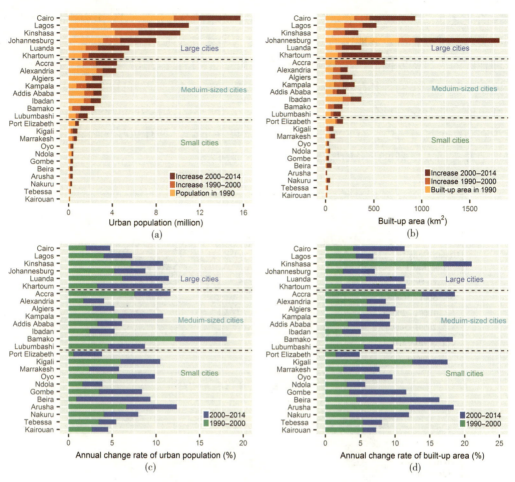

图 1.7.2 非洲城市人口数量和建设用地面积数量及增长率

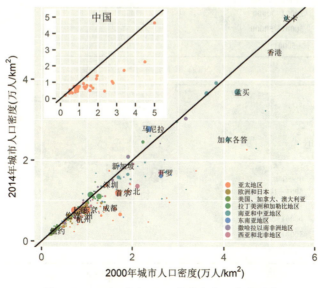

图 1.7.3 2000 年和 2014 年城市人口密度对比

137

除此之外，图 1.7.4 还展示了人口密度在空间上的分布情况。图中圆圈的大小代表了密度大小。可以看出亚洲地区的城市人口密度普遍较高，如中国和印度等国家。而美国、欧洲地区的人口密度偏低。从 1990 年至 2000 年，2000 年至 2014 年，如果一座城市的人口密度下降了，我们将其在图中标为蓝色，上升了就标为红色。可以发现 1990 年至 2000 年红色的点非常少，只有 37 个，大概占 20%；2000 年至 2014 年上升的只有 39 个。也就是说在 200 个城市当中，有 80% 的城市人口密度在下降，只有 20% 的城市人口密度在微弱地上升，而人口密度下降的城市下降幅度还特别大。

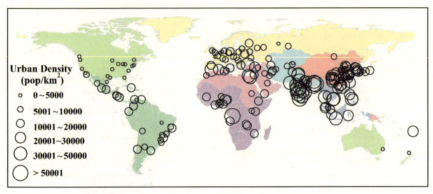

(a) 1990 年人口密度分布情况

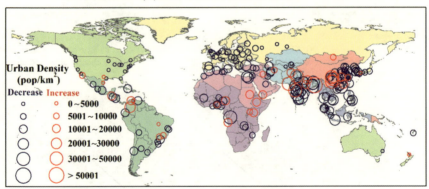

(b) 2000 年人口密度分布情况

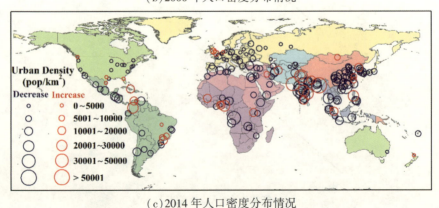

(c) 2014 年人口密度分布情况

图 1.7.4　人口密度三个时间点在空间上的分布情况

3)城市人口密度下降速度的国际对比

针对全球几乎所有的城市人口密度都在下降的事实,我们将关注点聚焦到中国。通过对比中国城市人口下降速度与其他国家或地区城市人口密度下降速度之后,就会有新的发现。如图 1.7.5 的箱线图所示,虽然所有城市的人口密度都在下降,但是中国的城市人口密度下降速率是最快的,中位数大概是年均 3.6 个百分点。印度的平均人口密度比中国高,每平方千米大概是 24000 人,中国每平方千米大概是 12000 人,但是中国的城市人口密度下降速度比印度快,比美国和欧洲都要快。

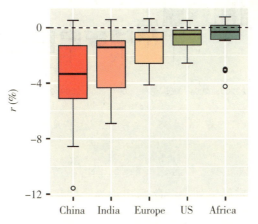

图 1.7.5 城市人口密度下降速度的国际对比

这给我们带来启示,虽然城市人口密度随时间下降是一个普遍的事实,但是中国的城市人口密度下降速率过快。考虑到我国国情,我国正处于快速城镇化时期,未来每年有将近 2000 万人口要进入城市。城市人口密度下降给土地带来更大的额外需求。所以,基于以上事实,中国城市人口密度随时间的过快下降有必要得到减缓和遏制。

(2)城市人口密度随时间下降的指数模型

前面讲的是城市人口密度随时间下降的事实,下面探究是否可以用一个定量的模型去描述这个事实。城市经济学和经济地理学中关于城市内部人口密度空间分布的研究是非常广泛的。在城市内部,某地人口密度随着该地与城市中心距离的增加是逐渐衰减的,这种衰减可以用函数来表达。在这些函数模型中,最重要的就是 1951 年 Clark 提出的负指数模型和 Michael Batty 提出的逆幂模型。受这些模型的启发,我就在考虑城市人口密度随时间的下降是否符合这种定量模型的。

首先,我们来进行一个简单的假设,假设城市人口密度随时间每年都呈一个固定的下降速率。有了这个固定的下降速率和初始的人口密度,就可以计算此后任意一年的人口密度,这就形成了一个简单的指数模型:

$$D_n = a \cdot (1+r)^n \tag{2}$$

有了这个假设,我首先收集到中国 35 个城市的数据,主要是直辖市、省会城市和副省级城市。图1.7.6显示了35个城市人口密度的箱线图，可以发现，城市的人口密度在随时间下降。

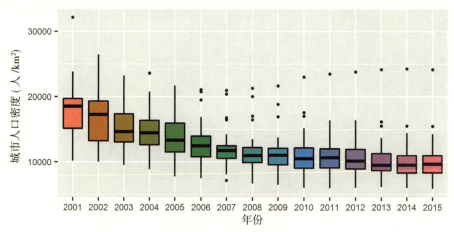

图1.7.6　中国35个主要城市人口密度变化箱线图

然后，用简单的指数模型去拟合这些散点。图1.7.7展示了指数模型的拟合结果，按照R^2由大到小的顺序来排列。其中，青岛R^2最高，R^2在0.8以上的城市有15个。虽然仍然存在部分零散点，但是对于大多数城市来说，拟合效果还是不错的。北京和上海拟合效果比较差，人口密度下降的事实不明显，甚至北京的人口密度还表现出上升的现象。这可能与统计数据的质量问题有关。

在对中国的城市进行拟合后，我又收集到了美国20个城市从1910年到2000年将近一个世纪的人口密度数据。由图1.7.8可见，指数模型对大多数美国城市数据的拟合效果也非常好，除了洛杉矶的城市人口密度下降的趋势不明显，拟合效果较差外，拟合效果倒数第二的城市的R^2都达到了0.67。

有了城市人口密度随时间下降的指数模型和前一阶段下降的平均速度，我们就可以预测未来的城市人口密度。我用中国的城市数据进行了实验，采用2001—2013年的数据拟合得到指数模型参数，利用该模型得到2014年城市人口密度，再将得到的结果和2014年城市人口密度的真实值进行比较，用同样的方法还可以预测2015年的数据。从图1.7.9可以看出预测值和真实值是高度线性相关的。

其次，用1990年到2000年全球数据拟合出一个指数模型，预测2014年的数据，再与2014年的真实值进行比较。图1.7.10展示了全球数据的预测值与真实值的比较结果，因为本次实验的时间跨度是14年，所以图中的点相对来说比较分散，效果没有那么好。但是总体来看，所提出的城市人口密度随时间下降的指数模型，可以用来预测短期内城市人口密度的变化。这一点在后面会有具体应用。

1.7 城市土地扩张与人口增长的关联机制及演化模型

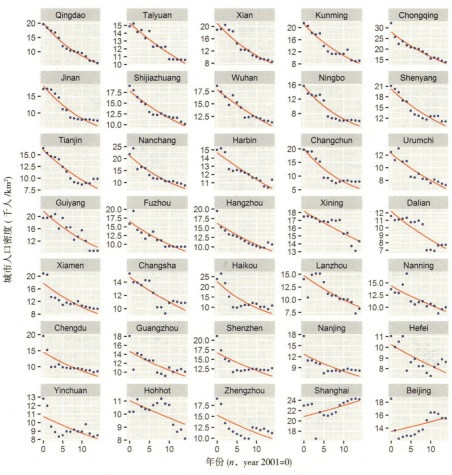

图 1.7.7 中国 35 个主要城市人口密度随时间下降指数模型拟合结果

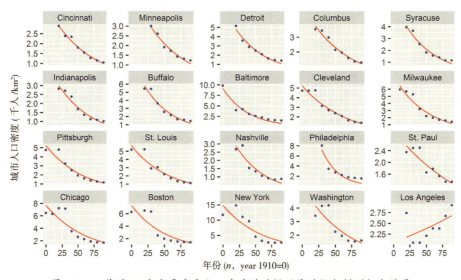

图 1.7.8 美国 20 个主要城市人口密度随时间下降的指数模型拟合结果

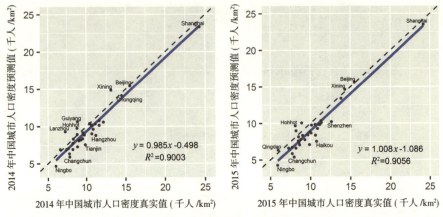

图1.7.9　2014年与2015年中国城市人口密度预测值与真实值的比较

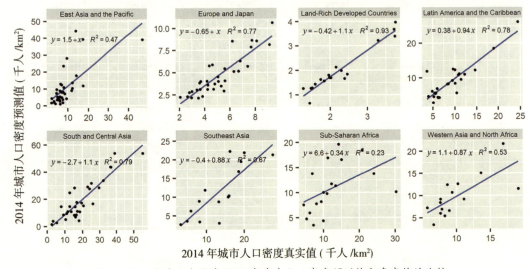

图1.7.10　全球8个区域2014年城市人口密度预测值和真实值的比较

(3) 城市人口密度随时间下降的理论证明

有了上述模型，我进一步考虑，城市经济学和经济地理学中研究的城市内部人口密度变化能不能与城市时序上的人口密度变化建立关联。借用前面Michael Batty提出的逆幂模型，我做了一个数学的推导，根据推导的结果绘制了图1.7.11。

首先来看图中红虚线表示的第一个时点，随着到城市中心距离的增加，人口密度逐渐衰减。随着时间的推移，人口在逐渐增长。现在假设城市中心的人口密度不变，而城市的半径在逐渐增大。蓝色的实线表示第二个时点，此时，可以求这条曲线跟 X 轴围成部分的积分，得到的结果为该城市的总人口。然后再用总人口来除以面积，面积简化为 $\pi \times r^2$。经过计算，可以证明，在城市中心人口密度不变的情况下，城市人口密度会下降。

这给我们带来什么启示呢？即想要城市人口密度随着时间不下降，至少需要保证城市中心的人口密度不下降。这一部分的数学推导比较复杂，这里只讲述了一个大概的过程。

那么这个推导的意义是什么呢？我们可以把一个时序上的实际问题——城市人口密度随时间下降的调控，化解为空间上的问题——保证城市中心的人口密度不下降。这其实也很好理解，如果城市中心的人口都在随时间下降，城市整体的人口密度必然是随时间下降的。

(4) 城市人口密度长时间变化趋势

前文一直在讲城市人口密度随时间下降，下降一定是有对比的，没有上升何来下降？下降的前置过程，一定是一个城市人口上升的过程。图 1.7.12 展示了收集的部分城市 1800—2000 年将近 200 年的人口密度数据。

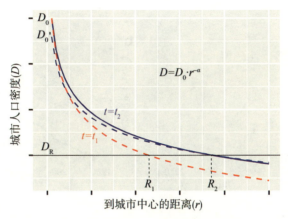

图 1.7.11　城市人口密度空间分布的逆幂模型

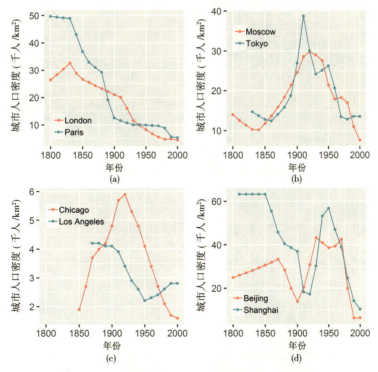

图 1.7.12　部分城市 1800—2000 年的人口密度数据

可以看出，伦敦和巴黎在这 200 年间，人口密度基本上都在下降，而莫斯科和东京在 1900 年之前，人口密度有显著的上升，然后再下降。芝加哥和洛杉矶在城市发展的起步阶段，人口密度也是先上升，然后再下降。中国北京和上海的人口密度变化趋势则和中国近代发展波折有一定的关系。

图 1.7.13 展示了整个中国所有城市的平均情况。我们可以发现，在 1990 年之前，中国城市人口密度也在上升，到 1990 年之后中国的城市人口密度在持续下降。这说明：在城市形成初期，人口密度逐渐上升，但是一旦发展到某一个阶段，人口密度就会逐渐下降。

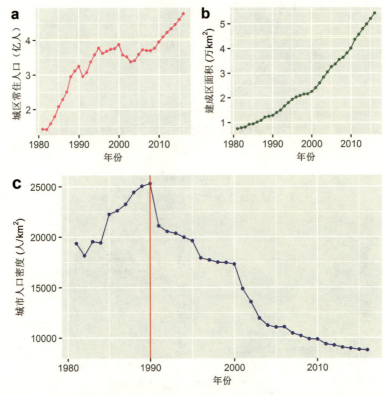

图 1.7.13　中国 1981—2016 年平均城市人口密度

3. 城市人口密度时间变化关联因素及影响机制

前面一直在讨论城市人口密度随时间下降的特征，从定量模型以及其他角度进行了一些解读。有了这些现象和模型，我们就想去了解哪些因素造成了城市人口密度随时间下降这一现象，从而进行人口密度的调控。我们一共进行了四个方面的研究。

（1）城市土地增长率对密度下降速度的影响

我们分析了全球 200 个城市的数据。如图 1.7.14 所示，当城市的土地增长率很高时，城市的人口密度下降得非常快。这说明城市人口密度随时间下降的主要原因就是城市土地扩张过快。

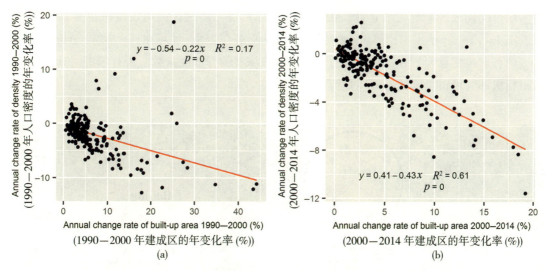

图 1.7.14 城市土地增长率对人口密度的影响

(2) 初始城市人口密度对密度下降速度的影响

我们还研究了城市初始人口密度(即当前的人口密度)对未来人口密度下降的影响。结果显示，城市的初始人口密度跟下降速度也是呈正相关的。也就是说，如果一座城市现在的人口密度比较大，未来下降得可能就会比较快。

(3) 城市形态和扩张模式对密度下降速度的影响

接着，我们研究了城市形态和扩张模式对密度下降的影响。

1) 城市范围和扩张模式定义

城市扩张的类型，根据新增的建设用地与原有版块的距离，大致进行了三种划分。

①内填式扩张，即发生在城市范围之内的扩张。

②边缘式扩张，即发生在城市边缘地区的扩张。

③跳跃式扩张，即新增建设用地位于城市范围以外的扩张。武汉光谷区域的建设就属于跳跃式的发展。我们分别探究了以上三种扩张模式对人口密度正负向影响的大小差异。

2) 城市形态指标定义

城市形态有开放度和邻近度两个指标。

开放度(Openness)：定义为城市范围内全部建设用地像素 $1km^2$ 范围内开放空间(绿地)占比的平均值。开放度数值越高，建设用地斑块破碎程度越大。

邻近度(Proximity)：定义为城市范围等面积的圆内任意一点到城市中心的平均距离与城市范围内任意一点到城市中心的平均距离之比。邻近度数值越高，建设用地紧凑程度越高。

图 1.7.15 以北京市为例，图中红色区域为北京市的建成区面积，我们可以做一个跟

建成区面积等面积的圆,然后再计算建成区中所有的点到城市中心的距离与等面积圆里面所有的点到城市中心距离的比值,也就是去看这个城市形态的近圆性,即与圆的相似程度。城市的建成区范围与圆越像,说明该城市越紧凑,反之,说明该城市越蔓延、越松散。图1.7.15(a)是用来计算城市的开放度,以像素 i 为例,计算在这个像素564km的缓冲区内有多少建设面积和绿地,进而可以计算该像素的开放度指数。所有像素的开放度指数平均值即为城市尺度的开放度指数。

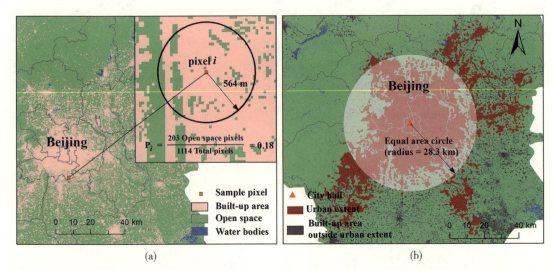

(注:Sample pixel—样本像素,Built-up area—建成区,Open Space—开放空间,Water bodies—水体,City ball—市政厅,Urban extent—城市范围)

图1.7.15 开放度与邻近度定义示意图(以北京市为例)

3)城市形态和扩张模式对密度下降速度的影响

通过分析全球200个城市的数据,图1.7.16展示了城市形态和扩张模式对密度下降速度的影响。

可以看出,城市建设用地的开放度(openness)越大,人口密度的下降速度越快,1990年和2000年的数据都支撑了这一发现。内填式扩张的比例越大,人口密度下降的速度就会越慢,即紧凑式扩张的模式会减缓城市人口密度的下降,而松散的扩张模式会加剧城市人口密度下降。

从土地管理和城市规划的角度来看,城市的形态和扩张模式是最有可能采取政策干预的两个方面。而人口及产业政策则不是这两个部门所能主导的。

4)城市形态和扩张模式综合影响的回归模型

在上述相关分析之外,我们还做了一个回归分析,包括对全球整体的分析和分地区的研究,如图1.7.17所示。

(4)社会经济因素对密度下降速度的影响

我们对社会经济因素也进行了研究。

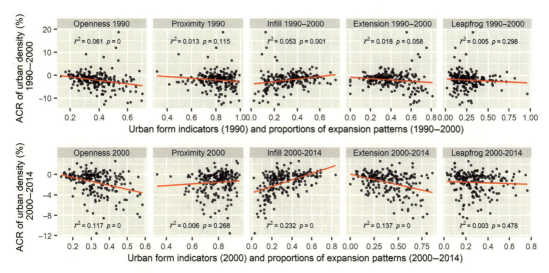

图 1.7.16　城市形态和扩张模式对密度下降速度的影响

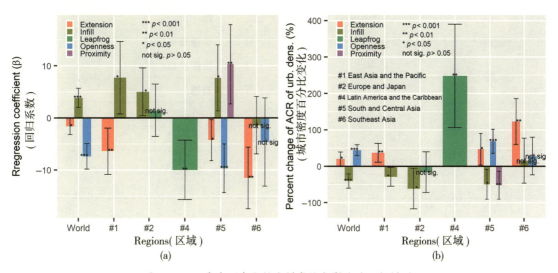

图 1.7.17　城市形态和扩张模式综合影响的回归模型

首先是人均 GDP，研究发现人均 GDP 越高，城市人口密度随时间下降得越慢；人均 GDP 年均增长率越大，即增速越快，城市人口密度下降速度也会越快。第二点就是城市化水平，城市化水平越高，城市人口密度的下降速度会越慢。城市化的速度越快，城市人口密度下降速度也会越高，不过这项研究用到的数据比较粗糙，我们将 200 个城市所在的 78 个国家分成 5 个组来进行统计。

（5）城市人口密度随时间下降关联因素影响汇总

我们对以上城市人口密度随时间下降关联因素的影响进行了汇总。结果如表 1.7.1 所示，可见影响程度最大的是建设用地的增长率。我们有 8 个区域和 2 个时间段，总共能做 16 次相关分析。在这 16 次相关分析中，有 13 次分析结果都是与建设用地的增长率显著相关的。这表明建设用地过快增长是城市人口密度下降的"罪魁祸首"。此外，初始人口密度也有很强的影响，边缘式和跳跃式扩张模式对加速人口密度下降都有一定的影响，而内填式扩张模式会减缓人口密度的下降。

这些研究可能会给减缓城市人口密度下降的政策制定带来一定的启发。

表 1.7.1　　　　　　城市人口密度随时间下降关联因素影响汇总

四个方面	关联因素	影响结果	显著影响的子区域个数（$p<0.05$）
人口端	城市人口规模	不明确	■
土地端	城市人口增长率	减缓下降	■■■
土地端	建设用地规模	减缓下降	■■■
土地端	建设用地增长率	加速下降	■■■■■■■■■■■■■ 13/16
土地端	初始城市人口密度	加速下降	■■■■■■■■■ 9/16
空间因素	城市范围破碎程度	加速下降	■■■
空间因素	城市范围紧凑程度	减缓下降	■
空间因素	内填式占比	减缓下降	■■■■■
空间因素	边缘式占比	加速下降	■■■■
空间因素	跳跃式占比	加速下降	■■
社会经济因素	人均 GDP	减缓下降	—
社会经济因素	GDP 增速	加速下降	—
社会经济因素	城市化率	减缓下降	—
社会经济因素	城市化速率	加速下降	—

4. 城市土地标度律及系统演化模型

（1）城市标度律定义及拟合方法

标度律（scaling law）最早由研究复杂系统的科学家提出，反映了某个指标与整体规模之间的关系，在生物学、物理学等领域均有应用。

城市标度律反映了城市要素随城市规模的缩放关系，通常是幂函数关系，在双对数空间下为线性函数，线性函数的斜率就是幂函数的指数。这个斜率 β 被称为标度因子。

$$Y(t) = Y_0 N(t)^\beta \tag{3}$$

$$\lg Y = \beta \cdot \lg N + \lg Y_0 \tag{4}$$

如图 1.7.18 所示，2016 年中国所有地级市的 GDP 和建成区面积与常住人口规模在双对数坐标下，呈现高度线性相关。GDP 这条直线的斜率为 1.75，1.75 代表了当人口增加一倍时，GDP 的增加会超过一倍；对于建成区面积来讲，当人口增加一倍时，建成区面积的增加小于一倍，大约是 0.91 倍。

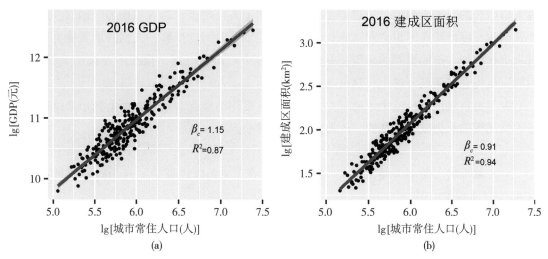

图 1.7.18　2016 年中国所有地级市的 GDP 和建成区面积与常住人口规模的双对数关系

根据线性函数的斜率 β 与 1 的大小关系，可以将所有的城市要素划分为三种范式：

① $\beta<1$，跟城市基础设施相关的城市要素与人口规模的标度因子小于 1，即呈现次线性增长，如建成区面积、管网长度、加油站数量等，其形成原因与规模经济有关。

在大城市中，有更多的人可以去共享基础设施。比如在武汉，可能需要 1000 个加油站。从武汉到北京，假设人口翻一倍，但并不需要 2000 个加油站，可能只需要 1800 个加油站，因为在北京每一个加油站可以有更多的人来共享设施。经济学中有个名词表示这种现象，叫规模经济。

② $\beta=1$，与城市居民个人需求相关的城市要素与人口规模标度因子等于 1，如就业岗位，不论在哪个城市，在不考虑兼职的情况下，每个人一般只有一份工作。还有家庭的用电量和用水量，不论在哪个城市生活，每个人的日均用电用水量是差不多的。

③ $\beta>1$，由城市居民交互产生的城市要素与城市人口规模的标度因子大于 1，即该城市要素对人口规模呈现超线性增长，如 GDP、专利数、重型犯罪等，其形成原因与规模报酬递增有关，这也是经济学中的一个名词。

比如一座城市中的人口是 n 的话，假设任意两个人都能发生联系，总共的联系数就是 C_n^2，C_n^2 正比于 n 的二次方。如果人口增长一倍，理论上这种交互会增加到 $2n$ 的平方，但实际上并不是城市里任意两个人都能建立联系，所以上面提到的 GDP 的标度因子比 1 大一点，是 1.75。

β 大于 1 和小于 1，分别有两个重要的值——1.75 和 0.85，这两个值有相关的理论推导，推导的文章发表在 2013 年的 *Science* 期刊上。

建成区面积等与城市基础设施相关的要素，跟人口呈现出次线性的标度关系，即 β 小于 1。之前研究城市标度律的科学家们没有关注到城市人口随时间下降这一事实，因此就产生了一些错误的解读：如果一座城市人口增加一倍，城市的基础设施只需要增加 85%。因为这涉及了单个城市时序上的发展。时序上，当人口增加一倍，建成区的面积增长是超过人口增长的,因为前面已经提到了土地扩张快于人口增长。当人口增加一倍时,所需要的管网的长度增长肯定也会超过人口增长。因为随着时间的推移,人们的消费能力和消费需求也在增加。前面提到的标度律是同一时点多个城市在一起,反映的是截面上的规律,不能直接将它推演到时序上,这就是矛盾所在。

为了更直观地解释这个矛盾,引入了时序标度律的概念。定义截面上城市系统内要素与人口规模关系为截面标度律,β_c 为截面标度因子:

$$Y = Y_0 N^{\beta_c} \tag{5}$$

定义单个城市时序上城市要素(如建成区面积)与人口规模的关系为时序标度律,此时 β_t 为时序标度因子:

$$Y(t) = Y_0 N(t)^{\beta_t} \tag{6}$$

(2)城市土地标度律

我们收集了中国 275 个城市的市辖区常住人口、建成区面积、GDP、居民家庭用电量和道路长度的数据,数据来源于每一年的《中国城市建设统计年鉴》和《中国城市统计年鉴》。

图 1.7.19 以建成区面积为例,展示了城市土地截面和时序关联关系的矛盾性。其中图 1.7.19(a)展示的是 2016 年的截面标度律,可以看出,图中截面标度律的标度因子是 0.91。图 1.7.19(b)绘制了 2000 年到 2016 年,建成区面积关于人口规模的标度因子波动的折线图,可以发现数值始终小于 1。但是从时序上来看,对于单个城市的发展,标度因子的变化显然是不一样的。图 1.7.19(c)中成都从 2000 年到 2016 年建成区面积关于人口规模拟合的斜率大于 1,这也是符合时序上土地扩张快于人口增长的推断。对于中国每一座城市都拟合一个时序标度因子,这些时序标度因子的频数分布如图 1.7.19(d)所示,可以看到很多城市的标度因子都是大于 1 的,部分城市的标度因子小于 1。

为了解释这个矛盾,我们提出了一个概念模型,叫城市系统演化的概念模型,如图 1.7.20 所示。

首先将问题简化,用蓝色代表小城市,红色代表大城市。假设时间从 t_0 时刻推移到 t_1 时刻。小城市人口增长了 x_S,大城市增长了 x_L,大城市人口增长多于小城市。如果城市的发展遵循截面标度律,那么其将由小城市 A 和大城市 D 两点组成的直线来决定,即当人口增长时,土地的增长应该是 u。但实际情况下,土地的增长除了基础增量 u,还有一个超额增量 v。超额增量是我们自己取的名字。从 t_0 时刻到 t_1 时刻人口增长 x_S,小城市并不是变化到 B 点,而是到了 C 点。t_1 时刻的截面标度律变成了直线 CF。对于小城市,其时序标度律是直线 AC 的斜率,对于大城市,其时序标度律是直线 DF 的斜率。

城市系统演化概念模型通过形象化的图示语言直观地展示了城市土地截面标度律和时序标度律的几何意义,总结来说图 1.7.20 中直线 AD 为 t_0 时刻的截面标度律,AC 表示小城市 t_0 到 t_1 的时序标度律,DF 表示大城市 t_0 到 t_1 的时序标度律,直线 CF 又构成了 t_1 时刻的截面标度律。从图中可以理解截面标度律和时序标度律的明显区别。

1.7 城市土地扩张与人口增长的关联机制及演化模型

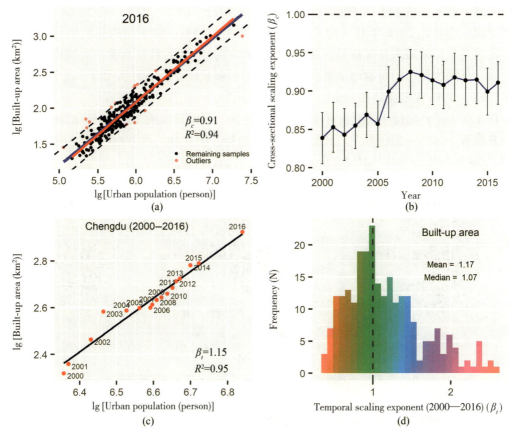

图 1.7.19　城市土地截面和时序关联关系的矛盾性

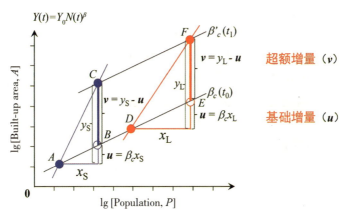

图 1.7.20　城市系统演化概念模型示意图

城市系统演化概念模型的另一个重要意义是可以用来解释截面标度律的变化。截面标度因子的变化与基础增量无关，只取决于超额增量的大小，即图 1.7.20 中加粗的竖线。如果大城市超额增量多一些，斜线的斜率就会增大；如果小城市的超额增量多一些，斜线的斜率就会减小。

之后，我们用图 1.7.21 中的例子来验证上述结论。图 1.7.21(a)是 2000—2016 年整体的情况，横轴是 2016 年城市的人口规模，纵轴是 2000—2016 年的超额增量。可以发现，超额增量跟城市人口规模呈正相关。从 2000—2016 年的数据来看，大城市的超额增量更多。如果大城市的超额增量更多，根据前面的概念模型，截面标度因子就会增大。实际上 2000—2016 年的整体数据也的确是在增大。

图 1.7.19(b)是每年的截面标度律的值的变化，可以看出从 2000 年到 2008 年基本上一直在增长，2008—2014 年呈现出缓慢下降的趋势。据此我们将 2000—2016 年这一时间段以 2008 年为界分为两个时段，分别绘制图 1.7.21(b)和图 1.7.21(c)。

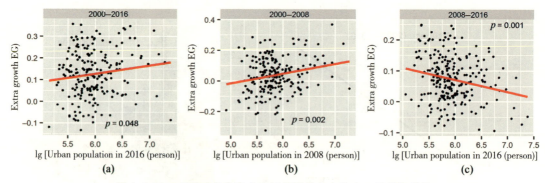

图 1.7.21　不同时段城市土地超额增量与末期人口规模相关性

可以发现 2000—2008 年建设用地面积的超额增量与 2008 年城市人口规模正相关；相应地，截面标度因子在增大。2008—2016 年建设用地面积的超额增量与 2016 年城市人口规模负相关；相应地，截面标度因子则在减小。

(3) 城市标度律演化的多层次验证

除了建成区面积外，我们还收集了其他的城市要素，包括 GDP、家庭用电量和路网长度，如图 1.7.22 所示，图(a)是截面标度律，图(b)是截面标度因子随时间的变化，图(c)为时序标度律的频数分布，可以看出时序标度律大部分都是大于 1 的。路网线路与基础设施相关，按照标度律理论，β 值应该是小于 1 的，但图(c)中时序标度因子(即蓝色曲线围成的面积)是大于 1 的。

同样可以验证超额增量与人口规模的关系指示了截面标度因子的变化。从图 1.7.22(d)可以看出 2000—2009 年，GDP 超额增量与人口规模呈正相关。图(e)和图(f)分别说明家庭用电量和路网长度与人口规模呈现负相关，说明小城市的超额增量更多，截面标度律逐渐降低。

我们获取了美国交通拥堵的时间和机动车驾驶员规模的数据。图 1.7.23 是使用该数据所做的验证。图 1.7.23(a)是截面标度律，以 2008 年为界有很明显的分段，截面标度因子在 2008 年以前逐渐下降，在 2008 年以后逐渐上升。图 1.7.23(c)可以看出 1982—2008 年的超额增量和末期的规模是负相关的，图 1.7.23(d)则表明 2008—2014 年的超额增量和末期的规模是正相关的。

1.7 城市土地扩张与人口增长的关联机制及演化模型

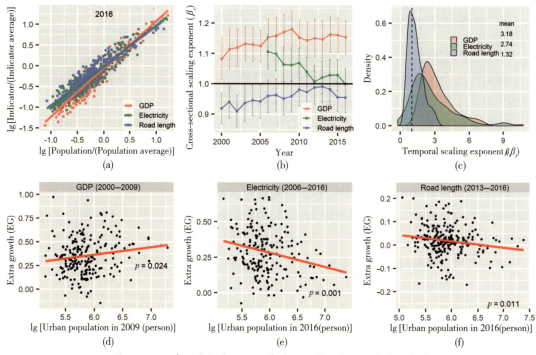

图 1.7.22 中国地级市 GDP、家庭用电量和路网长度的标度律

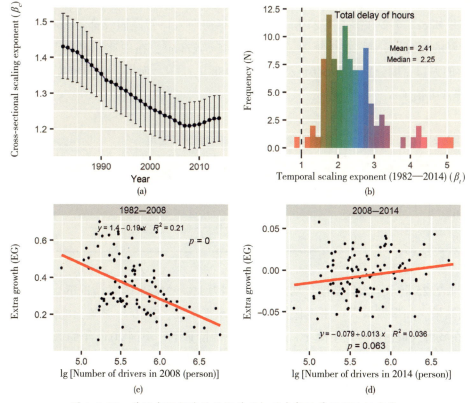

图 1.7.23 美国交通拥堵的时间关于机动车驾驶员规模的标度律

5. 中国城市土地城镇化的政策建议与路径选择

(1) 中国 2030 年城市用地需求预测

城市用地需求预测是国土空间规划的基础工作之一,但城市人口密度随着时间逐渐下降的情况在土地管理和城市规划工作中没有得到足够的重视。

我们的预测思路是首先利用城市人口密度随时间下降的指数模型预测 2030 年城市人口密度,然后再根据计算得出的 2030 年预期人口密度反算城市用地需求。需要的基础数据包括未来城市人口数据和初期城市人口密度。《国家人口发展规划》(2016—2030 年)预测到 2030 年会有 10 亿城市人口,2020 年的城镇化率是 60%,2030 年的城镇化率大概是 70%。经过多方数据计算和比对,最终确定 2015 年平均城镇人口密度约为 8667 人/km^2。

前面提到了我做过的一些案例研究,包括中国 33 个主要城市(除北京和上海)在 2001—2015 年间城市人口密度年平均下降速度为 4.65%;全球数据集中我国的 34 个大中小城市 2000—2014 年间城市人口密度的年均下降速度为 3.58%;美国 20 个主要城市在 1910—2000 年间城市人口密度年均下降 2%。根据这三个实例,并且考虑到未来人口下降速度可能会减缓,将中国未来城市人口密度下降分为三个情景,分别是高速下降、中速下降和低速下降。三个情景对应的城市人口密度年均变化率分别为 3%、2% 和 1%。

根据预设的中国未来城市人口密度的三种下降情景,计算出 2030 年预计城镇人口密度,结果如表 1.7.2 和图 1.7.24 所示。2015 年初期人口密度假设都是 8667 人/km^2,在低速下降的情况下,到 2030 年人口密度是 7454 人/km^2;在中速和高速下降的情况下,2030 年的人口密度分别只有 6401 人/km^2 和 5488 人/km^2。所以,人口密度年均变化率为 3% 就非常可怕了。

表 1.7.2　　　　　　　　　　不同情景下中国未来城镇人口密度

年份	低速下降(1%)	中速下降(2%)	高速下降(3%)
2015	8667	8667	8667
2020	8242	7834	7442
2030	7454	6401	5488

图 1.7.25 展示了人口密度年均变化率分别为 1%、2% 和 3% 的情况下,城市用地需求的预测结果。如果城镇人口密度保持 2015 年水平不变,2030 年城镇土地面积为 11.7 万 km^2。在城市人口密度年均下降 1%、2% 和 3% 的情景下,中国 2030 年的城镇土地面积分别为 13.6 万 km^2、15.9 万 km^2 和 18.5 万 km^2,由于密度下降,需要多占用城镇土地面积分别为 1.9 万 km^2、4.2 万 km^2、6.8 万 km^2。

1.7 城市土地扩张与人口增长的关联机制及演化模型

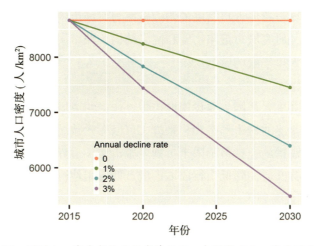

图 1.7.24 不同人口密度年均变化率情况下,中国城市人口密度的预测结果

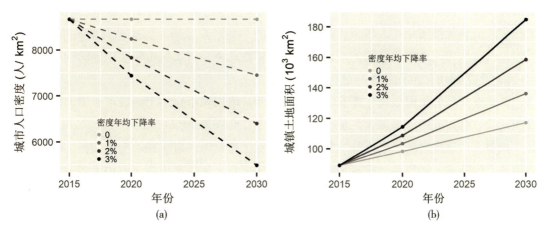

图 1.7.25 不同人口密度年均变化率情况下,中国城市用地需求的预测结果

2019 年中国的城镇面积为 8.9 万 km^2,如果城市人口密度年均下降 3%,那么需要新增的城镇土地面积就达到了 6.8 万 km^2,几乎与 2019 年城镇规模持平。更加极限的情况,如果中国人口密度降低到 2000 人/km^2,10 亿城市人口将占用 50 万 km^2 城镇用地,约占我国耕地面积的 40%,这是一件非常严重的事情。

《全国国土规划纲要(2016—2030)》提出,到 2030 年约束城镇空间面积为 11.67 万 km^2。考虑到城市人口密度随时间下降的广泛事实,在 2030 年 10.15 亿人实现人口城镇化的前提下,城镇空间不突破 11.67 万 km^2 很难实现。

(2) 中国城市人口密度调控的政策建议

关于人口密度调控的政策建议,前面也有提到,在这里做一个总结。主要是以下三个方面:

① 维持城市中心密度。

城市人口密度空间分布与时序变化的关联关系表明,城市中心人口密度具有重要地

155

位。所以，可以把对城市总体人口密度的调控转换为对城市内部人口聚集的调控。具体而言，从微观措施入手，研究城市道路密度和网络结构、城市用地混合度和轨道交通等公共交通建设对城市内部人口集聚的影响。

② 倡导紧凑扩张模式。

城市人口密度下降主要是因为建设用地扩张过快，约束城市空间扩张是调控城市人口密度最直接的方式。紧凑的城市形态和扩张模式可以有效减缓城市人口密度随时间下降过快的问题。具体的微观措施包括但不限于：划定城市增长边界；鼓励城市用地，减少通勤发生率；优先发展公共交通，降低出行成本；城市低效用地再开发等。

③ 城市用地类型因类施策。

针对不同城市同地类型（居住动地、工业用地、商业用地）来因类施策。

为什么要因类施策？此处做了一个补充实验。前面讲过，建成区面积是一个与基础设施相关的量，所以其标度因子是小于1的，但是有一个例外，就是工业用地，工业用地的截面标度因子为1.7，说明大城市中工业用地的配置是超额的。这个问题也比较棘手，因为很多大的企业都布局在大城市，这涉及国家的一些产业政策。但是从我们的角度而言，可以提出对城市用地因类施策的建议，特别是要重点关注对大城市工业用地的控制。

(3) 中国城市化范式的现实选择

低密度发展的负面效应主要有以下四个方面：增加城市化的土地成本，增加城市基础设施建设、维护成本，增加人均能源消耗和缺少社会联系。

城市人口密度之所以会下降，是因为我们对土地资源的需求在不断增加，当前我们生活所消耗的能源，如汽油、水资源消耗等，都比前几十年要多得多。占用更多土地是城市居民个体的占优策略，每个人都对土地进行粗放型的利用，这种低密度发展不是全局的占优策略。这就是一种城市密度高低的"囚徒困境"。所以我们需要调解以达成共识，实现效用最大化。

紧凑发展是必需的，但是也需要兼顾大家对美好生活的向往。印度的某些地方人口密度很高，但是人们只是拥挤在一个地方，并没有实现很高的生活质量，所以说密度也不是越高越好。密度和生活质量需要同时提高，宜居和紧凑是现实选择。

6. 结论与展望

以上就是我在博士阶段所做的一些工作，围绕城市土地扩张和人口增长，研究了两者不同层面的关联特征和规律。可以得出如下主要结论：

① 城市人口密度随时间下降是广泛事实和普遍趋势，指数模型可以定量地刻画城市人口密度随时间下降的趋势和速度。

② 城市人口密度随时间变化受多种因素的影响，紧凑型城市形态和扩张模式可有效减缓城市人口密度随时间下降的速度。

③ 城市时序发展不会遵循城市系统界面规律，城市系统演化模型有效统一城市要素与人口在时序和截面的关联关系。

④ 城市人口密度下降会显著增加未来城市用地需求，宜居紧凑的城市化范式是中国土地城镇化的现实选择。

参考文献：

［1］Xu，G.，Jiao，L.，Yuan，M.，et al.，How does urban population density decline over time? An exponential model for Chinese cities with international comparisons［J］. Landscape and Urban Planning，2019：183（3）：59-67.

［2］Xu，G.，Zhou，Z.，Jiao，L.，Zhao，R. Compact urban form and expansion pattern slow down the decline in urban densities：A global perspective［J］. Land Use Policy，2020，94：104563.

［3］Xu，G.，Dong，T.，Cobbinah，P. B.，Jiao，L.，et al.，Urban expansion and form changes across African cities with a global outlook：Spatiotemporal analysis of urban land densities［J］. Journal of Cleaner Production，2019，224（7）：802-810.

［4］Xu，G.，Jiao，L.，Liu，J.，et al.，Understanding urban expansion combining macro patterns and micro dynamics in three Southeast Asian megacities［J］. Science of The Total Environment，2019，660（4）：375-383.

【互动交流】

主持人：谢谢许刚博士精彩的报告，许刚博士利用充实详细、图文并茂的材料给我们深入浅出地讲解了城市土地扩张与人口增长的定量关系。相信同学们都受益匪浅，接下来是答疑交流时间。现在请大家举手提问。

提问人一：请问您刚刚说的"建成区"具体是什么？

许刚：本研究采用的数据来源于《中国城市统计年鉴》和《中国城市建设统计年鉴》，年鉴中对建成区有明确定义，具体是指城市基础设施集中连片的区域。

提问人二：请问中国政策对研究的这些规律有没有影响？因为在开始的时候，可能我们国家土地的粗放性利用比较严重，到后期可能要求更高一点，所以我想问一下政策的变化对这个规律有没有影响？

许刚：目前研究框架里没有太多研究土地政策对我们土地利用模式的影响，后面需要继续深入研究下去。

（主持人：王雅梦；摄影：张艺群；录音稿整理：王雅梦；校对：王克险、李皓、修田雨）

2 精英分享：
GeoScience Café 经典报告

编者按：他们是祖国"凌寒独自开"的一簇簇梅花，他们是在黑色的大海上高傲飞翔的一只只海燕，他们在最灿烂的年华投身于人类认知边界的探索。本章收录了 GeoScience Café 邀请的六位博士和博士后所做的报告。从旷俭博士分析智能手机多源室内定位算法，到潘增新博士畅谈伴随其科研生涯的"兵贵神速"、"刻意练习"理论，再到陈松博士讲述惊心动魄的"珞珈山战疫"故事，还原新冠肺炎疫情之下珞珈白衣的专业与气节，还有龚江昆、朱其奎、时芳琳三位年轻的学术才俊分享他们的研究成果。让我们以一夜的苦茗，聆听他们诉说沿途那或悲或喜的风景。

2.1 捷联 PDR 辅助的智能手机多源室内定位算法研究

（旷 俭）

摘要：卫星导航定位技术研究中心的旷俭博士后，做客 GeoScience Café 第 233 期，带来题为"捷联 PDR 辅助的智能手机多源室内定位算法研究"的报告。本期报告中，旷俭博士从室内定位的研究背景出发，结合自己的研究工作以及参加比赛的经验与大家分享和交流。

【报告现场】

主持人：各位老师、同学，大家晚上好！欢迎大家来到 GeoScience Café 第 233 期活动现场，我是今天的主持人王葭泐。今天我们很荣幸地邀请到旷俭博士来为大家分享"捷联 PDR 辅助的智能手机多源室内定位算法研究"。旷俭，卫星导航定位技术研究中心博士后，研究方向为行人航迹推算、磁场匹配定位以及多源融合室内定位算法。已发表论文三篇。2018 年 4 月，参加美国标准技术研究院组织的智能手机室内定位比赛，获得全球总冠军；2018 年 9 月，参加法国交通部主办的第九届国际室内定位与室内导航大会室内定位比赛，获得智能手机组冠军和脚上安装惯性传感器组冠军。接下来我们有请旷俭博士为我们带来精彩的报告。

旷俭：各位同学、老师，大家晚上好！感谢 GeoScience Café 的邀请，今天我的报告题目是"捷联 PDR 辅助的智能手机多源室内定位算法研究"。报告主要分为三个部分：第一个部分是研究背景，第二个部分是研究工作进展，第三个部分是室内定位比赛经历。

1. 研究背景

据统计，人一天之中大概有 70%~90% 的时间是在室内环境中度过的，除去 30% 的睡眠时间，大概有 40%~60% 的室内活动时间，由此便产生了基于室内位置的服务需求，比如定位与导航、社交网络、精准广告投放，以及公共安全与突发事件处置。关于位置服务，对我们个人而言，最直接的是定位与导航的需求。当身处陌生复杂的环境中，如机场、火车站、商场或者停车场的时候，我们面临的最直接的问题就是"我在哪？""怎样到达目的地？"由此产生对定位与导航的最直接的需求。相较于室外环境，室内环境更加复杂，单一的定位技术从成本和性能上无法满足所有的室内定位需求，因此常常需要根据实际应用需求，选择相应的定位方案。其中，我的研究工作主要是面向室内公共区域环境，面向大众用户的定位导航需求。此类应用被称为消费类行人室内定位应用。

现阶段，面向消费类应用，国内外各大企业都推出了各自的解决方案。比较常见的就是 Wi-Fi+PDR(Pedestrian Dead Reckoning)方案，多年的探索和用户体验表明该方案无法解决消费类室内定位问题。因此，有企业推出其他的定位方案，比如百度收购的一家芬兰公司采用地磁匹配方案，谷歌提出了视觉定位方案，最近苹果手机添加了 UWB(Ultra Wideband)测距，就是说未来基于 UWB 的手机定位系统也有可能出现。同时，科技部也设置了相关的重点研发计划，其中就有测绘遥感信息工程国家重点实验室陈锐志主任主持的"高可用高精度室内智能混合定位与室内 GIS 技术"项目，该项目也是支持我研究工作的主要经费来源。

消费类室内定位应用最主要的特点是基于智能手机平台，其原因是：第一，智能手机集成了丰富的传感器，这为构建室内定位系统提供了物理条件；第二，智能手机普及率非常高，用户可以零成本地享受室内定位服务，这将大大降低室内定位技术的推广难度。

目前，因室内定位技术繁多复杂，业外人员可能存在一些误解，经常会提出一些专业级别过高的室内定位应用需求，从而造成技术与实际需求不匹配的现象。希望随着室内定位应用的普及，这种尴尬的局面会越来越少。实际上针对不同需求，室内定位方法的选择会有明显不同。我们的研究主要面向消费类室内定位应用需求，因此对现有可用的室内定位方法做了一些选择。其中，选择标准是要能在智能手机上实现，同时系统构建成本要足够低，否则在推广时会受到很大的阻碍。

表 2.1.1 给出了几种不同的典型的消费类室内定位方法。其中 2G/3G/4G 这种移动信号，伴随着手机的出现，就具有定位的能力。虽然基于移动信号的定位方法目前有一些进展，但是它的定位精度还是非常低，在 30~100m。谷歌推出了基于视觉定位的方案，但是现阶段用户并不愿意每次定位时都找个路标进行拍照，因此这种方式严重违反了用户的使用习惯，用户的接受程度较低。在未来随着基于 VR 和 AI 的应用出现，用户的使用习惯慢慢养成之后，用户可能会接受这种基于视觉的方案，但是这个过程需要相当长的一段时间，所以我们暂时也不考虑用视觉去做消费级的室内定位方案。还有就是地图匹配，这是一种低廉且很有效的方案。比如，在室外最开始利用 GPS 去做车载应用时，定位精度在 10~20m，得不到用户的青睐，但是加上地图约束，定位精度可以达到 1~2m，车载应用的体验就非常好。然而，把室外地图辅助定位的这种方法复制到室内时，却达不到预期效果。主要原因是人的走动更具有随机性，特别是在空旷的室内空间，人的走动没有任何限制，存在左右旋转或者来回行走的复杂情况，此时地图辅助定位的作用就无法体现。

2.1 捷联PDR辅助的智能手机多源室内定位算法研究

表 2.1.1 典型的消费类室内定位方法

方法	定位精度	特　　点
Wi-Fi	5~10m (RTT 1~2m)	利用现有的设备，无额外硬件成本，指纹数据库维护成本高；RTT测距方法，发展趋势由市场决定
蓝牙标签	1~5m (5.1协议~dm)	需要布设硬件，硬件成本低；维护周期需更换电池，任务繁重。5.1协议测角方案，发展趋势由市场决定
2G/3G/4G/5G	30~100m (5G~1m)	2G/3G/4G定位精度低；5G可提供高精度定位服务，发展趋势由市场决定
视觉	cm~dm	定位性能由环境纹理分布决定且数据库维护任务极其重；绝对定位不具有全局唯一特性，相对定位会随时间漂移，且用户需改变使用习惯
磁场	1~5m	航向受环境结构影响；指纹不具有全局唯一特性，磁场特征由环境决定
地图	1~5m	辅助定位手段，性能由建筑结构和行人运动状态所决定，特定场景可利用，通常与PDR组合使用
行人航迹推算	行走距离1%~8%	误差随时间漂移，性能受传感器本身以及人运动状态影响较大

除2G/3G/4G、视觉和地图这些方法外，我们将剩下的定位方法根据定位原理分为4类。第一类是相对定位——PDR，也就是我目前主要研究的一个方向。第二类就是比较传统的交会定位，具体包括距离交会、角度交会和距离角度交会三种方式。第三类是匹配定位。第四类是多源传感器融合定位技术。

首先，交会定位中，5G技术宣称可以解决室内定位问题，号称定位精度可以达到1m。但是用户在几年内是享受不到这种服务的，因为需要高密度布设5G小基站，且各运营商需要共享服务，这在现阶段很难实现。第二个就是Wi-Fi RTT高精度定位信号源。谷歌在2018年开放了最底层的RTT协议，手机硬件如果支持RTT协议且系统在安卓9以上，就可以利用高精度的Wi-Fi距离值进行定位。相较于Wi-Fi信号强度，RTT可以明显提升定位精度。第三个就是蓝牙5.1协议，即2019年年初开放的一个蓝牙新协议，号称定位精度能达到厘米级。其定位基本原理为方向角交会。然而，这些高精度手段都刚刚推出，有待市场的检验，还在推广实践当中。综上可知，基于无线信号强度的测距方法，稳定性较差，无法被用户接受。基于这样的现状，我们的研究工作中没有使用基于高精度测量值的交会方法。

我的工作主要集中在PDR、匹配定位以及融合定位方面。所以，接下来介绍这三种定位技术的研究现状。首先我来解释一下PDR算法，即行人航迹推算算法。简单地理解，它是一种相对定位算法。我们知道惯导算法是基于历元积分和逐步累加来实现的，行人航迹推算也是此理，不过行人航迹推算的最基本单元不是传感器的采样率，而是人行走的一步，即当检测到行人往前走了一步，算法就更新一次。PDR 主要分为脚步检测、步长估计、航向估计以及位置更新四个部分，其中前三个部分为误差的主要来源。基本原理是检测行人有没有往前迈一步，若返回为真，则使用预先已经训练好的步长估计模型，估计行走的距离，然后再结合传感器计算的方向，就能得到行人的当前位置。目前脚步检测和步长估计两个部分无法只利用传感器得到更高精度或者更稳定的估计，因为传感器得到的信息太少，无法构建出完美的模型去适用于每一个个体，所以，未来我更倾向于将该算法结合其他的定位信息以改善脚步检测和步长估计。

现有的 PDR 主要面临的挑战就是航向漂移的速度比较快以及手机安装角的问题。其中，手机安装角是由每个人使用智能手机的方式变化或者用户间使用方式不同所形成的传感器航向角与行人行走方向的角度差异。比如我正拿着手机进行导航，突然来了一个电话，我需要将手机贴近耳边接通电话，此时手机朝向指向我背后，基于手机传感器估计的航向角和我实际的行走方向会有接近 180 度的差异。若不及时对手机安装角进行估计和补偿，PDR 的可靠性基本上就被破坏了。因此，如何利用传感器估计出手机的方向与行进的方向的角度差异，这是目前 PDR 可靠性面临的最大的一个挑战。

匹配定位是指在预先构建的数据库中，查询与当前观测值最相似的参考指纹信号的过程。其中，无线信号指纹匹配是当前使用最广泛的匹配方法之一，典型代表有 Wi-Fi 和低功耗蓝牙。现在消费类的无线信号的定位方法主要分为两类：确定方法和模型方法。第一个，确定方法比较简单，主要分为数据库建立阶段和匹配阶段。在数据库建立阶段，利用信息跟空间相关的特性，直接将接收到的信息存储为数据库；在匹配阶段，将用户接收到的同类信息与数据库作比对，找到数据库中与观测值最相似的那个值，并将其作为定位结果。这是最简单的 Wi-Fi 指纹匹配算法。第二个是模型方法，模型方法与确定方法之间的区别在于数据库训练阶段采用模型描述指纹信息，因此在一个空间位置采集的不是一个点，而是几十个点甚至上千个点，在实时匹配的过程中同时用这个模型计算出当前的观测值与这个模型的相似度，得出未知节点的位置。

现在 Wi-Fi 指纹定位算法的研究都倾向于模型方法，因为确定方法足够简单，可做研究的点不多。然而，虽然模型方法通过切换不同的模型就可以获得不同的结论和结果，但是不管怎么演变，无线信号本身始终有缺陷。首先，它受人体干扰非常大；其次，在复杂的室内环境下信号存在折射和反射现象，不同的设备同时采集到的信号也是有差异的，因此最后在实现定位算法的时候，会造成很大的误差；另外，无线信号是随时间变化的，比如现在比较常用的 Wi-Fi。在人们常去的商场或者公共区域，Wi-Fi 信号无处不在，但是因为 Wi-Fi 不是由自己掌控，所以会存在一个问题：今天用户比较多，就开了很多 Wi-Fi 热点，明天用得比较少，有些 Wi-Fi 热点就会被关掉，如此一来就会造成数据库频繁地波动，系统的定位精度跟不上，因此现在基于 Wi-Fi 的室内定位研究的主要难点在于数据库的快速更新。

另外一个匹配定位方案就是磁场特征匹配。这个方案可能更吸引人，因为磁场信号源具有无处不在、无时不有的特点。磁场定位方案不需要布设任何信号源，任何时候都可以用，而且它跟可移动的定位设施没关系，主要是受到地球磁场和建筑结构的影响，所以它受到很多研究工作者的关注。当前磁场匹配算法主要有两类：序列匹配和粒子滤波。序列匹配的原理是利用一段时间窗口内的磁场进行匹配，最典型的方法就是动态时间规整算法。在建库阶段，该算法必须能够预测用户的运动轨迹，然而在空旷区域，用户运动轨迹难以预测，因此这种方法适应性不强。虽然序列匹配算法在空旷区域效果不佳，但是在比较狭长的走廊里却有很好的效果，因为一个人要么就是往前走，要么就是往后走。粒子滤波是比较常用的算法，有较好的适应性，为了保证定位效果，粒子必须要覆盖用户所有可能的位置，因此粒子数量就不能设置得太少，否则达不到好的效果，但是设置太多的话，计算量太大，在移动终端无法运行。因此，在现阶段我们缺少一种高精度、低计算量的磁场匹配算法。

单一的算法很难解决定位的问题，包括上文提到的 PDR 算法和磁场特征匹配算法。PDR 虽说是即插即用的一种方法，但是误差会随着时间的延长不断累积。匹配算法会受到环境的影响，同时它也会受到采集的数据库范围的影响。单一定位技术都存在各自的问题，所以我们需要考虑组合定位的方法。组合定位中比较典型的就是 Wi-Fi 与 PDR 或者蓝牙，或者说磁场与 PDR 的融合定位。现在很多论文都是几种定位技术的相互组合，通过加入不同的信号源，得到不同的定位效果。但是最后使用的组合算法基本上就这几类：扩展卡尔曼滤波或者粒子滤波，因为这两年 SLAM 受到较多关注，图优化和因子图也被引入到组合定位的算法中。

这里简单介绍一下图优化和因子图。我们知道滤波处理当前的一个观测值，图优化则通过一段窗口的数据获取约束信息，可以得到更好的估计结果。但是面向 Wi-Fi/PDR 组合，这两种定位源缺少约束信息，即使是一个窗口的多个历元，也缺少相互之间的约束关系，所以说在 Wi-Fi/PDR 组合中用图优化和因子图是很难提升定位精度的。另外，图优化的计算量要大于传统的滤波方法。因此，用图优化方法对 Wi-Fi/PDR 组合的方式并不被看好。

目前，主流融合方法依旧是 EKF 和 PF，其中 EKF 是最常用，也可能是工程上最好用的一个滤波算法，但是它比较依赖于合理的标准差，本质上是多种观测之间的一个加权平均，怎样合理设置权重就决定了最后 EKF 估计的效果。然而，匹配方法无法给出可靠的标准差，EKF 组合定位系统稳定性通常较差；PF 在保证定位性能的基础上，必须设置较大数量的粒子，以至于需要较大的计算量。现阶段，缺少一种轻量级、可靠性高的组合定位算法。

2. 研究工作进展

基于以上研究现状，下面介绍我们自己的工作。算法主要分为三类，首先是捷联 PDR 算法，针对相对定位不依赖于环境的特点，从相对定位出发构建定位系统，我们认为该思路能够提升整个系统的稳定性以及扩展性；然后再利用捷联 PDR 辅助磁场定位，用相对定位方法去辅助绝对定位方法；最后将所有的定位结果进行融合定位。

我们的思路可能和传统的有一些区别，一般的做法是从绝对定位方法出发，因为这能够获得即时的定位效果，定位精度有保障且具有较好的展示度。但相对定位方法会存在一个尴尬的问题，即不能提供用户真实的地理位置，只能提供用户相对轨迹轮廓，因此定位系统的展示度较低。但是我们仍然坚持以相对定位为主的思路，主要是因为现在消费类室内定位存在一个无法规避的问题，就是需要布设高密度的信号定位基础设施。广域覆盖室内环境其实是很难得到满足的，由此造成信号定位源密度不够，定位系统会表现出极度不稳定性。我们的思路就是将相对定位方法与绝对定位方法结合，只需要稀疏的绝对定位信息，将系统误差控制住，就可以保证系统在所有区域都可用，达到降低系统成本以及提升定位精度的目的。

首先，我们来看传统 PDR 与捷联 PDR 的基本区别（图 2.1.1）。传统 PDR 基于脚步检测和步长估计更新用户的距离；而捷联 PDR 通过积分角速度和加速度得到用户的位置，其中估计的步长只作为一种修正信息，即使丢失一些脚步点仍然能够维持本身的推算精度。

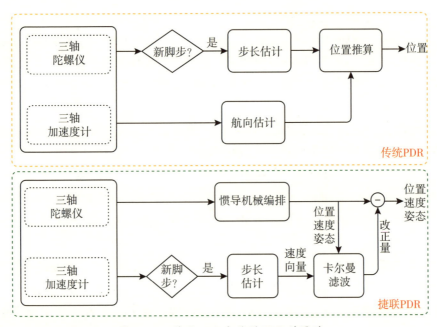

图 2.1.1　传统 PDR 与捷联 PDR 的区别

捷联 PDR 算法并不是我们第一次设计和使用的，是对已有的资料和工作进行的总结。如图 2.1.2 所示，现有文献中的捷联 PDR 算法主要有两种：①经验模型估计的步长用作速度修正，并使用零速修正和航向锁定。②将脚步模型 PDR 生成的位置作为观测值。两种算法都采用捷联惯导解算为核心，主要区别在于观测信息的使用。

我们的改进工作主要是在第一种方法的基础上，增加了重力向量信息和准静态磁场信息，同时为了适应摆臂模式等复杂动态，我们将获得的速度信息转换成位置增量形式进行修正更新。另外，针对手机安装角的问题，我们基于捷联惯导算法的自主推算能力设计了一种即时估计方法，可提高 PDR 的可用性。

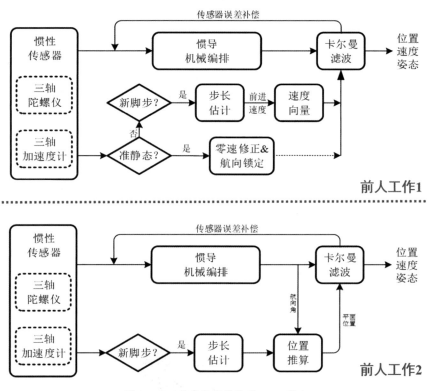

图 2.1.2　现有的两种捷联 PDR 算法

如图 2.1.3 所示，我们使用了四种约束信息来改进捷联 PDR 算法。第一种是准静态约束，即判断用户处于静止站立状态，此时速度应该为零，同时航向角保持不变。第二种是伪速度和运动约束，即当用户正常步行时，在人体坐标系下只存在前向速度，侧向和垂向速度都为零，前向速度可以通过估计的步长除以脚步周期获得。第三种是重力向量约束，学过惯导的人应该比较清楚，加速度计在没有外部作用力的时候，是可以利用其观测值获得传感器的水平角的。我们就基于这样一个假设，判断是否有比较强的外部作用力，如果没有强的外部作用力，这个时候认为加速度计的输出就是重力向量，从而可以很好地估计水平角。第四种是准静态磁场约束。准静态磁场是指室内环境磁场干扰是稳定的，且干扰的幅度是一致的，此时磁航向角与真实航向角变化一致。通过检测行人是否处于准静态磁场区域，从而约束航向角的相对误差累计。

另外，为了适应用户使用手机的习惯，我们进一步做了手机安装角即时估计算法。手机安装角是指手机航向与行人航向的角度差异，主要是指用户使用手机的方式发生变化或者使用手机方式的差异而产生的现象，如图 2.1.4 所示，红色 x 轴与绿色 x 轴的夹角即为手机安装角。当持握手机的方式不一样时，就存在手机的方向和行人行进的方向的角度差异，这个角度差异，最后对 PDR 造成的影响是非常大的。

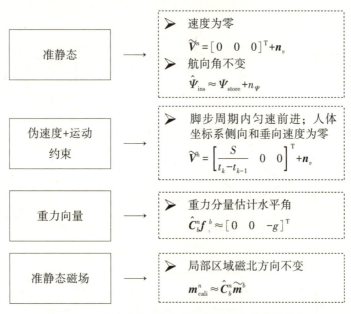

图 2.1.3　改进的捷联行人航迹推算增加的多种约束

图 2.1.4　手机安装角示意图

本研究只考虑四种基本模式——端平、打电话、摆臂以及装裤兜模式，然后对这四种基本模式进行适应。适应就是计算手机的方向与行人行进方向的角度差异。图 2.1.5 为各个角度之间的关系，PDR 需要的是行进方向，然而在没有外部信息的情况下，通常无法长时间直接估计行进方向。一种间接的估计方法就是，首先估计手机安装角，然后结合手机航向，从而获得行进方向。

本研究方法主要是利用捷联惯导算法的短期推算能力，因此做了两个基本假设：①短时间内（比如 3~5s）捷联惯导算法的推算精度较高，可以利用速度获得用户的行进方向；②单个用户单一模式下的安装角不变或者说变化较小，这个假设基于一个人的习惯在短时间内不会改变的事实。

2.1 捷联 PDR 辅助的智能手机多源室内定位算法研究

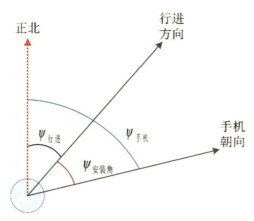

图 2.1.5　行进方向与手机安装角的关系

图 2.1.6 给出了估计方法的具体流程：首先，我们对手机的使用模式进行判断，就是判断是端平模式还是打电话模式，当检测到使用模式从一个模式转换到另一个模式时，则查找前一模式对应的时间点，惯导机械编排重新解算到当前时刻。接着，从该时间点重新推算用户的轨迹。然后，基于推算结果进行直线判断，若返回为真，则认为行人行进方向不变；否则利用速度反正切获得用户的行进方向。最后，结合手机航向角获得手机安装角。

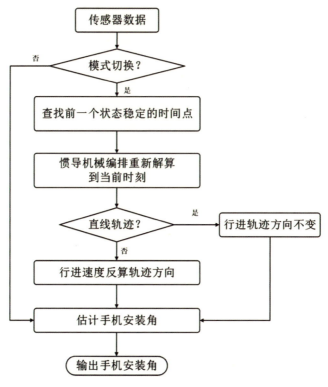

图 2.1.6　安装角即时估计算法

我们对刚才设计的算法做了一个性能评估。捷联惯导算法相对于传统惯导算法，有一个最基本的优势，就是脚步检测的精度不要求百分之百，即便精度只有80%，对本文的定位方法来讲影响也不大。传统的 PDR 算法要求脚步检测必须百分之百准确，但是受角度变化影响很难达到百分百正确。我们设计了一个实验，就是以 10 个脚步作为一个周期，周期内前 8 个脚步正常检测，后 2 个脚步检测失败，共循环 6 次，并对两类 PDR 方法的估计距离进行统计。从表 2.1.2 中可以看出，当脚步检测全部成功的时候，它们的距离估计精度都足够好，平均误差只有 1%~2%。存在脚步丢失的情况下，传统 PDR 定位精度下降了将近 20%。捷联 PDR 算法在端平、打电话、装裤兜这三种模式下精度保持得非常好，在摆臂模式下，精度有些许下降，但是相对于传统 PDR 算法，还是有很大的提升。所以，我们可以得出一个简单结论，就是捷联 PDR 保留了捷联惯导算法的推算能力。

表 2.1.2　　　　　　　　　　　距离估计测试结果

测试	模式	脚步检测成功		脚步检测失败		模式	脚步检测成功		脚步检测失败	
		S-PDR	PDR	S-PDR	PDR		S-PDR	PDR	S-PDR	PDR
1	端平	46.1	46.2	45.7	37.1	打电话	45.6	45.3	45.4	36.7
2		45.5	45.7	45.0	35.6		45.8	45.8	45.5	37.6
3		45.3	46.1	45.1	37.1		45.7	45.6	45.6	37.0
4		45.4	45.7	45.1	36.9		45.4	45.4	45.1	36.8
5		46.3	46.3	46.1	37.6		45.7	45.1	45.7	36.9
6		46.4	46.8	45.8	38.1		46.2	46.0	46.1	37.8
7		45.1	46.6	45.8	37.9		46.0	46.0	45.9	37.8
8		45.9	46.6	46.8	38.4		45.9	45.8	45.7	37.5
平均误差		1.21%	1.42%	1.04%	18.12%		0.52%	0.61%	0.49%	18.28%
1	摆臂	45.9	46.1	42.2	36.4	装裤兜	45.3	46.1	46.3	36.8
2		45.1	44.8	48.5	37.0		44.6	45.1	45.4	37.1
3		45.8	46.0	41.7	36.3		44.6	45.3	45.9	37.2
4		45.3	45.3	41.0	36.0		44.8	44.5	47.0	36.4
5		45.6	44.9	48.9	37.5		44.9	45.1	48.0	37.1
6		43.9	45.1	48.4	37.4		46.1	45.6	49.1	37.5
7		44.5	44.9	48.5	37.2		42.9	43.9	41.7	35.8
8		44.2	45.5	48.7	38.0		44.6	44.0	45.6	35.9
平均误差		1.51%	1.09%	7.37%	18.91%		2.19%	1.69%	3.39%	19.46%

图2.1.7给出了四种基本的位置估计结果。图中红色线是参考轨迹,蓝色线是脚步模型PDR,绿色线是捷联PDR,粉色线是图2.1.2中前人工作所使用的PDR算法。可以看出,在摆臂模式下,捷联PDR表现出更好的定位精度。图2.1.8是定位误差的累积分布函数(Cumulative Distribution Function,CDF)。最后统计结果如表2.1.3所示,S-PDR计算的位置结果在四种基本模式下皆有改善,特别是摆臂模式精度改善得更为明显,位置估计误差减少了37.34%。最主要原因就是传统PDR在计算姿态的时候,是使用加速度计来估计水平角的,计算时我们非常希望加速度计没有任何外部加速度,但事实上在摆臂的时候,是有外部加速度对它产生影响的。这样的话它估计的水平角精度下降,最后造成航向角的精度下降。对于捷联PDR算法,因为我们使用的是一种速度约束,外部加速度对我们的算法影响要小一些。这样我们会得到更好的水平角估计精度,从而使得最后位置的精度有所提升。

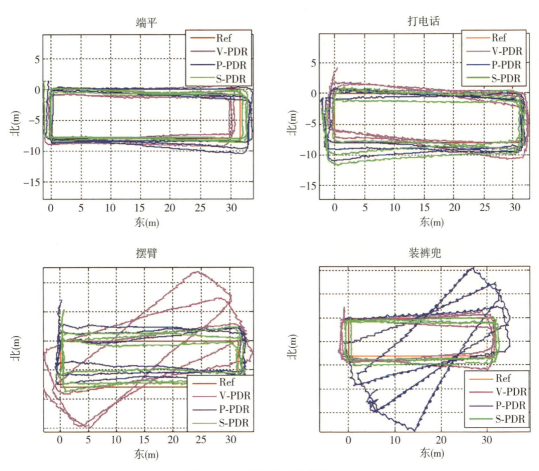

图2.1.7 四种模式下的定位结果图

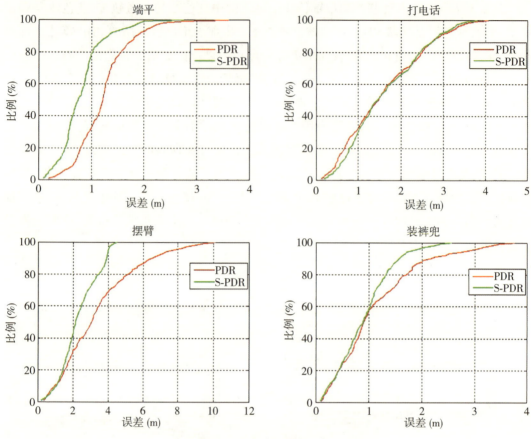

图 2.1.8 定位误差的累计分布函数图

表 2.1.3 不同模式下两种定位方法的定位结果

	端平		打电话		摆臂		装裤兜	
	PDR	S-PDR	PDR	S-PDR	PDR	S-PDR	PDR	S-PDR
Mean	1.24	0.81	1.59	1.62	3.43	2.32	1.52	1.12
RMS	1.35	0.92	1.85	1.85	4.07	2.55	1.65	1.28
Max	3.61	2.76	4.07	3.80	10.12	4.55	3.74	2.88

为了验证手机安装角估计方法的可行性，我们也做了一定量的测试。其中，在每个测试里面，手机使用模式经历了从端平、打电话、摆臂、装裤兜的来回切换，图 2.1.9 为手机安装角即时估计和补偿后的 PDR 推算结果。其中，红色线为参考结果，黑色线是补偿安装角后的 PDR 结果，蓝色线则是没有补偿安装角的 PDR 结果。我们来看左上角这张图，当从其他模式切换到打电话模式时，PDR 可用性受到了极大的破坏，而补偿手机安装角后，PDR 的推算结果只受到较少的影响。同样，我们也注意到本研究方法仍然存在一定的估计误差，这是因为手机传感器本身性能差，同时行人运动复杂，不能对其无损失地估计。尽管如此，

2.1 捷联 PDR 辅助的智能手机多源室内定位算法研究

这些测试结果仍然能够表明我们的方法提高了 PDR 的可用性。简单给出一个结论，改进的捷联 PDR 能够较准确地估计手机安装角，补偿手机安装角后，捷联 PDR 推算的位置结果得到了有效改善。上面就是我第一个部分在捷联 PDR 算法做的工作。

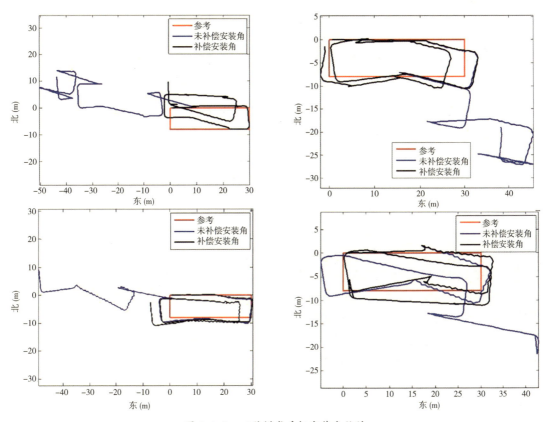

图 2.1.9 四种模式手机安装角估计

第二个部分是利用捷联 PDR 辅助的磁场轮廓特征匹配算法，它需要两个过程，一个是指纹库的建立，另外一个是实时匹配算法。我先来解释一下指纹库的概念，最简单地可以将其理解为一个空间位置，并对这个空间位置赋予一个属性，这点跟地图非常相似。我们知道，磁力计观测的是复杂的环境磁场，具有随机分布的特性，直接应用稀疏点结合内插方法的思路不适于磁场数据库构建，因此需要探求一种高效率的指纹采集方法。针对该问题，我们基于脚上安装惯性传感器结合手机内置传感器，设计了一种高效率的定位指纹采集方法（图 2.1.10）。其中，智能手机提供时间对齐基准，并用于采集指纹数据，而脚上传感器用于提供可靠的位置坐标。基于这样的思路，再结合稀疏的控制点，将脚上惯性传感器的误差进行控制，然后再平滑处理就会得到一个比较高精度的参考轨迹。按照之前说的，所有的指纹库其实就是一个高精度的位置信息加上一个指纹信息的集合，那就可以通过这样的方式得到高精度位置。当得到高精度的参考轨迹之后，再将时间与磁场信息进行对比，从而就可以建立磁场数据库。

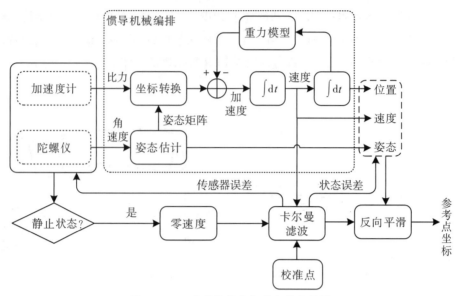

图 2.1.10 参考轨迹坐标的生成流程图

接下来，我将详细介绍磁场轮廓特征匹配算法。对于无线信号指纹，在一个点可以接收周边所有无线基站的信号，信号维度是非常高的。而对于磁场指纹，最多只有北方向、东方向和垂直方向三个维度。因此，磁场指纹点匹配方法是不现实的。为了改善磁场指纹定位性能，我们从增强磁场特征区别度出发。主要措施有三个：第一，使用水平角将磁场强度模值分离为水平分量和垂直分量；第二，利用连续观测的磁场数据构成基本单元，也就是磁场时间序列；第三，将 PDR 提供的相对轨迹与磁场强度关联起来，构建磁场轮廓特征。相较于时间序列，轮廓特征增加了空间拓扑属性。举个例子，如图 2.1.11 所示，A、B、C、D 共 4 个点，磁场时间序列只能告知 A 点发生在 B 点时间之前，C 点发生在 B 点时间之后；但是磁场轮廓特征能够很明确地告知 A 点相对于 B 点的方向和距离。基于这样的一个空间约束信息，就能大幅度提升磁场指纹的区别度。

在提升磁场特征的区别度后，我们设计了自己的磁场匹配实时定位算法，算法流程如图 2.1.12 所示。首先，缓存一段磁场数据，并根据 PDR 提供的距离信息对磁场数据进行重采样处理，生成磁场轮廓特征。其中，基于磁场特征与空间强相关的特点，根据 PDR 提供的距离信息，对磁场时间序列进行重采样，生成磁场轮廓特征。然后，首次匹配时，在一定的区域范围内进行遍历搜索，避免初始条件不够精确造成匹配结果非全局最优，其后的匹配则可直接利用 PDR 推算结果作为匹配搜索初值。最后，使用高斯牛顿迭代搜索算法，快速精准地找到最终匹配结果。以后如果有类似的场景，同学们想使用高斯牛顿迭代搜索方法，只要能用函数或者其他形式描述它们的梯度关系，就可以直接套用该方法。

为了评估我们磁场匹配定位方法的性能，我们基于 4 款手机平台开展了多次测试。从图 2.1.13 中可以看出，磁场匹配定位方法在四款手机平台的定位性能表现都比较好。然而，华为 P20 手机平台图 2.1.13(d) 的误差明显要大于其他手机平台，由此可知终端差异对磁场定位的影响还是非常大的。表 2.1.4 给出了 4 款手机共 12 次测试的定位结果，可知基于磁场匹配的定位误差 80% 在 1.5m 以内以及 RMS 值约为 1m。最后，我们想强调的是,因为我们的磁场库是用三星手机创建的,用三星手机去匹配时,准确度接近百分之百。这说明终端差异被剔除后,可以得到很好的重复性。但是做手机端室内定位存在明显的终端差异,这是必须要考虑的问题。

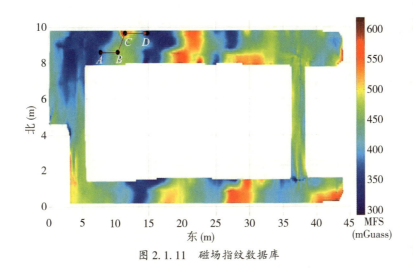

图 2.1.11 磁场指纹数据库

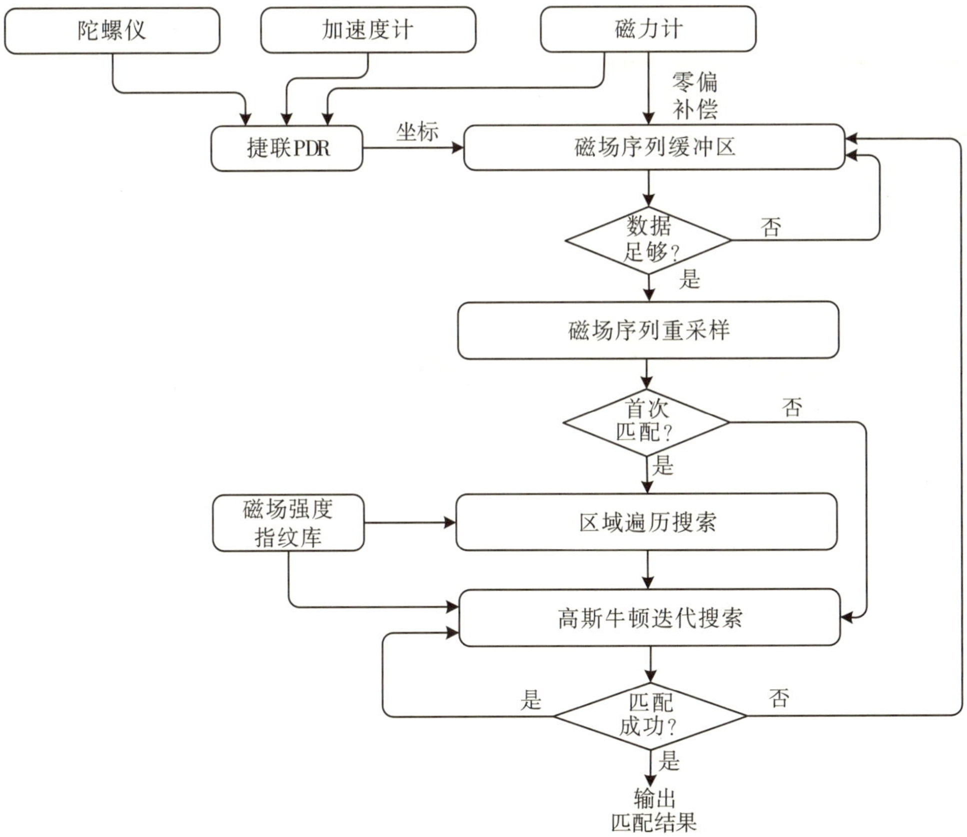

图 2.1.12 磁场匹配算法流程图

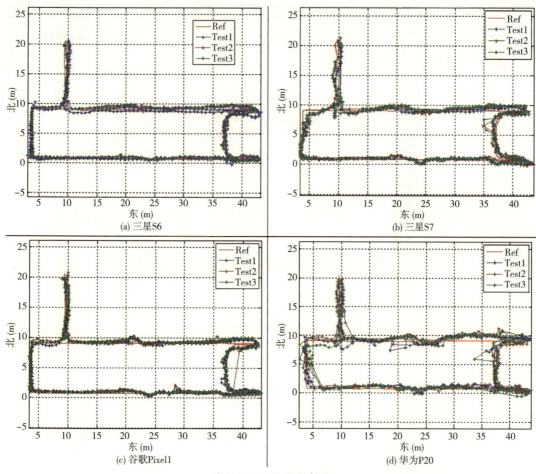

图 2.1.13 轨迹分布图

表 2.1.4 不同型号手机磁场匹配结果

型号	测试编号	Mean(m)	RMS(m)	Max(m)	匹配率(%)
谷歌 Pixel	1	0.52	0.72	4.63	98.77
	2	0.46	0.57	3.58	92.21
	3	0.56	0.68	2.62	96.33
华为 P20	1	0.86	1.07	4.12	81.51
	2	0.71	0.83	2.33	82.76
	3	0.83	0.94	3.54	83.75
三星 S6	1	0.41	0.51	1.43	99.38
	2	0.51	0.58	1.31	99.38
	3	0.54	0.63	1.73	99.69
三星 S7	1	0.61	0.90	4.49	96.69
	2	0.61	0.74	2.28	86.54
	3	0.77	1.16	5.49	86.58
平均		0.61	0.77	3.13	91.96

为了验证磁场匹配算法的适用性,我们进一步进行了多场景测试。图 2.1.14 给出了三个比较典型的场景,第一个是在办公楼走廊,第二个是在图书馆大厅,是比较空旷的一个场景,第三个是商场。走廊场景是经常用来评测磁场匹配算法性能的,因为走廊环境下轨迹是比较单调的直线,对 DTW(Dynamic Time Warping,动态时间规划调整)算法是最适应的。为了突出我们的算法不受采集轨迹的影响,我们增加了图书馆和商场场景,这也是我们设计测试场景的出发点。

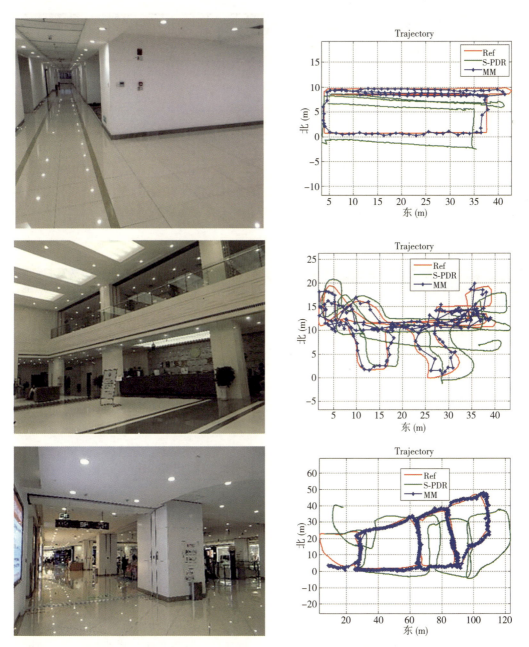

图 2.1.14　不同场景(办公楼(上),图书馆(中),商场(下))轨迹图

表 2.1.5 统计了不同场景下磁场匹配的定位误差。可以看到，从理想的环境到这种空旷的商场，定位误差从 0.6m 上升到 2.3m。这是因为不同场景的磁场分布差异性比较大，即使以相对轨迹轮廓能够提升可区别度，仍然无法改变磁场本身区别度低的问题。尽管如此，在商场区域仍然取得了平均定位误差 2.1m 和匹配率 88% 的数据，这说明我们的定位方法具有较好的定位性能。

表 2.1.5   不同场景下磁场匹配定位误差统计

	办公楼			图书馆大厅			商场		
	Max	Mean	RMS	Max	Mean	RMS	Max	Mean	RMS
S-PDR	3.83	1.88	2.14	6.62	3.52	3.81	19.34	8.39	9.59
MM	1.62	0.49	0.60	5.77	1.59	1.87	5.05	2.10	2.34
匹配率	94.67%			90.24%			88.01%		

最后，我们对现有的磁场算法和我们自己的算法做了比较。从表 2.1.6 可以看出，我们的算法定位精度高于 DTW 方法，虽然与 PF 方法相比精度有所下降，但是我们的计算量与之相比有明显的降低，因此更适用于智能手机平台。

表 2.1.6   不同方法定位精度对比

策略	方法	测试场景(定位精度)	计算量
(Zhang, 2015)	DTW/Bayesian	商场(5m)	中
(Li, 2015c)	DTW, Wi-Fi	走廊(4m)	低
(Shu, 2015a)	DTW	走廊(4m)，地下停车场(4m)，超市(8m)	低
(Subbu, 2013)	DTW	走廊(3.5m)	低
(Shu, 2015b)	DTW	走廊(2m)	低
本研究方法	GN	走廊(1.2m)，大厅(2.6m)，商场(4.1m)	低
(Xie, 2014; Xie, 2016)	PF	大厅(4.0m)，会议室(1.2m)，走廊(1.0m)，书架(0.7m)	中
(Kim, 2013)	PF	走廊(1m)	高
(Putta, 2015)	PF, MA	书架(0.75m)	中

（注：DTW—动态时间规整，PF—粒子滤波，HMM—隐马尔可夫模型，MA—地图辅助）

下面介绍我的第三部分研究工作，相对轨迹辅助的捷联 PDR/磁场特征匹配/BLE 指纹匹配组合定位。我们整体思路还是以捷联 PDR 为核心，使用集中式卡尔曼滤波融合其他匹配方法的定位信息。其中，针对现有的匹配算法无法合理地给出标准差的问题，我们利用脚步模型 PDR 输出的高精度相对轨迹构造约束条件，探测出窗口内少量粗差并剔除，生成新的观测值；并使用优化算法的估计残差提供理论标准差，从而减少匹配定位结果大跳动以及理论标准差缺失所带来的卡尔曼滤波不稳定现象。

可以用图2.1.15来描述这个思路：黄色点是Beacon指纹匹配的位置，红色点是磁场指纹匹配的位置，黑色点是PDR匹配的相对轨迹。其中，黑色的相对轨迹虽然是飘了，但是客观上肯定存在这么一个轨迹，使这些观测值到相对轨迹的距离最小。基于这样的客观现实，只要估计出相对轨迹与真实轨迹的平移量和旋转量，就可以获得与相对轨迹对应的绝对轨迹。然后，计算绝对定位结果到绝对轨迹的距离，从而可以判断当前观测值的质量并给出合理的标准差，最终达到提升定位系统稳健性和定位精度的目的。

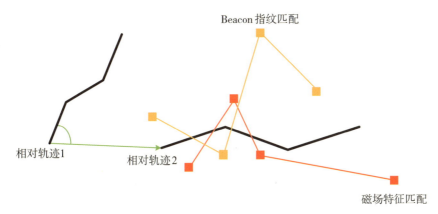

图 2.1.15 观测值优化示意图

为了验证定位算法的性能，我们使用了四款手机进行测试，并评价了七种方案的定位结果。表2.1.7统计了七种方案的定位误差。可以看出，传统的PDR/磁场/蓝牙三组合相较于PDR/蓝牙组合定位性能基本没有提升，而使用相对轨迹优化后，误差均方根和置信度为90%的定位误差都有所减小，说明相对轨迹优化能够更加有效地利用观测信息。但是，从结果来看仍然不能保证每次精度都有明显提升，这是因为只有当磁场定位结果和蓝牙定位结果出现矛盾时，才能凸显相对轨迹优化的作用，否则并不能有明显的定位性能提升。另外，我们注意到，虽然磁场匹配对最终的定位精度改善并没有很明显的作用，但是磁场信号具有无处不在、无需布设的特点，我们可以低成本或者说零成本地使用该信号，这在无线信号缺失的区域，对于保障系统的可靠性仍然有很大的帮助。

以上是我的整个研究工作。

表 2.1.7　　　　　　　　　　七种方案的定位误差

		S-PDR	Bea	MM	Bea/S-PDR	MM/S-PDR	Bea/MM/S-PDR	Bea/MM/S-PDR/优化
Pixel	Mean	2.87	1.78	1.52	1.55	2.03	1.59	1.17
	RMS	3.10	2.16	1.75	1.90	2.41	1.90	1.35
	90%	4.43	3.21	2.59	3.11	3.92	2.95	2.15

续表

		S-PDR	Bea	MM	Bea/S-PDR	MM/S-PDR	Bea/MM/S-PDR	Bea/MM/S-PDR/优化
Mate 20	Mean	4.41	1.56	1.61	1.51	1.69	1.51	1.43
	RMS	5.23	1.86	1.90	1.75	1.98	1.75	1.66
	90%	8.25	2.70	2.60	2.69	3.06	2.72	2.59
S7	Mean	3.86	2.27	1.35	1.65	1.61	1.71	1.45
	RMS	4.22	2.91	1.57	2.11	1.98	2.11	1.83
	90%	6.01	5.46	2.25	3.11	3.11	2.86	2.80
S6	Mean	4.30	1.75	1.67	1.42	1.92	1.49	1.35
	RMS	5.22	2.14	1.93	1.62	2.26	1.65	1.56
	90%	8.26	3.31	2.81	2.56	3.47	2.55	2.41

3. 室内定位比赛经历

下面介绍室内定位比赛的一些经历，我们共参加了两项比赛，第一个就是由美国国家标准技术研究院组织的智能手机室内定位比赛（NIST）。这个比赛主要面向于消防员在室内环境的定位需求，比普通手机端室内定位难度大很多。主要体现在运动状态多样性，包括前进、后退、侧走、爬行、推行、上下楼梯和上下电梯等场景。另外，我们能利用的信息很少，只有坐标已知的 Wi-Fi 节点和手机内置传感器数据，且不允许提前建立 Wi-Fi 指纹数据库。

比赛分为两个阶段，第一阶段是线上数据处理，第二阶段是线下实时 App 评测。线上数据处理是在国内完成的，线下实地数据评测是在美国当地进行的。线上离线数据处理总共有 30 组，大概 20 多个小时。我们每次修改一次算法，都要花费好几天把数据重算一遍，非常耗体力和精力，因此整个过程做完人非常累。最简单最直观的，我们可以用图 2.1.16 来描述一下比赛的难度。可能做过室内定位的人，从来不会用这样的轨迹去评测自己的算法。但是这个比赛为了验证你的算法，就选这种非常复杂的轨迹，感觉像是地狱模式的定位算法的验证。

第二个比赛是在法国的 IPIN 比赛，包含四个小组：视觉组、非视觉组、手机组和脚上安装传感器组。相比前面的 NIST 比赛，IPIN 比赛数据量小，且场景简单，不具有较大的挑战性。其中，手机组比赛是利用智能手机内置的传感器数据，为商场环境下的用户提供准确的定位服务。测试场景包括乘坐电梯及扶梯、多楼层切换、车流密集的停车场、人流密集的购物区等多个场景，同时为了更贴近用户的真实购物习惯，在行走过程中设置了不同时长的停留。脚上安装组比赛是利用脚上安装惯性传感器的方案，主要针对无任何布设和无预先测绘条件下的室内紧急救援应用。该项目测试数据总时长约 20min，总里程约 1km，覆盖室内外切换、楼梯、直梯和扶梯等场景。

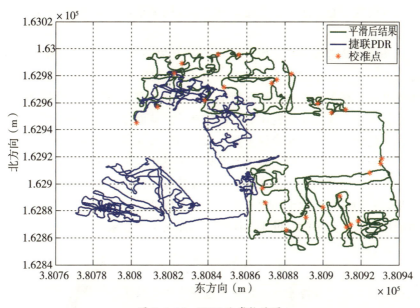

图 2.1.16 NIST 比赛轨迹图

图 2.1.17 是 IPIN 比赛的轨迹图，和我们平时测试定位算法的轨迹相近。相较于美国的 NIST 比赛，法国的 IPIN 比赛非常轻松，且两个组别的比赛都取得了很好的成绩。

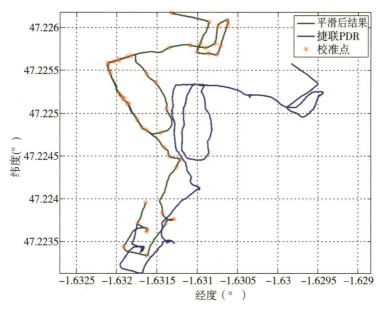

图 2.1.17 IPIN 比赛轨迹图

参加多次国际室内定位比赛后，本人主要有三点感受：

第一，团队合作很重要。我们当初参加美国比赛的时候，有实验室陈锐志主任，以及导师牛小骥教授指导。他们都是资深教授,面对复杂的数据,很快就找到了方向。除了卫星导航定位技术研究中心,还有测绘遥感信息工程国家重点实验室的一些硕士生和博士生都有参加。

第二,比赛规则非常重要。比如,美国 NIST 比赛不允许 1 个队伍使用多个账户进行评测。然而,有一个队伍使用好几个账号去评测自己的结果,频繁地对数据结果进行评测,最后被举办方发现了,把成绩给取消了。另外,只有充分熟悉比赛规则后,才能准确地获取更丰富的信息,才能让你的比赛打得更有效,从而获得更好的成绩。

第三,身体健康在科研工作中很重要。我们当时参加美国比赛的时候,大概整整花了八个月时间,仔细想想,我的博士阶段也就只花了三年。现在回想起来,我能在整个比赛中支撑下来的原因,就是因为平常多做运动,保持身体健康、精力充足,这样才能保证最后有个好结果。我们在座的硕士和博士研究生,要保持良好的心态,多做运动,这样才能保证你以后能出成果。如果没有健康的体魄,可能出不出成果都已经不重要了。

【互动交流】

主持人:非常感谢旷俭博士为我们带来包括室内定位算法和比赛的经验分享,给大家作了非常好的一个报告,相信大家一定有了自己的想法和体会。下面就是我们的互动时间。在场的同学,如果有问题,可以现场向旷俭博士提问。同时,我们也会为前三名提问者送上 GeoScience Café 的《我的科研故事(第四卷)》。

提问人一:在高德地图的室内定位应用中,例如在银泰创意城,室内定位的时候可以进行楼层切换,请问这是利用什么原理?

旷俭:直接利用 Wi-Fi 即可。

提问人二:请问如何识别人在行走过程中是否处于准静态磁场环境?

旷俭:首先,陀螺可以估算出一个相对的角度变化量,磁力计也可以算出一个角度变化,这两个角度变化可以作为一个检校值;当它的波动大于一定的阈值,就认为它不是准静态磁场。

提问人三:请问您在做算法结果分析的时候,使用了四款最新款的手机,有没有考虑采用使用三四年的旧手机以及多系列的手机进行对比一下?实验场景有没有选择多个商场、多个办公楼等在场景之间进行对比分析?谢谢!

旷俭:站在产业化的角度,肯定需要进行上述的测试。在研究之中,考虑到了测试的时间成本,会选择比较简单的场景进行测试,体现出算法的效果,这是一个出发点。当然团队也做了很多测试,只是在这里没有将其呈现出来。从效果上来看是差不多的,但是存在用户使用行为差异带来的定位稳定性的问题,这也是在做工程化所面临的问题。

提问人四:您在捷联 PDR 之后,做了卡尔曼滤波。您的状态向量中除了位置、步长、航向之外,还有其他状态量吗?

旷俭：我们的状态量包括位置、速度、姿态，以及传感器的误差。

（主持人：王葭沨；摄影：李皓；摄像：李涛、杨婧如；整理：赵佳星、李涛；校对：徐明壮、罗慧娇）

2.2 基于主被动卫星观测的气溶胶-云三维交互及其气候效应研究

(潘增新)

摘要：武汉大学测绘遥感信息工程国家重点实验室2019届博士毕业生潘增新做客 GeoScience Café 第234期，带来题为"基于主被动卫星观测的气溶胶-云三维交互及其气候效应研究"的报告。本期报告，潘增新结合自己博士期间的研究成果，为我们讲解如何利用主被动遥感观测和辐射传输模式，分析气溶胶三维传输过程，量化不同气象条件对气溶胶-云垂直交互过程影响，进而评估气溶胶-云垂直交互对辐射平衡和区域季风环流的影响，探究三维信息对气溶胶-云-辐射-季风交互影响的贡献。同时他还分享了自己读博期间的科研感悟——"一万小时理论""刻意练习"理论"兵贵神速"等。

【报告现场】

主持人：各位同学、老师，大家晚上好！我是本次活动的主持人张艺群，欢迎大家参加 GeoScience Café 第234期活动。本期我们非常荣幸地邀请到了武汉大学测绘遥感信息工程国家重点实验室2019届博士毕业生潘增新作为我们的报告嘉宾，大家掌声欢迎！潘增新博士师从龚威教授、毛飞跃副教授，主要从事联合多源遥感卫星观测三维气溶胶-云交互及其气候效应研究等工作，即将前往以色列希伯来大学进行博士后学习研究。目前发表SCI论文18篇，其中以第一/通讯作者发表的论文有9篇，包括RSE、JGR以及JQSRT等国际顶级期刊，获得国家奖学金、优秀毕业生等奖励和荣誉称号。下面让我们有请潘博士。

潘增新：非常感谢大家能在百忙之中来听我的报告，我是龚威教授团队今年(2019年)的毕业生。我们团队主要关注大气层，依靠激光雷达和卫星观测，观察大气气溶胶和云的变化。今天我汇报的题目是——基于主被动卫星观测的气溶胶-云三维交互及其气候效应研究。我将从以下六个方面展开：
① 研究背景及科学问题；
② 卫星数据及原理方法；
③ 气溶胶-水云垂直交互及辐射影响；
④ 气溶胶-冰云垂直交互及辐射影响；
⑤ 云三维变化辐射影响及季风反馈；
⑥ 总结与展望。

1. 研究背景及科学问题

第一部分主要讲气溶胶-云交互的研究背景、研究意义,还有目前的研究现状。

气溶胶是悬浮在大气中的固体和液态(云)颗粒的统称。大家应该对 $PM_{2.5}$ 这个概念是比较熟悉的,可能对气溶胶比较陌生一点。其实 $PM_{2.5}$ 本身就是气溶胶的一部分,是指粒径 $2.5\mu m$ 以下的气溶胶。如图 2.2.1 所示,气溶胶对大气环境、人类健康以及气候变化有着重要影响。相信大家也可以切身体会到近十年来我国整个空气污染状况的变化,颗粒物污染在 2013 年基本达到一个顶峰,最近由于政府调控政策,大家也可以明显感受到空气污染情况在有所减缓,一些政府工作报告和研究数据也都说明了这个事实。总之,气溶胶-云及其交互已经成为全球大气环境污染和气候变化研究中最不确定的因素。

随着工业发展,大气颗粒物成为目前主要的大气污染物。

国内研究表明:"气溶胶浓度峰值出现8年后,是肺癌发病高峰。"

IPCC指出:"气溶胶是全球气候变化中最不确定因素"

图 2.2.1 大气颗粒物对环境、人类健康和气候变化的影响

如图 2.2.2 所示,气溶胶本身的粒径变化是非常大的,从 $0.1\mu m$ 到 $100\mu m$,甚至更大,都属于它的范畴。一般说的 $PM_{2.5}$、PM_1 分别是指粒径小于 $2.5\mu m$、小于 $1\mu m$ 范围内的气溶胶。在遥感观测中,这些都属于细模态的范畴。

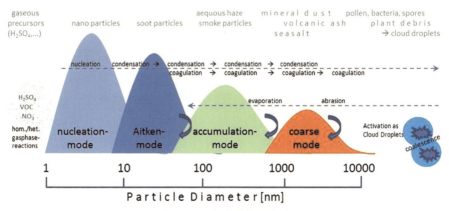

图 2.2.2 气溶胶粒径分布

横轴:粒径(nm);Nucleation-mode:核模态;Aitken-mode:爱根核模态;Accumulation-mode:积聚模态;Coarse mode:粗模态。

如图 2.2.3 所示，气溶胶来源很多，大致可以分为两类：自然源和人为源。典型的自然来源有海盐、沙尘和生物质燃烧。人为气溶胶我们比较关注的工业排放、燃烧开垦、厨房油烟也属于人为气溶胶的一个范畴。此外有一些关于城市污染的研究指出，"炒菜"会加剧城市污染，当然这个还有待考证。其实，不管人类活动与否，自然源气溶胶都是实际存在于大气中的。而人类主要影响的是人为气溶胶的量，该影响主要来自工业排放、汽车尾气、人为燃烧森林、煤炭燃烧等。

图 2.2.3　气溶胶主要来源

如图 2.2.4 所示，我们可以看到 CALIPSO 星载激光雷达观测气溶胶光学厚度（Aerosol Optical Depth，AOD）的分布。气溶胶光学厚度是表征大气浑浊度的重要物理量，也是确定气溶胶气候效应的一个关键因子，是指沿辐射传输路径上，由于吸收和散射产生的辐射量削弱。它反映了整层大气中颗粒物对太阳辐射的削弱程度，也可以反映该大气层中颗粒物含量或空气污染程度。海洋面以海洋气溶胶为主（海洋、海水沫等），一般较为洁净；东亚和南亚人为排放占主要；中东和北非是全球沙尘气溶胶最大来源；由于森林燃烧，比如亚马孙和刚果热带雨林燃烧，也会释放大量含碳类气溶胶。

气溶胶-云交互是指气溶胶通过影响云，进而导致的一系列云变化及其气候影响。为什么气溶胶-云交互是一个重要的，也是一个必要的研究点呢？如图 2.2.5 所示，X 方向表示粒子大小，Y 方向表示相对湿度，首先我们要知道一个基本概念，就是云在什么样的条件下形成的？一个必要条件是水汽达到饱和。这个图（图 2.2.5）就表示一个粒子达到稳定的大小尺度，对大气相对湿度的需求。我们可以看到图中的绿线，它表示在完全没有气溶胶的情况下，一个粒子要形成、要稳定，需要一个非常高的相对湿度。但是如果有气溶胶的存在（蓝线），对相对湿度的要求就低得多，这就是气溶胶对云的形成有重要影响的原因。气溶胶通过吸附水汽改变粒子的初始尺度，从而能在更低的水汽条件下形成云，所以气溶胶对云的形成非常重要。

2.2 基于主被动卫星观测的气溶胶-云三维交互及其气候效应研究

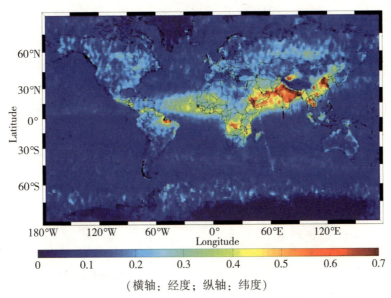

（横轴：经度；纵轴：纬度）

图 2.2.4 CALIPSO 探测的全球年均气溶胶光学厚度（AOD）分布

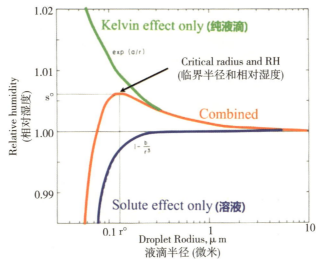

图 2.2.5 粒子尺度和其达到稳态要求的相对湿度

如图 2.2.6 所示，这是典型的气溶胶吸附水汽形成云滴的示意图。我们大家都看到过飞机飞过留下的尾气，这就是典型的气溶胶-云交互的证据。只要轮船或飞机开过，都会排放尾气，这些排放的尾气就是气溶胶粒子，排放到大气中，在一个相对湿度条件下，就会形成云。

气溶胶和云互相交互的方式也叫气溶胶的间接效应。同时，气溶胶粒子也可以通过对太阳辐射的散射和吸收作用来直接影响整个地气系统的辐射平衡，这种效应称为气溶胶的直接效应。气溶胶本身的直接效应也会影响大气，但对地气系统辐射平衡影响更显著的，还是气溶胶的间接效应，即气溶胶作为云的凝结核，改变云的微物理过程。如果进入云内的气溶胶

187

增多,气溶胶会造成云的微物理特性的改变,这种改变会抑制降水的产生,从而对云本身的外部形态和云的生命周期产生影响。我们可以想象到,如果天上的云变得越来越多,或者天上的云很长时间都没有消散,那我们就看不到太阳,这是一个典型的气溶胶-云交互反射太阳光的例子。另外,气溶胶本身在大气中也可以吸收太阳的辐射,从而使整个大气温度升高,促进云内水分蒸发,导致云量减少,这种效应称为气溶胶的半直接效应。

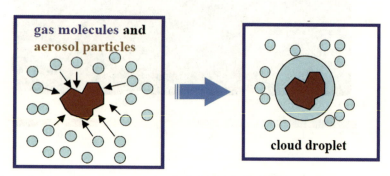

Gas molecules and aerosol particles:气体分子和气溶胶颗粒;Cloud droplet:云滴
图 2.2.6 水汽在气溶胶表面凝结形成云

如图 2.2.7 所示,目前关于气溶胶-云交互,IPCC 的报告指出,它是全球气候变化研究中最不确定的因素。当然我们也可以看到别的气候因子,比如 CO_2,目前它是一个比较稳定的温室气体,对它的认知水平是比较高的,而对气溶胶-云交互的认知是最低的。所以,目前我们评估气候变化,例如预测未来温度变化,关键问题就在气溶胶-云交互这一块,所以我们需要探究气溶胶-云交互究竟是怎样一个过程,它最终又造成多少影响。

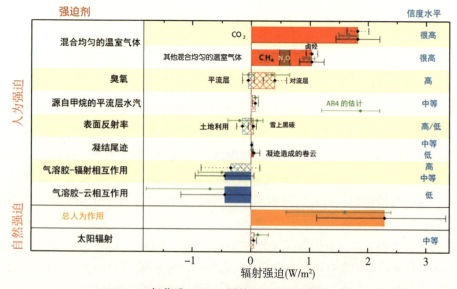

(CO_2:二氧化碳;CH_4:甲烷;N_2O:一氧化二氮)
图 2.2.7 不同气候因子对辐射平衡的影响(IPCC 报告,2013)

至于为什么气溶胶和云交互是最不确定的因素？这里面的原因有很多，我这里从云的垂直分布来解释。如图 2.2.8 所示，当云处于不同高度时，对整个大气是完全不同的影响。低层的云往往会反射太阳光，造成大气冷却。但高层云相反，它会吸收地表反射的长波辐射，就像盖被子一样，把地面长波辐射全部保留在大气层中使大气升温。所以，云高的不同，云对大气的作用效果甚至可能是相反的。

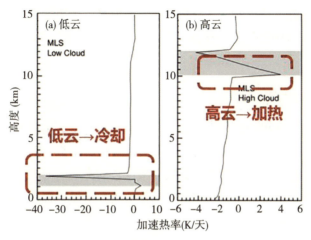

图 2.2.8 不同高度上云的辐射效应

传统方法对气溶胶-云交互观测都是基于二维影像观测来研究的。但这种方法存在一些问题，如图 2.2.9 所示，我们在二维影像上看到气溶胶和云是重叠的，但其实在三维空间中，它可能会有一段距离，也就是云可能并未与下方的气溶胶直接接触。所以，这也是三维特性对云和气溶胶信息获取非常重要的原因。

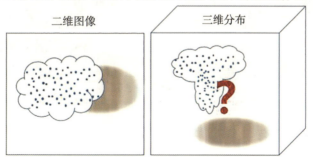

图 2.2.9 二维、三维观测得到的同一案例气溶胶-云信息

我的研究主要从三维观测出发，可以分为四个方面，接下来一一为大家展示。第一个就是在水云和气溶胶交互的过程中，大气环境状态（水汽、大气稳定度以及气溶胶类型）

变化对气溶胶-云交互有怎样的影响;第二个是关于冰云的,高空冰云和气溶胶之间的交互机制目前是不明确的。对 MODIS 来说,它对冰云和低层薄云是不敏感的,特别是在地表光线很好的时候,难以观测到非常薄的云。而基于三维观测有机会看到高空冰云与气溶胶之间的交互作用;第三,由于垂直信息的缺乏,导致对云三维变化造成的辐射影响难以量化,我们要探讨如何解决这一关键问题;第四个是针对目前存在较大不确定性的三维云特性及其对区域季风环流的反馈作用。云不仅能产生降水,而且还会对区域辐射量的大小产生影响,无论是短波还是长波,云都会对区域辐射量产生主导性的影响,而且又进一步会对区域的气候(如季风环流)产生明显的反馈作用。接下来,我将从这四个方面向大家汇报一下我的工作。

2. 卫星数据及原理方法

第二部分就是我所使用的数据。龚威老师研究组主要是利用激光雷达观测数据。如图 2.2.10 所示。在实验室四楼,团队有一个很大的综合观测站,里面有我们自己组装的激光雷达。每天晚上经过实验室,都可以看到一根绿色的光线射向天空,那就是我们的激光雷达在工作。激光雷达由于工作波长较短,对气溶胶和云敏感性高,同时具有高时间和高垂直分辨率的特点,被普遍认为是气溶胶和薄云垂直观测的最佳手段,而毫米波雷达是厚云观测的优秀手段。

(Lidar system:激光雷达系统;Lidar Observation:激光雷达观测;BSNR3000:太阳辐射测量器;CE-318:太阳光度计;weather station:气象站;RPG-HATPRO:微波辐射计;air quality monitor:空气质量监测仪;MFRSR:旋转滤波带辐射观测仪;Nephelometer:浊度计;AE-31 Aethalometer:黑炭仪;GRIMM 180PM Monitor:环境颗粒物分析仪;TSI SMPS:扫描电迁移率粒径谱仪)

图 2.2.10 武汉大学测绘遥感信息工程国家重点实验室大气综合观测平台

地面站点观测只能获得近地面一维时间序列数组信息,卫星观测只能获得整层大气积分气溶胶二维影像信息,星载激光雷达则是目前观测全球气溶胶三维分布的最佳手段。如图 2.2.11 所示,目前在轨的观测卫星有 CALIPSO 和 CloudSat,其中 CALIPSO 适合探测气溶胶和薄云垂直分布,CloudSat 适合探测厚云垂直分布。CloudSat 是微波雷达,波长是 3.2mm,它的波长较长,可以穿透厚云,因此非常适合探测云的分布。

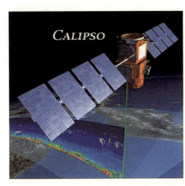 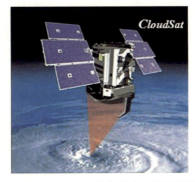

图 2.2.11　CALIPSO 激光雷达卫星(左图)和 CloudSat 云廓线雷达卫星(右图)

CALIPSO、CloudSat 联合观测能提供系统的三维云宏观、微观(含水量、粒子大小及其数密度)以及辐射特性。如图 2.2.12 所示,这是一个典型的联合观测例子。CALIPSO、CloudSat 以及 Aqua(MODIS)联合同步观测,提供气溶胶-云三维信息,BUGSrad 辐射传输模型模拟云辐射强迫影响,以及 ECMWF 再分析数据提供大气环境参数(温湿风压等)。

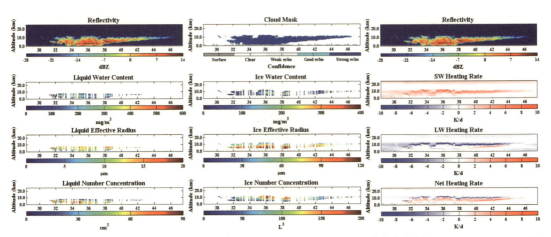

(Reflectivity:反射率;Cloud Mask:云掩码;Liquid Water Content:液态水含量;Ice Water Content:冰水含量;Heating Rate:加热速率;Liquid Effective Radius:液态云滴有效半径;Ice Effective Radius:冰相态云滴有效半径;Liquid Number Concentration:水滴数浓度;Ice Number Concentration:冰粒子数浓度;SW/LW/Net heating rate:短波/长波/净辐射加热率)

图 2.2.12　CALIPSO 和 CloudSat 联合观测一个对流系统的案例

量化云对气候影响的一个非常重要的参数是云的辐射强迫。云辐射强迫是评估云特性及其变化对辐射平衡扰动的最综合指标,即全天空场景(实际观测)和晴空(无云)场景之间的辐射量的差异,包括短波和长波两部分。如图 2.2.13 所示,太阳光照射下来被云反射,这部分反射往往造成地表冷却(负辐射强迫);地表吸收短波之后,会向上发射长波,之后云吸收地面的长波辐射而增热,又以长波逆辐射的形式返回给地面一部分,导致地表加热(正辐射强迫),例如多云的夜晚比较热。云辐射强迫,是云微物理特性(含水量和粒子浓度等)与云的垂直分布以及云相态综合影响的结果;气溶胶等因素,即通过改变上述云特性,进而影响云的辐射效应,最终影响整个气候系统的平衡。

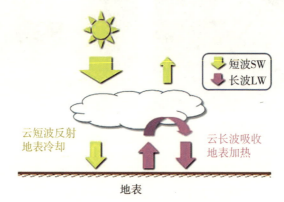

图 2.2.13 云影响辐射平衡示意图

在研究云的时候有个特别重要的问题,就是云的相态。如图 2.2.14 所示,X 轴方向是云的光学厚度(COD,即沿辐射传输路径上,由云的吸收和散射产生的辐射量削弱强度。),Y 轴方向是云顶高度。我们可以看到随着高度的上升,云开始由水的相态慢慢变成冰,云的整个辐射状态由冷却变成加热(红色代表加热,蓝色代表冷却)。

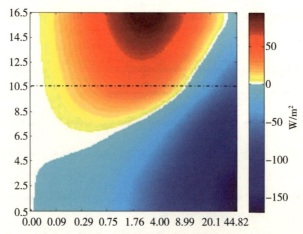

图 2.2.14 同时考虑 COD、云顶高以及云相态的 TOA 处云净辐射强迫变化
(Koren, et al., ACP, 2010)

图 2.2.15 表示水云、混合相态云以及冰云造成的整体辐射强迫。由于其云粒子相态和比例的差异，造成各自不同的辐射效应，对于气溶胶的响应也各有不同。水云造成地球冷却，冰云造成地球加热。造成这种情况的原因是，水云对短波有非常强的吸收和反射，能够有效反射太阳光从而造成地球冷却；而冰云对短波不敏感，但它可以吸收长波，地表发射的长波到达高空被冰云吸收，吸收后又向地面反射回来，造成地面加热。在研究中，我主要关注水云和冰云相态，混合相态云是两者之间的混合，这个研究尚未涉及。

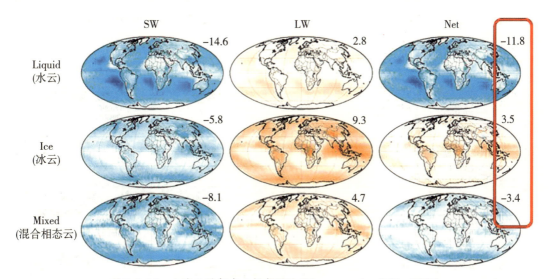

图 2.2.15 全球三种相态云辐射强迫（Matus, et al., JGR, 2017）

3. 气溶胶-水云垂直交互及辐射影响

气溶胶-云交互是目前评估气候变化最主要的不确定性来源。我们选取了一个典型的区域——南亚，来探究气溶胶-水云垂直交互过程及其影响。南亚是全球最大的人为污染源之一，同时由于喜马拉雅山的阻挡，具有相对独立的气候系统。气溶胶和人类污染物排放的区域和季节变化显著，是气溶胶-云交互的天然试验场。

基于 CALIPSO 和 CloudSat 联合观测，我们把季节划分为季风季和非季风季。如图 2.2.16 所示，可以明显看到，在季风季，气溶胶促进云的形成和发展，增加云垂直发生频率、含水量以及粒子浓度，进一步导致云反照率增加。在非季风季，有一个明显的抑制作用。同时也发现，云层越低，受到气溶胶的影响越强。

为什么我们看到不同季节之间气溶胶-云会出现一些差异？我们将所有观测到的云样本、气象条件和气溶胶的吸收性做了一个统计分析。如图 2.2.17(a) 所示，如果大气处于非常干燥的状态，气溶胶的增加反而会造成云的减少；但是如果大气处于一个湿润的状态，就会促进云的形成；图 2.2.17(b) 表示，如果大气非常湿润，但气溶胶粒子对太阳光有很强的吸收性，气溶胶和云的关系就变得更加不确定。总而言之，在干燥大气下，无论气溶胶粒子本身的特性是怎样的，它对云都有一个很强的负效应。在湿润的大气条件下，如果气溶胶是低吸收性的,它会促进云的生长;但如果气溶胶本身是高吸收性的,则会造成一个相对较弱的负响应。这里面涉及的机制包括两个:第一个是在湿润的条件下,即水汽充足的条件下,气溶胶会造成云粒子的减少,抑制降水的产生,让云变得越来越高,云的生命周期,即它维持的时间越来越长。所以水汽充足的情况通常会促进云的生长,这样会使反照率增加。而如果气溶胶本身有很强的吸收性,就会导致大气增温,造成相对湿度降低,不利于云本身的生长和维持。这就解释了在不同气候条件下,气溶胶和云有不同的响应。同时结合季节特征,可以发现季风季更湿润,气溶胶吸收性更弱,气溶胶-水云交互表现出正响应,而非季风季更干燥,气溶胶吸收性更强,气溶胶-水云交互表现出负响应。

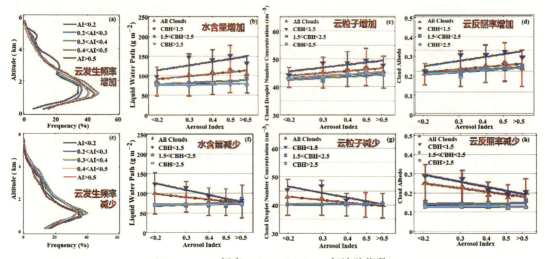

(Frequency:频率;Aerosol index:气溶胶指数)

图 2.2.16 季风季和非季风季

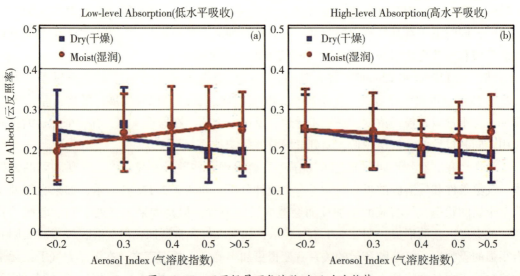

图 2.2.17 不同场景下气溶胶-水云响应趋势

基于上面气象因子对气溶胶-云交互的影响，我们进一步评估了气溶胶-云交互究竟在区域上造成了多少辐射平衡扰动。如图2.2.18(a)所示，在整个南亚南部，它起到了辐射冷却的作用；而在北部，这部分地区主要是沙漠，非常干燥，由于沙尘气溶胶的影响，造成云量减少，起到辐射加热的作用。总体上，南亚气溶胶在季风季和非季风季分别导致$-0.34 W/m^2$和$1.11 W/m^2$的日平均辐射强迫。季节和区域差异显著，这与上述区域的含水量、气溶胶吸收性和垂直分布有关。

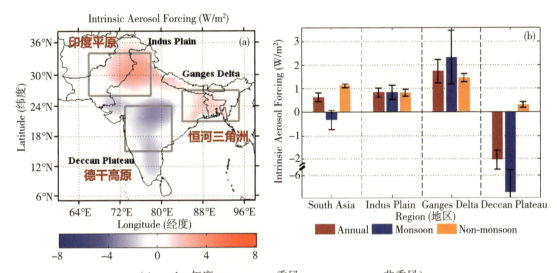

（Annual：年度；monsoon：季风；non-monsoon：非季风）

图2.2.18　南亚气溶胶-水云垂直交互导致的年均辐射变化及不同子区域在不同季节辐射变化的统计数据

4. 气溶胶-冰云垂直交互及辐射影响

云本身不同的相态对大气有影响，所以在讨论的时候，就要将水云、冰云分开。接下来的研究主要是说明气溶胶-冰云垂直交互及辐射影响。我们主要使用激光雷达，激光雷达有一个非常显著的优点，就是它能敏感地探测到大气中的微粒，不论气溶胶信号有多弱，它比MODIS等探测器要敏感。所以，它也可以很好地探测高空冰云和气溶胶的量，进一步建立气溶胶和冰云之间的关系。研究发现，随着气溶胶的增加，冰云不论是光学厚度还是几何厚度、含水量，都是呈减少状态的（图2.2.19）。为什么会有这样的关系？

这里首先要介绍冰云的成核机制，冰云本身有两种机制，一种叫均质成核，另一种叫非均质成核。在洁净状态下，通过均质成核形成的冰云粒子一般小而多，COD比较大。如果大气中有气溶胶，冰云则更容易形成，一般形成的粒子大而少，COD较小。因为随着气溶胶的增加，冰云非均质成核占主导状态，造成COD的减少。当然COD的减少也有一些其他的原因，它也会出现类似于上文提到的气溶胶-水云交互机制。目前关于气溶胶-冰云的研究比较少，相关机制还不明确。

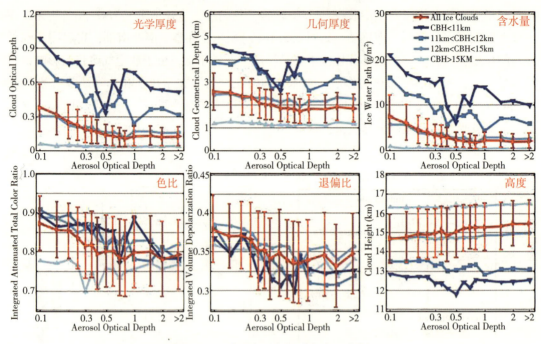

图 2.2.19 冰云各项数据随气溶胶的变化

如图 2.2.20 所示,我们也研究了气象因子对气溶胶和冰云的交互起了一个怎样的作用。这里 X 方向是相对湿度,相对湿度是云的形成发展一定要关注的气象因素。Y 轴是低对流层稳定度,低对流层稳定往往决定了云是否稳定以及是否能生长,因此也是一个非常重要的量。图中颜色深浅代表云的光学厚度对气溶胶量的响应效果,负响应代表云光学厚度减少。从图中可以看到,在大气干燥和不稳定的状态下,会抑制冰云的形成,造成非常强烈的负响应。因为一旦不稳定,冰云本身的夹卷,即它跟外界空气的交换会加强,外界空气往往更干、更冷,云在这样一个交换过程中会慢慢散掉。所以,我们有时会看到夏天外面风比较大的时候,天上的云飘着飘着就消失了,就是这样一个作用。如果大气处于非常湿润,也非常稳定的状态,会出现一个弱负响应。如果相对湿度进一步增加,又会出现正响应。

不同气溶胶类型对冰云-气溶胶的交互有怎样的影响?这里主要研究自然(Dust),自然与人为混合(Polluted Dust)、人为(Smoke)三类气溶胶。如图 2.2.21 所示,随着这三种类型的变化,冰云对气溶胶的负响应是逐渐增强的,这主要与排放气溶胶的吸收性相关。有很多研究已经指出,Smoke 对太阳光的吸收性比 Dust 强得多。如图 2.2.21(d)所示,总体上,随着大气逐渐稳定,气象因子有利于气溶胶对冰云的促进作用,有逐渐从负响应到正响应这样一个转换。

基于前面气象因子对气溶胶-冰云的影响的讨论,我们也研究了气溶胶-冰云交互总体对大气辐射的扰动。如图 2.2.22(a)所示,不论气溶胶含量怎么改变,冰云对短波的影响很小,但对长波的影响很明显。图 2.2.22(b)看得更清楚,冰云对短波的影响非常不显著，对长波有非常强烈的影响趋势，所以冰云主要是通过对长波的影响，进而扰动大气辐射平衡。

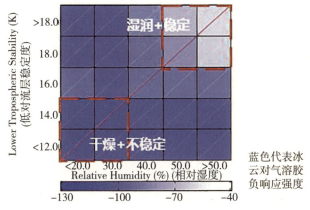

图 2.2.20 不同大气湿度和稳定度下冰云对气溶胶的响应

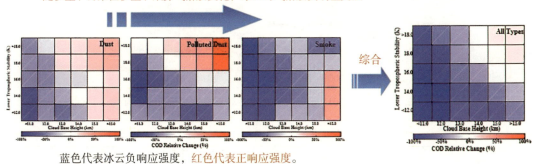

图 2.2.21 冰云对不同类型气溶胶的响应

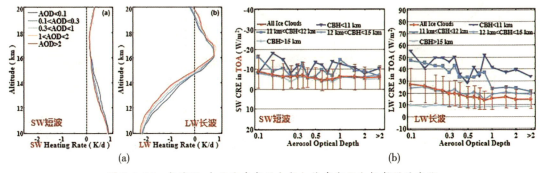

图 2.2.22 气溶胶-冰云垂直交互大气加热率变化和辐射强迫变化

5. 云三维变化辐射影响及季风反馈

以上解释了气溶胶对云有怎样的影响，但是影响之后最终造成的结果如何，又对气候、辐射平衡有怎样的反馈,这是接下来研究要说明的问题。我们选取了一个最典型的地区——青藏高原地区进行研究。关于这里的研究已经有很多,青藏高原是全球气候变化最敏感的区域之一,过去半个世纪,青藏高原地表每十年平均增暖0.25℃。

那么,云的三维变化对青藏高原变暖有怎样的影响呢?基于CALIPSO和CloudSat长时间三维卫星观测,我们发现从2007—2015年青藏高原的云显著减少。具体地,近十年低云平均覆盖和几何厚度分别减少了4.2%和130m,如图2.2.23所示。青藏高原低云覆盖和几何厚度的逐年减少,引起了云垂直辐射扰动的减弱,如图2.2.24所示。在年辐射强迫保持稳定的情况下,整体瞬时观测地表入射短波增加了约29.7W/m²,比CO_2大一个数量级,极大地促进了地表加热,如图2.2.25所示。所以,我们认为青藏高原变暖,云的三维变化可能是主要原因。

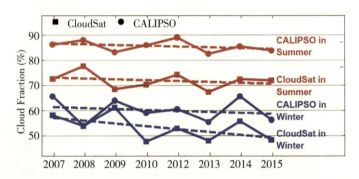

图2.2.23　2007—2015年青藏高原夏季和冬季平均云覆盖年际变化

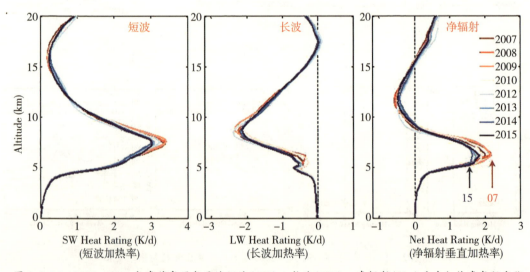

图2.2.24　2007—2015年青藏高原年平均短波(SW)、长波(LW)、净辐射(Net)垂直加热率年际变化

季风是由于能量分布不均衡造成的,那么云对能量平衡的影响最终是如何反馈在季风上的呢?如图2.2.26所示,底色表示云垂直发生频率,箭头表示季风环流方向和大小。

可以看到，东亚北方云比较少，南方云比较多。夏季主要是上行风场，促进云的发展，所以夏季高空的云非常多。冬季下行风场将云往下压，云都压得很低，所以冬季往往是阴雨连绵，云量整体上比夏季少。季风环流塑造了云的三维垂直分布，那么反过来，云吸收了辐射，又会怎样影响季风环流呢？

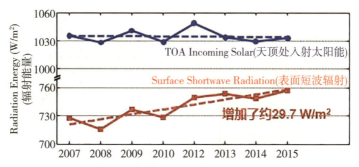

图 2.2.25　2007—2015 年青藏高原年平均天顶入射短波辐射和地表入射短波辐射年际变化

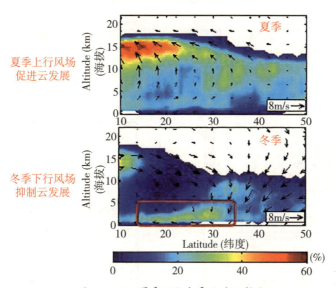

图 2.2.26　夏季风和冬季风对云影响

云是一个暖湿气团，它比周围环境更热，也更湿润一些，这种差异导致云的上升，因为它必须通过上升运动达到一个稳定状态。云的上升过程会带动整个气团形成一个上升运动。当云上升到一定高度的时候，就会达到一个平衡，这个时候云与周围环境温度、湿度相差不大，形成干冷气团。所以云如果吸收辐射形成与周围环境的温差，它就会通过上升冷却的过程来达到辐射平衡，这样就促进了大气的上升运动。如图 2.2.27(a) 所示，在夏季，云对大气有非常强的辐射加热作用，这部分辐射加热就会导致气团上升，即在夏季，云加热整个对流层，促进形成上升的季风。而图 2.2.27(b) 表示在冬季由于云被压在大气低层，所以在大气低层造成加热，因为长波也在大气低层，所以导致上空的冷却状态，进而影响风场以下行风为主。夏季和冬季，云本身有不同的垂直分布状态，这个垂直分布状态造成大气加热，同时也促进了夏季季风和冬季季风的形成。如图 2.2.28 所示，我们也进一步探查究竟是什么样的云造成了这样的状态，发现夏季主要是高云和中层云控制云垂直辐射加热导致的季风环流变化，而冬季主要是由低层云控制这一过程。

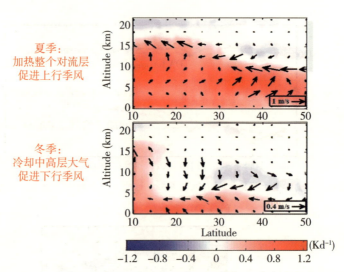

图 2.2.27　夏季和冬季云垂直结构对季风反馈作用（底色：云辐射加热）

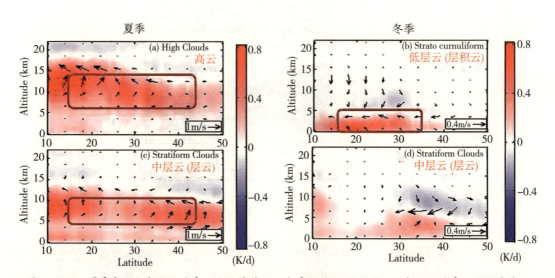

图 2.2.28　夏季高云和中层云对季风的反馈作用及冬季低层云（即积云）和中层云对季风的反馈作用（底色：云垂直辐射加热）

6. 总结与展望

以上就是我过去几年在龚老师和毛老师的指导下，完成的一些关于三维气溶胶-云交互的工作。对应我上面的四个研究，下面做一个简单的总结：

①针对环境状态对气溶胶-云三维交互的影响仍未厘清的问题，发现水汽含量、气溶胶吸收性以及气溶胶垂直分布是气溶胶-云垂直交互时空差异的主要原因。

②针对由于难以同时观测高空冰云和气溶胶，气溶胶-冰云交互机制仍不明确的问题，发现气溶胶导致南亚冰云含水量和粒子减少，并在气溶胶 AOD=1 时达到饱和，这一过程受水汽、大气稳定度以及气溶胶类型的显著影响。

③针对近年来青藏高原快速变暖，但其变暖原因尚不明确的问题，发现青藏高原低云逐年减少，导致瞬时地表入射短波增加了约 $29.7W/m^2$，比 CO_2 辐射增暖大一个数量级，这可能是青藏高原变暖的主要原因。

④针对云三维对季风环流的反馈机制尚未厘清的问题，发现云辐射加热垂直结构有利于东亚季风环流的持续和发展，促进夏季风和冬季风分别达 $1.8m/s$ 和 $0.5m/s$ 的增量。

7. 科研感悟

近几年跟着龚威老师和毛飞跃老师，我学习到很多科研方面的经验，今天在这里同大家分享一下。

①"一万小时"理论。这个也是大家经常说的，做任何事情都需要投入大量的时间，科研更是需要足够的努力。每天 8 点钟到实验室，一直工作到晚上 10 点钟，长期保持这样的时间投入，是一个基础性的要求。

②"刻意练习"理论。保证了充足的时间投入还不够，一定要把时间用在刀刃上，比如你要练习自己读文献的速度和提取信息的能力，那你就规定每天读多少篇文章。通过这样的刻意练习，逐渐提高自己做事的效率。有目地练习，定义明确的具体目标，制订计划，及时反馈。

"一万小时"是前提条件，"刻意练习"是实现手段。

③极简主义原则。如果你要做成一件事，那就要把无意义的、不相关的东西全部抛弃，可能是压缩吃饭的时间，或者周末也在实验室，减少娱乐时间。减少冗余的，增加有意义的，抛弃低级重复的科研工作，深入思考，抓住事物的本质。

④博大精深。追求思想上的"博大"，多积累基础和有明显应用前景的知识，只掌握思想，不追求具体技术细节，就是指你在看东西、看问题的时候，不要钻入一个死胡同，死抠某一个细节，一定要有一个非常好的基础累积，同时要开拓视野，要看到问题后的本质，然后再去解决这个问题。"精深"就是你为了解决这个问题，要准备很多东西，不断往下挖，一旦目标确立，则开始追求细节处的"精深"。这个"博大精深"，打个比喻，其实就相当于一个装满了弹药的战斗机，实施精准打击。首先战斗机要飞得够高，有一个很广阔的视野，能看到所瞄准的问题以及问题周围所有的环境，然后才能实现精准打击。

⑤兵贵神速。兵贵速，不贵久。速战速决，容易获胜，久则生变，处处为难。时间其实过得很快，科研需最快推进，逐步优化。

（主持人：张艺群；摄影：舒梦；录音稿整理：张艺群；校对：赵康、王昕）

2.3 基于信杂比(SCR)的雷达动目标检测方法

(龚江昆)

摘要：鸟撞飞机威胁着航空安全，旋翼类无人机的"黑飞"给机场安全增加了新的挑战。雷达是探测此类"低慢小"目标最重要的遥感工具之一，但是由于此类目标物理尺寸小、飞行高度低、飞行速度慢、回波信号弱等特点，给传统的雷达检测方法带来了很大困扰。在 GeoScience Café 第 231 期学术交流活动中，龚江昆博士针对"低慢小"目标威胁航空安全的情况，提出了可有效检测"低慢小"目标的方法——基于信杂比的雷达动目标检测方法，并在报告中分享了在意大利 PIER 2019 学术会议上的见闻。

【报告现场】

主持人：大家好！欢迎大家来到 GeoScience Café 第 231 期活动现场，我是主持人修田雨。今天我们很荣幸地邀请到龚江昆师兄为大家分享题为"基于信杂比(SCR)的雷达动目标检测方法"的学术报告。龚江昆，武汉大学测绘遥感信息工程国家重点实验室2016级博士生，研究方向为雷达自动目标识别、信号处理和雷达鸟类学生物信息提取，共发表论文4篇。下面让我们掌声有请龚江昆师兄。

龚江昆：各位老师和同学们，晚上好！今天我给大家带来的报告题目是"基于信杂比(SCR)的雷达动目标检测方法"。

1. 研究背景和意义

（1）无人机的威胁

随着无人机的应用越来越广泛，无人机行业逐渐兴起，每年无人机行业的市场占比也不容小觑。与此同时，反无人机领域的市场规模也逐渐增长起来，机场防鸟、防无人机成为一个很重要的课题。反制的手段有很多，常规的有 GPS 信号劫持或者强电磁干扰激光武器，以及声光电的各种武器，这些反制手段的前提就是目标探测。

无人机为什么会带来很多威胁？以 2017 年杭州萧山机场的事件为例，当时一架无人机跟拍民航飞机，两者相距 200m 左右，这是很危险的一件事情，如果无人机撞到了飞机的发动机，飞机可能会当场发生坠毁[1]。因此在一些敏感地区，如高校、政府机关，已有法律法规对低空空域进行了管制：第一，部分无人机公司通过电子栅栏等技术，限制无人机飞入禁飞区；第二，无人机飞行活动需要向有关部门进行报备，如果未报备而"黑飞"(即使用未注册的无人机)的话,很容易干扰甚至威胁机场正常的航空活动。如 2017 年,在四川成都双流机场(图 2.3.1(a)),无人机"黑飞"导致多家航班异常起降,造成很大的经济损失。其次,无人机改装后可以成为恐怖分子的武器,例如伊拉克 ISIS 恐怖分子(图 2.3.1(b))把无人机改装成空中掷弹器,并用于恐怖袭击活动。无人机还可以成为走私工具,例如美墨边境的毒枭,他们利用无人机将毒品从墨西哥偷运至美国境内。

(a) (b)

图 2.3.1 无人机的威胁①②

(2) 鸟击飞机是威胁航空安全的第一要素

相对无人机对航班飞行安全的危害,鸟击飞机的威胁更频繁。美国联邦航空局统计数据显示[2],自 1998 年起,鸟撞飞机事故已经造成了 263 架飞机坠毁,287 人死亡。人类历史上第一次鸟撞飞机事故的记载者是莱特兄弟,莱特兄弟第一次起飞时,就曾遭遇鸟撞飞机。全球范围内,每年差不多有 12000 起相关事故或者症候("事故"指对飞机造成严重影响,如迫降或坠毁;"症候"指飞机撞到了鸟,但是没有引起严重后果),造成的相关损失高达 20 亿美元[3]。

图 2.3.2(a)来自一部电影《萨利机长》,它介绍的是 2009 年的全美航空 1549 航班事件[4]。当时,这架飞机在纽约 LGA 机场起飞时撞到了一群加拿大灰雁,飞机的两个发动机当场全部损坏,飞机失速。幸运的是,在萨利机长的操纵下,飞机在纽约哈德逊河紧急迫降,全机组的人员得以幸存。全美航空 1549 航班事件是非常经典的鸟击飞机案例。

除了民航飞机,还有鸟撞军机事件。比如 2018 年,我们国家的舰载机歼 15 在训练起飞时撞到了一群鸟,导致发动机起火,飞机坠毁。鸟击军机的后果更严重:一方面,更高的相对飞行速度带来更大的撞击力,给飞机造成的损伤更为严重;另一方面,发动机数目

---

① 图片来源:http://www.robot-china.com/news/201705/16/41452.html
② 图片来源:http://news.163.com/17/0117/11/CAVQLLNQ0001899S.html

减少增加了鸟击事件发生后的灾害程度,相对于双发或多发军机,单发军机的发动机因鸟击损伤时,整个战机可能会失去动力,更易造成坠毁。图2.3.2(b)是一张鸟撞上了军机前面的雷达罩的图片。由于导航的需要,这些设备的防护罩(包括风挡玻璃)强度较其他部位差,更易受到"鸟撞"损坏。

(a)

(b)

图2.3.2 鸟击飞机是威胁航空安全的第一要素①②

每年我国境内民航报告年均鸟击事故和症候达3000起以上[5]。受鸟类迁徙、繁殖等自然活动的影响,春秋季是高发季节。据统计显示,夜晚和晨昏为高发时段,这也是整个雷达鸟类学发展至今一个很重要的发现。因为在雷达鸟类学建立之前,人们不相信鸟群会在夜晚迁徙。而实际雷达观测等数据表明,夜晚鸟群活动有时候反而比白天更为频繁,所以在晚上起飞的飞机可能更易遇上鸟击事件。华东、中南和华北地区为高发区,这与中国的经济状况以及客机机场的分布有关。统计数据表明,在我国境内,鸟击涉及的多发物种是麻雀、家燕、家鸽、夜鹭、蝙蝠等。

为什么鸟击事故容易频发?首先,鸟击飞机事故与机场的地理位置和环境有关。机场一般建立在生态环境良好的郊区,鸟类活动比较集中,如武汉天河机场附近的植被覆盖面积就很大,且航班起降次数也比较多;其次,飞机在起飞过程中,发动机处于功率最大、没有速度储备、无法修正高度的状态,因此一旦发生撞击,发动机熄火,飞机将失去全部或者部分动力,以致飞行员无法操控飞机;最后,探测距离决定了告警时间,若告警规避时间过短仍无法避免鸟击影响。在全美航空1549航班事件中,假设灰雁飞行速度是100km/h,飞机飞行速度为400km/h。即使LGA机场布置有美国联邦航空管理局(FAA)推荐的鸟情雷达,当探测距离是6km时,忽略从探测到灰雁到告知机组人员中间的损耗时间,那么机组人员操控飞机的规避时间仅有43.2s,而一架A320飞机(全美航空1549航班飞机型号)的转弯时间为58s,所以如果不能在更远的距离探测到鸟群,两者仍会相撞。

(3)"低慢小"目标的特点

---

① 图片来源:http://m.sohu.com/n/475158677/
② 图片来源:http://www.br-cn.com/news/ch_news/20170817/91504.html

无人机和鸟在雷达领域是"低慢小"目标。相对于常规的雷达目标(比如说飞机、战斗机、直升机等),它们的尺寸小、速度慢、雷达散射截面积(Radar Cross Section,RCS)较小。无人机和鸟的种类很多。对于鸟类目标,从小鸟、中鸟到大鸟,各种体型的鸟类都有很多种。而无人机方面,除了近年来较为火热的大疆公司精灵系列四旋翼,还有测绘中经常用到的直升机航模、固定直升机、穿越机、固定翼飞机等。

对于鸟类目标而言,美国联邦航空管理局定义标准鸟类目标模型(Standard Avian Target,SAT)[6]:外形尺寸类似于一个 0.5kg 的乌鸦(图 2.3.3)大小,其雷达散射截面积参考值为 -16dBsm(0.025m²)。而对于无人机而言,其 RCS 测量参考值为 -13dBsm(0.05m²)[7]。

RCS 是雷达探测至关重要的一个参数。一个成年人的 RCS 大概是 0dBsm(1m²),鸟类目标和无人机的 RCS 大概只有人的百分之一左右。此外,民航客机的 RCS 大概有上千平方米[8]。现在的隐身飞机,比如 F22、F35 等的一个隐身技术策略便是通过外形尺寸设计或者在机身涂隐身材料等方式,使 RCS 变小以致无法探测。

图 2.3.3 典型"低慢小"目标①②

2. 研究方法——基于信杂比(SCR)的目标检测方法

(1)经典的雷达探测目标方法

经典的雷达目标探测方法是基于回波信号幅值门限的检测方法。信噪比(Signal-to-Ratio,SNR)是其中的一个关键参数[9]。图 2.3.4 中红色表示雷达接收机的底噪水平,如果一个目标的回波时域幅度超过了平均噪声,那么就认为检测到了目标(detected target);如果在某个距离上,没有目标,但回波幅度也超过了检测门限,称为虚警(false alarm);如果有目标却没有被探测出来,比如像鸟这种反射面积很小、回波幅度很低(低于检测门限)的目标,则称为漏警(missed target)。

SNR 的计算(公式(1))由雷达方程[10][11]给出,

---

① 图片来源:https://baike.baidu.com/item/%E4%B9%8C%E9%B8%A6/430?fr=aladdin
② 图片来源:https://www.dji.com/cn/phantom-3-se?site=brandsite&from=landing_page

$$\text{SNR}_{\min} = \frac{P_t G A_e \sigma}{(4\pi)^2 k T_0 B_n F_n R_{\max}^4} \tag{1}$$

式中，P_t 是雷达发射功率；A_e 是接收天线等效面积；B_n 是接收机噪声带宽；σ 是雷达目标的 RCS；T_0 是标准温度值，IEEE 定义为 290k；F_n 是噪声系数；$R_{\max}$ 是目标最大探测距离。

尽管 SNR 是门限参数，但实际上这种方法取决于目标的信杂比(RCS)。对雷达探测而言，雷达方程可以评估目标探测的 RCS 和雷达探测距离。如果在同一个雷达体制探测下，目标 RCS 越大，探测距离就越远。无论是发现概率还是虚警率，都与接收机输出端的 SNR 有关。研究表明[8,9]，非起伏目标单个脉冲线性检波时，若发现概率为 50%，所需的最小信噪比为 13.1dB；若发现概率为 95%，所需的最小信噪比为 16.8dB。因此对于"低慢小"目标而言，由于其 RCS 很小，导致其发现概率低，漏警和虚警都很严重。

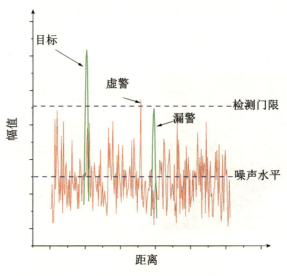

图 2.3.4　经典的雷达探测目标方法

(2) 经典的雷达探测目标方法存在的问题

经典的雷达探测目标方法取决于目标的 RCS，而目标 RCS 受到多种因素影响。首先是雷达波段的影响，根据目标波长与目标尺寸的关系，用三个电磁散射分区来描述目标的电磁散射特性[12](图 2.3.5)。以一只鸟为例，其尺寸大概为 10cm 级别，如果目标的尺寸远远小于雷达探测波长，比如 UHF 频段(频率 300MHz，波长 1000m)，目标的散射处于瑞利区；如果目标的波长和尺寸在同一个量级，例如 S 波段(频率 2~4GHz，波长 10cm)，目标的散射处于谐振区；更高的波段，比如现在的地面侦察雷达或者机载雷达，一般是 X 波段(频率 8~12GHz，典型波长 3cm)或 Ku 波段(频率 12~18GHz，典型波长 2cm)，目标的散射处于光学区。

在不同的散射分区，目标的电磁散射机理不同，导致目标的电磁散射特性也相异，因此通过目标回波数据分析得到的信息也是不一样的。在瑞利区，从回波中仅能提取到简单的尺寸信息。在谐振区,用瑞利散射来解释目标电磁散射机理(瑞利散射来源于气象雷达探测云雨中电磁波与云雨水滴等的散射),从回波中可以通过一定的手段提取到目标的材质信息。对于鸟类目标,就是其身体包含的水、蛋白质等信息;对于无人机,就是塑料或金属等材质组成信息。在光学区,目标的外形信息可以被提取出来,比如无人机和鸟外形不一样,两者的差异体现在光学区雷达回波中。

对雷达波段和散射分区的认识差异往往会影响目标识别算法在雷达鸟类学中的应用。由于鸟类学家不擅长雷达技术,而雷达工程师也不会关心鸟类目标,所以很多时候雷达鸟类学的研究会忽视散射分区的影响。如果寄希望于从形状的差异来分类识别目标属性,应该采用光学区的雷达波段。但是在光学区,目标的电磁散射特性又对目标姿态较为敏感,这种目标姿态的敏感问题是困扰光学区雷达自动目标识别技术发展的主要瓶颈。

从雷达探测角度而言,姿态敏感会导致目标回波时隐时现,给目标检测带来了很多麻烦。比如这架飞机(图 2.3.5)对应的全姿态下回波的时间序列,在单个角度下也是其高分辨率距离像。可以发现随着姿态角度的旋转,目标的时间序列剧烈起伏,起伏的尖峰则是因为飞机上各处的结构不同。通过目标结构与回波特征映射关系等特征的提取,我们可以分类识别相应的目标。对于"低慢小"目标而言,目标姿态敏感会导致目标回波时隐时现,如果采用基于回波幅度门限的检测方法,目标的发现概率会很低且不稳定。

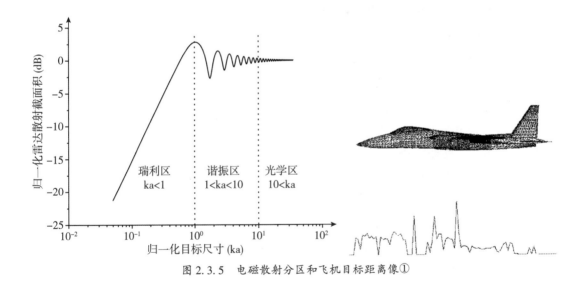

图 2.3.5　电磁散射分区和飞机目标距离像[①]

(3) 基于目标 SCR 的探测方法

我们提出了基于目标信杂比(Signal-to-Clutter Ratio,SCR)方法来检测雷达目标。

$$\text{SCR} = \frac{A_{\max}}{\sum_{1}^{N} A_f / N} \tag{2}$$

---

① 图片来源:https://feng.ifeng.com/c/7pUsWBbtDHU

式中，A_{max} 表示目标频偏的幅值，N 表示频谱的宽度或采样点数，A_f 表示滤除杂波后的频谱。

理论上，采用上述 SCR 参数，对于一个目标的探测距离取决于频率分辨率，即只要多普勒频率不模糊，那么目标就可以检测出来。因此，目标最大的探测距离为：

$$R'_{max} = \frac{c}{2f_{prf}} \tag{3}$$

式中，c 是光速，f_{prf} 是雷达脉冲重复频率。

值得注意的是，信杂比(SCR)和信噪比(SNR)是不一样的概念，SCR(信杂比)是在目标的频谱上定义的，即信号的多普勒幅度与噪声幅度的比值。这里要强调噪声和杂波是不一样的概念，比如整个回波的杂波，它可能来源于风吹树叶时树叶的回波，但是一般认为噪声是雷达接收机内的热噪声。

通过 SCR 来检测动目标，雷达最大探测概率与距离的相关性较小。对于 10km 的目标，尽管目标回波的信号幅度很低，但是杂波的幅度也很低，两者的比值从某种程度上可以降低距离的影响。这样，基于 SCR 检测雷达动目标的最大探测距离不取决于雷达方程，而取决于多普勒速度不模糊。FAA 在探鸟雷达相关咨询书 AC150/5220-25[6] 中认为，对标准的鸟情目标(一个 SAT，0.5kg，0.025m²)，其大概探测距是两到三千米，但是如果通过上述这种方式(基于 SCR 方法)来检测，探测距可以达到 12km 以外。

(4) SNR 与 SCR 对比

对比 SNR 和 SCR 可以发现有许多不同之处。首先，使用 SNR 的前提是它适用于各种体制的雷达脉冲，如多普勒体制、单脉冲体制、连续波等。但是 SCR 只适用于多普勒体制的雷达。这是因为如果利用 SCR 从回波的频谱上提取目标，没有多普勒频移就无法探测。其次，对检测门限而言，传统的基于 SNR 的门限值为 13.1dB，而基于 SCR 的门限值可以降低到 8dB。此外，一个很大的区别是，检测的域不一样，SNR 从时域进行检波，而 SCR 从频域进行检波。两者的本质原理是一样的，因为根据帕斯尔定理，时域的回波能量也可以表现在频谱上，频谱的谱峰就是目标回波能量的集中处。最后，雷达的最大探测距离不一样，用 SNR 来检波，目标的最大探测距离与目标的雷达散射截面积(RCS)呈正比，与 SNR 呈反比，但是用 SCR 来检波，目标的最大探测距离则与雷达的脉冲重频呈反比。

SCR 的优势在于提高了目标的最大探测距离，降低了检测门限。在定义了 SCR 后，通过设置 SCR 门限便可以探测到所有距离门内的潜在目标。根据实际工程实践经验(在现有的工艺水平和材料条件下，雷达接收机底噪水平在一个可估计的范围内)，8dB 对于多数目标而言是比较合理的门限。与基于 SNR 的检测门限 16.8dB 相比，基于 SCR 的检测至少对雷达探测目标提供了 8dB 的余量。即使根据雷达方程来计算，如果对于同一个目标，那么 8dB 可以提高 58% 的最大探测距离；对于在同一距离下的不同目标，则 8dB 可以检测到比原目标 RCS 值小 84% 的目标。

3. 实验与测试

实验数据的采集地点位于中国四川省绵阳市附近的一个鸟类湿地保护区。该保护区人迹罕至，许多水鸟栖息此处。雷达位于山谷出口处，面向山坳口方向扫描该区域。实验用的雷达是一款脉冲多普勒体制雷达，考虑到性价比因素，该雷达采用机相扫结合方式，即俯仰方向采用相扫，水平方向采用机械扫描来获得目标的三坐标位置。俯仰方向上，该雷达采用了空间数字多波束形成技术(Digital Beam Forming，DBF)测量空中目标的大致高度(图2.3.6)，即俯仰通道依高度分成8个通道，通道8最高，通道1最低。其工作波段为Ku波段，典型工作波长为2cm；雷达的距离分辨率为7.5m；距离门数是1375；雷达数据采用32位浮点型I/Q两路复数型数据记录。每个相参脉冲积累周期(Coherent Pulse Integrated，CPI)内的回波点数是128点(表2.3.1)。

表2.3.1　　　　　　　　　　　　　雷达部分参数

参数名称	数　　值
工作波段	Ku（12~18GHz）
天线体制	DBF 相控阵天线
采样点数	128
数值类型	32 浮点型
距离分辨率	7.5m
距离门数	1375

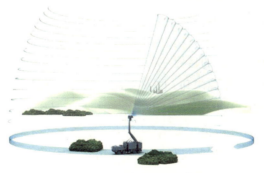

图 2.3.6　DBF 示意图[①]

(1)结果1——所有距离所有通道内的 SCR

我们对所有距离通道某次的雷达扫描方位的整个距离段回波(图2.3.7)进行检测，红色表示的是检测的门限，SCR 取 8dB，距离门从 1 号到 1375 号，方位就是空间上的 8 个通道，即 8 个方位。图中高于检测门限(红色平面)的是目标出现的位置，大概位于第

---

① 图片来源：http://www.360doc.com/content/17/0920/09/37612737_688584577.shtml

1000 多号距离门的第 4 通道附近(图 2.3.7)。

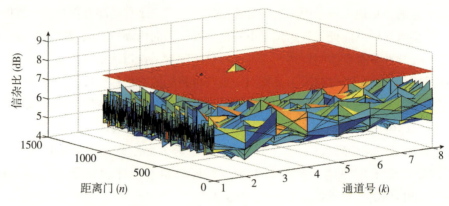

图 2.3.7　所有距离所有通道内的 SCR

(2) 结果 1——展开所有通道的 SCR

我们把每个单独的通道展开，横坐标是距离门号，纵坐标是 SCR，整个距离门号是 1375，8 个通道。我们发现超过门限的是通道 3 和 4(图 2.3.8)，也就是说在这个距离段、这个方位上是有目标的，至于具体是什么目标还需要识别和判断。

(3) 结果 2——不同距离下的无人机和鸟类回波

我们再来看一下距离对 SCR 的影响(图 2.3.9)。我们测得在不同距离下无人机和鸟类的回波，图中显示的是第 491、617、269、1114 号距离门的回波。其中，每幅图的上面是时域，下面是频谱。0 频附近是地杂波，低于 0 频表示负速度，高于 0 频表示正速度。负速度表示目标向接近雷达方向运动，正速度表示目标远离雷达。该雷达安装了自动目标识别单元，可以自动判断目标的属性，其中第 491 号和第 617 号距离门的目标是无人机，而第 269 号和第 1114 号距离门的目标是鸟。

由图可知，对比 491 号距离门和 617 号距离门回波，无人机的回波幅值降得很明显，大概是从 300 降到将近 200 以内，降了 100(纵坐标是无量纲的一个单位，可以认为是电压，但实际上它和具体的电压值之间有一个转换系数，这个转换系数由雷达信号端处理)；但是对比两者的 SCR，发现仅仅降低了 4dB 左右。对于鸟目标而言(第 269 和第 1114 号距离门)，我们可以发现距离门号从 269 增长到 1114，大概增加了 800 个距离门，如果按照 7.5m 的距离分辨率来计算，就是 6km 的距离；而鸟类目标的 SCR 降低的幅度同样很小，从 8.65dB 降到 8.02dB。

用不同距离门内的无人机和鸟类回波作对比，结果表明：SCR 受距离的影响较小。但也不能说两者完全没有关系，距离增加后目标和杂波回波的幅值肯定都会减弱，两者的比值也会受到影响。对于基于 SCR 的检测方法而言只要超过了门限，我们就可以认为是有目标的。但是如果根据 SNR 来检测目标，很容易在远距离端漏检目标，就像下面的第四幅图，鸟类目标回波的幅值直接降到 100 以下，当 SNR 的门限高于 100 时，就容易发生漏警。

2.3 基于信杂比(SCR)的雷达动目标检测方法

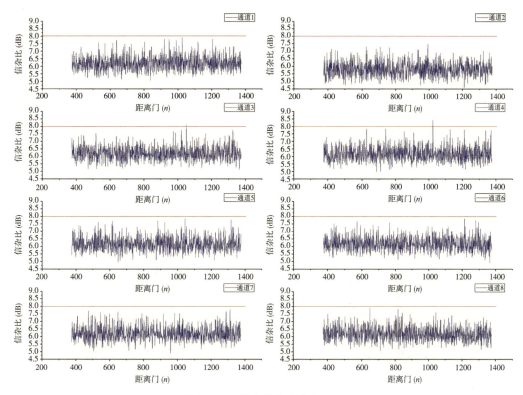

图 2.3.8 展开所有通道的 SCR

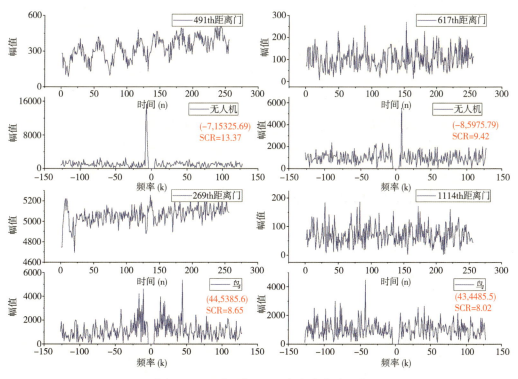

图 2.3.9 不同距离下无人机和鸟类的回波

211

(4) 结果 3——第 500 个距离门下的 8 个通道(#1~#8)内的回波

基于幅值的检测由于受到距离增加的影响往往会错误地判断目标的位置。接着，我们对第 500 个距离门进行讨论，图 2.3.10 中显示的是 4 个通道，展示了某次扫描下的第 500 个距离门内 8 个通道的回波情况。其中红色图例表示目标的数字频率和 SCR。从通道 1 到通道 8 的每个通道的时间序列的幅值分别为 726.99，735.82，780.95，682.91，712.33，788.36，769.43 和 724.07；而最大值分别为 892.08，911.59，937.93，830.87，852.82，1032.9，929.69 和 882.99。可以发现，通道 3 的 SCR 最大，但是通道 6 的幅值却最大。大疆精灵 3 无人机 GPS 的存储数据验证了通道 3 高度下的目标是无人机，而通道 6 则是一个干扰物体。由此例可见，如果根据信号幅值检测方法可判断无人机的高度出现在通道 6 并出现误警。但是，基于 SCR 的检测方法准确地判断了无人机出现的通道号。

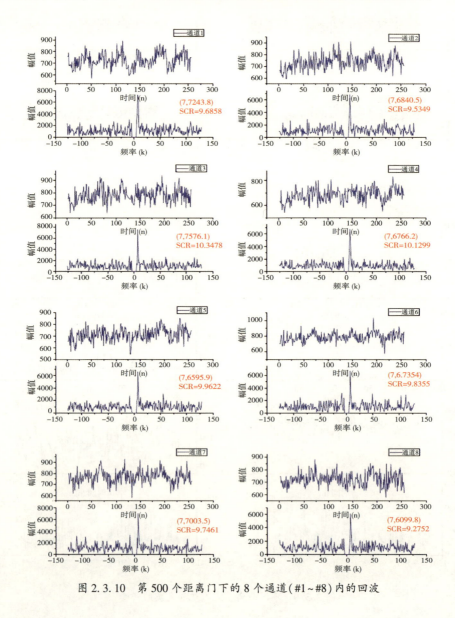

图 2.3.10　第 500 个距离门下的 8 个通道(#1~#8)内的回波

4. 研究总结

由于"低慢小"目标(比如无人机、鸟)的雷达散射截面积(RCS)小,回波信号低等特点,我们发现如果基于信号幅值进行检测往往是失效的,会带来很大的误警漏警。我们提出基于目标信杂比(SCR)的方法来检测动目标。目标的 SCR 实际上是描述目标对杂波的相对幅度,而杂波并不等于噪声,是我们不关心的目标。使用目标 SCR 来检测目标的一个必要的步骤是地杂波与目标的分离。滤除的方法可以采用直接扣除零频附近的采样点数等方式,或者使用小波,或者使用自己设计的滤波器去除。此外,我们也指出如果不对检测到的回波进行识别并判断目标属性的话,虚警会很高,例如刚才讲的 8 个通道(图 2.3.10),如果把 SCR 检测门限降到 5dB,8 个通道都会检测出目标,具体目标是什么则需要识别和分类。

在实际应用中,判断目标的属性往往是重要的需求,比如在机场,雷达探测到的目标到底是鸟、无人机,还是地面的车,或者是走动的人?这个是要靠目标识别来实现的,在这里我们只讨论目标的检测问题,并未涉及雷达自动目标识别技术的研究。对目标 SCR 检测方法而言,它结合了现有方法的优点,即多普勒体制雷达的动目标提取技术和幅值门限检测原理,此方法在多个雷达上验证有效。

5. PIER 会议分享

接下来分享的是 PIER 电子进展研究会议相关情况。它是电子信息领域一个比较有名的会议,每年两届。2019 年 6 月 18 日,我在意大利罗马大学(University of Rome "La Sapienza")参加了第 41 届电磁研究进展会议(The 41st Progress In Electromagnetics Research Symposium, The 41st PIERS),并报告了基于 SCR 的目标检测方法。当场两位评委教授 Amedo Capozzoli 和 Fancesco D'Agostino 分别提了几个关键的问题:首先,Amedo Capozzoli 提问到,使用该方法(本文提出的方法)的误警率是多少;其次,Fancesco D'Agostino 提问到,该方法中提到的公式是否为我首次提出。针对这两个问题,我回答道,该方法的误警率在结合目标识别方法后,可以做到很低的误警率,并且这个公式是由我们首次提出的。现场两位教授对该报告的内容和回答给予了积极评价和肯定,认为该方法对实际雷达测量工程具有重要意义,但是也强调了对于目标识别的需求。

6. 参考文献

[1] K. Schroeder, Y. Song, B. Horton, J. B. T. -A. S. Bayandor Structural Dynamics, and Materials Conference, "Investigation of UAS Ingestion into High-Bypass Engines, Part 2: Parametric Drone Study," 2017.

[2] R. Dolbeer and S. Wright, "Wildlife strikes to civil aircraft in the United States 1990-2013," in Bird Strike, 2014(24): 1-57.

[3] S. A. Gauthreaux, "Radar Ornithology and Biological Conservation," Auk, 2012, 120

(2): 266-277.

[4] P. P. Marra, et al.. Migratory Canada geese cause crash of US Airways Flight 1549. Front. Ecol. Environ., 2009, 7(6): 297-301.

[5] 中国民航科学技术研究院. 2016年度中国民航 鸟击航空器信息分析报告, 2016.

[6] U. S. Department of Transportation. Airport Avian Radar Systems-Advisory Circular 150/5220-25. 2010.

[7] R. Nakamura, H. Hadama. Characteristics of ultra-wideband radar echoes from a drone. IEICE Commun. Express, 2017, 6(9): 530-534.

[8] E. F. Knott, J. F. Shaeffer, M. T. Tuley, Radar Cross Section (2nd Edition). 2004.

[9] M. Skolnik, Radar Handbook, Third Edition. McGraw-Hill Education, 2008.

[10] M. I. Skolnik, Introduction to radar systems /2nd edition/. 1980.

[11] 丁鹭飞, 耿富录, 陈建春. 雷达原理[M]. 第4版. 北京：电子工业出版社, 2009.

[12] P. Tait, Introduction to Radar Target Recognition. Institution of Electrical Engineers, 2011.

【互动交流】

主持人：感谢嘉宾的精彩报告！欢迎大家来提问，提问的同学可以得到《我的科研故事(第四卷)》一本，有提问的吗？

提问人一：请问你们的空中动目标实验是如何进行的？

龚江昆：空中目标的相关雷达实验确实比较困难，尤其是鸟类目标。以曾经使用雷达观测一只鸽子回波实验为例。我们将一根棉线拴到鸽子的腿上，另一端系在地上，然后实验员向上抛鸽子。由于棉线很轻，鸽子可以正常飞行，并在空中盘旋，但是它又飞不走。采用这种方式可以重复实验，并且标定好一个距离段，雷达只需检测这个距离段就可以定位和分离出该鸽子的回波。另一种方式是去鸟类湿地保护区做实验，我们会先用望远镜看哪里有鸟，然后根据它们的飞行轨迹，使用雷达定向观测那个区域，再加上人工观察员的判别，就可以提取特定距离段的某种鸟类回波。当然更好的方法是采用无人机，因为无人机有GPS航迹和雷达探测的回波点迹，对两者进行比对基本上可以提取特定目标的方位、距离、幅度、高度等信息。

提问人二：您提出的方法仅进行了目标检测，但是如果没有后续的识别过程，这个理论是不是就不太完整？

龚江昆：基于SCR进行目标检测就足以写一篇论文，但是如果要进行实际工程应用的话，确实要加上目标识别单元。实际上，完整的目标检测方法是检测与识别一体化方法。我们通过提取目标的电磁散射特征和运动特征来识别目标属性；比如，以区分空中直升机目标和固定翼飞机目标为例，如何区分？实际上，直升机(假设是双桨叶片直升机)

有两个桨叶，如果能把旋转的桨叶这个特征提取出来，就可以对两者目标进行分类。所以我们一直强调，在目标检测与识别领域，相对于电磁仿真和理论模型，分析真实数据往往更有效。此外，在经典的雷达目标检测理论下，业内以虚警、漏警、检测目标三个结果来评估目标检测结果，从这个角度讲，即使没有目标识别，目标检测也是一个相对独立的方法。但是如果从实际需求出发，缺少目标识别技术，目标检测的效果就大打折扣，因此，我们强调在实际应用中，采用检测识别一体化技术来进一步提高雷达目标检测性能，完善基于 SCR 的目标检测方法。

提问人三：请问区分大鸟和小鸟的意义何在？

龚江昆：区分大鸟和小鸟等信息的意义很重要。第一，是对机场鸟情防务有用。区分大小鸟，对于不同地区的机场鸟情统计好处明显。根据我们国家民航总局统计的数据，可以看到麻雀、家燕、家鸽、夜鹭、蝙蝠都很小，基本上在一千克以内，从体重分类而言，属于常规的中小型鸟类。但是在北美地区以大型鸟为主，比如说加拿大灰雁、美国苍鹰等大型鸟类都是多发物种，而以色列是鸟击飞机事故的高发地区，以色列航空局每年都有统计，该地的大型鸟群很多来自非洲。此外，如果可以知道鸟群尺寸的大小（小鸟一般不会迁徙，大多是留鸟，而大鸟大多数是候鸟），就可以采取相应的规避手段。比如现在各个地区的民航驱鸟，是通过放苍鹰来驱离潜在的鸟类，这种方式对于小鸟来说很好用，但是对大型鸟群而言，这种苍鹰驱离手段有时候是不管用的。因此区分鸟类大小，还可以为反制手段提供重要的参考信息。第二，对整个生物学有利。雷达鸟类学不仅仅用于机场鸟情防务，更重要的是被用来研究全球大尺度范围内鸟群的迁徙规律，进而用于保护生物自然资源。比如英国西海岸建的各种风力发电站，它们的选址就必须慎重考虑，因为现在的鸟群经常会往风力发电站上撞，每年会导致很多鸟死亡，外国对这方面的自然资源也比较重视。使用雷达手段绘制鸟群迁徙地图，对于站点的选址有意义，比如在何处建风力发电站、核电站、军事设施。区分大小鸟对生物学家研究保护特定物种也是有用的。

（主持人：修田雨；摄影：杨婧如、董佳丹；录音稿整理：董佳丹；校对：王雪琴、修田雨）

2.4 珞珈山战疫
——武汉大学新冠肺炎临床救治工作与科研成果介绍

（陈 松）

摘要：武汉大学第二临床学院/中南医院2017级博士研究生陈松做客 GeoScience Café 第257期交流活动，带来题为"珞珈山战疫——武汉大学新冠肺炎临床救治工作与科研成果介绍"的报告。本期报告谈及新冠肺炎疫情期间武汉大学附属医院的临床救治工作，以及疫情期间武汉大学科研力量对新冠肺炎诊治的贡献，还有陈松本人所在研究团队的新冠肺炎研究成果，以及对后疫情时代医患关系的思考。

【报告现场】

主持人：同学们大家晚上好，欢迎来到第257期 GeoScience Café 讲座现场，我是今天活动的主持人丁锐。今年 GeoScience Café 已经举办了12次线上讲座，吸引了越来越多武汉大学以外的同学来了解 Café，我先在此对大家表示热烈的欢迎！下面我们开始本期的讲座。本期嘉宾——陈松，武汉大学第二临床学院/中南医院2017级博士研究生，师从王行环教授；以第一作者/共同第一作者的身份发表 SCI 论文14篇（二区以上7篇），累积影响因子大于50，担任 *Urologia Internationalis*、*OncoTargets and Therapy* 等多个 SCI 杂志审稿人；以第一发明人身份被授予国家专利权8项；参与国家自然科学基金2项、省自然科学基金2项；中国青年作家协会会员，四川省作家协会会员；担任《医学英语词汇》主编及《医学生考研宝典》编委。曾获研究生国家奖学金（3次）、武汉大学优秀研究生（3次）、武汉大学优秀研究生标兵、武汉大学优秀毕业生（2次）、武汉大学研究生实习实践优秀成果奖（2次）、武汉大学研究生实习实践"优秀个人"、《武汉大学研究生学报》优秀编辑等多项荣誉。下面我们把时间交给陈松博士。

陈松：尊敬的各位同学、老师，大家晚上好，我是来自中南医院2017级的博士研究生陈松。我今天主要介绍的是在应对新冠肺炎方面，武汉大学的临床救治工作和科研成果。主要从以下4个方面进行交流：第一部分是临床救治方面，即珞珈白衣；第二部分是武汉大学在新冠肺炎科研方面的成果，即珞珈科研；第三部分是本人所在的研究团队在新冠肺炎方面的研究成果；第四部分是由新冠肺炎疫情引发的一些思考。

1. 珞珈白衣

疫情期间，武汉大学附属医院和华中科技大学附属医院是全国战疫的两个主要阵地。

武汉雷神山医院在2020年2月由中南医院全面托管,我的导师王行环教授任雷神山医院院长。当时王行环教授在接受央视采访时提出了一个目标,将病死率控制在4%以内,因为4%已经算很低的,但是雷神山医院却能将病死率控制在2%左右,病死率远低于国际平均水平。

另外,武汉大学人民医院和武汉大学中南医院专家们还编写了多部新冠肺炎相关著作,为临床一线抗疫工作作出了贡献。其中,武汉大学人民医院牵头,中南医院和武汉协和医院参与编写了湖北省《方舱医院工作手册》;王行环教授团队牵头编写了《新型冠状病毒(2019-nCoV)感染的肺炎诊疗快速建议指南》,发布于《医学新知》中文期刊,同时在英文期刊也进行了发表,给很多国家的疫情救治提供了参考;由北京协和医院王辰院士和武汉大学中南医院王行环教授主编的《实用新型冠状病毒肺炎诊疗手册》(图2.4.1),当时也给很多国内外一线医生提供了参考。

图2.4.1 北京协和医院王辰院士、武汉大学中南医院王行环教授主编的
《实用新型冠状病毒肺炎诊疗手册》

武汉大学人民医院和中南医院提出了一个"双分诊、双缓冲、双配置"模式,并在全球范围推广(图2.4.2)。

2020年1月的时候,中南医院重症医学科彭志勇教授团队率先用ECOMO技术成功救治了一名新冠肺炎患者(图2.4.3),这也是全球首例利用ECOMO技术成功救治的新冠肺炎患者。

受限于隔离政策,很多非新冠肺炎患者在家里面无法得到正常的就诊。武汉大学人民医院和中南医院率先推出互联网医院,在互联网上就可以直接进行问诊,有效缓解了就医的不便。

武汉大学人民医院的器官移植科也完成了世界上首例新冠肺炎核酸转阴者终末期肺移

植手术。当时这个病人的病情很严重，经过人民医院的治疗之后，病人核酸检测转阴，但是肺功能已经受到了严重损害，为了拯救患者的生命，医生进行了肺移植手术。肺移植手术也是目前全球最难的手术之一。

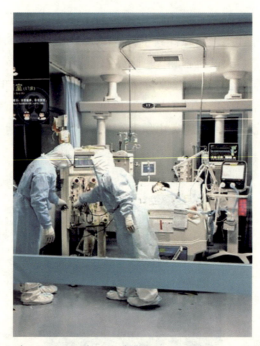

图 2.4.2　武汉大学人民医院、武汉大学中南医院"双分诊、双缓冲、双配置"模式

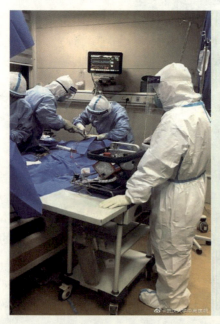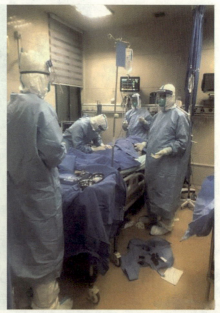

图 2.4.3　武汉大学中南医院重症医学科彭志勇教授团队率先用 ECOMO 技术成功救治了一名新冠肺炎患者(来源于"武汉大学中南医院"新浪微博)

2. 珞珈科研

除了临床医生的努力和拼搏,武汉大学的科研工作者在另一个战场上也付出了大量的心血,为新冠肺炎的诊治和研究贡献了强大的武大力量。自疫情暴发以来,如图 2.4.4 所示,武汉大学共发表有关新冠肺炎的学术论文 300 余篇,其中在 *Nature*、*Cell*、*Science*、*NEJM*、*Lancet*、*JAMA*、*BMJ* 等国际顶尖(医学)杂志发表近 20 篇,影响因子大于 20 的 SCI 论文 30 多篇。

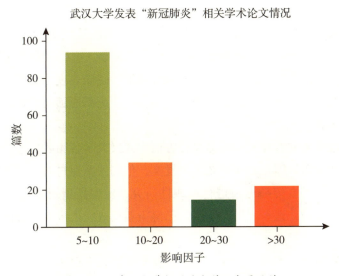

图 2.4.4　武汉大学新冠肺炎科研成果统计

在新型冠状病毒的发现与鉴定方面,武汉大学病毒学国家重点实验室主任蓝柯教授在 2020 年 1 月 2 日获得了一个"高度疑似"病人的肺泡灌洗液标本,3 日在标本当中检测出病毒核酸片段,在 7 日的凌晨完成病毒全基因组序列测定,确定为一种新型冠状病毒,然后按照正常程序上报病毒基因组全序列,其病毒基因组全序列数据被《中国-世界卫生组织新型冠状病毒肺炎(COVID-19)联合考察报告》引用,为肺炎的鉴别和命名提供了参考。

在新冠肺炎病毒检测方面,武汉大学药学院的刘天罡教授、武汉大学人民医院的李燕教授、余锂镭教授,以及臻熙医学检验实验室有限公司总负责人付爱思博士,首创了纳米孔靶向测序(NTS)检测方法并发表论文,这个方法最快可以 10 分钟"捕获"新型冠状病毒,实现了一天同时检测新型冠状病毒和其他 10 大类、40 种常见呼吸道病毒并监测病毒突变,比其他传统的方法如 qPCR 阳性检出率提升了 43.8%。

在新冠肺炎的传播途径方面,武汉大学病毒学国家重点实验室主任蓝柯教授团队首次揭示了新型冠状病毒气溶胶的空气动力学特征,提出了病毒气溶胶"沉降(衣物/地面)—人员携带—空中扬起"的传播模型,这是世界上首次描述在真实公共环境中气溶胶新型冠状病毒载量特征的成果,并且在 *Nature* 杂志上发表。

在新冠肺炎的辅助诊断方面(主要是CT影像学方面),武汉大学人民医院等单位开发出了新冠肺炎CT影像人工智能处理系统,敏感性可达97.6%,初筛普通型和重型患者的准确率达到91.5%,检出病变平均只需1.33秒。此外,武汉大学中南医院的医学影像科联合腾讯觅影开发出了一个5G+AI智能诊断系统,这个系统利用5G无线网络,搭载影像设备提供远程阅片诊断,远程影像诊断中心平台和区域医疗资源协同,使不同医院的影像检查设备与远程专家互联,实现影像及诊断报告跨医院自动传输,大幅度提升了基层医院的诊断率和效率。

对于新冠肺炎,临床医生比较关注的是临床诊断和治疗,这一块也是武汉大学的一个研究重点。

首先是新冠肺炎的临床特征描述,2020年2月7日,武汉大学中南医院彭志勇教授团队在 JAMA 杂志上发表了有关新冠肺炎临床特点的文章。这篇文章在全球范围内首次通过大样本的病例数量,全方位总结了患者的病程特征、临床表现、治疗效果、重症患者和非重症患者之间的差异及预后,这是国内第一手资料,为新冠肺炎的诊断和治疗方面提供了一个强有力的证据。

此外,在新冠肺炎的特殊人群传播途径方面,武汉大学各团队也进行了研究探索。中南医院的张元珍教授团队等在 Lancet 杂志上发文,他们团队通过对9名新冠肺炎感染孕妇的临床特征和潜在的垂直传播途径进行回顾性研究,发现新型冠状病毒不会发生垂直传播,母婴之间是安全的,这一成果对于制定已感染新型冠状病毒的孕妇的产科治疗原则至关重要。

在特殊人群的易感性方面,武汉大学蓝柯教授团队在 NEJM 杂志上面发文,提出新冠肺炎在流行初期,儿童感染已经发生,提示对儿童的早期诊断是不容忽视的。最开始有文章提出儿童是感染的低风险区,甚至说儿童是不会被感染的,但这篇文章进行了反驳。另外,关于儿童感染的性别特点,武汉大学健康学院张志将教授团队在 JAMA 杂志上发文,揭示了新型冠状病毒可能更容易感染女性婴儿,所以他建议鉴于1岁以下的婴儿不能戴口罩,且所有受感染婴儿均发生家庭聚类的情况,提出在照顾婴儿时需要采取特殊的防护措施。

另外,大家比较关注的就是抗病毒药物的筛选和疫苗的研发,当然这一块的数据是保密的。在这方面,武汉大学各研究团队共发现了8种药物和化学物在体外试验中对新型冠状病毒有明显的抑制作用,其中两个老药(已上市)和三个具有自主知识产权的创新药(尚未上市)在细胞水平抗病毒效果明显。武汉大学病毒学国家重点实验室蓝柯团队发现,药品奥巴托克在细胞实验中抗病毒作用强、安全性好。

在疫苗方面,由军事科学院陈薇院士团队牵头研发,湖北省疾控中心与武汉大学中南医院共同承担完成的自主独立研发、具有完全自主知识产权的创新性重组疫苗产品重组新型冠状病毒(腺病毒载体)疫苗于2020年4月12日正式在武汉开始受试者接种试验。这是全球首款进入Ⅱ期人体临床试验的新型冠状病毒疫苗,Ⅱ期人体临床试验情况如果是一个比较好的结果,将影响全球抗疫的未来形势。该疫苗采用基因工程方法构建,以复制缺陷型人 5 型腺病毒为载体，可表达新型冠状病毒 S 抗原，用于预防新型冠状病毒感染引起的疾病。

武汉大学团队在新冠肺炎的并发症方面也进行了一些研究。武汉大学人民医院黄从新教授团队在 EHJ 上面发表论文，揭示了新冠肺炎重症患者的心肌损伤特点，他发现患者在入院的时候，心肌标物对院内死亡有较大的预测价值，其水平越高，院内死亡风险越大，其中肌钙蛋白的预测价值最高，AUC 达 0.92，敏感性和特异性均为 86%。另外，他发现高龄、高炎症反应、高心肌标志物（肌酸激酶同工酶、肌红蛋白、肌钙蛋白）和 N-末端脑钠肽前体水平等是院内死亡的独立危险因素，也就是说这些指标可以影响患者死亡。同时还发现高龄、高血压、冠心病、慢性肾衰竭、慢性阻塞性肺疾病、高炎症反应是 COVID-19 重症患者发生心肌损伤的独立危险因素。

3. 团队成果

本人所在的研究团队总共发表有关新冠肺炎的 SCI 论文 10 篇，其中本人为第一作者/共同第一作者/通讯作者的论文 2 篇。

第一个研究是对武汉市市中心护士感染 SARS-CoV-2 的情况调查。该研究调查了早期（2020 年 2 月 11 日之前）武汉大学中南医院 32 名护士感染 SARS-CoV-2 的情况，并为降低院内护士感染风险分享了经验。研究发现急诊科、综合科感染率最高；65.6%（21/32）为院内感染，15.6%（5/32）为院外感染，18.8%（6/32）为不明原因感染，并总结了以下几个原因与建议：

①在流行初期，早期暴露可能是由于防护设备的不足，约占 56.3%（18/32）；

②最重要的是无保护措施的院内交叉感染。大部分被感染护士所在的科室（4/6）都有感染病人，但是他们的感染原因是不明确的，因为部分护士并没有对感染病人进行直接护理，即没有进行接触就发生感染；

③护士的高强度工作可能会导致其抵抗力下降，更容易感染。中南医院在发现这个问题后实施了一些改进措施；

④制定普通病房三区两通道护理的指导原则，即进行感染区、安全区、缓冲区分区管理，加强医疗废物管理，防止医疗废物交接或运输过程中的污染；

⑤规范医务人员进出隔离病房的流程，加强护士穿脱隔离服/防护服的培训，加强护士自我保护意识，减少生活区不戴口罩的时间；

⑥在隔离区增加护士的配置，逐步实行轮班制，减少护士的工作量和暴露时间；

⑦改变护士就餐环境，避免推搡，尽量在通风的房间内单独用餐；

⑧培训医院清洁工，申请隔离病房固定外包人员免费 CT 筛查。

另外一个研究是对武汉地区多例新冠肺炎患者 T 淋巴细胞亚群及预后进行分析。该研究通过对 2020 年 1 月 7 日~3 月 15 日期间，武汉市肺科医院多例新冠肺炎患者临床资料及 T 淋巴细胞进行分析并随访，发现淋巴细胞减少和新冠肺炎患者的严重程度及死亡率一定是相关的。此外，通过对淋巴细胞进行亚型的一个分群，发现 CD3+CD4+T 淋巴细胞的减少,在严重患者和非存活患者中更为常见,说明它影响着患者的疾病严重程度以及患者的存活。CD3+CD4+T 淋巴细胞越少,患者病情可能会越严重,存活率越低。进一步,我们还发现 CD3+CD8+T 淋巴细胞可用于新冠肺炎患者病情严重程度的预测,CD3+CD8+T 淋巴细胞越低,患者的病情越重。

最后介绍一下我所在的团队正在做的一个课题——比较 Favipiravir(法匹拉韦)和 Arbidol(阿比朵尔)这两个药物对新冠肺炎的临床治疗效果试验,是一个国内的临床试验,文章也正在修改。Arbidol 在新冠肺炎早期是国际上公认的一个对新冠肺炎有明显抑制效果的药物;Favipiravir 目前在日本被当作流感疫苗,在国内没有把它当作新冠肺炎的治疗药,但是我们想比较一下它和阿比朵尔(Arbidol)的优劣,研究它能不能治疗新冠肺炎。这一课题也受到了科技部国家重点研发计划的支撑。

如图 2.4.5 所示,我们在三个医院——武汉大学中南医院、武汉雷神山医院以及湖北省中山医院收集了 240 名新冠肺炎患者,患者按疾病严重程度分为普通患者和危重症患者,所有患者平均随机分为法匹拉韦(Favipiravir)组和阿比朵尔(Arbidol)组,分别给予 Favipiravir 和 Arbidol 抗病毒治疗。在这里 Arbidol 是一个对照组,主要是看 Favipiravir 的治疗效果,比较两组患者的 7 天临床治愈率以及发热持续时间、咳嗽缓解潜伏期、辅助氧疗或无创机械通气率。

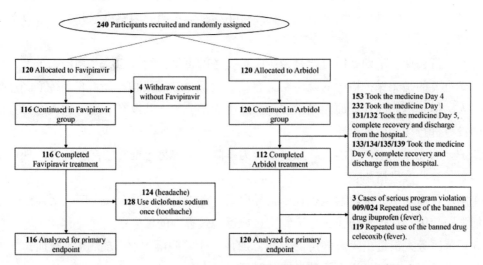

图 2.4.5 Favipiravir 和 Arbidol 对新冠肺炎的临床治疗效果研究方案

我们的研究发现,对于普通患者来说,Favipiravir 组的 7 天临床治愈率明显高于 Arbidol 组,但是对于危重症患者来说,两组的 7 天临床治愈率无明显差异。这表明 Favipiravir 对普通患者的临床效果是很明显的,但是对重症患者可能效果还不是那么明显。

同样对患者的发热缓解与咳嗽缓解情况进行比较,我们发现 Favipiravir 组明显优于 Arbidol 组。Favipiravir 组的退烧和止咳潜伏期明显短于 Arbidol 组,辅助氧疗和无创机械通气率,两个组没有明显差异。

此外，通过记录两组患者的合并用药情况，我们发现不管是 Favipiravir 组还是 Arbidol 组，使用率最高的合并用药均为中草药组，即有中草药辅助的疗效更好，可见中草药在新冠肺炎治疗中扮演了重要角色。

4. 疫情思考

最后聊一下我对后疫情时代的一些思考，首先讲一下医患关系。在年初新冠肺炎比较严重的时候，国内对医生尊敬的呼声特别高，感觉突然一下子全国人民都在保护医生，都很理解医生，当时那种感觉和平时是完全不一样的。希望患者与患者家属能一直理解医生，因为我们是一条船上的人，我们是盟友，是战士，我们共同的敌人是疾病。

另外，因为医生工作压力比较大，还不容易被外界理解，导致现在有很多医学专业的学生选择离开医疗行业。我记得 2009 年我刚上大学的时候，医学是热门专业，学科分数线相对较高，但是现在医学反而成了一个相对冷门的专业。每年大概有六十万医学本科生毕业，但最后真正走上医疗岗位的可能不到 1/3。

医疗人才的大量流失，是一个令人担忧的问题。但是这种情况不单单是患者一方、医生一方或政府一方引起的，它是一个多方面、长期而复杂的问题。学医是一条漫长的道路，我之前在朋友圈看到一句话——等我学医归来就娶你，而这不是 520 的表白，也不是七夕的表白，而是最委婉的拒绝。

我们现在需要的是医生和患者的相互理解，因为医生的使命——医之使之生，就是让患者更好也更有尊严地活着。医患之间只能互信互助，在疾病面前，我们是没有赢家的。疫情过后，希望国人对医疗资源能够珍惜，对医护人员的普遍尊重能够保持常态，不仅仅是特殊时期的一时感激。现在国家也已经出台了相关法律，倡导全社会尊医重卫的风气。

这不是第一场战役，也绝不会是最后一场战役。我们相信，若干年后还会有无数的孩子披上白衣，学着前辈去治病救人，全力以赴！我的分享到此结束，谢谢大家！

【互动交流】

主持人：非常感谢陈松师兄的分享。陈松师兄以一名医学生的身份分享了自己新冠肺炎疫情期间的所见所闻，所思所想，让我们看到了武大人对于抗击疫情的辛苦付出，看到了医护人员的责任与担当，让我们对医生多了一份理解与敬重，更引发了我们对于医患关系的深入思考。下面是我们的互动环节，有问题的同学可以向嘉宾提问。

提问人一：临床救治患者的合并用药治疗情况如何？

陈松：首先因为这个病是病毒引起的，而不是细菌真菌，它是病毒性肺炎，所以主要的治疗方法肯定是抗病毒治疗。除了抗病毒之外的合并用药，包括营养支持、免疫治疗、激素疗法，还有血浆治疗、抗细菌感染、中草药等方面的辅助治疗。

提问人二：如何处理新冠肺炎患者的并发症？

陈松： 其实目前新冠肺炎主要影响了患者肺部的呼吸情况，它的并发症也有很多，比如会累积到神经系统、消化系统、心肌、肾脏、男性的生殖系统，等等。这方面治疗主要是把肺部病毒方面的炎症控制好，尽可能恢复肺功能。并发症有一些是可以缓解的，但有一些不可逆的损害是无法缓解的。

提问人三： 陈松博士有进行新冠肺炎疾病预测模型建立等方面的研究吗？

陈松： 目前新冠肺炎疾病预测模型建立这方面的研究，是一个比较火的方向，具有一定的参考意义，但不是特别大。首先，一个模型的建立是需要大数据多中心的，但是目前报道的研究当中，大数据和多中心还是比较少。第二，模型反映的可能是一个时间段的数据，后期发展走向预测难度大。此外，预测模型一般需要外部数据进行验证。我之前写过一些预测模型的文章，发现外部验证一般都不是特别理想。这方面可能需要由世界卫生组织提出来，然后多个国家联合进行研究。

预测模型一般先是建模，然后再是验证，它是两个独立的事件。一般我们用的是自己的内部数据进行一个预测模型的建立和内部验证，这方面的模型效能大多比较好。但是当用到外部数据进行验证的时候，往往效果不是特别理想，因为它存在一些偏移。如果想处理得比较好，我觉得有两种办法：第一种办法是在纳入预测模型的数据建模时，数据量的纳入要进行严格筛选，因为每个医院的数据都是有一些偏好的，这样会减少一些偏移；第二个方法就是一定要扩大样本量和多中心，可以用多中心的数据进行建模，再用第三方的数据进行验证，当数据量达到一定规模的时候，模型的稳定性就比较好了。

提问人四： 中草药对新冠肺炎治疗的效果如何？

陈松： 中草药应该是一个辅助作用。因为在新冠肺炎的临床救治过程中，到目前为止没有一个特效药。所以无论是抗病毒药物、中草药、免疫治疗，还是比较热门的干细胞治疗，其实都是辅助治疗。治疗原则就是对症治疗，即呼吸系统衰竭——进行气管插管、消炎、抗病毒等一般对症治疗，但是没有根治的办法。现在我们只是改善患者的呼吸情况，提高其自身的免疫状态。普通患者应用中草药与抗病毒治疗，单独研究中草药的很少。因为在临床试验当中，首先我们要考虑的是患者的受益，这方面的研究不可能脱离抗病毒治疗而单独进行中草药的治疗。这样一来，最后到底是抗病毒药物的效果还是中草药的效果，是很难说清楚的，目前我好像没有看到这方面的研究。

提问人五： 肺病变 CT 与正常 CT 的分割界限是什么？

陈松： 这是一个医学影像科的问题。我当时看到的资料显示正常患者的 CT 是高清的，除了血管钙化灶，肺纹理是比较清晰的，但是新冠肺炎患者的 CT 一般显示的是一个高密度影，贴近胸膜的位置显示的是一片白色雾状，这个比较容易看得出来。

提问人六： 医学上的预测模型是怎么验证的？

陈松：我做过的模型一般有两种，一种是诊断模型，一种是预后模型，两个方法是差不多的。首先将一些单因素筛选出来，然后进行多因素分析，把多因素分析的结果再进行建模，建模可以用 ROC 曲线，多因素回归分析以及列线图、校准曲线进行。验证一般看它的 ROC 曲线面积大不大、校准曲线和实际曲线的拟合度。还有一个"留一法"（leave one out）验证，这些都属于内部验证。

外部验证就是用外部数据验证，比如最后通过建模可以得到一个方程式，一般是多元一次方程，把这个方程式中各个变量的赋值直接代入，通过值就可以判断它是否发生结局变量、疾病诊断或者死亡。如果采用外部数据验证，那么外部数据的病人数据直接纳入该方程式，或者纳入列线图中，然后将预测数据和患者的实际情况进行对比，最后计算敏感度和特异性，可以得出模型的准确性。

提问人七：列线图采用什么软件绘制？

陈松：我一般是用 R 软件绘制列线图。列线图如果是 logistic 回归，可以用 R 软件和易俪统计制作。如果是 Cox 回归，即生存列线图的话，一般是用 R 软件。生存曲线可以用 SPSS 软件和 graphpad 软件绘制。

（主持人：丁锐；摄影：丁锐；录音稿整理：张艺群；校对：王克险、陈佳晟）

2.5 战疫，Sigma 在行动
——新冠肺炎智能诊断平台简介

（朱其奎）

摘要：面对新冠肺炎疫情，武汉大学人工智能研究院迅速响应国家号召，积极开展科技抗疫项目研发攻关，由张良培、杜博教授领导的团队，充分发挥自身在医学人工智能、计算机视觉领域的技术积累与优势，与武汉大学人民医院放射科查云飞团队通力协作，就新冠肺炎影像诊断、临床分型等一系列临床一线迫切需要解决的问题进行了技术攻坚。在优质的数据基础上，团队利用先进的 AI 技术，实现了重点病灶特征的精准提取，研发出了一套自底向上的基于影像特征的新冠肺炎智能诊断平台，本报告将为对该平台的具体介绍。

【报告现场】

主持人：朱其奎，武汉大学计算机学院 2017 级博士生，师从杜博教授，从事医学图像分析与计算方面的理论与应用研究，在博士期间发表论文 11 篇（其中以第一作者发表 9 篇），包含医学图像处理顶级期刊 IEEE Transactions on Medical Imaging，AI 国际顶级会议 IJCAI2020。于 2018 年荣获 MICCAIPROMISE12 分割大赛冠军。曾获国家奖学金、学业奖学金等多项奖学金。有请师兄为我们展现 AI 技术在抗击新冠肺炎疫情中的无穷魅力。

朱其奎：各位老师，各位同学，大家上午好。很荣幸能够在此分享我们组在抗击新冠肺炎疫情期间开发的新冠肺炎智能诊断平台。本项目的指导老师是武汉大学计算机学院的杜博教授和武汉大学人民医院的查云飞主任。本次报告的内容主要分为以下三点：
① 绪论；
② 核心算法；
③ 总结与展望。

1. 绪论

首先，给大家简单介绍该系统研发的主要背景，以及相关思路。截止到 2020 年 5 月 20 日，国内确诊的病例达到 84507 人，并造成了 4645 人的死亡，海外确诊病例人数为 4933688 人（图 2.5.1）。

2.5 战疫，Sigma 在行动

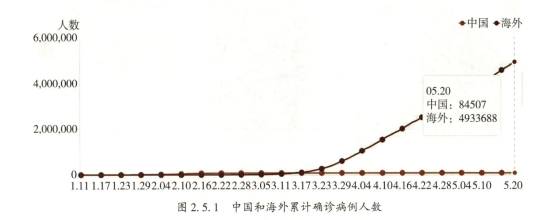

图 2.5.1　中国和海外累计确诊病例人数

从发展趋势来看，海外的感染人数还将持续地呈线性增加，相比于海外，我国在 2 月中旬疫情就出现了拐点，而拐点的出现是依靠我国人民众志成城，付出巨大的牺牲和努力，以及一系列重大政策的实施，如全国一级响应、离汉通道暂时关闭、雷神山和火神山医院以及方舱医院的建立，其中最让人感动的则是全国医护人员无条件紧急驰援武汉。

新型冠状病毒的确诊需要结合病人的流行病学史、临床表现以及 CT 影像。临床表现主要为发热，乏力和咳嗽，咳嗽以干咳为主，体温多在 37.3° 以上，另外伴有其他的呼吸道症状，比如鼻塞，流涕，咽痛等；从影像学角度来看，新冠肺炎在早期会出现双肺多发的小斑片状影，以肺外带为主，而随着病情的进展，会出现磨玻璃影以及浸润影，严重者会出现肺实变等情况。而新冠肺炎的确诊则以核酸检测呈阳性为依据。在临床上，当核酸检测表现为阳性，或者从呼吸道标本中提取的病毒基因检测的序列与新型冠状病毒是同源的，那么就可以确诊为新冠肺炎。遏制新型冠状病毒传播的必要途径，是早发现早隔离。

然而在新冠肺炎疫情暴发初期，武汉的日均新冠肺炎检测能力是有限的。因此，如何快速地筛查出感染新型冠状病毒的患者并进行隔离是疫情控制的首要任务。为了实现对新冠肺炎病人的诊断，我们从影像学的角度进行了分析，病人早期发病时，表现为单发或多发的局部性磨玻璃阴影（图 2.5.2）：结节较小，为小片磨玻璃阴影或者大片磨玻璃阴影，多数磨玻璃阴影边缘不清，部分边缘清晰，随着病情的恶化，常见有多发新病灶出现，多数原有病变病灶范围扩大，病灶内出现大小、程度不等的实变，等等。

在重症期，通常会出现双肺弥漫性实变、实变密度不均。此外，支气管出现扩张现象，双肺大部分受累时呈"白肺"表现。因此，我们就思考能否利用 CT 影像数据，区分新冠肺炎与非新冠肺炎，将感染了新型冠状病毒的病人及时隔离，避免病毒的再次传播。其次，在新冠肺炎的基础上，我们将其进行分型处理，将重症期的病人和非重症期的病人进行区分，在接诊的过程中进行分流处理。

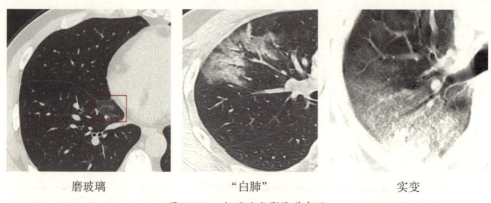

磨玻璃　　　　　　　　"白肺"　　　　　　　　实变

图 2.5.2　新冠肺炎影像学表现

基于此，我们设计了一套新冠肺炎智能诊断系统，该系统具备数据处理和诊断能力，能够实现病人信息的自动录入、管理和智能诊断。智能诊断包含两个方面，一方面它能够诊断出该病人是否被新型冠状病毒感染，另一方面它还能够对病变的程度进行评估。此外，该系统还能对病灶进行精准的分割，病灶分割的主要作用是帮助医护人员精准地评判出整个病人感染的程度，以及进行肺部病灶量化分析、诊断结果修正等，系统开发结果如图 2.5.3 所示。

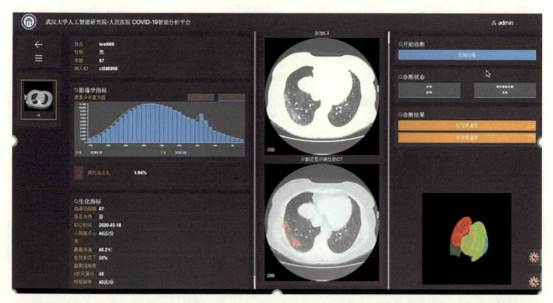

图 2.5.3　新冠肺炎智能分析平台

此外，在诊断的同时，当发现整个系统与真正的诊断出现误差时，还能够进行纠正，从而赋予系统自主学习能力。下面向大家介绍系统的具体功能，首先是病人信息的录入（图 2.5.4），导入病人的相关医学影像数据和临床数据。所需数据被导入后，系统就可以对它进行基本的诊断，同时统计病灶信息以及肺部的特征分布，方便医护人员进行病灶的观察。

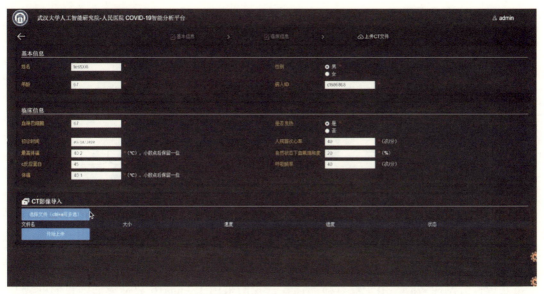

图 2.5.4　录入病人信息

同时我们也将系统进行了线上版本的开发，目前已经有 5 个版本，分别是中文、英文、意大利语、法语、俄罗斯语(图 2.5.5)，免费供相关国家和地区使用。

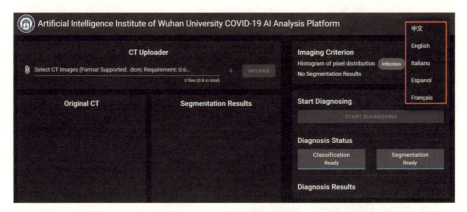

图 2.5.5　线上版本的开发

sigma-ncov.whu.edu.cn/ 是我们智能分析平台的线上地址，如果大家有数据的话，可以进行尝试。

2. 核心算法

下面简单介绍一下我们整个系统采用的算法。

诊断流程如新冠肺炎诊断早期筛查与病变评估流程如图 2.5.6 所示，系统获取 CT 影像后，首先会进行肺部的分割处理，在肺部分割的基础上再实现早期筛查，用于确定是否感染新型冠状病毒。当确定感染新型冠状病毒后，再进行病变的评估，将病变程度区分为轻型或重型，并对病灶进行评估，用于量化整个感染的程度。

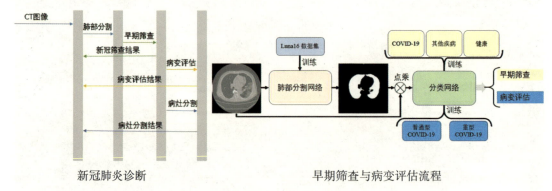

图 2.5.6　诊断流程图

在设计分割网络时，由于没有肺部标签，我们采用了 Luna16 数据集训练我们的分割网络，在分割的基础上再进行诊断。诊断的任务是将新冠肺炎分为两类，一类是普通型，另一类是重型。其中，肺部分割网络是基于我在 2018 年做的一项工作，因为该网络具有很好的鲁棒性，因此可以直接将其用于肺部影像的分割。现在从前列腺分割的角度，来向大家简单介绍一下分割网络。

如图 2.5.7 所示，整个前列腺是 3D 的椭球形结构，这导致前列腺的影像存在以下特征：相比位于中间位置的前列腺，位于顶端和底端位置的前列腺更加模糊，没有有效的边缘信息，这就导致无法明确地定位边缘位置，进而无法准确地分割出前列腺，这就是我们在分割前列腺时面临的首要挑战。另外，不同病人的前列腺大小、形状、所在位置等，均具有很大的差异性。

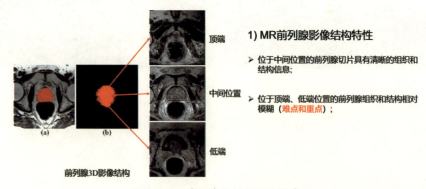

图 2.5.7　前列腺分割面临的挑战

此外，前列腺本身也会存在一些问题（图 2.5.8），例如复杂的背景组织结构，以及部分切片中的边缘较弱的问题。然而最大的挑战就是具有标签的数据数量相对较少，因此直接使用 U-Net 网络进行分割（图 2.5.9），可以发现它无法分割出精准的边缘，分割结果也会出现大量的噪声。

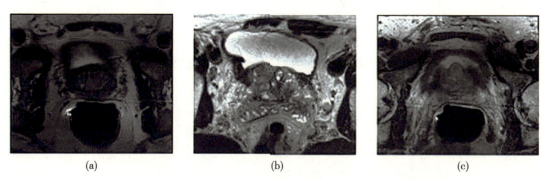

图 2.5.8　MR 前列腺影像本身存在的问题

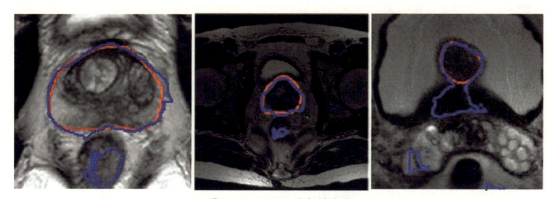

图 2.5.9　U-Net 的分割结果

为了解决以上问题，我们尝试着利用切片和切片之间存在的空间信息以及改进的 U-Net 网络中的长连接传递信息的过程来提升整个网络的性能。在改进之前，我们首先来分析长连接对分割结果的影响（图 2.5.10）。

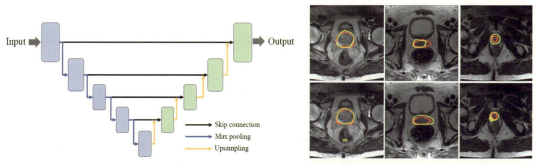

图 2.5.10　长连接对分割结果的影响

为了分析长连接对分割结果的影响，我们分别对比了 U-Net 网络在有无长连接的情况下对前列腺的分割结果。第一列是 U-Net 网络没有采用长连接时得到的分割结果，第二列是 U-Net 网络采用长连接时得到的分割结果，我们可以发现相比于没有长连接的 U-Net，有长连接的分割结果更加精准，整个边缘也更加光滑，但是分割结果存在噪声。这表明 U-Net 网络结构中的长连接，在传递有用信息的时候，同时也将大量的噪声信息传递给了 U-Net 网络中的解码阶段。受到注意力机制的启发，我们将注意力模块应用到模型中，以确保长连接只传输有用的特征信息并抑制来自背景和周围组织的无关特征，进而减少噪声对分割结果带来的负面影响。

图 2.5.11 是我们提出的注意力模块的网络结构。该结构包含两个分支，下面的分支用于产生 Attention Mask，产生的 Attention Mask 作用于传递过来的特征图，将特征图中非前列腺区域的部分给予抑制，只保留所需要的前列腺区域的特征，并传递到下个特征提取模块。此外，相对于自然影像而言，拥有标签的医学数据是极少的，为了利用整个医学影像存在的空间特征，我们采用 3D 卷积神经网络。3D 卷积神经网络相对于 2D 而言，它的参数更多，训练难度也更大。

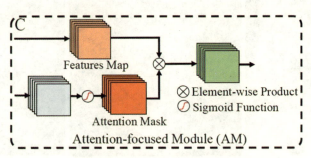

图 2.5.11　注意力模块(AM)

受到 DenseNet 和 ResNet 中的 Dense block，以及 skip connection 启发，我们提出了密集残差模块网络结构，如图 2.5.12 所示，该网络结构集合了 DenseNet、ResNet 和 skip connection 的优点，在增加整个网络的深度、整个网络特征的表达能力的同时，减少了整个网络的参数。此外，增强了整个网络的抗过拟合能力，加强了信息在网络中的传播和重利用，解决了梯度消失和信息丢失问题。

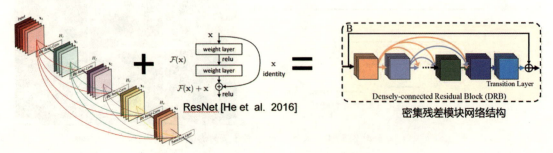

图 2.5.12　密集残差模块(DRBs)

基于以上两个模块，我们提出了基于特征自监督的 3D 卷积神经网络模块（图 2.5.13），我们的模块是在 U-Net 的网络框架基础上进行改进的，将密集残差模块替换成了 U-Net 网络中的卷积模块，同时在长连接进行信息传递的时候，我们首先将传递的特征传入我们设计的注意力模块中，注意力模块会对长连接传递过来的特征进行筛选，剔除无关的噪声，只保留有效的部分，再将特征传递到整个网络的解码部分。同时，我们还给整个网络增加了 3 个额外的监督层，这 3 个额外的监督层既能对梯度信息进行反馈，同时也能监督整个注意力模块产生的 Attention Mask。

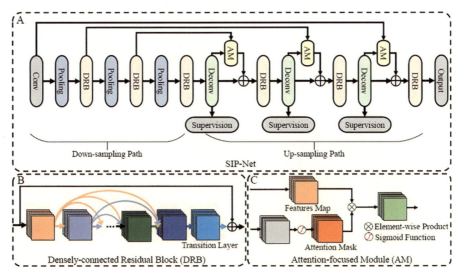

图 2.5.13　基于特征自监督的 3D 卷积神经网络

下面来看一下实验结果。实验是在前列腺分割挑战赛上进行了算法评估，挑战赛提供了 50 幅 T2 加权的前列腺 MR 图像和相应的分割标签，但是为了评估整个算法的性能，组织者还额外提供了 30 张测试数据，但是这 30 张测试数据的标签没有提供。组织者采用了 4 种不同的评价方法——Dice 相似系数（DSC）、体积之间的绝对差百分比（aRVD）、边界点之间最短距离的平均值（ABD）、Hausdorff 距离（HD），由于前列腺的顶部和底部是分割的难点和重点，组织者除了评估前列腺整体的分割效果之外，还专门针对前列腺的顶部和底部进行了评估。沿着轴方向，可以将前列腺分为大致相等的三个部分，前一部分为顶部，后一部分为底部，再根据整体的效果以及顶部和底部的分割结果进行统计，计算出总分并进行排名，表 2.5.1 是分割结果。分割结果相较于其他的参赛者，无论是从整体而言，还是针对底部和顶部以及边缘，都有了显著性的提升，因此我们比第二名高出了 1.5 分左右。同时，还可以发现其他的参赛者之间的差距是非常小的，这也体现了我们算法的优越性。

表 2.5.1 前列腺分割结果

User	ABD [mm]			HD [mm]			DSC [%]			aRVD [%]			Overall Score
	Whole	Base	Apex	Whole	Base	Apex	Whole	Base	Apex	Whole	Base	Apex	
whu_mlgroup(ours)	1.31	1.60	1.39	3.97	4.75	3.70	91.42	89.41	88.51	6.97	8.53	13.05	89.18
tbrosch	1.49	1.73	1.73	4.68	4.90	4.49	90.46	88.51	85.29	6.59	9.64	18.51	87.67
lanqier_xl	1.59	1.88	1.67	4.63	5.22	4.26	89.69	86.79	86.79	7.58	11.63	14.92	87.21
GeertLitjens	1.71	1.96	1.56	5.13	5.22	4.17	89.43	86.42	86.81	6.95	11.04	15.18	87.15
aslm	1.53	1.64	1.93	4.62	4.34	5.16	90.24	88.98	83.31	7.98	12.68	18.92	86.89
QuIIL	1.71	1.96	1.62	4.92	5.07	3.97	89.02	86.04	86.39	7.26	13.57	16.70	86.71
SUNRISE2014	1.77	1.71	1.63	5.41	4.72	4.17	89.25	88.21	86.79	10.57	12.22	14.60	86.60
fumin	1.83	2.05	1.65	5.27	5.43	4.19	88.75	86.05	86.11	8.49	11.79	16.60	86.26
sciolla	1.70	1.94	1.56	5.34	5.44	4.10	89.34	86.60	86.77	9.20	14.65	16.64	86.19
Eric_Sun	1.56	1.90	2.08	5.00	5.88	5.67	89.81	87.49	81.74	8.24	11.52	19.40	86.90

此外，我们也分析了整个网络结构。为了证明 Dense connection、skip connection，还有注意力模块，对整个网络性能的影响，我们设计了三种不同的方法，第一种是只采用密集连接模块，第二种采用密集残差模块，第三种将密集残差模块和长连接模块同时引入到网络中，并引入注意力模块。可以发现，随着我们的网络变得越来越复杂，整个网络的精度是在提升的，见表 2.5.2，这证明了长连接以及注意力模块，还有密集残差模块的有效性。

表 2.5.2 不同网络结构的分割精度

Configurations	Global DSC [%]
D-Net	86.0
DR-Net	86.9
DRL-Net	88.8
SIP-Net(Ours)	89.8

同时我们也对比了在整个网络训练过程中，不同的模块在训练集和验证集的收敛情况。实验表明，这些模块的使用不仅能提高整个网络的分割精度，同时也能够加速整个网络的收敛过程，见图 2.5.14。

另外我们也对注意力模块进行了可视化分析。在可视化过程中，我们特地挑选了网络在前列腺的顶部、底部、中间位置以及不含前列腺切片的 Attention Mask 产生的情况（图 2.5.15），可以发现不管是位于哪个部位，Attention Mask 的产生结果都趋近于 Ground Truth，这也表明了 Attention Mask 能有效剔除我们不需要的噪声，将整个网络的重心放在我们想要分割的前列腺模块。

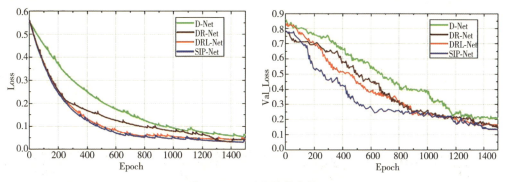

图 2.5.14　网络结构分析

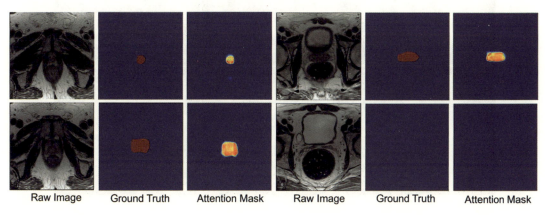

图 2.5.15　注意力模块产生注意力热图示例（颜色越亮，表示该处的注意力值越大）

我们还将整个网络用于肝脏的分割，肝脏的数据集我们依旧采用的是挑战赛提供的数据，该数据集首先提供了 131 个经放射科医生手绘勾画的 3D 腹部 CT 扫描图像，用于网络的训练，并额外提供了 70 个未公布标签的 CT 数据用于测试，表 2.5.3 是当时的结果。我们将当时的结果与第一名和第二名分别进行了对比。第一名的 CascadedResNet 达到了 96.7% 分割精度，我们的方法是 96.3%。但是在网络训练的时候，CascadedResNet 网络的训练大概需要 7 天，而我们的网络只需要训练半天左右。第二名 H-DenseUNet，它将整个分割分为两个步骤，第一步先做粗分割，找到整个肝脏的位置，在肝脏位置的基础上再进行细分割，而我们的方法只需要一步即可。当时我们的方法是第 7 名。

表 2.5.3　SIP-Net 和对比方法在 MICCAI2017 LiTS 挑战数据集上的定量评估结果

Methods	Per Case DSC[%]	Global DSC[%]
H-DenseUNet[77]	96.1	96.5
CascadedResNet[7]	96.3	96.7

续表

Methods	Per Case DSC[%]	Global DSC[%]
SIP-Net(2D)(Ours)	95.9	96.3
SIP-Net(3D)(Ours)	94.2	94.6

此外我们还做了胰腺的分割，胰腺的数据总共是包含 82 个 3D CT 影像数据，我们可以从影像的数据看出胰腺在整个 CT 影像中仅占极小的一部分，如图 2.5.16 所示。

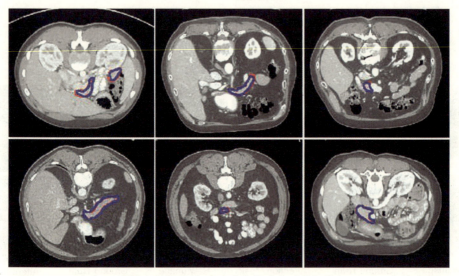

图 2.5.16　胰腺 CT 图像分割结果(红色和蓝色轮廓分别是标签和 SIP-Net 分割结果)

因此，大多数方法是将胰腺的分割分为两步。第一步是粗分割，找到胰腺的位置；第二步在粗分割的基础上进行细分割。相比其他的方法，我们方法的好处在于不需要两步，就能够实现端到端的分割。这表明，Attention 模块的使用能够使整个网络将注意力更加注重于胰腺部位。相比于其他方法，我们的方法也提升了实验精度。

为了实现对新冠肺炎的诊断，我们设计了第二个网络——诊断网络。我们从武汉大学人民医院共采集了 399 名肺炎患者和 92 名肺部健康病人的肺部 CT 影像，其中 399 例患者又分为 247 例新冠肺炎患者和 152 例其他肺部疾病患者。我们在网络训练过程中，按照 7∶1∶2 的比例将其划分为训练集、验证集和测试集。而 247 例新冠肺炎患者又被医生细分为 134 例普通型患者和 113 例重型患者。诊断过程中，我们还需要解决两个问题：第一，数据量太少了；第二，每个个体的切片数量较多(500 个左右)，每个切片的大小是 512×512。针对以上问题，我们提出了轻量型的诊断网络，该网络能够利用少量数据，实现快速、准确的诊断。我们提出的网络结构如图 2.5.17 所示。

2.5 战疫，Sigma 在行动

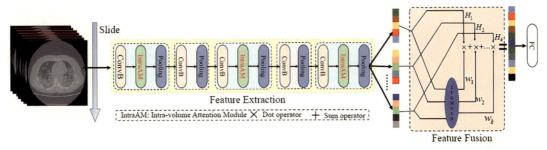

图 2.5.17 AGSA 网络

整个诊断网络结构包含两部分，第一部分是特征提取部分，第二部分是特征融合部分。疾病或者癌症诊断的过程中，需要利用每个病人的所有切片信息。因此，最简单的方法是利用 3D 卷积神经网络，用于提取所有切片中的有效信息，再根据提取出来的所有信息，做最后的诊断。

然而，3D 卷积神经网络含有更多的参数，需要大量的标记数据才能实现网络的充分训练。为了在少量数据下也能实现高精度的诊断，我们提出利用 2D 卷积神经网络来替换 3D 卷积神经网络进行特征提取。在特征提取的过程中，2D 卷积神经网络沿着病人的每一个切片滑动，进行逐片的特征提取，并将从每一个切片中提取的特征进行自适应的融合，再做最终的分类。此外，为了使整个网络将注意力集中于病灶区域，我们提出了两种注意力模块（图 2.5.18）：

①Intra-slice Attention Modules（IntraAM），它的目的是使整个网络更加注重于 CT 影像中病变的位置；

②Inter-slice Attention Modules（InterAM），该注意力机制能够对不同切片上的病灶以及不同的病变程度，赋予不同的权重，这有助于我们寻找到病变最严重的部分。

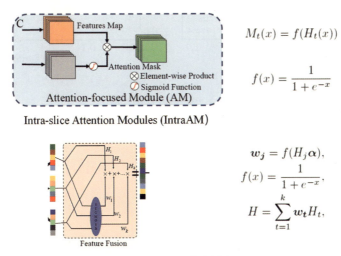

$$M_t(x) = f(H_t(x))$$

$$f(x) = \frac{1}{1+e^{-x}}$$

$$\boldsymbol{w_j} = f(H_j \boldsymbol{\alpha}),$$
$$f(x) = \frac{1}{1+e^{-x}},$$
$$H = \sum_{t=1}^{k} \boldsymbol{w_t} H_t,$$

图 2.5.18 注意力模块

实验结果如下,可以看出我们的方法在早筛和病变评估上都取得了优异的实验结果。此外,我们还进行了现场的测试,我们将系统用于武汉大学人民医院,表2.5.4是现场测试的结果。实验中,我们的系统在进行病情诊断时,在筛查任务上能够得到88.63%的精度,在病变评估任务能够达到89.6%的水平。

表2.5.4　　筛查任务和感染病变评估任务的实验结果

方法	精确度				参数	时间
	测试数据		后续验证数据			
	筛查任务	病变评估	筛查任务	病变评估		
VGG(3D)	0.7474	0.8823	—	—	17.94M	0.76s
AGSA	0.8687	0.9803	0.8863	0.8965	1.61M	0.40s

就网络参数而言,VGG网络的参数比我们的方法大了17倍,同时我们的运行时间也非常短,图2.5.19是对应的ROC曲线,可以发现我们的方法不管是在前期的任务筛查,还是在病变的评估上,都有很高的准确性。

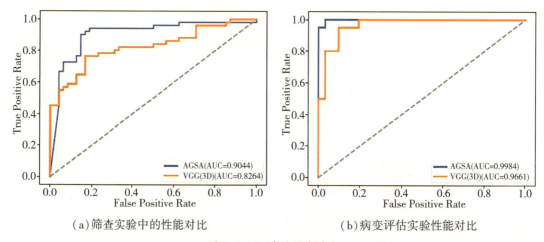

(a)筛查实验中的性能对比　　　　　　(b)病变评估实验性能对比

图2.5.19　实验性能对比

此外,我们还分析了两种Attention对整个网络性能的影响。我们对比了网络没有使用Attention、分别采用了一种Attention以及同时使用两种Attention对实验结果的影响。如表2.5.5所示,Attention的使用能够提高整个网络在筛查任务和病变评估方面的精度。同时,我们也可视化了InterAM模型(图2.5.20),给病人每个切片赋予不同的权重。可以发现,在切片的病变程度相对较高的时候,网络能够给它赋予比较大的权,当整个网络基本上没有病变信息的时候它赋予的权重就极小。

2.5 战疫，Sigma 在行动

表 2.5.5　　　　　　　　　　　AM 对网络性能的影响

网络结构	筛查任务	病变评估
Without AM	0.8384	0.9019
InterAM	0.8586	0.9607
IntraAM	0.8485	0.9411
InterAM& ntraAM	0.8687	0.9803

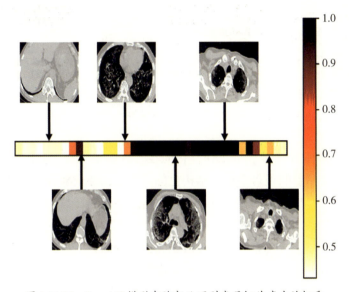

图 2.5.20　InterAM 模型在肺部从顶到底层切片产生的权重

3. 总结与展望

接下来是总结部分，虽然我们已经实现了系统的开发，但是系统还存在许多不足(图 2.5.21)。首先就是难以利用多模态数据，我们在系统开发的过程中发现数据特别复杂，信息量大，标注极其困难。此外，不仅有临床数据，还有传染病学数据和影像数据，获取数据的类型多，一致性比较差，要实现数据的融合，保证整个方法的鲁棒性非常困难。

然后，语义推理方面亟需突破。目前我们只能提供简单的统计特征和病灶分割结果，缺乏结合真实医疗环境的综合语义信息，因此无法充分地挖掘多模态信息之间的关联，缺乏对多模态信息进行大规模认知及推理的能力。而且现有的诊断系统大多数都是针对确诊的任务，无法满足临床要求的疾病分析，也缺乏对病程发展的理解，无法预测诊断手段对病情发展的影响。

最后，可解释性无法得到满足。虽然现在有很多系统也能够自动地去生成医疗诊断报告，但是它们生产的医疗诊断报告基本上是结构化的数据，不符合人类理解的自然语言习惯。此外，我们目前所使用的传统的深度学习，它的本质是黑盒，目前也没有人能够彻底解释出卷积神经网络的原理是什么。因此，针对它的诊断报告的可解释性需要提高。

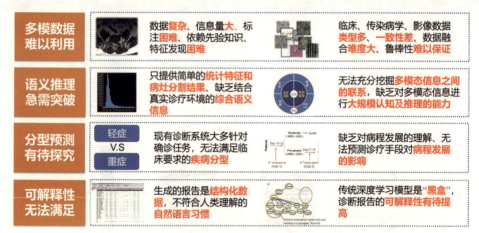

图 2.5.21　现有新冠肺炎智能辅助诊断系统的不足

图 2.5.22 是我们接下来要做的工作。首先在数据收集方面，我们需要提升整体数据收集和标注的效率，从诊断报告中提取结构化临床数据，补全部分缺失的信息，对多元数据进行统计分析，挖掘出数据的显著特征。其次是对多模态影像的挖掘，我们不仅要分析 CT 影像特征，还需要分析临床数据和流行病学的多模态数据，通过对不同数据的挖掘，并进行巧妙的融合，建立跨模态的特征收取和表达理论的体系。在诊断方面，获取基于感染部位的高级语义特征，通过多模态融合和深度逻辑推理技术，实现准确的分析和病程的预测，为提高确诊系统的准确性和可靠性提供核心技术支撑。

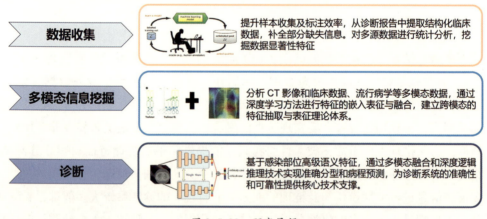

图 2.5.22　研究展望

接下来是我们的团队——Sigma 医学小组（图 2.5.23）的主要研究方向是医学图像的分割，还有配准以及医学影像的自动生成、生物信息分析、癌症的诊断和预测，还有诊断报告的自动生成。首先在整个疫情期间，系统的开发不仅仅是个人，它是依托整个大组来实现的，所以没有这些老师，还有同学的帮助，以及他们在背后的默默付出，就没有今天这个系统。我今天的报告到此为止，感谢各位老师和同学。

- 医学图像的分割
- 医学图像的配准
- 医学图像自动生成
- 生物信息分析
- 癌症的诊断与预测
- 诊断报告自动生成

朱其奎 2017级博士　　熊宇轩 2019级硕士　　唐迁 2019级博士　　李亚鹏 2020级博士
医学图像分割与癌症诊断　医学报告生成　　医学图像分割　　生物信息学

苏成伟 2017级硕士　　廖健东 2018级硕士　　邹丹冰 2018级硕士　　刘子翼 2019级硕士
医学图像分割　　　　医学图像配准　　　多模态影像生成　　生物信息分析

图 2.5.23　Sigma 医学小组简介

【互动交流】

主持人：好的，感谢师兄！师兄的演讲让我们了解到了新冠肺炎智能诊断平台的原理及其在抗疫工作中的重大贡献。如果有同学想要和师兄进行交流讨论或者有问题想向师兄咨询，可以在我们留言区的聊天框中进行留言。

提问人一：请问您刚刚提到的在构建网络的过程中，在输入样本进行学习的时候，关于新冠肺炎的普通型跟重型的标准是由医生来进行划分的，这一部分未来是可以纳入机器学习中的吗？还是说由于您刚刚提到的传统深度学习模型它具有的黑盒的特征，这一部分还是需要与人为判读进行紧密结合，才能保证最后生成结果的可靠性？

朱其奎：我们拿到的数据首先是经过人民医院查主任团队处理的，他们会将这些CT影像，根据他们的临床知识分为普通型和重型。因此当我们知道哪些影像是普通型和重型的时候，我们再用这些数据去训练出我们的网络，那么整个网络就能够对新的一幅影像进行判定，将其分为普通型和重型。我们的目标是诊断方法能够替代医生，对影像等数据进行分析。

提问人二：权重赋值的依据是什么？

朱其奎：权重赋值的依据是这样的，可以看出网络的特征融合部分每一个 slide 都会产生对应的特征向量。首先整个 CT 的影像结构也是 3D 的椭球形，那么整个 3D 的椭球形包含了非常多的切片，每个切片包含的信息是不同的，有的切片中的肺部非常小，像裂缝似的，而位于中间的这一部分的影像，它的肺部信息也是非常多的。同样，病灶信息也是一样的。对于有些切片而言，它上面的病灶分布是极其少的，但是对于有些病灶，它的病灶分布是特别大的。以肺结节诊断为例，在诊断的过程中是根据整个肺结节的大小，如果整个肺部出现了癌症细胞，或者出现了几个癌症细胞的时候，我们就可以判定这个人得了癌症。但是如果出现了一些癌症前期的征兆，医生可能不会诊断为癌症。同样的，针对一些切片，比如出现了白肺的现象，我们希望在只有个别的切片或者非常少量的切片出现白肺的情况，而不是大多数的切片出现非常严重的病变的时候，整个网络就能够将其分为重型。我们希望能够根据整个 volume 中病变程度最大的那几个切片来做诊断，也希望能从整个网络中找到这些病灶程度最大的一些切片，并依据它们来做最终的诊断。

（主持人：洪睿哲；摄影：王克险；录音稿整理：王克险；校对：何佳妮、陈佳晟、杨婧如）

2.6 如何撰写和发表高影响力期刊论文

(时芳琳)

摘要：为了提高同学们论文的撰写能力和在高影响力期刊上发表的概率，本期讲座特邀请遥感学院2019级博士生时芳琳做客 GeoScience Café 第228期，带来题为"如何撰写和发表高影响力期刊论文"的报告。本期报告，时芳琳博士将结合个人体会与写作经验和大家分享如何在高影响力期刊上发表论文。

【报告现场】

主持人：各位老师、同学，大家晚上好！欢迎大家来到 GeoScience Café 第228期活动现场，我是本场主持人修田雨。今天我们很荣幸地邀请到了时芳琳博士来为大家分享在高影响力期刊上撰写和发表论文的心得体会。时芳琳，2019级博士生，师从巫兆聪教授，研究方向为全球气候问题、森林碳循环，大气水汽等。2018年，时芳琳博士同中国科学院大气物理研究所辛金元研究员、河南理工大学杨磊库副教授、中国科学院青藏高原研究所丛志远研究员和国家卫星气象中心刘瑞霞研究员等多名研究者联合在 Remote Sensing of Environment（IF = 6.26）发表论文 "The First Validation of the Precipitable Water Vapor of Multisensory Satellites over the Typical Regions in China"，该论文由国家重点研发计划等项目资助。接下来让我们有请时芳琳博士为大家做报告，掌声欢迎。

时芳琳：各位同学，大家晚上好。应邀参加 GeoScience Café 第228期活动，我感到很荣幸，接下来我将与大家共同分享怎样撰写高水平、高质量的论文以及如何在高影响力期刊上发表论文的心得体会。

作为一名研究人员，想要将科研成果展现给大家，最有效的方式之一就是发表论文。众所周知，目前国际上主流的期刊一般都是以英语为母语，比如美国纽约电气与电子工程协会(IEEE)、美国新泽西州电子期刊全文库(Wiley-Blackwell)、德国柏林施普林格(Springer)、荷兰阿姆斯特丹爱思唯尔(Elsevier)。而我们的受众群体是来自多个国家的研究学者，如果你将论文发表在以中文为语言的期刊上，受众群体范围会受到限制。所以，老师和师兄师姐们都会鼓励大家多发一些英文期刊，让中国科研走向世界。

Elsevier 的数据显示，在论文提交率大致相同的情况下(15%～20%)，中国的研究论文被接收录用的概率远远低于美国(美国55%，中国24%)，到底是什么因素导致中国的研究者在国际期刊上投稿接收率低于美国等国家呢？

大多数发表论文的人有以下几点动机：获得资助，如获得学生奖学金；获得提升，如职位的晋升；进行自我深造，获得博士学位。但是以上的这些动机和考量，与编辑和审稿人的出发点是不同的，因为他们只关注你的论文质量、论文中有没有创新性等，这也是多数人投稿会被拒的原因之一。

1. 在一流的学术期刊上发表论文

首先与大家分享如何在一流的学术期刊上发表论文，并且在众多的读者中脱颖而出。我选取了来自 Nature 杂志上的一篇论文，关于如何发表论文，整理列举了如下六点建议：

①Keep your message clear。论文必须要充分且清晰地体现你要表达的观点。

②State your case with confidence。自信地陈述论文，论文的行文整体要具有逻辑性，且结构紧凑。

③Beware the curse of "zombie nouns"。小心僵尸词汇（晦涩、难懂的词汇），写论文要生动，有吸引力。

④Create a logical framework。论文整体要有一个逻辑框架，不能颠三倒四，前言不搭后语。整篇看下来，你的开头、背景、正文、结尾分别写的是什么，要让读者一目了然。

⑤Prune that purple prose。在论文中不要出现和该论文研究无关的内容，保证论文严谨紧凑，言简意赅。

⑥Aim for a wide audience。论文的受众群体要广泛，增加论文的影响力。

2. 写作路线

图 2.6.1 列举出了写作路线图的思路，第一点，在动笔开始写论文前，需要考虑论文内容；第二点，要让你的论文吸引编辑的注意力；第三点，论文的逻辑结构要清晰；最后一点，提高写作效率，它涵盖的内容比较多，比如在写作过程中会遇到的很多细节处理方法和技巧。以下将分点进行讲述：

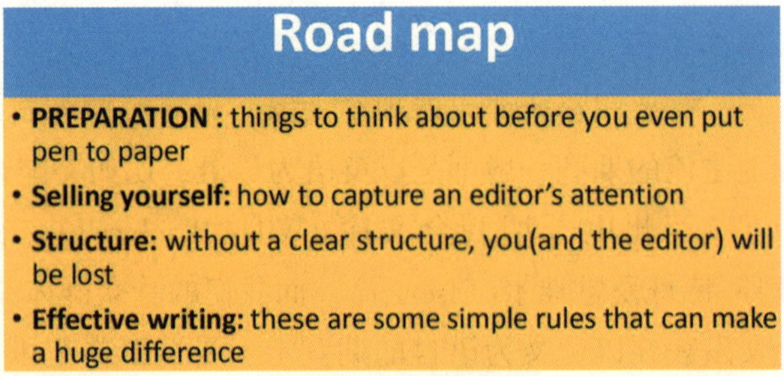

图 2.6.1 写作路线图

(1) 准备阶段

1) 确定主题

准备阶段要先确定一个主题，即以什么样的主题去展开？论文的研究点是什么？可以问自己以下四个问题：

➤ Is this new and interesting? why?（论文是否新颖独特，论文的吸引力在什么地方？）

➤ How does your work relate to a currently hot topic?（论文的研究点和目前主流的热点话题之间有何联系？）

➤ What's new and challenging?（论文的创新点以及接下来的任务是什么？）

➤ Solutions to difficult problems（解决这项难题的方法是什么？）

用一两句话来回答上述提出的问题，并将这些话进行整理，就能表达出你想给编辑传达的信息。如果你将论文提交上去了，但是编辑没有找出任何一条能够证明你的研究很重要的信息，就会被拒稿。

2）期刊选择

审稿的编辑负责对你的论文把关，通过即录用，但对于论文的评价，主要取决于读者。优秀的论文不仅下载量多，引用率也高。所以在投稿前，要对目标期刊有充分的了解，仔细阅读投稿指南，熟悉期刊主要刊登哪些方向的内容，以及相关研究内容的研究现状，另外还要考虑受众群体。

目标期刊的选择很重要，不同的期刊有其特定的研究方向和研究领域，针对的读者群体也有所不同。当确定好论文主题后，论文的研究内容也就被确定下来了，可以根据研究内容确定目标期刊，仔细阅读期刊的投稿指南，其中的投稿模板规定了论文的排版、字体、图表的格式要求等。刚开始写时，按照要求下笔即可。关于如何选择合适的期刊？首先是 Self-evaluate，即要对论文进行自我评价，这一环节需要建立在大量文献阅读的基础上。其次，向老师、同学或者已经在期刊上发表过论文的前辈请教。

图 2.6.2 截取了 RSE 期刊接收投稿的范围，如果你的研究内容和方向与 RSE 期刊接收的投稿范围有相同或相似的地方，可以试着投稿。

关于目标期刊的选择，还有一个很简捷的方法，即将平时阅读的论文，按照研究方向归类，并按照影响因子大小排序，选择其中的一个进行投稿，但切勿一稿多投。

(2)"推销"自己——Cover letter

Cover letter(图 2.6.3)很重要，可以提高编辑对你的论文的兴趣，可以写上本论文的研究内容、研究意义和研究价值。

(3)论文结构

论文的结构一般由三个部分组成：第一部分包括论文题目、作者、摘要、关键词(Title, Authors, Abstract, Keywords)，基本上所有类型的期刊都要求有该部分，其作用是方便读者检索和浏览，应当具有的特点是 Informative(信息性)、Attractive(能够吸引人)和 Effective(有效性)；第二部分是论文的整体框架，可以概括为——IMRAD，分别是引言(Introduction)、方法(Methods)、研究结果(Results)、研究分析(Discussion)和结论展望(Conclusions)；最后部分是致谢、参考文献，以及其他的补充材料，如作者简介等信息。

图 2.6.2 RSE 期刊接收的投稿范围

（图片来源：https://www.elsevier.com/journals/remote-sensing-of-environment/0034-4257/guide-for-authors）

图 2.6.3 Cover letter 的注意事项

虽然论文的整体结构大多一样，但是期刊的模式并不唯一，如图 2.6.4 右侧所示的一篇论文的结构，第一部分一致，但第二部分把 Methods 改成 Research methods and data（研究方法和数据）。

(4) 高效写作

1) 标题

论文题目直接决定了你的论文是否具有吸引力，因此一个好的题目应该用最少的词反映足够的信息，有效的标题应该具有以下特征：

➢ Identify the main issue of the paper（确定论文研究问题）

2.6 如何撰写和发表高影响力期刊论文

➢ Begin with the subject of the paper（从论文的主题开始）
➢ Accurate, unambiguous, specific, and complete（准确性、完善性，不要模棱两可）
➢ Do not contain infrequently-used abbreviations（在题目中不要出现不常见的缩写）
➢ Attract readers（吸引读者）

Preparations
（论文结构）

- Title
- Authors
- Abstract
- Keywords

→ Make them easy for indexing and searching! (informative, attractive, effective)

Main text (IMRAD)

- Introduction
- Methods
- Results
- And
- Discussion(conclusions)

→ Each has a distinct function

Acknowledgements
References
Supplementary material

- The first validation of the precipitable water
  - Introduction
  - Research methods and data
    - Satellite data and processing
    - Ground-based sun photometer data
  - Results
    - Temporal and spatial variation of PWV
    - Comparative analysis of satellite produ
      - The northern China desert: Cele, I
      - The Qinghai-Tibet Plateau: Lhasa
      - The forest ecosystem: Xishuangba
      - Southeast China: Nanjing and Qia
      - North China: Beijing and Xianghe
      - The coastal areas of Southeast Ch
    - Spatial variation of PWV in China
  - Discussion
  - Conclusion
  - Acknowledgments
  - References

图 2.6.4　论文结构

图 2.6.5 右侧列举了具有吸引力的两篇论文题目。其中一篇已经在 JGR 期刊发表，它的题目是"Why was the Arid and Semiarid Northwest China Getting Wetter in the Recent Decades"，翻译成中文为"为什么最近几十年来中国西北部的干旱、半干旱地区变得越来越湿润？"，这个题目以疑问句表述，这在以往的论文中不常见。题目中还有很有吸引力的部分——中国西北的干旱和半干旱地区，紧接着是这些地区最近几十年变得越来越湿润。多数人阅读到这个题目时很容易产生阅读兴趣。另一篇于 2019 年发表在 *Nature* 期刊上，题目是"China and India Lead in Greening of the World Through Land-use Management"，翻译成中文为"中国和印度通过土地利用管理引领世界变绿"。这篇论文在 2019 年三四月份的时候特别火，朋友圈以及各微信公众号都有转发。论文的主要内容是中国通过植树造林等环境保护措施和农田使用措施来增加全球的绿植覆盖面积，然后引领了世界变绿，让全世界注意到中国对此作出的贡献。

图 2.6.5 阴影部分所示的是我投稿过程中使用的标题，最初投稿时采用的是它下面的那个标题。因为这篇论文是对相关研究内容做的首次验证，其他领域的学者和研究员没有在这个方面做过验证，经过一段时间的思考，为了使论文更能引起编辑的注意，我在原题目的基础上增加了 the first validation（首次验证）等内容，把论文所要表达的内容清晰地在题目上体现了出来。

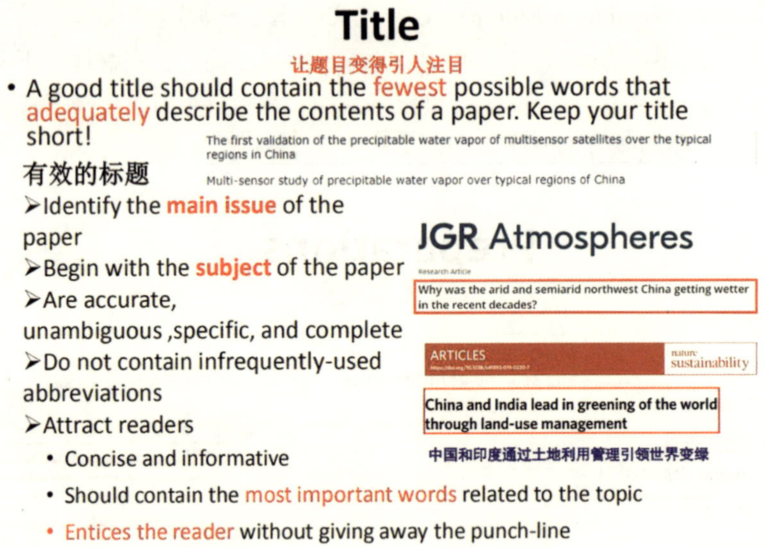

Title

让题目变得引人注目

- A good title should contain the **fewest** possible words that **adequately** describe the contents of a paper. Keep your title short!

有效的标题

- Identify the **main issue** of the paper
- Begin with the **subject** of the paper
- Are accurate, unambiguous, specific, and complete
- Do not contain infrequently-used abbreviations
- Attract readers
  - Concise and informative
  - Should contain the **most important words** related to the topic
  - **Entices the reader** without giving away the punch-line

示例：
- The first validation of the precipitable water vapor of multisensor satellites over the typical regions in China
- Multi-sensor study of precipitable water vapor over typical regions of China
- JGR Atmospheres — Why was the arid and semiarid northwest China getting wetter in the recent decades?
- ARTICLES nature sustainability — China and India lead in greening of the world through land-use management（中国和印度通过土地利用管理引领世界变绿）

图 2.6.5　论文标题的注意事项

2）摘要

关于摘要部分，多数编辑仅依靠它来判断论文的优秀程度。有些同学在写完整篇论文以后，由于时间紧迫，才匆忙归纳出摘要，但我认为这是不可取的。摘要是单独存在的一部分，涵盖了整篇论文想表达的内容，是全文凝缩成的精华，以下四条是摘要所要包括的内容：

- Why did you do the study?（研究的目的是什么？）
- What did you do?（研究内容是什么？）
- What did you find?（研究的创新点是什么？）
- What did you conclude?（研究结果是什么？）

想要使论文更具有吸引力，摘要必须能够博得读者的眼球，同时真实准确、简明扼要，即使脱离论文主体也可单独存在，无难以理解的术语和引用文献等。有作者总结论文的写作方法为 PARI（Problem，Approach，Results，Impacts），摘要可以这样写：

- The problem I am trying to solve in this paper is…（这篇论文拟解决的主要问题是什么？）
- The approach I adopt to solve the problem is…（解决问题所用到的方法？）
- The results obtained in this research include…（论文的研究结果有哪些？）
- The impacts of our obtained results are…（研究结果有什么作用？）

如果你把自己的研究点以这样的形式呈现出来，编辑的决策就可能会向你倾斜。

3）正文

写好摘要以后，需要梳理论文正文的主体结构，它是论文的重中之重。读者通篇阅读你的论文，应该得到三条信息：

- Where they have come from…（研究背景是什么？）

> Where they are now...（研究现状是什么？）
> Where they are going...（研究展望是什么？）

这是论文主体所要涵盖的三条信息，可以把科技论文当成一个故事来写，写出它发生的背景、现状和未来。

4）IMRAD

① 引言部分：

该部分需要介绍论文研究的科学背景、研究意义、研究对象等内容。引言部分和结果结论部分不同，它是将别人已经得到的研究结论和结果呈现在你的论文里，根据前人的研究进展来探讨你的论文是否有研究价值。它的作用主要是将一些通用的信息具体化，从一个大的背景具体化到你所研究的内容。其中，背景介绍一定要简明扼要，不要长篇大论，指出前人的研究结果和结论对于你论文研究的启发和引导作用，也可以指出其研究存在的问题。

在引言最后一定要声明你的研究目的和预测结果，这是为下文作铺垫的部分，可吸引读者的注意力。当读者阅读到你的引言部分时，会被背景所吸引，可以从大的问题下引出小问题，由大到小来抓住读者的眼球。比如，研究全球问题，先说大的环境，就是大家普遍关注的全球气候变暖问题，这个很有吸引力，然后再阐述本论文研究的是全球气候变暖背景下一个怎样的小问题。

该部分尽可能不要太长，最好限制在 2~3 段。尽量避免 Literature review（文献综述），因为它只是简明叙述前人所得到的研究结果。数据和方法可以加入到这部分，起强调作用但也要简短。引言最重要的一点是关于参考文献的引用，即前人所做的工作一定要引用相关参考文献。

基于上述所讲，在引言部分，论文作者需要告诉读者如图 2.6.6 所示的四点以及回答一系列的问题。还应当注意写作语态问题，要使用主动语态，而不是被动语态。

Introduction tips
(convince readers that your work is important)

Tell the reader
- Why your research was needed
- Why does it matter to doctors, patients, policymakers, or researchers
- Were there any controversies you were trying to address?
- What did you do that was new or innovative?

Answer a series of questions:
- What is the problem?
- Are there any existing solutions?
- Which is the best?
- What is its main limitation?
- What do you hope to achieve?

> Provide sufficient background information to help readers evaluate your work
> - General background (review articles cited) → problems investigated particulary in this piece of research (review the main publications on which your work is based)
>
> Convince readers that your work is necessary
> - Use words or phrases like 'however', 'remain unclear', etc,. To address your opinions and work.

But without giving away any results or conclusions

图 2.6.6 Introduction 部分的注意事项

② 材料和方法部分：

该部分需要详细地阐述论文实验过程中使用的方法，并叙述实验过程，让读者能够根据所写的方法来复现实验过程。对于实验手册或者是详细的实验操作流程，可以写在论文的补充材料（supplementary material）这一部分，但是在材料和方法部分，不需要写得太详细。它主要叙述如何对某个问题进行研究，基本原则是提供足够详细的信息。

下面是四种不同类型的研究论文，对应着该部分应该包含的内容：

➤ Empirical papers（实证探究型论文）：

material studied, area descriptions（研究材料、区域描述）; methods, techniques, theories applied（应用方法、技术、理论）

➤ Case study papers（案例研究型论文）：

Application of existing methods, theory or tools（现有方法、理论或仪器设备）; Special settings in this piece of work（文中的特殊设置）

➤ Methodology papers（方法论型研究论文）：

Materials and detailed procedure of a novel experimentation（实验材料和详细程序）; Scheme, flow, and performance analysis of a new algorithm（实验方案、流程图和操作分析）

➤ Theory papers（理论型研究论文）：

Principles, concepts, and models（原理、概念和方法）; Major framework and derivation（主要框架和推导）

这个部分切忌使用错误的方法，要展现方法的细节，不要刻意隐藏，否则容易受到编辑的拒稿，编辑着重关注以下五点：

➤ Was a qualitative approach appropriate?（定性方法是否合理）

Qualitative: what leads to a change?（定性：是什么原因导致了变化？）

Quantitative: what proportion of land use has changed?（定量：变化的数值或比例，如土地利用的比例变化了多少？）

➤ How were the setting and the subjects selected?（如何设定论文研究主题）

➤ Have the authors been explicit about their own views on the issue being studied?（作者是否将自己的观点在这个方法里面展现出来，而不是完全地借用前人所用过的方法？是否有创新点？）

➤ What methods did the researcher use for collecting data, and are these described in enough detail?（收集数据使用的方法，是否有详细的描述？）

➤ What methods did the researcher use to analyze the data, and what quality control measures were implemented?（使用哪些方法分析数据，以及设定了哪些质量评价指标的具体方法和设计的内容，这些编辑和审稿人都会着重关注）

③ 结果部分：

结果部分就是将论文中的数据按照特定的方法进行处理，得到想要的结果，不一定要对这些结果进行分析，但需要有选择性地把一些重要的部分按照逻辑顺序呈现出来，而一些次要的部分就可以省略。可以将处理好的数据整理，以图表的形式呈现在结果部分，结果的文字部分也应该是经过归纳总结的。

The facts are nothing but the facts（事实就是事实），结果部分呈现的是论文数据处理后得到的结果事实，而不是自己归纳、猜测出来的结果。在结果部分需要呈现的有：在方法上的创新、与别人做的类似的数据处理分析的不同之处，如一些统计分析算法或者方法等。

结果部分不要试图对结果进行评价，放在讨论部分进行。每一张图表都需要被引用，但是不必解释数据具体的生成过程，也不要将所有的数据在表里展现，可以用均值、方差等统计值表现。此类说明应出现在与图形或表格相同页面上的图例或标题中，也就是说细节表现在图的图例里面。

④ 讨论部分：

讨论部分要解释结果出现的原因，结果和别人结果的不同之处，需要将相关的研究作为参考文献进行引用。同时，论文结果一定要用论文中的数据来支撑，不能超过所使用的数据范畴。

在这部分还要提供一个预期展望（future discussion），即将来这个研究还能往哪些方向发展。比如我做过的一项研究是计算不同的卫星传感器的产品精度，得出产品精度以后，还可以对卫星产品的算法进行研究，分析引起偏差出现的原因。

需要确定以下几个部分：

➤ How do your results relate to the original question or objectives outlined in the introduction section?（在引言部分提出来的问题或概述的内容与得到结果的相关关系，在这个部分你要回复这个问题，突出这个问题是怎么样的。）

➤ Can you reach your conclusion smoothly after your discussion?（经过讨论，结论是否清晰可现？）

➤ Do you provide interpretation for each of your results presented?（对论文中提出的结果是否能够自圆其说？）

➤ Are your results consistent with what other investigators have reported? Or are there any differences? Why?（你的论文结果是否包括了其他人公布的研究成果，或者是说明与别人研究结果的不同之处，以及产生不同的原因）

➤ Are there any limitations?（讨论部分存在的局限性和没有解决的问题，不仅要讨论自己研究结果好的部分，也要讨论结果差强人意的地方）

最好不要出现以下几个部分：

➤ Make statements that go beyond what the results can support（论述超出了论文结果的支撑）

➤ Suddenly introduce new terms or ideas（突然引入新的术语和观点）

➤ Write an expansive essay that extrapolates widely from what you found（对研究结果不切合实际的推断）

➢ Start the discussion with a single sentence that states your main findings(只用简单的一句话陈述论文的主要创新点)

➢ Discuss only strengths or weaknesses(只讨论论文的优势与不足)

讨论部分要将你的研究方法与已有的研究方法联系起来；你的结果与已有的方法结果是否一致？与以前的研究相比，你的研究有哪些优点和缺点？为什么你的论文提出了不同的结论？讨论你研究的意义，但不要夸大其重要性；回避你研究中没有解决的问题；将论文重要的部分着重描述，不重要的部分适当地介绍，避免陈词滥调；指出论文还有哪些值得研究的地方。

接下来是讨论部分具体的写法说明(图2.6.7)：第一段是对主要的发现进行解释或者回答，以及支持论文观点的论据，这些论据基本上引用了其他文献；第二段，和已有的研究进行对比，论述论文的优点和缺点。通过数据的处理和结果分析，讨论新的发现。将发现的内容以假设或者模型的形式呈现；总结段，总结论文研究结果的重要性和研究展望。

Discussion
(Be concise)
First paragraph:
➢Interpretation/ answer based on key findings
➢Supporting evidence
Subsequent paragraphs:
➢Compare/contrast to previous studies
➢Strengths and weaknesses (limitations) of the study
➢Unexpected findings
➢Hypothesis or models
Last paragraph:
➢Summary
➢Significance/implication
➢Unanswered questions and future research

图 2.6.7　Discussion 部分的注意事项

3. 拒稿问题

前文主要谈论了论文主体的内容，接下来谈谈论文的拒稿问题。这个问题几乎90%以上的人都会在投稿的过程中遇到，很少有人投稿能直接一次性通过。

如图2.6.8所示是一个编辑写给作者的信，这封回信翻译中文如下：非常感谢你来咨询我们是否愿意发表你的论文，你的论文很好，也是原创的，但是我们不愿意接收，问题在于你所写论文创新性不是很高，原创的部分也不是很好。编辑直截了当地拒绝了论文。

自我反思，为什么自己认为做了很厉害的工作，但会被期刊拒绝？原因有两点：写作水平和行文结构，写作水平体现在语言的组织和表达上；行文结构就是论文逻辑性严谨程度。论文写作一定要重视这两个地方，论文的整体结构清晰，内容通俗易懂，这样的论文更能赢得编辑和读者的青睐，传递想要表达的信息。

这里给出论文被拒的两个原因，分别是内容原因和准备原因。内容原因是指论文研究的目标和研究范围有限，期刊社的目的是广开销量，如果所写论文的含金量不高，自然是

不会被期刊录用。即

> Dear sir,
> Many thanks for asking whether we would like to publish your paper.
> Your paper is **good** and **original**, but unfortunately we are simply not willing to publish it.
> The trouble is that the **good bits were not original** and **the original bits were not good**.
> Yours faithfully,
> The Editors

图 2.6.8　编辑给作者的信

➢ Paper is of limited interest or covers local issues only (sample type, geography, specific product, etc.)（论文的研究内容难以激发读者的阅读兴趣）

➢ Paper is a routine application of well-known methods（论文的研究方法无创新）

➢ Paper presents an incremental advance or is limited in scope（论文研究进展的局限性）

➢ Novelty and significance are not immediately evident or sufficiently well-justified（创新性和重要性不明显或是得不到证实）

第二个原因就是准备工作做得不充分。准备工作表面看上去很简单，只要把基本内容写好，将论文格式、字体、图片等进行修改就可以投稿，但如果这些也做不好，就会给编辑留下不好的印象，他会认为你的态度不认真，准备不充分，或是英文写作表达能力有限。

以我的第一次投稿为例，收到回复如图 2.6.9 所示。四位编辑或是审稿人都给出了自己的观点。先看一下主编的意见，从图 2.6.9 第二段开始，他认为我论文的研究内容范围有限（编辑或是审稿专家认为论文只是简单地把卫星产品和地面产品进行验证，内容的信息量有限，不值得在 RSE 上发表），且对结果的解释不够详细，只是简单地描述，最后说写作的质量不高，英文看不懂。

第一个审稿专家给出的审稿意见，首先认为论文只是简单地对结果进行比较，没有实质性的看法和观点；第二点认为图片是重复性的，只是以一个总结的方式来呈现；第三点是说范围有限，没有提供任何新的有创新的分析或见解，并且对科学研究来说这篇论文是没有价值的，这里就直接否定了。第二位审稿专家，首先称赞了论文的写作水平，随之给出意见认为结果和讨论的部分只是重复，并且没有提供任何有效的信息。第三位审稿专家，认为论文结构需要重新调整，论文的研究成果缺乏深入的科学分析。

这是四位专家给出审稿意见的整合，还有一些详细的意见，这部分与论文具体内容有关，在此没有列出。

论文被拒是正常的，但是如果你认为你的论文很重要，做得很好，值得在期刊上发表，你可以给编辑写一封自荐信，陈述你的理由。

2 精英分享：GeoScience Café 经典报告

Editor-in-Chief

I am sorry to inform you that your paper, "Multi-sensor study of precipitable water vapor over typical regions of China," has not been recommended for publication in Remote Sensing of Environment.

We received three reviews. Unfortunately the reviewers have pointed out several issues, like the limited scope of the manuscript, the lack of interpretation of the results (the manuscript is very descriptive) and the quality of the writing.

Reviewer #1:
Comments:
The paper simply enumerates the comparative results without any insights on the biases. The figures are repetitive, and simply are presented in a summative fashion. The goal of the paper is limited in scope (Lines 89-92). Since it does not deliver any new or innovative analysis or insights to the readers, and does not add value to the scientific literature, I conclude that it is not suitable for the journal, and suggest rejecting the paper.

Reviewer #2:
I found the introduction to be well-written and I only have very minor comments there. However, I found the results and discussion section overly repetitive and not particularly informative. Rather than simply analysing each site and presenting those sites individually, it may have perhaps been more informative to undertake some sort of multi-variate analysis. For example, a correlation for each sensor with on-ground data, with mean

Reviewer #3:
In general I found the topic of this paper interesting and I believe all of you did a lot of work for analyzing all the data. However, the paper must be completely restructured and a deeper scientific analysis must be done.

图 2.6.9　时芳琳第一次投稿后审稿人的回信

如图 2.6.10 所示是我写给编辑的一封回信，以投的另外一篇论文为例，三位审稿专家给出了很多有价值的评论，我已经对提出的评论意见逐一详细进行回复。重新投稿这篇论文时，用几句话表达了来意，首先向编辑阐述之前的投稿论文、编辑和审稿专家给出的意见，自己如何详细地修改，咨询编辑能否重新投稿，在后面列出论文题目、主要研究内容和研究价值。

编辑就给了回复，因为论文的原稿他已经读过了，而且根据之前审稿专家的意见，可以再次拒绝接受这篇论文，但是鉴于论文确实存在潜在的研究价值，所以让我进行返修处理，并建议我注意一下第一位审稿专家的意见再投 RSE。这表明期刊接收我的论文的可能性还是很大的，因为编辑会给机会修改，说明论文本身有潜在的价值。

Dear Editor,
We submitted a manuscript (Ref: RSE-D-17-00481). Three reviewers pointed out very critical comments. We have revised the manuscript in depth according to the reviewers' comments, and want to resubmit it. The manuscript was titled "The first validation of the precipitable water vapor of multisensor satellites over the typical regions in China". In this work, we investigated the distribution of PWV using ground-based measurements over the typical regions in China, and first validated the errors of Precipitable Water Vapor (PWV) products from four satellite sensors. We found the PWV accuracy of satellite sensors (MOD05, MOD07, VIRR, MERSI) varied widely in different PWV levels and typical regions. VIRR sensors largely overestimated PWV over the North China region. MERSI dramatically underestimated PWV over the South China. The accuracy of MODIS was the best in most parts of China. The manuscript has not been previous published.
Thanks very much for your attention and good suggestion to the manuscript. We are looking forward to your review coming quickly.
Sincerely yours,
Fanglin Shi
*Correspondent author: Prof. Jinyuan Xin
Institute: Institute of Atmospheric Physics, Chinese Academy of Sciences, Beijing, 100029, China

Because its original version has been thoroughly reviewed already, I could reject it based on these additional comments. However, given its potential value, I would rather give you another chance to respond and revise. Please pay careful attention to Reviewer #1's criticism on your lack of indepth analysis.

🔸 编辑给修改的机会，就有很大希望

图 2.6.10　时芳琳给期刊编辑的回信以及编辑的回复

如果收到修订通知，应当将审稿专家提出的所有问题进行逐条回复，还要给审稿专家写一封回信，并且把回信也发给编辑。之前第一位审稿专家对我论文的意见特别大，后来经过认真地修改后，得到了编辑的肯定回复（图 2.6.11）："I am satisfied the author's have addressed all my comments"，所以一定要重视审稿专家提出的意见，如果将审稿专家的意见逐一回复，可能他们就不会再提任何意见。

```
==========================
Comments from the Editors and Reviewers:
Thank you for taking additional effort in further improving your paper, which is not accepted for publication in RSE. Congratulations!
Reviewer #1: I am satisfied the author's have addressed all my comments.
==========================
```

图 2.6.11　第一位审稿专家的回信

关于如何回复审稿专家的意见，有以下几点建议：

➢ Keep to the point：response to each point raised by the reviewers（每位专家提出的意见要逐条回复）

➢ Keep it objective：keep the emotion out of it（客观公正，不要带有感情色彩，可能有些审稿专家或者编辑给出的意见比较苛刻，或者是给出了一些不可能完成的要求，回复时一定不要带有情绪）

➢ Keep things under control：to see whether there are additional suggested experiments that are required for resubmission（把握主控权，比如说审稿专家回复说论文存在某一些问题，你需要仔细地阅读审稿专家的信件，将存在的问题修改后，还要再看是否有其他潜在的问题，主动和审稿人交流论文内容，主动指出论文中有哪些内容研究不充分）

➢ The scope of things：Say clearly and succinctly if something is unfeasible（当审稿专家提出的问题和意见超出了你的专业领域之外时，就实事求是地进行回复，原因可根据其他的参考文献进行解释说明）

其次是如何看待这些审稿专家提出的意见，建议方法如下：认真对待审稿意见，反思论文内容是否存在与审稿专家提出一致的问题，借鉴参考意见，完善不足之处，达到期刊标准要求。经过反复修改后，不仅自身能力有所增强，也为论文增光添彩，修改后的论文也容易受到审稿专家的青睐。

对专家的来信内容，首先需要对专家提出的意见进行逐一回复。回复专家审稿意见，可按如下思路进行：首先感谢审稿专家和编辑对论文提出审稿意见，感谢他们对你加深论文理解的帮助。接着说明自己已经根据审稿意见对论文做出了修改，并用不同颜色的字体标注了修改内容，给审稿专家留下了好印象。

论文的修改校订是很重要、很必要的过程。图 2.6.12 中假定了两个投稿流程，第一个是草率准备了一个原稿投上去，过了四到六个月以后结果出来，被拒了，过了几天把修改过的论文又投出去了，继续得到悲剧的结果，如此往复，就会 sink into despair(陷入绝望)，这是一个错误的做法。第二个则是用三到四个月来准备你的论文手稿，四个月以后给了你一个审核决定，让你修改，你在规定时间内仔细地修改，可能会修改很多次，但最终的结果是文章会被接收。

如图 2.7.12 中蓝色字部分是我投稿 RSE 的经历。RSE 的审稿效率非常高，就两个月、半个月和一个月，不像其他的期刊要等五六个月。我总计投稿四次，第一次投稿，4 月 27 日到 6 月 24 日两个月的时间，结果是被拒；6 月 24 日到 9 月 14 日，修改了两个月，根据论文的审稿意见进行修改，再次投稿；10 月 8 日，不到一个月的时间就给出了回复，审稿意见说投稿论文有潜在的价值，可以继续修改，根据审稿意见再次修改，10 月 8 日到 21 日，经过半个月的时间，再次投出去；11 月 21 日，收到期刊回复，这次的修改意见是可读性的问题，也就是英文写作的问题，其余的问题不大，在对英文写作问题修改过以后，就是小修投稿，10 月 21 日到 28 日七天时间修改，12 月 18 日收到录用通知。

Why is revision important and necessary?

Which procedure do you prefer?

➢ Send out a sloppily prepared manuscript(草率准备的原稿) → get rejected after 4-6 months → send out again only a few days later → get rejected again...→ sink into despair(陷入绝望) 😒

➢ Take 3-4 months to prepare the manuscript → get the first decision after 4 months → revise carefully within time limitation.. accepted

Write and re-write

until you are satisfied!

1. 第一次投稿：	2017.4.27—2017.6.24		Rejected
2. 再次投稿：	2017.9.14—2017.10-08		potential value
3. 大修后投稿：	2017.10-21—2017.11-21		readability
4. 小修投稿：	2017.11-28—2017.12.18		Accept

图 2.6.12　校订修改与投稿日期

投稿到接收，从 4 月 27 日到 12 月 18 日，整个过程就是在不断地写，写到自己满意为止，各方面都很好，论文的可读性也高，被接受的概率就会很大了。

图 2.6.13 所示为英文写作的问题，编辑审稿意见为英文的可读性很差，建议让 native speaker 或者是专门的机构进行修改。如果是这种情况，我建议你将论文送到一些英文修改机构进行修改，但是英文修改机构修改论文时，无法准确地理解相关专业领域的知识，只能根据语法修改论文，可能会曲解原意。所以经权威机构修改后，我们仍要认真地通读全篇，查看是否有曲解原意的地方，建议打印出来后多次通读，也可向导师咨询修改意见。

如果你选择了一个很有意义的研究问题，并运用正确的方法解决了这个问题，且内容严谨，结构紧凑，行文流畅，传达信息明确，那么你的论文就能成功发表。现如今，科学已经变得跨学科，但审稿专家只对他们的研究领域内的研究内容比较擅长，比如说 RSE 的审稿专家有很多，但他们每个人做的只是一个具体的研究方向，可能与你投稿论文的研究内容不一样，如果想让编辑明确地理解你所投论文的中心思想，可参照上面所述。

图 2.6.13　编辑的回信

最后提供一些有用的资源，如图 2.6.14 所示，可以教你如何把论文写得更好。第一个是词汇银行，可以查找一些有关学术方面的专业词汇；第二个是类似于博客的一个网站，可提供有关写作、问答、求职等方面的资源；第三个是 *Nature* 上面发表的一篇论文，有关如何高效地写作；第四、五、六个都是推荐的书籍，由专门从事期刊出版的主编或是学术研究者撰写的，有关如何撰写和发表高质量科研论文。

Useful resources

1. www.phrasebank.Manchester.ac.uk
   (a general resource for academic writers with academic phrases etc.)
2. http://successfulacademic.typepad.com/
   (successful academic consulting, more tips for getting your dissertation done, getting an academic job, and getting tenure)
3. Recent article(2018) Nature
   http://www.nature.com/articles/d41586-018-02404-4?WT.ec id=NATURE-20180302&spMailingID=56095976&spUserID=MiA4Nig3NDA0NigS1&spJobID=1360109627&spReportId=MTM2MDEwOTYyNwS2
4. [日]上出洋介. 国际权威学术期刊主编指导-如何撰写发表高质量的科研论文[M]. 张北辰译. 北京：科学出版社,2017.
5. Rowena Murray. Writing for academic journals. 北京大学出版社，2007年《如何为学术刊物撰稿：写作技能与规范》影印版
6. Freewriting: Elbow, P(1973) writing without teachers. Oxford: Oxford University Press

图 2.6.14　有用的写作方面的资源

【互动交流】

主持人：非常感谢时芳琳博士的精彩分享。下面是我们的互动环节，有问题的同学可以向时芳琳提问。

提问人一：我有四个小问题。第一个问题，在你写英文论文的时候，是先写成中文再翻译，还是直接写英文？

时芳琳：先写中文再译为英文，可能翻译过程中会存在问题，所以还需要拿到专业的机构进行修改。

提问人一：第二个问题，报告中提到的 cover letter，什么时候提交？

时芳琳：与要投稿的论文同时提交，还需包括 Highlights，即将论文的亮点描述出来。

提问人一：第三个问题，你修改题目时加了 the first validation，但我觉得这是很冒险的，因为我很难判断这是不是首次验证，我担心接触的范围有限，所以不知道能不能加这个。

时芳琳：因为我的论文做的主要是数据验证，修改题目前，已经查阅过大量论文，寻找是否有人已经做过类似的研究，如果有人做过，就会放弃修改。简单的验证发表到 RSE 上，确实影响范围有限，所以我还与论文的其他作者进行了讨论，得到统一的意见后，增加了 the first validation 内容，使文章更加具有吸引力。

提问人一：最后一个问题，也是我们在研究中可能会经常遇到的问题，我正在写一篇论文，之前认为这是一个很大的创新，因为觉得别人没有做过，但是前不久突然发现有人发表了，这时候是否该将这篇论文继续写下去，还是说投到一个影响力比较小的期刊？

时芳琳：首先你要明确你所写论文和别人发表的论文有何不同。如果你们做的完全一样，没有任何创新点，那就不要投了。如果发现有所不同，就在论文不同的地方着重强调，论文的研究价值就体现出来了。

提问人二：请问在投稿之后，审稿专家给出深入分析的修改意见，但可能我做的实验很简单，得到的结果也很简单，我不知道该怎么进行深入分析，该怎么办？

时芳琳：即使你得到的结果很简单，你也可以从另一个角度对研究结果进行分析。比如说我做的验证，关于四季的水汽如何变化，结果是显而易见的——夏天的水汽值最高，冬天的水汽值最低。但怎样分析更能吸引审稿专家呢，可以结合当地的气候特征、人文环境进行分析。以武汉市为例，武汉夏季水汽高，冬季水汽低的原因，就是一步深入分析，要把得出的表面现象分层次地写出来，寻找一些其他资料对其产生的影响因素进行分析。

提问人三：我想问一下论文的时态和语态的使用问题，因为我看了许多论文，有的使用现在时，有的使用过去时，有的使用被动语态，有的使用主动语态，关于时态和语态该怎样选择，它们的区别，以及使用后对论文有何种影响？

时芳琳：其实影响并不是很大，做研究背景介绍时，关于研究现状肯定是用现在时，不可能使用其他时态，虽然可能参考引用的是之前的文献，但是对你的整体研究来说，是论文研究的一部分，所以说要用现在时。

提问人三：自己的论文研究成果使用什么时态？

时芳琳：自己做过的成果使用过去时。自己的成果提交给编辑后，已经经过一段时间，自己的研究过程是过去发生的，所以使用过去时比较好。

提问人四：请问怎样将 results（结果）和 discussions（讨论）分开？比如我在前面呈现一个表或者一张图的时候，应该紧接着就有关于图或者表的一些描述，但如果在 discussion 部分另写一段进行描述，两者隔得太远，审稿专家或者读者需要再翻到前面去看图或者表，遇到这种情况应当怎样进行处理呢？

时芳琳：其实 results 和 discussions 可以作为一个整体，报告 PPT 中只是分开进行叙述如何写 results 和 discussions，但实际上很多论文都是将这两部分合为一个整体。你把现象说出来后，紧接着讨论一下出现现象的原因，最后将这个现象和讨论进行汇总，得到更多的结论，也是可行的。

提问人四：我看到有的文献在对图或表进行描述，或者说表述实验结果时，用了过去时来描述，但是图或表又是正在表述的。另外，结论和讨论放在一起讨论，就感觉既有过去时又有现在时，我很困惑到底该用什么时态。

时芳琳：按理说这并不是很重要，我们在论文写作时，一般使用过去时。我当时写作的时候，使用的也是现在时，因为我觉得这是我现在正在做的东西，我要用现在的状态写。但被修改后，还是觉得应该用 was 这种过去的状态写，所以都改成了过去时，还是进行统一比较好。

提问人四：关于将论文给专业机构进行修改，师姐有没有推荐的专业机构。

时芳琳：我当时投的专业机构是中科院的一个出版社，这个出版社会让 native speaker 来进行论文的修改，投稿的时候可以参考一下。

（主持人：修田雨；录音稿整理：修田雨；校对：李皓、赵佳星、陈佳晟、王雪琴）

3 他山之石:
GeoScience Café 人文报告

编者按：仁者见之谓之仁，智者见之谓之智。于仁智之间，你终能觅得自己的答案。本章收录了 GeoScience Café 六篇有关留学、求职、科研、创业等不同领域的精彩报告。从万方畅谈于金融界只身闯天地，李韫辉分享如何投身"产品经理大军"，到徐凯分享一篇 SCI 论文的诞生经历，刘计洪图文并茂用漫画的方式讲述自己的科研入门之路，再到代文与雷少华的留学经验分享。严谨务实的科研之余，领略"映日荷花别样红"的精彩人生，也许你偶有所感"衣带渐宽终不悔，为伊消得人憔悴"；也许你豁然开朗"桃花流水窅然去，别有天地非人间"，原来探索中所有的迷失，皆是为了终点更精彩的遇见。

3.1 桂林专场校友分享交流会
——第二届校外 Café

摘要： 以桂林理工大学和武汉大学联合主办大数据时代测绘地理信息科学国际研讨会为契机，由武汉大学测绘遥感信息工程国家重点实验室主办，GeoScience Café 承办的第二届校外 Café——桂林专场校友分享交流会在桂林大公馆顺利召开。这次会议共邀请了 10 位校友嘉宾，他们畅所欲言，碰撞思想火花，为在校学生提供了很多有用的专业信息和宝贵经验。

【分享交流现场】

2019 年 11 月 16 日晚，由武汉大学测绘遥感信息工程国家重点实验室主办，GeoScience Café 承办的第二届校外 Café——桂林专场校友分享交流会在桂林大公馆顺利召开。出席本次会议的实验室嘉宾有李德仁院士、朱宜萱教授，实验室主任陈锐志教授、书记杨旭老师，实验室副主任吴华意教授、蔡列飞老师，以及实验室相关办公室的各位老师。出席本次会议的校友嘉宾有知卓资本与网络创始人、董事长陶闯，广州中海达卫星导航技术股份有限公司副总裁胡炜，航天科技集团第五研究院岳春宇高工，西南交通大学齐华教授、陈敏副教授，华中师范大学周东波副教授，中国矿业大学郎丰铠老师，华中农业大学曾玲琳老师，北京建筑大学张瑞菊老师，武汉大学桂志鹏副教授等。

1. 杨旭书记作开场白，陈锐志主任介绍实验室近况

杨旭书记在发表开场白时表示（图 3.1.1），校友工作一直是实验室很重视的一项工作。不断加强与校友们的联系，请校友们为在校学生分享专业信息和宝贵经验以及以各种方式支持实验室发展，学生们毕业后能够得到校友支持，大家一起相互鼓励和帮助，都是实验室一直努力想要做得更好的事情，也是举办此次校友分享交流会的主题和目的。

陈锐志主任为校友们介绍实验室近况（图 3.1.2）时，表达了心里最自豪的事情：在外出差时经常会有同学或者校友跟自己说他是来自实验室的。他也从大家的话语中深感自豪，实验室确实是一个很优秀的平台，这一点在社会上得到公认。陈主任介绍了实验室在人才培养上进行的一些创新：资助学生前往国外一流大学和实验室访学，奖励学术创新的学生，开设"工程案例"课程邀请行业知名学者为同学们授课，等等。陈主任表示，得益于李院士、龚院士的带领，实验室目前发展良好，科研经费近年在武汉大学排名第一；在国际合作方面，实验室走两条路线，一方面请了很多知名学者，开设了全英文系列课程，

另一方面，实验室也在积极和国外高校合作，推进联合成立国际合作研究中心；今年（2019年），实验室的毕业生就业率也很好，位居武大前几名，而且去的单位都非常好。最后，陈主任表达了对校友工作的展望：虽然实验室的校友工作起步得较晚，但是他坚信实验室想做什么事情都能做好，实验室行政班子在武大口碑非常好，执行能力非常强，校友会工作也一定能做好！他欢迎各位校友有空常回实验室看看，多跟老师们交流。

图 3.1.1 杨旭书记作开场白

图 3.1.2 陈锐志主任介绍实验室近况

2. 校友嘉宾的分享交流环节

胡炜副总裁于1991年从原武测的工程测量专业毕业，因为自己跟实验室有各种各样的关系，就主动加入到实验室的校友群里。中海达集团在国内约43所大学设立了中海达奖学金，由于武大是母校这份特殊情感所在，中海达在武大连续10年设立了共150万元的奖学金。对于校友工作，胡总表示自己所在的广州校友会一直做得非常好，从实验室毕业到华南工作的学生比较多，他希望大家能够多多参与校友活动，融入广州的大环境中。

齐华教授在分享时回忆到，2001年合并后的武汉大学首任校长侯杰昌教授带领校友会一行人到成都建立了成都校友会。大家对学校都非常热爱。遗憾的是在此之后就再没有以校友会的形式聚会过。成都的武大校友是一个庞大的群体，水利、测绘行业中武汉大学的校友特别多，测绘行业校友主要集中在四川省测绘地理信息局和一些甲级测绘单位。李院士、龚院士每次到成都来作报告，大家都非常踊跃地参加学术报告活动。对于杨书记希望做好校友工作的倡议，齐教授提了几点建议：第一，可以在校友比较集中的区域找机会筹建重点实验室校友会；第二，可以在重点实验室每一届博士、硕士中推选几个比较活跃的人作为理事，把同年级的同学组建成群，便于组织活动；第三，可以考虑以入学二十年、三十年作为时间节点，组织校友返校，看看自己的老师和自己学习成长的地方。

陶闯教授主要就同学们的就业问题进行分享（图3.1.3）。他认为中国无论是老师还是学生，在研究生培养阶段都很勤奋，自驱力很强，在中国的企业界，尤其科技型的企业比较喜欢招收硕士研究生。博士则不一样，他们一般会选择走学术和科研这条路线，但最近高科技产业兴起后出现了一个很大的转变，除了学校科研以外，博士找到了企业界这个舞台。陶闯教授强调，由于自动驾驶的兴起，现在既懂AI又懂地图的博士是非常稀缺的人才，在这个基础上还懂计算机就属于最强的人才，由于稀缺性他们能拿到高工资。在工业界具备工程化思维和计算机功底十分重要，实验室的学生在专业上都没有太大问题，因此未来学校在培养人才时需要多多加强学生的工程化思维和计算机功底。最后，陶闯教授总结了一条适用于工业界任何地方的"721法则"：70%靠自己努力，20%靠平台，10%靠书本。他引用自己以前在微软只要有一件事没做好就会听到的一句话"you are finished"。他希望通过这句话告诫大家对待每一件事要像对待一次考试，机会只有一次，要尽最大努力把它做好。

图3.1.3 陶闯教授作分享交流

桂志鹏副教授是此次分享中唯一在本校工作的校友嘉宾，他认为与业内企事业单位的项目合作和招生就业是维系校友关系的重要方式。目前这两个方面在新形势下都需要注意。桂老师提到自己的学生在毕业后面临事业单位和企业的就业选择时，大多选择去企业。陶闯教授在这里表达了对桂老师想法的认同，同时他提醒同学们选择职业时要考虑自己擅长的方向，切忌哪里工资高就去哪里。接着，桂老师说到每年测绘遥感行业的事业单位来武大招生时总是"备受打击"，失望而归，其实，这些单位也有自身优势，能够给毕业生一个更稳定和长远的成长空间，使他们今后能够为社会承担更重要的责任。他担心过几年测绘局或者相关单位的武大毕业生会出现空白，并恳请在座的各位老师考虑一下这个问题。

岳春宇高工在分享时笑称自己是一个"专心"的人，从本科开始就在武汉大学一直念下来，工作也只找了这一个，自己所在的这个单位不同于企业，是有事业编的集团公司，工资不太高，主要讲求奉献。"革命战士一块砖，哪里需要哪里搬"，只要是单位需要的工作，即使自己原先不懂，也要在一定时间内把它做好，他相信在开开心心工作的过程中或许能做出点东西。李德仁院士对岳高工及其团队为国产卫星的无私贡献给予肯定，他觉得岳高工在这种不计报酬、为祖国和人民服务的过程中也就找到了人生的价值。

张瑞菊老师是第一个分享的女校友嘉宾，她的博士论文曾获得 2008 年湖北省优秀博士论文。张老师从自己在学生时代以及工作后家庭事业平衡两方面进行了分享，她告诉在座的学弟学妹，在校学习时没有其他事情拖累，可以全身心投入学习，要珍惜实验室资源，广泛学习，即使是当下没有用的知识或许在未来会派上用场。同时，张老师作为一位女性科研工作者，她表示在拥有自己的家庭后，家庭生活会对科研产生较大影响，但她鼓励同学们仍要不停地努力去提高自己，不落伍于这个时代，实现自己人生的价值，她自己也是这样践行的。

朗丰铠老师在分享时赞扬实验室条件很好，作为实验室的学生很幸福。他强调读博期间的科研生涯非常重要，大家不需要太去关注所学知识对于未来的用处，要积极培养自己的读、写、说的能力，这些基础能力对以后事业发展大有裨益。人生就是不停地选择，没有绝对的好与坏，大家跟着自己的想法，多请教一些师兄师姐、老师长辈，最后坦然做出决定即可。

陈敏副教授是实验室 2014 届博士毕业生，他在分享时首先回忆了自己求学阶段蔡列飞老师说过的一句话：我们实验室很多教授都能够同时处理多件事情，而且每件事情都能处理得很好。他当时对这句话没什么体会，但在工作以后却深有体会，由于家庭生活、工作中非科研事务的羁绊，留给科研的时间非常有限。大家在博士期间既做实验，又写论文，还要忙项目，因此读博是一个很好的锻炼机会，能够锻炼自己同时处理很多工作任务的能力；接着陈敏副教授以自己指导的研究生求职为例，强调了在找工作时学生基本功的重要性，他建议大家平时做学术时一定要把基本功打扎实。

曾玲琳老师强调了学生阶段需要重点培养两种能力：一种是说和写的能力，另一种是独立思考的能力，这是她从学生时代过渡到工作后深有体会的两点。另外，她还谈了作为女性科研工作者的一点体会，她觉得当下高层次人才中女性确实非常少，因为要平衡生活和工作很不容易，结婚有小孩后可能慢慢就失去了当初的内驱力，精力容易分散，她自己在结婚生小孩后那两年也非常迷茫，感觉从两个角色中很难抽离出来，但后来在朱宜萱教授等前辈们的熏陶下，自己感受到了生命和时间的宝贵，时间绝不允许我们随意浪费，因此她也慢慢找回了状态。

最后一位分享的校友嘉宾是周东波副教授，相比于其他在高校工作的老师，周老师是一个从 GIS 和遥感领域跨界到教育领域的科研工作者，但周老师一直没有放弃自己的专业，他表示技术学到一定程度可能需要跳出技术来看问题。因此，他告诉就业的同学不需要想太多以后到底能做什么,只要在那个位置脚踏实地努力工作,最后就能够做到最好。周老师最后也提到了他在工作后更加感受到实验室师生努力钻研和奋斗的学术氛围,实验室的条件确实很好。

3. 李德仁院士和朱宜萱教授指导人生选择问题

之前桂志鹏老师在分享中提到了对于以后测绘局或者相关单位武大的学生会出现空白的担忧,他恳请在座的各位老师考虑一下这个问题。李德仁院士(图3.1.4)和朱宜萱教授(图3.1.5)通过自己以及周边的例子,向大家语重心长地提出了行业选择的建议和指导。

图 3.1.4 李德仁院士作分享交流

首先,李院士认为我们国家培养人才是要满足整个社会各行各业的需求。李院士举例说,西方国家最好的学生不少都去做小学教师,教育下一代,特别是在 20 世纪 50 年代我们国家学苏联的时候,苏联的小学教师购物不用排队,因为苏联的老百姓认为小学老师是教育他们孩子的,而启蒙教育需要从小开始,所以小学教师值得人人尊敬。通过这个例子,李院士告诉大家一定要放宽自己的心,提高自己的认识,学成以后做什么工作都可以,只要这个工作是国家需要、社会需要的,我们就可以去做,这些工作都有攀登高峰的可能。人与人不可以比,人各有志,人各有所长。实验室希望我们每一个人都成为国家的栋梁。不是说官做得越大,钱拿得越多就是栋梁,前提是做了一项国家需要的工作,这个工作对得起国家、对得起人民,那么我们就会在其中享受到人生的乐趣、生命的价值。

对于职业规划,李院士认为大家不要有压力。所有的事情都不是一锤子买卖,关键在于个人的品质和综合素养,是否能把人、事和学问都做得很好。不管大家做什么研究,只要把辩证唯物主义中提出问题、分析问题、解决问题的方法掌握好,把基础打牢,将来即使从事其他行业同样也可以做好。如果一个人人品好,学问和技术基础牢,动手操作能力强,写作演讲能力也很强,就能适应各种各样的变化。

图 3.1.5　朱宜萱教授作分享交流

　　李院士告诫我们,人的聪明程度差别不大,重点在于我们是不是有恒心,是否能坚持不懈地努力工作,不计较眼前的利益得失。本硕博十年所学到的知识对于人的一生而言是远远不够的。李院士谈到他们上大学时没有数字化,没有信息化,没有网络,现在仍然能够掌握这些知识和技术,这都是来自不断学习,进而不断提高和进步。

　　在谈到压力问题,李院士认为各行各业都面临不同的压力。无论是高校老师还是企事业单位,重点在于我们要正确对待,要坚持自己的底线。我们要发论文、要出国,存在各种压力,在这种情形下,就需要我们自己多辛苦、多努力、多花工夫。只要把方法掌握好,把基本功打扎实,写文章也不会难。"读书,思维,创新,实践,成功在于坚持不懈的努力",李院士最后再次将这句话送给了大家。

　　"如果时光可以倒流,我可以学 20 年钢琴,现在我就可以跟我们当时一起学钢琴的人一样上台表演,我又在想……"伴随着朱宜萱教授这番动人的讲述,现场气氛温暖而静谧,她的话语如涓涓细流流入大家的心田,她希望大家能够珍惜时间,时间和生命是一体的,时间流逝了,生命也跟着流走了。朱教授以自己为例,说她以前做事情很少主动规划,总是依赖于老师的安排来掌握自己的时间,现在她总是积极主动地去规划时间。"我要利用宝贵的生命，多做些事情。所以，我又加入了九三学社、参加组织生活，又去种树，做各种事情，就是带着对时间无比珍惜的想法。我觉得自己觉悟来得太晚了，如果年轻时就这样，现在就更好了！"朱教授告诫我们虽然年轻是资本，但不要把资本放到水里任其流逝，一定要利用它得到更多的回报。

朱教授用脍炙人口的歌词阐述了人与社会的关系，人好比浪花，社会好比海洋，"海是浪的依托，浪是海的赤子"。所以大家不要把自己孤立起来，总是要像浪一样跟着海水运动。如果要想当时代的弄潮儿，就一定要学会游泳的真本领。GIS 也好，RS 也好，AI 也好，这些真本领一定要把它掌握好，这样才不会被时代的浪潮所淹没。好高骛远，整天幻想未来的去向毫无意义，面对时代的洪流，最好的方法是到冲浪第一线去搏击，另外一定要关心国际形势，关心国家对人才的需要，抓住各种机遇去充实自己，完善自我，要一天加一天，一个小时加一个小时，一分钟加一分钟地去努力，不需要太考虑自己要到哪个单位，先把自己的条件做好，这样在找工作的时候工作就会自动找上门来。

"沉到底，充实自己。好汉不要现在就夸下海口，10 年、20 年以后再说。"朱教授用自身的例子为我们作了提醒，"我上高中的时候，班上有个同学非常狂妄自大，他文学很好，他说：'朱宜萱，20 年以后到新华书店买我的小说。'我现在望了一辈子也没见他出书，说明他在做这个事情的时候吹牛多了一点，没有做到脚踏实地。像我现在，我还可以说我测了多少幅图，我教过的硕士、本科生、专科生、函授生加起来，也有 1000 个，所以我有资本可以说。如果是一个扫马路的环卫工人，他就会说，洪山区的每一条马路我都扫到了。如果是一个接电话的人，他可以说，我接电话都接到全世界了；一个导游可以说，我已经把全世界 200 个国家地区都导遍了。这就是他们的工作成绩。不一定说你非要在研究院才能有多么大贡献，人家扫马路就没有贡献了。"

最后，朱教授用李院士和中国女排都曾被打倒过几番但最终又站起来的例子告诫我们，关键是自身要强，思想要强大，身体要好，专业要好，这样不论身处何地都会发光。朱教授祝福大家前途远大，做好每一天。

4. 杨旭书记和陈锐志主任作总结

杨旭书记在总结时首先表示今晚听了校友们、李院士和朱老师的分享，自己深受启发，接着他就校友工作表达了自己的看法。他强调不是为做校友工作而做校友工作，要以解决问题为原则来推进校友工作，比如可以从三个方面入手：第一，可以利用实验室经常召开的各种各样会议的机会，开展校友聚会和交流；第二，实验室会邀请优秀的校友们经常回校与在校的同学们进行分享，其中比较正式的有开学典礼和毕业典礼，均已做推进，同时会通过像 GeoScience Café 举办校外 Café 的方式进行校友的分享交流，并将分享的内容进行整理和发布，让更多同学受益；第三，实验室也需要把实验室的相关工作和信息以适当的方式向校友们作汇报；当然，在各种工作开展中，校友与实验室相关老师、校友之间一直保持着密切交流与合作，这本身也是校友工作的重要组成部分。最后，杨书记也分享了自己的一点体会，就是人应当培养三种最基本也是最重要的能力，即做、写、说这三种能力，无论干什么事情都需要这三种能力作支撑。其中做的能力就是李院士讲话中讲到的做人做事做学问，运用所学知识去解决各种问题，这个实践过程就叫做"做"，问题解决了，做的能力就有了。当我们不知道做的具体方法的时候，不要迷茫，有一个最高的方法，就是"做"。事情总是做着做着，就找到具体的方法了。

陈锐志主任在总结时也表达了今天听到大家的发言后深受启发，他觉得今天的主题是讲同学们能够从不同的角度去做一个对社会有贡献的人，在我们为社会作出贡献的时候，高薪或者低薪都是社会回报的一个途径，但最重要的是能够把自己培养成为一个对社会有贡献的人，在实现人生价值中获得成就感。陈主任认为学习的时候要讲究深度和广度，做学问的时候一定要刻苦钻研达到一定深度，同时还要积极培养自己的非专业能力，比如杨书记刚才提到的做、写、说的能力，这些能力与为社会作贡献有直接关联，必须注重专业知识和能力与非专业知识和能力的结合。陈主任举了"青千"评选答辩的例子，PPT展示只有15分钟，必须在材料组织、PPT架构、开场白、声调高低、与观众互动交流等各个方面保证万无一失。陈主任也提到自己在讲课时为了保持与学生的互动状态，取得良好的课堂效果，在课堂讲话时他从来不坐着，因为坐着进入不了状态，必须站起来讲，才能进入状态。除此之外，陈主任还强调了提炼能力，他赞扬李院士是这方面的榜样，他总能将一个很复杂的问题提炼得通俗易懂。最后，陈主任强调了时间管理的能力对于成才至关重要。

对于就业选择问题，陈主任认为每一个人选择的人生都是最好的人生。他毫不怀疑实验室的学生在好与不好之间的选择能力，但在好与更好的选择时可能会难倒大家。陈主任表示其实大家不要纠结，随心选择一个即可，因为选择以后如何走好自己的人生才是最重要的，要努力把每件事情做好，那么大家就永远听不见这句话"you are finished"。

最后，实验室副主任蔡列飞老师为校友嘉宾们赠送礼物（图3.1.6），并邀请在场的嘉宾和老师同学们一起拍了一张合照（图3.1.7），主持人宣布本场校友分享交流会圆满结束。

图 3.1.6　蔡列飞副主任为校友们赠送礼物

3.1 桂林专场校友分享交流会

图 3.1.7　分享交流会结束后大家合影留念

（校友嘉宾分别是：周东波(第一排左1)、胡炜(第一排右2)、齐华(第一排右3)、陈敏(第二排左2)、曾玲琳(第二排左4)、张瑞菊(第二排右2)、郎丰铠(第三排左4)、岳春宇(第三排右3)、桂志鹏(第三排右4)）

【互动交流】

在胡炜副总裁和齐华教授两位校友分享结束后，现场插入了一个简短的提问交流环节，来自实验室的2017级博士生沈高云提出了两个问题。

沈高云：第一个问题：如何热爱自己所从事的科研以及如何肯定科研工作的价值？第二个问题：作为2017级的博士即将面临毕业，我有意向去大学任教，但是现在高校，尤其是优秀的高校，对于应聘者的要求越来越高，细观去年的一些应聘简历，大多是要求发表5篇以上SCI，或者是有海外的求学背景，想请教一下齐华教授，西南交大现在工作岗位的招聘有哪些要求，或者说希望能招到一些什么样的毕业生？

齐华：如果你没有海外经历，来应聘可能就会有点吃亏。有海外经历，又有一些重要的学术成果，能够以"人才计划"的方式回来，待遇就会比较高。可能我这个站位有点不高，但是比较实在。

沈高云：想请教一下海外经历是指在海外去做RA，还是像公派联培也算？

齐华：如果是5个月就算，现在我们实验室是支持大家到海外最好的实验室待5个月，但如果你有更好的表现，可以跟老师说，让对方再延长6个月，也是可以的。

陈锐志：我有两三个学生遇到过这种类似情况，第一年使用的是留学基金委的资助，后面就是我给的资助，就像海外的老师给资助一样，如果你足够优秀的话，对方继续给你资助是有可能的，但是你必须要足够优秀，对他们来说才能有吸引力。

沈高云：想问一下这种海外联培经历是被认可的吗？还是说具体要拿到什么资质凭证，或是在海外做研究助理(RA)就可以？

齐华：现在签聘用合同往往是非升即走，即你两年没有升副教授，就要离开。所以说，用"人才计划"方式一口气把身份做到位，这样对于自己的发展会更好。

沈高云：还有一个问题，就是如何热爱自己所做的科研？总感觉校企之间好像有一堵墙，自己做的东西可能也不太会被企业行业认可。我们在学术圈发 SCI，发一些影响因子高的文章，但是真的要去实际落地，就会觉得似乎又不是一回事。尤其像我们做水文，会发现首先数据特别难拿到，像水文站、气象局研究数据，每个单位申请数据就特别麻烦，每个单位都有自己的条件，有一些数据又不想给你，学校想跟那些单位合作的话，仅是他们自己的内部机制就很麻烦。

齐华：借用李老师原来教育我们的话，即你自己积极努力了，你就会很好，如果你自己没信心努力，最后喊别人帮忙也无济于事。如果你自己一个劲地去找，肯定都会成功。等到别人协调好了再来找你，可能就不行。所以，自己积极努力去争取，就会很好。

陈锐志：数据问题好像确实也有一些其他的案例，就是说如果确实很需要数据，可以跟对方成立一个联合研究中心、联合实验室，这种也可能是一个途径；当然，作为博士生，数据问题主要还是要通过你的导师来规划解决。

沈高云：我们现在也有联系，但是像气象局、水文局，他们自己内部对自己的数据可能都不是很清楚，每次沟通起来，都是我们这边列好了需求跑去找他们，他们就说没有，你自己看一看。

陈锐志：这是另外一回事了，有时候如果他没有整理好内部事务，不等于说它有数据不想给你。如果他有数据，但不想给你，你就可以从实验室合作的角度来争取，但如果他有数据，但他不知道在哪里，这个问题就不是刚才说的那个问题了。如果他手里有资金，他不愿意给你，那是因为他必须用好这些资金，任何事情都要双赢。他给你，总能希望得到什么回报，不管谁都是这么思考的，如果说你赢我不赢，这个肯定是不能持续的。所以如果他要给你，他肯定是希望跟实验室建立一个合作机制，或许是从实验室吸引人才到单位去，总归有他的目的，可能这种途径也是一种方法，如果自己解决不了的话，看实验室能不能解决。

崔松：想问一下李院士，刚才听您讲，要永不停歇地奋斗。我现在面临着博士毕业后的一些选择，其中一个很大的问题就是毕业之后应该选择到一个相对舒适的地方，比如跟着自己的博士生导师做他的博士后，还是去国外深造，去找一个国外知名学者，甚至导师都没有跟他建立起关系的知名学者，尽可能去联系上，往上去做？如果去国外，追一个老师都可能不认识的知名学者，或者说跟自己博士所做的方向没有太大契合的这样一个事情，能否把握好自己，让自己去追梦？

李德仁：对这个问题我是这样看的。首先你自己要对自己有一个分析，从你的爱好、你的特长、你的才华，到你现在的状态，去做一个全面深入的分析，每个人都可以分析，比如你的长处在哪？你的兴趣在哪？外界各种可能的机会在哪？你把你的长处分析后，对经济社会发展的需要和机会也要分析一下，如果分析的结果支持你跟着你的导师继续做，发展会更快，你就选择这条路。如果你认为你的长处、你的兴趣和你找到的机会在另外一个方向，那么你可以做出新的选择，这没问题，可以走。这个你自己要把握，没有人可以代替。

但是话又说过来，如果你把握错了也不要紧，人生很长呢，对不对？每个人不可能一帆风顺，你可以做出一个选择，可能后来发现不对了，就再调整吧。你在一个选择上可能有错，但也可能歪打正着。人生路上的很多情况其实是不可预测的，所以不要怕，努力拼搏就好。

人生就像在海上航行，在海上不断地努力修正方向、探究目标。这个目标可以变化，但是这毕竟是个瞬间，你要在总体上积极把握方向。各种因素也比较多，你还有你的父母，还有你的女朋友，如果你选择家庭、女朋友，你受到的阻力就比较大，就要谨慎一点。这些关系理清楚了，也可以做出很好的选择。

我们一定要把握好自己，每一个阶段总有一个相对靠近真理的目标，你要向着这个目标努力奋斗，无数相对真理的总和才能得到一个绝对的真理。只有勇敢一点才能创造一个正确的人生。这个可以跟你的老师商量，可以跟你的家人商量。你们年轻人可能缺少经验，家里人或是老师、辅导员，都可以给你们出主意，希望每一个学生都能考虑潜能去发展，得到理想的结果！

（主持：崔松、董佳丹；摄影：郑昊焜、李宇光；摄像：何振轩；文字：董佳丹、李涛、杨婧如、薛婧雅；校对：杨旭）

3.2 人生中最后一份职业——创业或投资

(万 方)

摘要: 你是否曾渴望投身金融圈闯出一片天地?你是否曾因不知如何开始而彷徨不前?选择投资、投行会遇到哪些挑战?我们到底需要学习哪些实用的技能?如何调整自己的职业规划和科研方向?在 GeoScience Café 第 235 期交流活动中,拥有投资、投行双重背景的万方,与我们分享了金融投资领域最鲜活的宝贵经验。

【报告现场】

主持人: 欢迎大家来到 GeoScience Café 第 235 期活动现场,我是本次活动的主持人黄文哲。本期我们非常荣幸地邀请到了拥有投资、投行双重背景的万方学姐来为我们分享她的工作经验。万方,武汉大学 2007 级数理金融数学/经济学双学士、法国图卢兹经济学院经济学硕士/里昂高等商学院管理学硕士。目前任职于同创伟业,主管夹层基金产业并购、投资业务,主要投资领域为教育、物流等现代服务业。曾任职于国泰君安证券投行部,参与包括沙隆达 A(000553)30 亿美元跨境并购 ADAMA 重大资产重组、坚瑞沃能(300116)并购沃特玛重大资产重组、中曼石油(603619)等多个 IPO、锦江股份(600754)50 亿等多个非公开发行股票项目。下面让我们有请万方学姐,掌声欢迎!

万方: 大家好。今天非常开心能够来到这里分享,我是一个数据控,一般做讲座的时候,喜欢放很多数据,这样会让我有种安全感。但是隔行如隔山,大家可能对金融投资投行不是那么了解,所以为保证今天分享的有趣性,我没有放很多数据,主要是分享自己的人生经历和一些经验,也希望和大家交流一下未来的职业规划,等等。

1. 个人简介

我先来做一个简单的自我介绍(图 3.2.1)。我是 2007 年入校,2011 年毕业,就读于武大经济与管理学院的数理金融与经济专业,这个专业的特点就是课多、课难。就当时我的成绩在班上排名偏后,但是毕业以后大家都在各种各样的金融机构工作,我感觉自己跟同学的差距好像也没有那么大。话虽如此,但我现在还是有点后悔本科时很多东西学得不够扎实,所以同学们还是要好好学习自己的专业知识。

毕业以后我去法国念了几年书。在法国,我还读了奢侈品管理与营销专业。我当时为什么会读这个专业?我觉得可能是被法国那种自由、浪漫的气氛所影响,让我想去探索人生的一些可能性。我已经有了一个硕士学位，就想去试试看自己有没有更多的可能性。

我读了这个专业之后，通过校招进了全世界最大的一个奢侈品集团——LVMH。很多女生可能都很喜欢LV的包包，所以我进去的时候也对它抱有憧憬和幻想。我觉得这样一个奢侈品集团很高大上，很神秘，但是我在那里工作了半年以后，发现这并不是我想要的工作。因为像这种消费品，它核心的商业模式就是生产、采购、销售。其中生产和研发，也就是设计，基本上都是在欧洲，中国主要承担的职能是采购和销售，其中核心就是销售。大家可能会认为，销售不就是卖包包吗？确实是，当时做管培生的时候，我在店里卖过两个月的包包。大家可能又会认为，采购就像买手一样，是很高大上的职业，每天全世界飞来飞、参加时装周。但其实并不是这样的，有些很高级的买手是这样的，而一般的买手就是做像供应链管理、部门管理等一些很枯燥的工作。

> 2007—2011 武汉大学经济与管理学院　数理金融与经济
> 2012—2013 图卢兹经济学院　经济学
> 2013—2015 里昂高等商学院　奢侈品管理与营销
> 2015 就职于 LVMH 集团
> 2015—2017 国泰君安投资银行
> 2017 至今　同创伟业

图 3.2.1　个人简介

我当了一段时间管培生以后，就转到了数据分析的岗位。我在这个岗位上主要做单店模型的比较以及竞争对手的比较，每个月出一份报告。在做单店模型比较的时候，我发现奢侈品行业真的就是个"赔钱货"，因为它跟 ZARA 这种快时尚是完全没有办法比较的，可能在同一个商场的单店模型中，ZARA 一个月的销售额是奢侈品的十倍。LV 有几十个牌子，但真正赚钱的只有两三个。所以，我觉得奢侈品这个行业可能真的是太小众了，不是就业的好选择，于是我有了去寻找更多挑战的冲动。

那时正好有一个朋友在国泰君安任职，问我想不想进投行工作，然后我就去面试了，面试的MB(中级管理者)说，你的学术背景还行，可以来试试。结果入职第二天我就带着行李去出差了，到了现场以后，大家讲话都是几十亿、上百亿这种大数字，我当时懵懵懂懂的，感觉就像在做梦一样。但是真正在投行做了几个月以后发现，其实投行的实习生还是很值得的，不管对投行还是对自己而言。因为投行真的是把实习生当作正式工，甚至是比当正式工还累的员工在用。

投行的主要技能是财务和法律，我当时既没有学过财务也没有学过法律，所以只能尽快地去吸收一些专业知识。但同时也会遭到一些质疑，有很多同事会说，你是搞奢侈品的，为什么会来我们这边？或者说，一个女生干什么投行！天天出差，就应该在家带孩子……那段时间其实也是我人生比较灰暗的时候，基本上白天好好干活，晚上回酒店就开始哭。

我当了大概一年的免费实习生，好不容易熬到转正，情况才慢慢地改善了一点。我在投行干了两年多，基本上做完一个完整的项目就能大概知道这个行业的运作模式是什么样子的，所以到第二年之后，我开始觉得有点在做重复劳动了。再加上我又是一个比较喜欢追求新鲜感和挑战的人，而且投行大批量、大规模的出差也确实让女生受不了，所以我又想换行了。

我当时想做投资，就海投了一波简历，每一个都被拒，尤其是同创伟业，当时 HR 拒了我三次，理由无非就是说：我们不想招金融背景的，我们想招产业背景的。同创的 HR 最后一次给我打电话说：我们招的人都是博士，你的简历不达标。但后来有一天我突然收到同创伟业的电话，说他们现在正在组建一个新的夹层基金团队，可能需要我这样背景的人。我就误打误撞进了这个行业。我进来了以后发现他所言非虚，确实公司里全是博士，医疗专业的、科技专业的博士，幸好我干的事情是更冷门一点的，不用和他们竞争。

以上是我目前一个简单的工作经历。

2. 金融简介

接下来，我想整体地向大家介绍一下金融行业。很多人心里都有一个很粗略的概念，但是可能不会很细致地知道金融到底是做什么的。说到金融，很多人第一反应可能就是银行、信托、保险、证券公司、公募基金等一些行业。但是金融到底是干什么的呢？我觉得可以用一句话概括：金融是服务于实体经济的。而这个实体经济对于做金融的人来讲，就是一个个的项目，金融的本质就是将资金和项目对接的一种交易行为，这个交易行为里面所有的参与方，就是金融的参与方。

（1）金融服务实体经济的主要参与方

我们可以看看这里面的主要参与方有哪些。如图 3.2.2 所示，中间的那条线是一个企业的生命周期，也可以看做在一个实体经济里的一个项目，主要是投资机构在参与。它被创立出来以后，就开始接触到投资机构，最先开始的是天使人，一般公司成立两年之内，可能还没有什么营业数据，这个时候就需要天使投资；之后就步入到 VC 投资（Venture Capital，风险投资）阶段；然后进入 PE 投资（Private Equity，私募股权投资）阶段，也就是我现在在做的领域；PE 投资以后，这个公司基本上已经发展了七八年，各方面比较稳定，就可以进行 IPO（Initial Public Offering，首次公开募股/公开发行），IPO 一般会选 A 股、港股、美股，在这个阶段投资机构基本上会选择退出；之后就到了二级市场，就是股票市场，二级市场能够实现自由的、高流动性的交易，这是一个很主流的退出方式。

除了投资机构以外，还有一类称之为中介服务方。中介服务方有哪些呢？第一个叫 FA（Financial Adviser，财务顾问），但粗俗来讲，FA 就是拉皮条的，就像赚差价的中间商，一般是介绍项目或者资金的，我们平常所说的 FA 机构都是介绍项目的；会计师事务所主要负责给公司做审计或者事务咨询；律师事务所主要是出具法律意见书；评估所主要给公司出一些估值报告、评估报告，等等；然后是投资银行，它其实并不是一个机构，而是所谓的券商，也就是证券公司的一个部门。投资银行做的事情也比较专一，主要参与公司的 IPO 阶段以及上市公司 IPO 以后的一系列的资本运作。这就是所有的中介服务方。

还有一大类参与方叫做持牌的金融机构和资金方,为什么需要金融机构和资金方呢?因为我们私募投资机构的钱不是自己的,而是对外募集的钱。我们向谁募集呢?就是这些"金主爸爸"。图 3.2.2 白色框里面的就是持牌的金融机构,他们就是我们最大的"金主爸爸",除此之外还有社保养老、政府引导和母基金。总的来讲,投资机构的钱就来自这些"金主爸爸",而"金主爸爸"的钱则来自一些小散户,比如说银行的存款户、信托的客户、买保险的朋友、证券公司开户的人、公募基金,等等。当然这里面还有一些比较小的参与方,比如说小贷公司,P to P,财富公司……这些就不展开讲了。

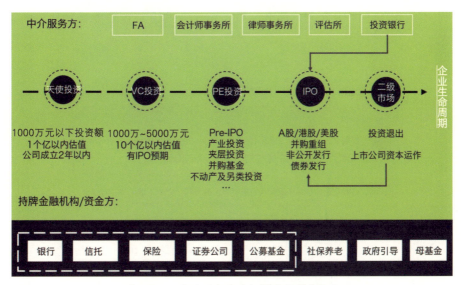

图 3.2.2　金融服务实体经济的主要参与方

金融可以说是一个人力非常密集的行业,而人力非常密集的行业有一个特点——人的水平素质参差不齐。我有很长一段时间都不知道如何优雅地介绍我的工作,因为如果有人问你是干嘛的?我说我是做金融的。很多人第一反应就是:卖保险的吗?做 P to P 的吗?实际上很多卖保险的、做 P to P 的都喜欢自称是做金融的,他们喜欢挂在嘴边的一句话:"要不是学历不高,谁愿意来做金融",我每次听到都会很难受,后来我就不说我是做金融的。转做投行以后,我就说我是做券商的。很多人就又会说:你是不是很懂怎么炒股,能帮我开户吗?我说我们从业人员不能炒股。他们还会神神秘秘地凑过来说,从业人员不能炒股,那你是不是知道很多内幕消息?我回答道,不好意思,这个就算知道也不能说。后来我就做投资了,做投资以后,又有人把我当成银行理财的客户经理小妹,问我:能不能帮我买个理财,你们的利息高吗?再后来我说我是做 PE 的,我想做 PE 的总归是比较优雅的,但又有大妈说:我隔壁拆迁户的儿子也搞了一个 PE,是不是那种?我想说,PE 指的是对外募资的投资机构,几个拆迁户一起合伙组点钱,这个不叫 PE,它叫什么我也不知道。

很长一段时间我都不知道如何介绍我的工作性质，金融这个行业在大家眼里可能是比较高大上和赚钱的。但我只想说，金融赚的钱没有你想象的那么多，至少肯定没有程序员赚钱。因为程序员的钱都是拿命刷出来的，所以不要指望有哪一个行业是可以空手套白狼或者坐享其成的，任何行业的付出和收获都是成正比的。金融行业确实有特别赚钱的人，一种是那些直接拿钱赚钱的，比如说做小贷、销售的，比如卖保险或者搞募资的；另一种非常赚钱的方法，可以说就是一种灰色收入，还是那句话：金融赚大钱的方法都写在了刑法里。

（2）投资银行

下面介绍一下投资银行的主要工作内容：投资银行主要是作为拟上市企业和上市企业的一系列资本运作的主要中介方。那么，拟上市企业和上市企业要做哪些资本运作呢？（图3.2.3）

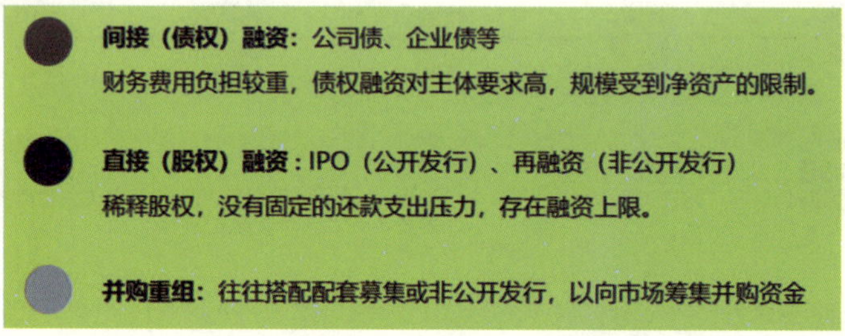

> **间接（债权）融资**：公司债、企业债等
> 财务费用负担较重，债权融资对主体要求高，规模受到净资产的限制。
>
> **直接（股权）融资**：IPO（公开发行）、再融资（非公开发行）
> 稀释股权，没有固定的还款支出压力，存在融资上限。
>
> **并购重组**：往往搭配配套募集或非公开发行，以向市场筹集并购资金

图3.2.3　拟上市企业和上市企业的资本运作

拟上市企业的资本运作，在公开市场上的就是IPO（Initial Public Offering，首次公开募股/公开发行）。公司首次公开发行以后，也就是上市了以后还可以进行再融资、发债，比如说公司债、企业债，等等。所以，上市企业融资方式一般分为三种：一种是间接的债权融资，另一种是直接的股权融资，还有一种就是并购重组，通过上市公司的平台去筹集资金来并购一些企业，或者稀释自己的股权去并购一些企业。

投资银行主要就是围绕着这一系列的资本运作去做一些服务，那它的服务内容主要是什么呢？首先做这些资本运作都需要中介机构参与，比如会计师、律师、评估师、税务筹划师，等等，投行在里面起到一个领头和协调的作用。另外，现在A股的市场是审核制的监管，与监管之间的对接主要就是投资银行。我们有时候会自嘲自己是"材料狗"，因为我们就是写材料的，准备监管需要的材料，帮助企业通过监管的审批，最后上市。

同时，投资银行还是上市公司的资金对接方，因为上市公司做资本运作无非就是要钱，其中资金对接主要是通过投资银行来完成的。这里其实就是国内和国外投行一个很大的区别：国内是审核制，因为国内有这样一个政策红利，基本上不会碰到发行失败的企业，随便发行一个公司，后面的机构、资金方都排着队，这方面在国内不用太过操心，我们只要应对监管和审核，把这些材料弄明白就完事儿了。但是国外的投资银行是注册制，

有发行失败的风险,在这种情况下,投行的核心功能就是估值,只有估值合理了才不会发行失败。同时,在估值合理的前提下,还要能够把这些份额兜售出去。中国现在也在推行注册制,未来投资银行可能会转型成国外那样。

图 3.2.4 中列举的文件,基本上都是需要同行自己写,或者需要复核、处理的一些文件,不说别的,就上市公司的招股说明书起步就是四五百页。为什么要写那么多?因为没有安全感,证监会这些监管机构、交易所都不是吃素的,问问题是"刀刀见血",所以在他们问之前,还不如把自己披露干净了。这些申请文件极其多,而我们作为监管的最后一道防线,要为所有的中介机构兜底,像是审计师、律师出具的所有文件,我们都要进行复核,保持一致。所以说,投行其实是一个工作量很大并且精细度要求很高的行业。

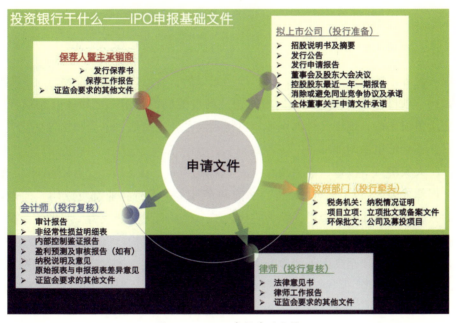

图 3.2.4 IPO 申报基础文件

给大家展示一下投行的 DAILY ROUTINE(图 3.2.5)。我们周一提着行李箱去公司,汇报完项目以后,就被分发到各个项目的目的地,项目组三四个人一起出差,住在当地三四线城市某个工厂附近的一个小酒店里,所以大家唯一的娱乐活动就是晚上加班,工作时间会拉得比较长。如果是在申报期间,可能真的会连续通宵。在同行业内有一个称为"券商之家"的很神奇的地方,叫荣大,我们都在那里打印材料。因为证监会对于材料的要求是非常严格的,包括字体、格式,所以必须找专业的打印机构打印。荣大是我们每年申报之前的噩梦,只要一去北京就在荣大,虽然定了楼上的酒店,但基本上不会用,就一直在通宵加班。

> 周一团队开晨会，汇报各个项目周报（带行李箱）
> 出发前往各个城市的项目地
> 日常工作时间为8：30—22：00，申报前期会一直通宵
> 工作内容：
- 项目组内部开会、设计交易方案
- 与中介机构开会、协调中介机构，把握方向
- 与项目方管理层开会、股东开会、解决问题，满足诉求
- 没完没了地写报告
- 没完没了地整理底稿
- 路演拓展新项目
- 忙里偷闲准备CPA、律师职业资格、保荐代表人等考试
> 出差一至两周后，回家换一箱衣服，下周继续

图 3.2.5 DAILY ROUTINE

再说一说日常的工作内容，我们去了项目组以后，自己内部设计交易方案，然后与各类中介机构、项目方开会，解决他们的问题，满足他们的诉求。之后就开始疯狂地写报告，疯狂地争议底稿，现场文件特别多，也特别混乱。当然偶尔也会和领导一起去拓展一些新项目，还会忙里偷闲地准备一些考试。

可以跟大家讲一下投行一般需要参加什么样的考试。像CPA（会计资格证）、律师执业资格、保荐代表人（以下简称"保代"），前两个其实在各行各业都可以用，但是保荐代表人真的只有在投行才有机会用，因为它代表了一种至高无上的权力，叫做签字权。项目必须得有两个保荐代表人一起签字，因为券商就叫做保荐机构，保荐代表人就是两个签字的负责人。有这样一项至高无上权力的人，才有机会往上爬，才有机会赚得比别人多。所以所有的投行人都在考"保代"，我们每次打招呼三言都是："保代"报名了吗？"保代"考了吗？"保代"过了吗？很多人考六七次都考不过，因为平常工作真的太忙了，而且保代考试非常变态，它是CPA的精华版，加上律师，再加上法考、司考的精华版，题目就是故意往变态方向出，所以保荐代表人也是投行的每个人心中的一座大山。

虽然投行有这么多工作内容，但工作难度相对适中，因为对于我一个没有基础的人来说，半年之内也学得差不多了。我记得当时跟我们投行部的老总一起吃饭，他和我说了一句醍醐灌顶的话，他说投行这种工作一个专科的学生都可以做。我当时很吃惊，但是后来越工作越觉得他说得很有道理，因为投行就是弄一弄法律和财务，如果只是有做材料的要求，一个学财会的专科学生也是可以搞定的。

但我觉得投行的核心竞争力远远不止这些，最考验人的地方在于你是否能够解决项目方，或者是客户的核心诉求。有时候核心诉求不会写在脸上，也不会告诉你，很多时候你需要在方案里平衡、协调各方的关系，这其实是我觉得投行非常难的地方，而且必须要经验丰富。因为很多时候项目方张嘴就会问你：我的企业现在有一个这样的问题，应该怎么解决？经验比较丰富的同事，脑袋里面像存了一个项目数据库，马上就会反应过来，××

年有一单案子跟你这个很像,然后就根据相似的案例迅速给出了解决方案,我觉得这是非常厉害的一个地方。

很多时候项目方们的想法和诉求真的是千奇百怪,而且项目也真的是很考验人。比如我当时做了一个境外的项目,每天都和境外的股东开会到凌晨,我们要让他们知道国内的监管环境如何,让他们了解国内的 A 股市场是什么样子的。因为项目方没有钱,他们希望境外的股东能够拿他们的股份,而不是直接给他们现金。境外的人每次听到我们中国的一些监管情况,就说我们是在开玩笑,反问中国的监管为什么是这个样子的,后来发现中国的监管就是这个样子的。所以我们沟通了很久,也发现了很多重大、无先例的事情,我们就需要考虑如何在现有的架构上去解决它们。我觉得当时还挺自豪的一件事情就是,我负责的那个项目把重组办法的一条法规改了,这是我们一直和监管部门沟通、不懈努力的一个结果。通过这些事情,我觉得这个工作能让我有种满满的成就感。

还有一个项目也挺有意思的,开股东大会的时候,我们要推一个案子。正常来讲,2/3 以上的股东投票通过就行。当时我们统计票数已经够了,因为来参加开会的股东有 2/3 投就可以了,没有来参加开会的就不管。我们项目负责人就说:那些股东你们不要去惊动他,这样他就不会来投票,结果还是有人挂了反对票。当时项目方很气愤,非常的强势,拍着桌子,手指着我们项目负责人骂说:"这单要是搞不定就走,不要再做这个项目,也不要再服务我们了!"我们也很着急,后来有同事想了一个绝招,说中小股东加起来也有 1000 多万股,加上这 1000 多万股就可以把局面掰过来。但中小股东我们不知如何联系,他们就没法投票。后来项目方就把中小股东的股东名册拿出来了,一共几万个人,我们拉票一直拉到了 8000 多股的小股东,就是平常你买一个股票买了 8000 多股,都有可能接到上市公司给你打个电话。我们连续三天,每天一到公司就开始打电话,让他们帮我们投赞成票。最后,理论上法规上是 66.7%,我们争取到了 67.1%,一共拉了 500 多万票,那次经历让我感受了做投行的刺激,真的会发生一些很有意思的事情。

所以很多时候你有能力,能绕开现有的一些障碍去解决其他人没有办法解决的问题,在投行里面,或者说在任何行业里面,其实都是核心竞争力。这是跟大家分享的比较有意思的一个小案例,下面继续我们刚才的话题。

通常我们会出差一到两周,但出差以后也没有什么休息时间,因为要继续做账目,基本上都是回家待一两天换完衣服,然后下周再继续这样的工作状态。我一开始刚出差的时候特别兴奋,因为我可以去其他城市了,一天有 100 多块的补助,一个月几千块。刚入职的小朋友出差都是这个状态,但是两年后我就开始有点崩溃了。因为我有一次出差回家,那时已经有三四个月没回家了,发现电费忘了交,手机只有 30% 电。家里面没有电,一层灰,也没有水,我都不知道该如何是好。我跑到楼下的咖啡店找人借了一个充电器,给电力局打电话,他们已经下班了,明天才能供电,我那一刻真的是非常崩溃。我平常回家的时候,家里也经常一层灰,可能手纸用完了也不知道,但那次真的让我下定决心要转行。

(3) 投资机构

接下来谈一下投资机构主要干什么。有两类投资，一个是一级市场投资，另一个是二级市场投资。二级市场其实就是股票交易市场，二级市场投资的参与方一般都是公募基金之类的大资金方，但是二级市场投资比较小众，我们不纳入考虑范围。今天主要讨论一级市场的投资，我们常听到的创业投资、股权投资、私募投资、风险投资等都属于一级市场投资，它是不在交易所或者股票交易市场流通交易的一些股权。

什么叫投资机构？其实投资机构就是一个个的资产管理公司，资产管理公司也叫做管理人和普通合伙人，像我任职的同创伟业就是一个资产管理公司（图 3.2.6）。

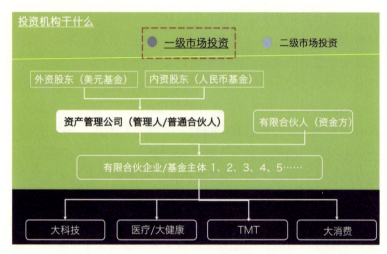

图 3.2.6 投资机构的组织形式

资产管理公司会发行一些有限合伙企业，也就是基金主体，像我们公司已经发行了十几期基金，每期基金投资策略可能都不一样。而有限合伙企业，也就是新兴主体，会有两类合伙人：一类是资产管理公司，也就是普通合伙人；另一类是有限合伙人，或者说是资金方。公司制是同股同权的，但有限合伙企业是不同份额不同权的。普通合伙人可能出资最少，但他们要承担主动管理的义务和无限的依赖责任，而有限合伙人则只对他出资的部分承担有限的责任。我刚刚提到的那些资金方都是我们基金的有限合伙人，资产管理公司就是普通合伙人。资产管理公司又分为两类：一类是外资股东主导的美元基金，另一类是内资股东主导的人民币基金。我现在带的就是一家本土的人民币基金。一般在市面上的基金，不外乎有四大投资策略：大科技、医疗/大健康、TMT 以及大消费，在座的现在的专业主要是在大科技这一类。

然后我们回到这张似曾相识的图（图 3.2.7），从一个企业生命周期的最初到最后，有天使投资、VC 投资和 PE 投资。其实现在所有的一级市场投资都是私募股权投资，但我们习惯性地会将 PE 投资称为比较偏后期的投资，将 VC 投资称为比较偏成长期的投资。

现在市面上顶级的一些机构就是图 3.2.7 中的这些。我们可以看到，从天使投资到 PE 投资是有很大差别的：首先它的确定性在不断放大，其次它的回报倍数在不断减小，天使投资投中的概率是较低的，但是一旦投中了一个，就是成百上千倍的回报。而PE投资最多只有两倍左右的回报，但它的优势就是快、确定性强。

不同的投资风格代表不同的一些机构。天使投资中，大家比较熟悉的可能是徐小平的真格基金、李开复的创新工场，还有联想系的联想之星。VC投资比较有名的可能就是美元系的红杉中国、IDG、经纬中国，人民币基金里面比较有名的深创投、同创伟业和联想系的君联资本。PE投资中大家比较熟悉的是黑石、凯雷、KKR、鼎辉投资、联想系的弘毅投资、高瓴资本，还有一些产业性的股权投资，如阿里系的云峰基金，腾讯系的腾讯控股，华为的哈勃。云峰基金和腾讯控股这两家的投资风格，我也不好说他们到底是投什么的，因为他们什么阶段的都投，但他们又不是市场化赚钱的投资方式，他们的投资逻辑很奇怪。相对而言，华为哈勃的投资逻辑就很简单，他的投资布局和项目都是为了做进口替代，我们也经常跟他们交流，感觉还是挺不错的。

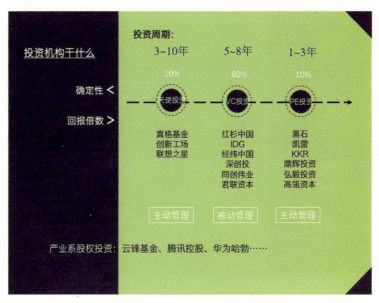

图 3.2.7　投资周期与投资机构

从天使投资，到VC投资，再到PE投资这三个阶段的侧重点很不一样。天使投资可能会更多地相信创始团队，因为天使阶段的不确定性太强了。当然有很多人问我是不是拿一个PPT，就可以去做天使投资，我觉得是不太行的。因为很多时候天使投资的投资方会更多地参与一些主动管理，比如说跟项目方沟通，告诉他下一步应该怎么做，或者说帮他对接一些资源等。

VC阶段更多的是一个被动管理的阶段，就像我们现在的公司，主要做的就是VC投资，更多时候我们可能会要一个董事席位，但是我们并不会太多地干涉和参与公司的管理和运营。

PE投资又是另一种逻辑，它可能更多的是在算账。天使和VC投资可能还是看人、看行业，到 PE 投资就纯粹是一个算账的事情。当然也有不走寻常路的，比如说高瓴资本，大家可能知道高瓴资本对"鞋王"百丽这个经典案例的操作，先买了，然后上市，再私有化、大刀阔斧地改革，到现在百丽业绩都很亮丽。当然这是不走寻常路、很厉害的操作，也是我很佩服的一种投资方式。

整个投资主要就是这三个阶段。很多机构其实也不是完全按照这样来分类的，它们也在尝试着往前、往后延伸，比如说红杉就在做天使投资，我们公司（同创伟业）现在也是在往 PE 阶段延伸。

投资机构主要干些什么呢？我们可以用这 4 个字——募（募资）、投（投资）、管（管理）、退（退出）来概括（图 3.2.8）。

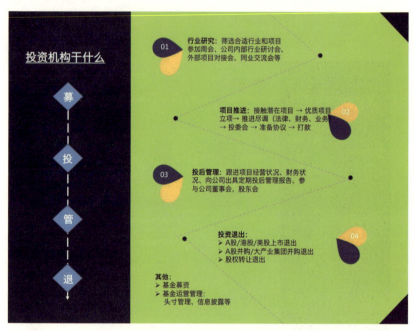

图 3.2.8　投资机构主要职能

一般投资的时间流首先是行业研究，公司内部会定期举办一些行业研讨会，我们也会去外面参加各种各样的行业会议，通过这些会议了解到行业里的一些东西，而这些东西是从教科书上看不到的。通过行业研究，我们会筛选到一些比较好的项目，然后进行项目推进。项目推进会经历如下一些流程：立项，尽职调查，投委会通过，准备协议，打款。项目推进的过程，快的话 2~3 个月可以完成，慢的话一年多都有可能，根据具体项目来定。

然后是投后管理，投后管理更多的是做被动管理，跟进项目的经营和财务状况，偶尔参与一下公司的董事会、股东会，等等。投后管理为的是跟进公司的一些风险数据，如果公司出现了风险，我们就会行使协议上的一些权利。

如果一切顺利，公司就要退出了，一般会选择 A 股、港股或者美股退出，当然也有可能会被一些大企业或者上市公司并购。我们公司目前已经有 71 家 IPO，其中 21 家被并购的案例，业绩在行业里还是非常优秀的。还有一种退出则是股权转让退出。

我刚刚说的有两类基金：人民币基金和美元基金，两者的投资逻辑是非常不一样的，主要原因在于它们的退出逻辑不一样。A股的人民币基金大多数都是冲着上市退出的，而美元基金很多时候是股权转让退出的。因为美元上市，比如美股或者港股，上市退出的预期并没有那么强，它们有发行失败的可能，而A股就是政策红利，只要上市就是赚了，所以A股基本上大家以前都是盯着上市退出，导致股权转让退出很少。

美元基金这种不同的退出方式，导致了他们投资项目的风格也不一样。美元基金可能比较喜欢投，比如我们比较熟悉的美团、大众点评、小黄车、摩拜单车等一些项目，他们要么是相信公司有高成长性，或者有成长的逻辑可以支撑到融资，要么就是大家可以一起玩"击鼓传花"的游戏，但是人民币基金相对来说比较保守。人民币基金一般都是投我们看得清楚的企业，说好听点是行业的隐形冠军，说难听点就是一些没有人知道的to B的企业，而美元基金都喜欢投to C的企业，投资风格不一样。当然现在人民币基金也在转型，因为A股市场发生了翻天覆地的变化，现在科创板推出来了，注册制也推出来了，当然这是其他的一些事情了。

一般而言，公司的投资经理不需要操心募资的事情，因为募资有专门的销售团队去运营，但是也有一些小基金或者创业团队需要自己募资，压力就会很大。现在注册登记的管理人可能有好几万家，但实际上真正在做业务的可能也只有1000多家，然后这1000多家里真正能募到资的可能只有头部的二三十家企业，真实情况就是如此严峻。

其他的还会做一些与新运营相关的事情，但基本上来讲投资机构做的事情就是这四大块：募、投、管、退。

3. 创业公司

不知道在场有没有同学想要去创业，因为我看到太多的创业者，知道他们的为人，我只想告诉大家，我觉得这个世界上最累、最难的事情就是创业。建议你千万不要为了创业而创业，一定要等到天时地利人和，你觉得OK，我可以起航了，一切条件都具备了，那么才可以去创业。

我先讲一下我们平常是在哪里搜寻项目的(图3.2.9)。不外乎这几种方式，从高到低，项目的质量是下滑的。

首先，我们做行业研究的时候，会通过行业研究去垂直地发现一些潜在标的，然后通过各种途径主动联系我们看上的标的。这一类项目是最好的，同事和朋友推荐的项目质量也是比较好的。另外，FA机构做项目对接的时候也会推过来一些，当然FA推的项目是良莠不齐的。因为FA现在的生存状况也比较艰难，这种中介机构做一单不需要任何成本，所以他们有一单就接一单，项目质量也参差不齐。而且这个行业其实没有什么门槛，各种人都在这个行业里面，把行业生态搞得很乱。所以FA的项目我可能会看一看，但是持保留意见。我还会参加一些项目的对接会、峰会、比赛等，比如之前武大组织的创业投资峰会，在峰会上我担任了创业比赛的一个评委，知道了不少比较好的项目；还有一类就是通过社交媒体联系，这一类项目其实是我最不想看到的，因为个人邮箱、公司邮箱还有Linkedin，甚至是微博会有各种各样的人来向我推荐他们的PPT，但这些一般都是质量最低的。

图 3.2.9　获取项目及其创业公司的途径

如果大家想创业，或者周围有朋友想创业的话，我建议你们先从自己的熟人开始找投资方。如果你的熟人之中有这样一个投资机构，这种方式相对来说比较靠谱。你也可以找一家FA机构，让他帮你把整个公司的情况好好梳理一下，做一下PPT，或者报名参加创业公司的各种比赛，通过比赛获得一些奖项，让更多的投资人认识你。你千万不要一开始就跑到比如说红杉的官网上去发BP（商业计划书），或者说找一个投资经理的邮箱去发PPT，因为这些基本上都是没什么用的。

对创业公司来讲，我们投资机构比较关注的点有哪些呢？其实最重要的一个点，我觉得是商业计划书。因为BP是投资人对你的第一印象，这个第一印象是非常重要的。首先要制作精良，这里不是说审美的问题，每个人的审美可能都不一样。制作精良是对投资人基本的尊重，尤其逻辑要在线，这样的PPT才能体现出公司高质量、系统化的治理水平；其次要重点突出，很多时候如果一份PPT我看了很久，还没搞明白这个公司的主营业务是什么，基本上都要pass掉；还有一个比较重要的点，就是这个公司的PPT必须要五脏俱全。什么叫五脏俱全？很多公司在披露自己情况的时候会刻意缺斤少两，尤其是财务数据部分，很多公司展示出来的业务模式特别厉害，股东背景特别雄厚，团队特别优秀，做得十分漂亮，但是最后没有财务数据。没有财务数据就是很大的一个问题，现在惨不忍睹，未来如何高歌猛进？所以说，商业计划书还是要尽量翔实地披露真实情况，哪怕它目前不是很好看。

然后讲一下我们投资时看中的一些东西，图3.2.10中最左边写了赛道、赛车、赛手，对应起来：赛道是行业，赛车是公司，赛手是公司的创始人或者说核心管理人。图3.2.10右边是投资的六大要素，就是我们在考察一家公司，参加公司BP或者进票的时候，会非常关注的几个问题。

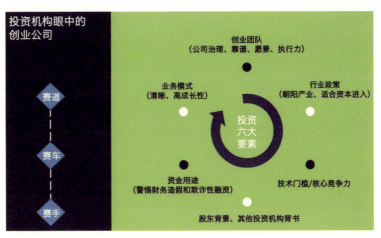

图 3.2.10　投资的六大要素

第一个是创业团队。首先要看公司的治理水平，因为这能体现这家公司能不能规模化复制它的成功，而这从一个很小的事情就能看得出来；其次，创业团队要靠谱，不能满嘴跑火车，这个事情和团队聊一聊，就基本上能够感受到；然后要有愿景，团队是否能够看到这个行业 5 年、10 年以后是什么样子的；最后，团队还要有执行力，看它是否给自己设过一个阶段性的目标，是否最后都达到了。当然优秀的创业团队和创业者，还有很多比较优秀的素质，这是你和他交流就可以感觉到的东西。很多很优秀的创业者，你看着他就会觉得他的眼睛在放光。

第二个是业务模式方面。首先要清晰，现在有很多公司都说自己干了 100 种业务风格，很赚钱，然而这是我们非常不喜欢看到的。你至少要有一个 MVP（Minimum Viable Product）、一样产品能够拿到行业里跟别人抗衡，把这样一件产品做好做精，其他的就算你是在讲故事，讲一个高成长性的故事，我也愿意听，但是你必须要把你最清晰的那块主营业务做好。当然，业务模式最好还是能够具有高成长性。

第三个是行业政策方面。我们在筛选赛道的时候，就会有意地去关注一些行业，尤其是朝阳产业。因为之前投资机构是奔着 IPO 投的，而 A 股的上市公司大部分都是一些"日薄西山"的传统制造业，所以现在我们公司以及整个行业都在反思，希望能够投一些朝阳产业。当然朝阳产业也并不一定都适合资本进入，比如说农业，因为与农业打交道的都是一些小农业主，所以是现金的交易和支出，非常不规范。再比如说教育领域，在这块儿我个人也有着比较惨痛的经历。因为从 2017 年来到同创伟业以后，我就一直在做教育领域的投资，但教育领域的投资在 2018 年遭到了政策上的滑铁卢。政策认为目前教育行业的乱象是由于资本过度逐利造成的，一竿子把资本打死了。因此，我们在看行业政策的时候，不仅要看目前的政策，而且还要看它未来会不会有黑天鹅或者灰犀牛。所以，行业政策也是我们非常关注的一个点。

第四个是技术门槛，或者说核心竞争力方面。一个公司要么有技术门槛，要么有核心竞争力。核心竞争力可能是资源、理念或者其他的一些东西，但是公司的PPT一定要让我看到你和其他人不一样的地方，也就是说：这个东西凭什么你可以做到，其他人做不到？为什么这个市场是由你来占领的？

第五个是股东背景和其他投资机构的一些背书。很多时候当我们看到公司的股东背景比较强大时，比如它是华为体系的，是央企、国企的，基本上都会很放心。或者是有一些大的投资机构参与，比如红杉、软银，也会觉得比较放心。当然，如果碰到这样一个好的背书，我们也会去调研它的真实性，我们都知道有一句英文叫做 too good to be true（好得难以置信），有时候一些公司太好，却还对你开放这个机会，就会让人怀疑它的真实性。所以我们也会去调研，看它是否有一些财务造假和欺诈性的融资，我们也很关注企业的资金用途。

这就引出了最后一个方面——资金用途，公司资金原则上是一定要用于它的主营业务。前两年资本市场比较乱的时候，就有公司用投资人的钱给自己开特别高的工资，把投资人的钱烧完后就把这个公司抛弃，再去创业下一个公司。在投资的时候，我们很容易踩到这些坑、这些雷，所以要谨防一些财务造假的七大性融资。当然，这是一个比较专业的话题。

大家可以思考一下在这六大要素里面，哪个要素是最重要的？

我认为是创业团队，也就是人是最重要的。因为投资投到最后，就是一个人性流，看的是你对人性的把握和理解。小米的创始者雷军在2002年的时候，来过我们公司找我们老板，但当时他什么都没有，就估值10亿人民币。我们老板说："那时候真觉得雷军这个人不错，整个人浑身上下都在闪光。我觉得他以后一定能行，但是他估值太高了，我掏不起。"他当时犹豫了一下，就错过了唾手可得的好机会。投资真的还是一个看人的艺术，各种各样的法律、财务、业务、行业等技术手段都是辅助，我们核心关注的其实还是人、团队。

4. 职业规划

未来的职业规划方面，其实我很希望能和大家开放性讨论。现在的硕士生、博士生，未来的选择不外乎这三方面：留校、工作或者创业。但我觉得留校的可能居多，如果是留校，我给不了大家多大的建议，因为我不是走学术路线的。

所以我主要想讨论工作和创业这两部分。以大家的学历背景，如果想进入金融行业工作，其实是完全可行的，因为投资机构非常欢迎具有产业背景的同学，尤其是博士生。除了在投资机构做和自己行业相关的产业投资外，也可以考虑去券商的研究所做行业分析师等。如果大家对金融行业有兴趣，可选择的路有很多。

我不太建议大家轻易创业。资本的本质是逐利、冷血、无情的，很多创业者也会被投资机构坑得很惨，我之前碰到的一个公司就是这样。公司之前的业务发展不是很顺利，所以我们每年都会看一下它的财务报表，看到不行了就回购，也就是让它把我们投的钱归还，然后再配上一个利息。公司老板砸锅卖铁，好不容易把钱还上了，他又看到了一个新的业务机会,要继续做,也做成功了。所以2019年他又过来找我们,但是我们老板说不投。我问道:"这公司其实发展得挺不错,为什么不投?"老板回答说:"这个人的人品有问题。"我又问:"为什么说人品有问题,他不是对同创伟业挺好的吗?把钱都还上了。"其实我们协议里面有一个叫平移权的东西,股权平移权,也就是说如果创业团队再创立一个新的公司,我们有把股权平移过去的权利。他说:"明明有平移权,有这么好的公司不将我们平移过去,却让我回购了,所以说这个人的人品有问题。"但其实我知道这家公司老板他当时多么挣扎和绝望,为了还这样一笔钱,连小贷都借了。

所以说,其实很多时候中介机构和管理层或者和创始人的目标是不一致的。创业者很多时候比较弱小,没有办法很好地保护自己的权益,有时候做了大半辈子却发现是在给别人打工。总而言之,创业还是一件比较辛苦的事情。

今天我的分享就到这里了,谢谢大家!

【互动交流】

主持人:再次感谢万方学姐给我们带来的精彩分享!学姐传奇的工作经历让我们非常地向往,也为我们揭开了金融这种高大上的投资行业的神秘面纱,并分享了个人对职业规划的一些见解。接下来,大家有问题可以提问。

杨书记发言:非常感谢万方今天从深圳专程回到母校,为我们实验室的同学们分享她在职业方面的一些经历和体会。我觉得我们听学科交叉这种类型的报告,无外乎有三个方面的价值点:

其一,优化我们的知识结构,特别是文科和理科之间。同学们可能在自己的领域里挖得很深,但实际上等我们出去之后就会知道,眼界也很重要。像投资、金融,都是我们社会生活中非常重要的一部分。大家不一定全听得明白,因为这需要一定的专业知识背景,但是大体上了解了,就是一个对知识结构非常好的补充。

其二,优化同学们的思想方法。这种智慧的、值得欣赏的思想方法就包含在万方对所有经历的介绍中,对所有问题的分析中,每一位同学从各自的角度都会有体会。

其三,在精神上对我们的激励。做任何一件事情,都会遇到困难,我们会考虑怎么去克服这些困难,这对我们的精神要求。我们总是说理科生很辛苦,程序员很辛苦,但其实每一行都不容易,从万方身上可以体会到她们比我们更不容易的地方。很多事情都是困难挡着的,我们走不了;但越过了障碍,前面可能就是海阔天空。对于金融的从业者是这样的,对我们做技术的其实也是一样的。经过我们的相互交流,获得启发和借鉴,来做好我们自己的事情,是非常重要的。

万方来参加这个讲座,是源于她妈妈在朋友圈发了一个她即将去深圳讲课的消息。我觉得能够做演讲的人一定是极其厉害的。为什么呢?我们的学科奠基人——王之卓院士,他曾经就讲过能否把一个课上好、把一个演讲做好,取决于我们自身的储备。如果说我们只有一点点水能从缸里舀出来,那怎么舀都是有限的。但当我们有满缸的水,随便一舀,就是满满的一勺水。所以说能做演讲的人一定是有极其丰富的经历、深刻的体会在支撑，这些经历和体会在一定意义上都是用血和泪换来的。像万方从奢侈品营销、投资银行、投资机构一路走过来，也是在不断地认识自己、否定自己、提高自己。我觉得人生的这种经历和体会对她而言，是非常深厚的一个积淀。所以我当时就和她的妈妈，也就是我们实验室的陈晓玲教授说，能不能请她来为我们的研究生做一次报告，为我们的学弟学妹们分享她前期所积累的人生的宝贵精神财富。

刚才万方也讲到，她在学习的时候，也会遇到一些挫折，甚至在性格方面也有一些叛逆，但是恰恰就是这种精神、这种特点，具有很强的开拓性。现在我们很多同学的学习可以做得很好，但缺少精神气儿，而真正推动我们往前走的还是精神力量、精神动力，还有个人的创新、创业、创造的意念、精神和态度。我们从小学开始，到初中、高中、大学本科，这个阶段主要还是知识的积累。到了研究生阶段，如果还是在那个层面上去对学习定位，其实是一个非常大的问题。

研究生阶段，我们要把以前的知识学以致用，去解决科学的、技术的问题。只有解决问题，我们的知识才会转化为能力，能力沉淀下来才能成为素质。素质是被我们所内化的一种东西，它跟知识的区别就在于，它可以帮助我们解决各种问题，包括做人的问题、做事的问题、做学问的问题，以及创业的问题。这一点也是我希望在座的各位同学能从万方身上学习、获得启发的地方。

提问人一：我想问师姐三个问题。问题一：对于工科生转金融投资，就业方面有什么建议吗？需要学习什么？有哪些公司、哪些岗位比较适合去应聘？问题二：您报告的主题是：人生中最后一份职业——创业或者投资，但是你讲到创业，是比较难的，大部分人可能不会接触到这一块，那么我想我们最后只会是一个投资者。这样的话，我拿到我的第一份薪水之后，要怎样去投资理财？请问您在家庭或者个人投资理财上面有什么策略？问题三：作为一个投资机构/投资方，在大科技板块下面，你们最感兴趣的、最愿意投的是哪个方向？或者说学校最热门或者最容易成功的是哪些方向？谢谢！

万方：这三个问题都很有代表性。第一个问题，对于职业规划来讲，适合工科生的岗位有很多，直接契合的有相关行业的产业投资、券商研究所的行业分析师。你有数理基础想去做量化投资，人家不一定会拒绝，但也要看机会和缘分，多投一些简历应该就能找到合适的机会。关于要学习的知识，我觉得你们可能需要弥补的就是法律和财务相关的，比如CPA、CFA（一级、二级等），就算不考也可以去看看书，作为对这个行业知识的补充。

第二个问题是关于个人投资理财。其实我们跟大家的理财方式都一样，会炒股，有股票账户，也会买银行理财，它们会有不同的风险。当然，因为我们自己是做投资的，是风险偏好者，我们自己看好的项目肯定会去跟投。有的机构是强制跟投的，但我们机构没有。我们对自己看中的项目，可能会进行跟投，如果它未来发展得很好，有千百倍的回报，就有可能实现财务自由了。这也是我们可能不同于其他人的一个投资途径，因为我们会进行调查，可以了解到公司内部的一些信息。如果说你有闲置资金，有这方面投资的需求，可以问问你身边做投资的朋友，或者之后也可以联系我。

第三个问题，大科技下我们关注哪些点。大科技我们比较关注的，就是能够做进口替代的行业，尤其是中美贸易战开始以后，华为的整个产业链都出现了非常多的投资机会。2018年，红杉就向我发过一个offer，就是想招像GIS、遥感方向的投资经理去做相关项目的投资，目前GIS和遥感在军事和政府方面的应用比较多，民用还没有看到太多的方向。之前看到一家公司探索出来一个方向，就是做农业生产方面的保险定损理赔，这个东西还在探索中，但是这种探索阶段也是投资机构比较好的参与时机，投资机构一般都是比较有前瞻性的。所以，你们这个行业有许多潜在的投资机会，只是我们暂时还没有看到太多。就大科技这一块，总的来说还是进口替代，比如现在的半导体、芯片之类的，在市场上还是比较火热的。

提问人一：像现在比较火的人工智能这一块，您是怎么看待的？

万方：我觉得市面上真正的人工智能是没有的，现在的人工智能更多地停留在大数据方面，做的是一些数据统计、数据挖掘和数据分析的工作。当然这样的人工智能也是能做很多事情的，比如我们做金融科技就需要一些数据来分析客户的公共化项目。但是人工智能的提法让我不是很喜欢，我们公司基本上没有投那些谈人工智能的公司。除了我刚刚说的那些方向以外，目前的应用还不是很广泛。

提问人二：我在知乎上看到一个观点说：未来投资的三个方向，一个是人工智能，一个是区块链，一个是医疗方面。但是像我们这种小白去投资，完全不知道该怎么投。之前也考虑过炒股或是基金，但我觉得散户炒股就像是等着被割的韭菜，所以您看能不能给我们一些稍微具体点的意见，谢谢！

万方：首先我想建议大家平常少看知乎，知乎上面有的东西是有误导性的，比如他说的人工智能还有区块链，这些东西可能在2018年左右是个风口，但是被很多骗子公司骗过一轮以后，现在的主流投资机构已经没有再看这两大板块了，区块链现在就是一些小众玩家在玩击鼓传花的事情。

投资理财这一块儿，作为一个从业者，我觉得你们不太适合做这样一种投资，为什么呢？我们都自称投资是一个"屌丝行业"，因为相对其他机构来说，并没有那么赚钱。我们的投资周期真的很长，短的来说都是5年、8年的。你刚认识一个企业的时候，它可能刚刚开始起步；等培育到可以上市的时候，一般需要5年左右时间；然后上市这个过程可能又要2~3年的时间；2~3年后还有限售解禁，这可能又要一年。这样算下来怎么也要8年的时间。所以，如果作为个人投资者，我不太建议大家去做这方面的投资，除非你真的很看好这个公司，愿意陪它成长，然后你也有这个闲钱。不然的话，我觉得还是买房划算。

提问人二：是不是对我们来说还是买房、买基金比较保险？我感觉几年前投房地产还是很划算，但最近几年很多人都不太看好房地产。

万方：我对房价还是长线看好的，但可能每个人看法不一样。因为我现在在深圳，深圳的房价增值空间还是挺大的，但武汉这边会稍微有点不一样。

提问人三：请问如果个人投资者找你们的话，资金门槛是多少？

万方：其实我们在业界评价一个投资公司实力强不强，会看它的机构投资者的占比大不大。如果它全是个人投资者，我们会感觉这个公司稍微差一点。我们公司已经做了20年了，是最早在中国做股权投资的一批，但是我们公司刚起步的时候，肯定也全都是个人投资者，都是各种各样的有钱人，像深圳的拆迁户之类的。

个人投资者的门槛是5000万元，但现在还是以机构投资者为主，因为个人投资者确实不好干。我们基金的周期是7年到9年，一般不会低于7年，机构投资者是可以忍受长时间的，但是个人投资者通常忍受不了。个人投资者可能一两年的时候还在兴奋期，到三四年发现水花怎么还没溅起来一个，就会很崩溃，也会让我们很崩溃，我之前还碰到个人投资者来我们门口堵楼的。所以，现在我们基本上不太希望有个人投资者进来，当然如果你很有钱，要砸一个亿，我们也愿意。

提问人四：我自己也对这方面比较感兴趣，很早就开始关注理财，我看过一段话，就是：买基金的话，主要看整个行业、整个经济的大趋势，如果整个经济大趋势向好的话，买基金会有专业的基金管理人员去帮你去投资，这样的投资会比自己投资更容易赚钱。

万方：你指的是公募吗？这个是可以投资的。

提问人四：第二个问题，我对历史经济方面比较感兴趣，想了解经济危机这个事情。一般的经济危机都是有周期性的，可能过一段时间就会出现一次。既然有周期性，那么我们有没有什么办法去避免它。我觉得2008年次贷危机，还有近两年的资管新规，说白了就是缺钱。钱是有的，但就是在别人兜里，真正需要用钱的、需要投资的地方他们没有钱。

整个经济发展依靠货币的支付功能，但实际上货币的支付功能又是有局限的。因为货币在别人手里，不在你手里。你想做事，但你没有钱，可能因为有信任关系，或者是风险管理的缘故，别人不愿把钱投给你，这样你就做不了事情。如果这种事情广泛存在，那么实体经济拿不到钱，银行又不会把钱投给这些小公司，就导致了经济危机。请问你们做投资银行的，有没有一些你们可以做的去避免这种事情？

万方：你刚刚描述的这些东西，我们称之为系统性风险。这种系统性风险，作为行业内的一粒小沙子，是没有办法避免的，因为这是整个系统出现的问题。但是刚刚你说的次贷危机和国内市场其实是两个层面的事情。

次贷危机是一个很典型的系统性风险，每隔8年或10年就会发生一次，谁也避免不了。但是我们可以抓住周期，在周期的高位和低位布局。我刚刚讲过了赛道、赛车、赛手，其实还有一个赛点。同一个公司你在不同的时间买它，你获得的投资收益是不一样的，可能有的点是根本不赚钱的。所以我们在投资的时候，会考虑经济周期。在经济周期最差的时候，我们肯定是募不到钱的，但我们反而会大手大脚地投资，因为这个时候的项目都是优质项目,是最便宜、最好找的。在经济高位的时候,我们很少投项目,因为这个时候泡沫太多,所有的项目都太贵,所以我们会去做募资,提前准备好资金。这个是对经济周期的一个布局,我们不会试图改变它,而会去适应它。

然后对小微企业的银行放款这之类的问题,我觉得不是一个经济周期的系统性风险,而是人为的。因为国内的监管政策就是一松一紧、一松一紧,总是在变,我们有时候也控制不了,比如2018年、2019年的金融寒冬,很大程度是由监管引起的。大资金方、银行、信托、券商都有钱,但是钱拿不出来,因为监管限制住了,说这也不能投,那也不能投,所以我们拿不到大资金方的钱。大资金方也很苦闷,他想投也投不了。我们也很苦闷,我们开展不了业务。小微企业、小公司更苦闷,他们都已经濒临破产了。但是没办法,监管就是这样,它是自上而下地考虑,不会给你一个缓冲时间。这些东西我们要慢慢适应,但是底部总是会起来的,所以我们对未来还是看好的。

提问人四:不知道你是否了解定向降准,就是定向给这些实体经济、小微企业降低标准,所以说政策还是往这方面倾斜的吗?

万方:但是你要知道,像这种降息降准,其实最终能够触及的并不是大部分的中小企业。虽然银行天天喊着要扶持小微企业,但实际上银行有自己的压力、目标、业绩。银行作为金融体系里面最庞大的一部分,是不能够出现任何系统性风险的。因此它为了避免风险,必须严格选择它的放款主体。所以,银行要么投上市公司,要么投大的央企、国企,很难把手伸到这些小微企业上面来。这些中小企业只能由我们专业的投资机构,由我们这些管理人来出席。这其实也是一个很矛盾的地方。

提问人五:请问能不能介绍一下你现在所在公司的基本情况,比如投资的股权、投资的范围,或者是在天使、VC、PE这几个阶段有代表性的案例?

万方:我们公司是比较典型的人民币资金,我们很少投资大家都知道的to C的企业。像现在比较火的拼多多,都是美元基金投出来的风格,不是我们投出来的风格,因为这些估值都很贵。而且这种公司,上市以后估值是倒挂的,就是说二级市场一定比一级市场便宜,很多一级市场的最后一个投资人一定是亏的,这个不太像是人民币基金的风格。

我简单介绍一下我们公司的情况,我们公司已经运营了20年,是国内最早一批做VC股权投资的公司。我们公司的创立人是一对夫妻,女方是南开的博士,投行出身的;男方就是我们的郑总,做律师出身的。夫妻两个一起经营这家公司,到现在我们公司已经有120多个人,在这个行业算是很大的一家公司。大家可能对投资机构没有概念,大部分投资机构都是小而美的,可能只有十几、二十个人,我们的规模还是挺大的。我们公司主要布局的是to B的一些公司,就是大科技、大医疗,还有TMT。我们投的比较知名的案例,其中有一个不太好的叫乐视,但当时乐视还是赚的,我们是赚了很多倍就退出来了,出来得比较早。我们还投了华大基因、达安基因以及微芯生物,2019年刚上的科创板。如果大家感兴趣的话,可以去我们公司的官网上看一下我们的简介。

提问人五:在你的介绍中,你们公司重点投PE这个阶段,那么天使轮也投吗?

万方：我们公司目前的管理规模有 200 多亿，在 VC 界算是非常大的，这 200 多个亿里面大部分都是 VC 阶段的。当然目前我们也在做天使阶段，天使阶段我们可能会投 3 个亿左右，这 3 个亿在天使阶段应该可以投上百个项目。我自己在做 PE 这一块，因为我们也相当于是刚起步的一个团队。PE 投资是比较多元化的，可以做股权投资，可以做重资产投资，我们的投资逻辑其实和黑石比较像。黑石是做另类投资的，全球最大，他目前的管理资产规模是 5000 多亿美元，就是万亿人民币的级别了，他主要的投资就是买资产，像我们现在也是会买很多的不动产。

PE 说出来可能你们也不见得知道，一般真正做投资出名的，一定是做 VC 和天使。像很多明星投资人、合伙人都是这个阶段的，像我做的一般都是团队性质运作的，不太会出名，但是可以赚钱，因为我们的投资周期会比较短一点。

提问人五：还有一个问题，比如说在天使轮，很多时候其实还主要是一个想法，或者是一种商业模式，他肯定会和很多的基金公司或者股权融资的公司商谈，那么也就存在着技术想法或者是商业模式泄密的风险，请问在实际操作层面这种情况如何？

万方：这个不太会，因为我们跟任何项目都会签订保密协议，一般是一年或者两年，我们基本的职业操守还是要有的。

提问人五：但是以前就有过这种案例，比如说在尽调的过程中，跟他甚至可能还会跟他的团队说，你有没有兴趣，再单独出来做一个创业公司。或者是说一家已经创业的公司，它的核心高管会离开之类。

万方：实际上我们这些公司有一大部分都是中介机构出来的，比如说律师、会计师等，都很专业，我们在写协议的时候一定会把高管锁定在里面。所以，如果高管违反了这些经验协议，我们是可以对他提出诉讼的。如果说真的出现这种情况，我们公司也有专门的管理部门处理那些疑难杂症，比如向需要诉讼的高管要回购。当然不排除这种情况，肯定是有风险。

提问人六：学姐你好，我想和您聊一下关于创业的事情。我是应届毕业生，拿到了微信和阿里的 offer，是个程序员，所以拿到了很高的薪酬。但是我最近在考虑创业的问题。虽然我做技术和 IT 比较多，但在金融和投资理财方面是个小白，很想听听这一领域的知识。因为我是学 GIS 的，选择去做互联网的时候，我的导师有点不理解，说，你为什么不接着去做这个专业？因为 1 万小时定律，我现在已经做了 7 年 GIS，又转去做互联网，他觉得不是很划算。但是我个人比较想去做互联网，所以他就和我说，你如果一定要去做互联网，未来一定要考虑创业，给自己打工，或为自己去赚钱。

刚才学姐也说到，可能创业不是很推荐。但是据我了解，我身边有一个师兄是大学生团队创业，还有一个师兄在硅谷干了几年，然后现在出来创业做到了天使轮，他是在做一些阿拉伯语的自然语言处理，类似小爱音箱的阿拉伯语语法，也做得挺不错。就是我想向您了解一下，我的职业规划大概是工作 3~5 年，积累一定的技术，或者是有一定的行业能力和资历后，想为自己未来实现财富自由这样的梦想去尝试一下，您是否有什么建议或者能让我们避一些坑？谢谢！

万方：我觉得挺好的。因为你在程序员的世界里面，就会发现大家其实都很有创业激情，肯定会碰到一帮志同道合的好朋友。我不建议毕业还没有想好干嘛，就去创业，为了创业而创业。我觉得健康的创业一定是天时地利人和，就是你碰到了合适的人，有了合适的想法，也能够把它执行出来，同时也存在这样一个市场空间的需求。我建议大家毕业以后先留在一个大平台工作一段时间，因为大平台能够给你视野，和一毕业就开始创业是完全不一样的。而且你在大平台学到的一些规范化、系统化的东西，真的会让你受益终身。

提问人六：还有一个问题，如果我想做一些 to C 的、比较大的领域，但是已经被阿里系、腾讯系垄断，就很难做到。当然，头条是个异类，它能够在内容中找到一个突破口。但是作为比较小型的创业者，我个人可能会认为做一些小而美，或者比较细分领域里面的创业，如果能被这些大的公司收购，可能是一个比较好的路，您怎么看待这个问题的？

万方：我觉得是可以的。因为模式创新的技术门槛相对来说会低一点，所以其他人也可能做得到，那么你能带来不一样的东西是什么？这个需要想清楚。再就是你在创业的时候，一定要保证你的产品是能够良好运行的，不能说我一定要投资人来投资，没有投资我就干不下去。这种创业者虽然很可怜，但这种人我肯定不会投资，所以一定要保证自己的经营和运营模型是健康的。

提问人七：我现在在宝洁工作，是实验室做技术出身的，但是我选择去做市场。我认为以后要创业肯定是要和一群志同道合的朋友，各有分工，这样是好的方式。我想让学姐评判一下，看我的想法是否正确。因为我从工科跳出来去做了市场，在宝洁找了一份销售的工作，风险比较大。我不知道我这样的思路是否明晰，我不做技术，去承担创业团队里面的市场工作，找一个做技术很厉害的人和我一起，来做一件伟大的事情。

万方：我觉得你的想法很好，你虽然不做技术，但是你懂技术，所以你能和这样的人更好地交流和合作。但是你学的这些技术也好，行业积累也好，这些东西在你未来的生活中总有一天可以用得上，你不要觉得说我转行那些东西就都白费了，未来总会有它的用武之地！

提问人八：请问市场在准备过程中会不会给股民一些什么信号？当股民遇到这些信号的时候应该怎么处理？

万方：你问的问题太专业了，因为我从来没有做过二级市场，但是我之前做投行的时候，有过这种内幕交易的经历。比如以前的投行都是走信息流的，不看公司业绩，这个公司停牌了，要重组，就感觉马上要涨，但是我们在停牌重组之前，可能会知道一些消息，因为公司在停牌之前会找中介机构服务，所以我们可能会知道。如果我们没有职业操守的话，有可能就会在他重大消息之前去布局。当然这也是有可能的。

其实二级市场是一个很乱的地方，我不建议大家创业的另一个原因，就是因为创业这条路没有尽头。不要以为上市了就人生圆满了，上市以后更惨。之前有很多我服务上市的机构，有的时候一起喝酒，他们说很后悔上市。因为以前他只用操心 10 个亿的事情，现在要操心 1000 亿的事情，睁开眼睛，满眼都是利息。因为上市公司要花钱的地方太多了，基本上 99.9%的大股东，他们的股权都是 100%质押出去的，因为他们真的很缺钱。他们需要钱来打点各种各样的关系，需要钱去做市值管理，把自己的股价做出来。

就像你刚刚说的那些点，很多大佬联合坐庄，一起做老鼠仓，然后配合一些消息的释放，做市值管理，这些套路可能大家都听过很多了，最后买单的人一定是上市公司的大股东。所以，二级市场前几年是真的很乱，我没有太接触这些，因为我现在主要做一级市场投资，不知道现在情况怎么样，应该能好一点。

（主持人：黄文哲；摄影：张艺群、薛婧雅；录音稿整理：修田雨；校对：王雪琴、董佳丹）

3.3 就业经历分享
——如何加入产品经理大军

(李韫辉)

摘要：武汉大学测绘遥感信息工程国家重点实验室2017级硕士研究生李韫辉做客GeoScience Café第241期，带来题为"就业经历分享——如何加入产品经理大军"的报告。如何在平时的学习和生活中培养产品sense？如何斩获第一份产品offer？如何争取转正？李韫辉同学与我们一同分享她准备产品经理简历和面试的经验，以及在实习过程中的心得体会。

【报告现场】

主持人：各位同学、各位老师，大家晚上好！我是本次活动的主持人刘婧婧，欢迎大家参加GeoScience Café第241期的活动。本期我们非常荣幸地邀请到了武汉大学测绘遥感信息工程国家重点实验室2017级硕士李韫辉作为我们的报告嘉宾。让我们用热烈的掌声欢迎李韫辉同学！李韫辉，本科毕业于武汉大学测绘学院，曾拿到腾讯、阿里、百度、字节跳动、滴滴等多家互联网公司的产品实习offer，如在2019年的秋季招聘中，拿到了腾讯产品经理培训生(定岗于腾讯广告部门)、字节跳动商业产品经理和顺丰产品经理的special offer。

李韫辉：大家好，我此次的分享更多以演讲为主。目前我拿过产品类的to B 和to C的实习offer，也有拿过一个数据分析的offer。我不知道在座的同学对to B, to C这两个词有没有一点概念，什么是to B, to C？关于to B，我当时拿了腾讯广告，字节跳动商业化效果广告的offer，这些都是商业广告类的；关于to C，我当时拿了百度国际化事业部、阿里盒马的数据分析、滴滴拼车事业部的offer。以上是我拿到的实习offer。我并不是都去实习了，只是拿了offer。秋招的offer主要拿了三个：腾讯产品经理培训生(第一年定岗于腾讯广告部门)，字节跳动和顺丰。我的个人想法是以后会在深圳定居，这三个offer的工作地点都在深圳，所以我就没有去看其他公司。我的报告内容将从以下四个方面展开：

(1)什么是产品经理？
(2)要想成为一名产品经理，在平常的学习生活中，我们如何培养产品sense？
(3)如何在招聘市场中斩获第一份产品offer？
(4)实习过程中自身的工作心得。

1. 什么是产品经理？

什么是产品经理？我觉得这个问题非常的宽泛，其实不同的人在每个阶段会有不一样的理解，比如可能从来没有接触过产品岗的同学，对产品会有什么样的理解；实习了一年的人，对产品会有什么样的理解；那么工作2~3年的高级产品经理，又会有怎样的理解？若以我目前的一个角度去理解产品经理，我认为产品经理的工作就是用产品化的思维来解决用户的一个需求。举一个例子，GeoScience Café 的讲座，在以前没有产品化的阶段，我们通过海报形式，或者通过QQ群通知的方式来发布讲座信息，其实这个阶段没有具备一个产品化的功能。那什么叫作产品化呢？我们可以将讲座内容做成公众号文章或小程序，使它以一个产品的形式推送给大家，这一步就是用产品化的思维来解决用户的需求。

如图3.3.1(a)所示，对于找实习的同学，现在公司最看重的其实是你的推动力。在第一阶段，很难作为一个高层去做一些需求分析和一些战略的规划，所以在第一阶段，我们一般是做一个推动力。图3.3.1(b)对应的是在你工作3年左右的第二阶段，彼时你可能会成为一个小组的组长，手下有5~6个人作为推动力，在这种情况下，你可能做一些需求挖掘和分析的工作。再如图3.3.1(c)可能对应的是工作8~10年的第三阶段，这个阶段可能会对应一个总监级的职位。对于这个阶段的人来说，战略和规划是很重要的。综上可以看出，人在不同的阶段对产品会有不同的理解。那么什么是产品经理？很多面试官也常会问到此问题，其实在当下阶段，我们可能比较侧重需要第一阶段的能力，然后我们再去仔细思考怎么回答这个问题。

图 3.3.1　不同阶段产品经理职责

常见产品经理的分类有很多种，但实际上在我们找实习、找工作，包括我们去看岗位介绍的时候，我们一般会把它分为 to B 和 to C 两类。

to B(to business)，其实就是面向企业级的用户。举一个例子，对于腾讯云或是阿里云，我们肯定是以公司的名义去买的产品，这种产品就是 to B 类型。这类产品经理需要较高的专业要求。如果想去阿里云这样的一个部门，你需要有相当突出的技术能力。当时我去阿里面试的时候，面试的是 to C 类产品经理，但是阿里对于 to C 类产品经理有一定的技术要求，这也和阿里整个生态都偏向于 B 端有关。当时面试官问我："我们只希望招计算机专业的产品经理，你平时有什么编程的经历吗？你有拿过什么计算机类的奖？"我说："不好意思，我都没有。"所以阿里是非常看重技术能力的。我认识的很多阿里实习生，他们在研究生阶段或在本科阶段，计算机编程能力都是非常厉害的。

to C（to customer），其实就是面向普通互联网的用户。例如常见的微信、QQ 等这些产品，即普通用户可以用的产品。所以这种产品要求你具有同理心，对用户体验要有自己的理解。比如，面试官会问你为什么这个按钮放在右边而不放在左边，你怎么去判断，这个颜色为什么是绿色而不是红色，等等这类的问题。

除此之外，不同公司对于实习生的偏重是不一样的。阿里非常看重实习生的专业和技术能力，例如编程能力。我的编程能力比较弱，所以阿里的实习对我来说，的确是比较有难度的。如果在座的同学想找产品经理的职位，同时你的编程能力非常强，我很推荐你去阿里。在 2020 年的春招和秋招中，你们可以多看一下阿里的岗位。腾讯的产品岗位有点像 to C，它非常看重你是否具有同理心，即使是 to B 的产品经理，它对你的编程能力要求也没有很高。百度则是以技术为主导的公司，如果是在百度做 to B 类的产品经理，就如我上述所说。今日头条也是我比较了解的一家公司，它和另外三家公司都不太一样。头条的公司框架是借鉴 BAT 来搭建的。如果大家对头条很感兴趣的话，我会在后面专门讲一讲。

2. 产品 sense 的培养

如何培养产品 sense？我认为应该是理论加实践。首先第一个问题，什么叫产品 sense？我也很难回答这个问题。从面试的角度讲，我觉得是考验面试人对于"互联网产品"这个词的理解。举个例子，面试官非常看重你平时对于产品的使用，我在面试产培（产品经理培训生）的时候，当时面试官问到我一个问题，"你之前有做广告这一块的经历，我想请问一下我们怎样在滴滴的地图上面打广告做商业变现？"他还问我，"微信拼手气红包的金额是随机的，这个金额随机的规则是怎么制定的？"

产品 sense 其实是非常考验你对这个产品后端逻辑的理解，以及你是否对其感兴趣和是否了解。我认为这个依靠理论加实践的积累，其中理论分为三大块：

第一方面，推荐阅读相关的书籍。其实网上能搜到很多与此相关的书籍，如互联网必备书，互联网产品经理必读的 80 本书等。80 本书我们是不可能看完的，由于工作、学习的原因，我自己看的书非常少，所以我们应该在有限的时间下按类别选取书籍来进行阅读学习。根据我和一起参加春招的同学的交流，以及网上的总结，我主要将其分为以下三类：第一类，产品部门类。如果你对产品经理还没有任何了解或没有任何的概念，推荐你去看一下产品入门类书籍《人人都是产品经理》，但是这仅推荐给对于产品经理（PM）完全不了解的同学。对于应聘 to C 产品经理来说，有一本非常经典的入门的书——《用户体验要素》，推荐阅读；第二类，培养同理心类。该类推荐书籍包括《社会心理学》《原则》《乌合之众　大众心理研究》等。做 to C 产品经理，要求你对于用户的心理是有一定的了解。如果只看入门类书籍，也许每一个候选人都看过，至少第一本《人人都是产品经理》绝对看过。如果你想给面试官展现出和别人不一样的特质，在看书方面，我会推荐阅读上面提到的这三本书。这三本书中，特别是《社会心理学》和《乌合之众　大众心理研究》，非常推荐。2019 年武汉大学拿到产培的有 5 个人，其中一个人给我们推荐了《社会心理学》这本书。腾讯的 HR 给我们推荐了《乌合之众　大众心理研究》；第三类，专业知识类。如果你对于某一专业领域的产品经理特别感兴趣，例如你对于商业产品经理特别感兴趣，推荐你去看专业知识类书籍，如《计算广告》，这本书是商业产品经理必备的一本书。除此之外，我也推荐你阅读《经济学原理》《错误的行为：行为经济学》等。我个人认为产品经理最终的目标是为了给公司盈利，所以产品还是需要去了解变现，包括一些经济学的原理。如果你想去腾讯云、阿里云，我建议你去看一些数据库的书籍，这样会比较有帮助。

第二方面，尽管目前还没有发现有人推荐这一点，但根据我自己工作和实习的经历和体会，我强烈建议大家去看一下各大互联网公司的财报。举个例子，图 3.3.2 是腾讯在 2018 年的财报，看财报可以了解到在整个互联网的行业中，哪些岗位和业务是比较核心的。上市公司都有公开的财报，大家可以去直接搜索。

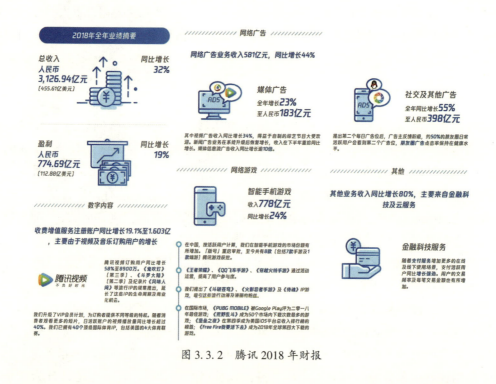

图 3.3.2　腾讯 2018 年财报

从图 3.3.2 中可以看到，腾讯 2018 年的营业收入是 3000 多亿元，部分信息未展示在图中，但我们总结分析可以得到，在腾讯的主要业务收入中，游戏占比最高，为 40%。由于游戏受到 2018 年游戏版号的影响，所以增速比较慢，只有 9%，但是依然在腾讯收入占比中最多。受益于微信朋友圈广告的快速流量扩增，广告部门，就是我当时实习的部门，它们的占比是 20%。受益于微信支付的较快增长，支付金融收入占比约 20%。综上，大家可以发现腾讯公司的三驾马车，就是游戏、广告和微信支付，这也就意味着如果你去腾讯这三个部门任职，那么你的业务是比较核心的，相对来说是不太容易被边缘化的。除上述三部分，腾讯收费增值服务占比 15%，受益于腾讯视频与 QQ 音乐的付费用户增长。腾讯云服务增长明显，收入占比约 5%，它相当于是腾讯后期，包括目前正在发力的一些业务。以上是腾讯的财报。

我在这里和大家分享一下其他公司的财报。有人觉得阿里靠电商赚钱，其实阿里赚钱最多的是广告部门，营业收入占 70%。头条的广告营业收入在 90%，这也就意味着如果去头条的广告部门，以后你跳槽了或者是想再去找其他部门，相对来说是比较容易的。通过这样的一个财报，你可以发现，最赚钱的行业是什么，是广告，因为广告是互联网最基本的一个变现的方式。所以，如果我们去广告行业，你想跳槽的话是很容易且很有竞争力的。除此之外，腾讯最赚钱的是游戏产业。如果在腾讯这样一个公司，做游戏行业会更加的核心一些。我推荐大家看一下各个公司的财报，这对于我们去选择岗位有非常大的帮助。

第三方面，推荐观点较为中立的 QuestMobile 和比较客观的 LatePost 两个微信公众号。因为这两个公众号输出的观念比较少，它会用数据告诉你这件事情的概要。例如大家想看关于广告的报告，它会给一些资讯，大家看到这些资讯之后自己会有一些想法，而不至于被别人的想法所带偏，所以我比较推荐大家去看这种类型的公众号。图 3.3.3 展示了这两个公众号，具体如下：

QuestMobile　　　　　　　　　　　晚点 LatePost

图 3.3.3　推荐公众号

如上所述，例如，2018 年，阿里巴巴的广告收入是 1300 亿元，腾讯的广告收入是 580 亿元，字节跳动的广告收入是 550 亿元，百度的广告收入是 830 亿元，这些数据在我刚刚所推荐的公众号里都可以查阅到。在广告的梯队里面，最强莫过于阿里巴巴，2018 年收入 1300 亿元，接下来是百度的凤巢，即百度广告，830 亿元。腾讯广告排名第三，包含朋友圈、QQ 和其他常用的媒体，营业收入 580 亿元。头条也非常强，估计它 2019 年可能是在第二、第三的位置，应该会超过其他公司。头条 90% 的营业收入主要集中在广告这一块，它主要通过广告的形式来进行商业变现。因为我自己对广告比较了解，因此拿广告来举例其在各公司的占比，如果大家对其他的业务感兴趣，你可以尝试着用我这样的一个思路去剖析各个公司在行业当中的地位。

对于产品岗，我觉得实践有两种途径：一个是实习，另一个是校内的社团活动。产品岗和其他技术不太一样，其他的技术岗可以不用出去实习，完全可以在实验室通过一些科研项目去积累自己的能力。但是对于产品，你在学校里很少有机会去积累能力，所以还是推荐大家去实习。

如果没有机会实习，我比较推荐大家在校内多参加社团活动。我的第一份实习是百度的实习，非常得益于在 GeoScience Café 三年的经历，当时我负责宣传和活动组织的工作，组织了 10 多期的报告。如果大家在校内参加社团，我比较推荐大家来到一些像 GeoScience Café，可以解决同学的一些实际需求的社团，或者校学生会、院学生会，做一些真正的实事。如果你在班级里面做一个学习委员，这种经历可能比较难作为亮点吸引面试官，因为这个经历非常常见。下面我会重点来介绍实践这一部分。

3. 如何在招聘市场中斩获第一份产品 offer？

我相信，大家最感兴趣的是"如何斩获第一份产品 offer?"为什么我专门强调第一份？因为很多同学有了第一份，找第二份时的简历就有工作经历可写，那么第二份就相对容易了。我将分为两部分来讲述如何斩获第一份产品 offer：一是简历的准备，二是面试之前的准备。

在简历的准备过程中，你就是你自己的产品经理，我们用产品化的思维来包装你的经历，什么叫产品化思维？我把它拆成了四部分，用产品化的思维来看待你的经历：分析需求背景是什么，怎么对背景进行分析，行动是什么，最终收益是什么。

我以 GeoScience Café 来举例，我的第一份实习简历，主要写 GeoScience Café 社团历程。首先明确需求背景，当初为什么要创建社团？是为了促进大家之间的学术交流，扫清大家之间的交流障碍。这就是需求背景。基于这样的背景进行分析，最好的方法就是把大家聚集到一起，让一些有想法的人来分享他们的经验，因此有了 GeoScience Café 的雏形。然后，具体行动是怎样？GeoScience Café 从 2009 年创立至 2019 年，已经运营 10 年，每周五晚上举办报告，同时还会将报告精华的部分以书籍的形式沉淀下来，让一些没能参加到这些活动中的同学也会有所受益，这些是我们的具体行动。那最终收益是什么？我们帮助了很多同学，他们在这样的活动中获取了相关的科研知识，扩大了实验室的地学学科在华中地区，乃至在全国的影响力，这样大家在科研方面和找工作方面都得到了一定的帮助，GeoScience Café 也得到了很好的宣传效果，这是最终的收益。如果你是 GeoScience Café 的负责人，或者在社团内服务得比较久，你就可以用这样的思路去包装自己的经历。如果我们在校级的一些社团，怎么去写自己的经历？首先你需要实实在在做过一些事情，你什么事情都没做，就想写一些东西出来，这是不可能的。比如，你举办了一个学生活动，或者其他活动，我们需要分析举办晚会（比如迎新晚会）的初衷是什么，初衷就是为了让同学们可以更快地融入这个环境中。这是一个背景，基于这个背景，做了哪些事情，最终收益是什么。我们用这样的思路去梳理自己的经历，会比你直接写事情效果更好。

现在简历已经准备好，对于面试，我认为主要就是分为四个方面。第一方面是适当地看一些其他人的面试经验。每个人在面试的过程中会遇到不同的面试官，面试的岗位不一样，面试官的状态也不一样，这会导致大家可能对于同一个问题会有完全不一样的理解。所以，我建议大家在看面试经验的过程中，总结出来哪些问题是面试过程中一定会问的。

以下是根据我的面试经历梳理的五个较为普遍的问题。第一，自我介绍，一般是一分钟左右比较好。我罗列了一些重点，首先是姓名、学校、研究方向、校园实践经历、实习经历，个人性格特点则不是特别必要。如果大家经历比较少的话，我建议讲一下性格特点。第二，你为什么想做产品经理，为什么认为可以胜任这样一个岗位。其实这个问题，我建议大家从对产品经理的认识出发：为什么能做，有哪些能力可以证明自己能胜任这样一个岗位。这样面试官会认为你的思考更加深入。第三，你认为产品经理需要具备什么样的特质。不同的公司有不同的文化背景，有一个比较取巧的方法，我建议大家面试前先了解一下公司文化。比如腾讯的文化叫"瑞雪"，在腾讯，"瑞雪"的含义是诚信，诚信是第一准则；头条的准则叫做"快速迭代，追求极致"，那么你就可以以这样的价值观去考虑头条需要什么样的人才；阿里的文化是"拥抱变化"，所以大家可以从公司的文化价值观去倒推它认为的产品经理需要什么样的特质，这样再来回答这个问题会更好，面试官会认为你对这个公司十分了解，或者会认为你这个人的特质与公司的文化比较契合。第四，最近常用的小众 App 有哪些。建议大家一定要去研究几款 App，最好不要在这个时候说喜欢用 QQ、微信、网易云，等等，这样的回答太大众化，面试官会认为你和其他的用户没有区别。因为做产品经理，意味着你一定要体验很多的产品，如果你只讲出一些大众的产品，他们会认为你只是一个用户，并不是一个合格的产品经理，所以建议大家去研究几款 App。第五，你的优点、缺点是什么。每个人的优点都不一样，最好是有能跟产品经理的岗位比较契合的特点。有一个需要注意的地方，你的缺点一定不能是致命的，比如你的缺点是不愿意和别人沟通，这个缺点对于产品经理是致命的。你可以回答自己认识到了自己有怎样的缺点，正在改正，现在有什么样的进步，这会体现出你对自己是有一种清晰的认知，并且是一个有执行力的人。以上这五个问题，每一个我都至少被问了 5 次，这说明这几个问题真的是非常高频的问题，所以提前准备这几个问题还是非常重要的。

第二方面，我们需要对自己的简历进行拆解。很多同学写了简历之后，觉得这是我自己的简历，我自己做的事情，我怎么可能不清楚？怎么能不了解？但是很多时候，在面试官提问时，你可能对于一些细节或者是一些产品上的思路不够清晰，导致你很难临场发挥。我对我简历中的内容都进行了非常详细的拆解，主要拆解为四个部分：需求背景、问题分析、具体方案、最终收益，最后分析效果如何。大家也可以借鉴这样的思路去对简历进行拆解。

第三方面，不同类型的岗位存在不同的面试诀窍。我所说的诀窍，也就是你作为产品去思考一件事情。因为你作为一个候选人，需要把自己推销给面试官，在推销的过程中，不同的岗位营销方式也不同。我把普通岗位的面试技巧分为两类：一类是你特别擅长的，或者是与你经历特别对口的一个岗位；还有一类是你非常感兴趣的，但是你没有相关学习和工作经历的一种岗位。第一种岗位，面试官对你的期许会比较高，建议去梳理自己过往的实习经历，按照刚刚说的思路进行拆解。例如，我当时有做广告的经历，所以我在面试广告相关职位时，面试官对我的要求比较高，他认为我达到 80 分才能达到他认为及格的线，如果你没有这方面经历，他可能认为 60 分就可以及格。在这种情况下，我们一定要去多补充相关的知识，比如你之前有在腾讯云工作的经验，现在想去面试阿里云，在这种情况下，肯定要对云的相关知识和各个公司在云业务方面的发展有很清晰的了解。

第二类是面试一些自己很感兴趣的，但是没有相关实习经历的岗位。为什么会有这样一个类？下面分享我在这方面的面试经历。腾讯的产培面试不同于其他产品岗的面试，产培最后有一个双选会的面试，即你在经过了简历的筛选、笔试、群面、一面、GM 面一共五面之后，还有一个双选会的面试，双选的意思是，部门和候选人进行双向选择，如果匹配到，那么你就被选中了。

我在双选会的时候选了腾讯视频和腾讯广告部门，我们这一批应聘者中有一位在腾讯视频部门有过暑期实习经历，那么在这种情况下，我就没有什么优势了，因为我没有任何视频、文娱方面的产品实习经历。那么这个部门选择他的可能性非常高，所以我当时就是抱着一种了解的态度去面试的。

没有想到的是，最后腾讯广告和腾讯视频两个部门的面试官都对我很感兴趣。腾讯广告自不必说，因为我有两段广告的产品实习经历。腾讯视频也对我抛出橄榄枝，这是因为我本人是一个资深的追星族，对于文娱方面有非常浓厚的兴趣。面试官问我："你最近有追星吗？你有追谁？花了多少钱？你认为你现在作为一个粉丝，什么样的活动会让你愿意花钱？"我面试的那个岗位是腾讯视频里做粉丝经济的，和我的追星经历很匹配，所以我一一回答了这些问题。如果你对这些都没有了解，你是不可能回答面试官这些问题的，所以我认为自己之所以能在没有实习经历的情况下而得到面试官的青睐，主要是因为我对这方面真的很感兴趣，能够言之有物。

你真的很感兴趣，才有可能体现出你的闪光点。首先要梳理自己对于这个行业的理解，我当时从两个角度对文娱行业进行了分析。第一个角度，从深度用户的角度对这个行业进行分析；第二个角度则是从产品经理的角度来进行拆分理解。

我当时从这两个方面来讲，我作为一个粉丝，什么样的活动我愿意花钱。作为产品经理，我会做什么相关的活动来吸引粉丝。我们实验室有一个比我高两级的师姐，现在在天美工作，腾讯游戏里面最赚钱的部门，她是从小就玩游戏的，端游、手游都玩得非常多，所以在这种情况下，当时她是拿到腾讯游戏和网易游戏这两个公司游戏策划的工作，所以她的经历就很符合我们说的第二类岗位。

如果你真的选择第二种类型岗位，建议大家认真考虑，你是不是对这个岗位充满了热情，而不是仅仅为了找工作而找工作，自欺欺人，觉得自己对什么岗位都可以培养出兴趣，结果有些同学不爱玩游戏，却去了腾讯的游戏事业部，这样就很痛苦。所以，我建议大家一定要先考虑自己对这个岗位是不是充满热情，然后再去做选择。

第四方面，要重视和同学们之间的沟通，互通有无，这非常重要。和大家分享一下，我们在秋招过程中，与在一起实习认识的同学组了一个 20 人的群聊。虽然群里只有 20 个人，却拿到了 70 个 offer。20 个人里面有 3/4 的人都拿到了腾讯的 offer，包括三个产培，七八个阿里的 offer，五六个微信的 offer，还有三个头条的 offer。平时我们会在群里进行一些沟通，大家会在群里面抛出一些问题，以及一些经验的分享。当时群里有很多同学是在 2019 年 10 月才收到了微信的 offer，也是因为大家的互相鼓励，才能让你坚持到秋招。在互联网寒冬情况下，与同学们进行互相鼓励、经验分享、信息交流是非常重要的。

可能很多同学会加很多的群，我觉得这样来说意义不是特别大。人太多了会导致有很多的无效发言，甚至是你抛出一个问题，没有人回答。在一个 20~30 人的小群里，你的发言频率是最高的。所以我建议大家在找工作的过程中，可以和自己志同道合的同学组建一些群，大家互相帮助。找实习不是自己在实验室里面闭门造车就能成功的，它非常强调沟通的作用，至少同伴能够帮你了解秋招的进度，对于不同的公司、不同的部门，都可以通过别人来进行了解，这样非常有利于大家对岗位的选择。

4. 实习过程中自身的工作心得

下面是我实习过程中的工作心得。我认为拿到实习 offer 并不代表成功，最重要的是你的实习过程。实习的目的是转正，或者说希望对于后面找工作是有帮助的。总结一下我在实习过程中的工作心得，我在实习结束后还曾以公众号文章的形式将自己的工作心得分享给大家，分为以下几个部分：

第一点特别重要，做一个靠谱的、有责任感的人。我在实习过程中认识了非常多的人，最简单的事情都没有按时保质保量完成。公司和学校有非常大的不同，你在学校耽误了事情，可能跟老师沟通商量就可以，它只对你自己有影响；但是你在公司，特别是产品经理这样一个岗位，你需要对产品的整个流程负责，上游、下游需要进行衔接，某一个环节没做好就会影响整个项目的进度。头条每次做一个大的项目的时候，都会进行一个复盘。假设说我们规定了 12 月 10 日上午上线，如果拖到下午上线，会开一个复盘会，去搞清楚到底是在谁那里拖了工时。

第二点是要学会为效果负责。经过工作实习的感悟，学会为效果负责是一个产品经理非常基本且重要的观念。首先你要对产品有一个整体的责任感，因为你不可能做产品开发，也不可能做测试，也不可能去做设计，但是你需要去盯紧开发：开发有没有延期，测试有没有延期，设计出来的结果是不是你想要的。对于产品经理来说，不是需求文档写出来，工作就算完成了，只要这个产品还"活着"，那么它就一直是你的责任。你需要去看产品的开发是不是按照你的需求想法完成的，包括测试的过程中出现的问题，这些都是非常重要的。如果结果是不好的，比如做一个产品，要求产品在月底要达到 100 万的日活，没有达到要求的情况很常见，那么你是不是有为结果负责的勇气？是不是有这样的勇气去复盘？找到出现这种情况的原因，勇于把责任扛起来，才能够解决问题。这更多的是层层递进的关系，第一点更多的是强调你的执行力，就是你的领导告诉你今天要做 PPT，你有没有做出来，或者说产品出问题了,我能不能负责,这是最基本的一个执行力。

第三点,你是不是能成为一个解决问题的人,你能不能优于其他的实习生。比如,这个部门有6个实习生,但是只有一个转正的机会。在这种情况下,你是怎样超过其他实习生的?作为一个实习生,我们可能更多的是愿意做一些执行的工作。例如,你的领导告诉你他觉得蓝色很简单,把这个按钮的颜色改成白色,如果他不告诉你,你怎么从问题的分析过程中去把蓝色改成白色,使其更加醒目,进而增加用户点击量,如果你能考虑到这一点,你的领导就会认为你是一个愿意钻研的人。

第四点,你是不是一个愿意去思考问题的人。很多同学是有能力的,但是不愿意说,比如在一些工作会议上,你可能有一些想法但是不敢说。因为你觉得你说了,按你说的这么做,万一没有做好,责任就是你的,为了不背锅,干脆就不说。所以我们不仅要多思考,还需要有解决问题,承担责任、承担风险的勇气。

第五点,忌玻璃心,要主动沟通。我之前在微博上看过一个帖子,一个女生在北京腾讯视频实习,吐槽说,上班第一天没有人带她吃饭,下午大家点奶茶,没有人点她的,非常伤心,真的不想上班了,每天9点下班,觉得太难了,觉得这个社会太残酷了。很多同学在学校的学习期间,老师会问,今天这一周你做哪些事情?你的科研过程遇到什么问题?这是老师主动问你的,你的父母也会主动问你有什么问题。但是我们在工作中,和正式员工的关系是同事关系,上级希望你能把事情做好,能帮他分担工作任务,而不只是他给你薪资。这种情况下,遇到了问题,你需要主动去沟通,和他一起把工作推进,而不是抱怨,产生抵触心理。有不太清楚的地方,一定要主动去沟通,比如跟别人一起吃饭,那么你就主动提出来,别人忘了给你奶茶,可能是因为你刚到,他真的就不记得,这时你可以主动提出来说我想喝什么味道的,想和你们一起点,所以一定要和你的同事们主动沟通。我见过很多工作能力不是特别优秀的实习生,因为和同事的关系处得非常好,最后也赢得了转正的机会,并不是说这些人是在拍马屁。我觉得目前他的业务能力可能还没有非常优秀,但是他的沟通能力已经非常好了,所以说这也是他能够转正的原因。

第六点,积极融入集体,同时保持自己的见解。我在实习过程中遇到过很多人,他们有这样的困惑,有人说,每天和同事一起吃饭,其实我不想和他们一起,但是大家都去,我不去就显得不太合群。其实这种问题关键在于你自己的想法。我在腾讯实习的过程中,经常都是一个人吃饭,并不是说我不想跟同事一起嗨,是因为我觉得平时工作已经没有自己的时间了,希望吃饭的时候还有独立思考的时间,所以吃饭的时间,我基本上都是自己一个人,但并不会因此和同事有隔阂。作为一个实习生,你也要把自己当作集体的一分子,聚会里面可能都是正式员工,大家不要不敢说话,不要怕说错话会引起笑话。实习生应该学会积极地融入集体,同时保持自己的态度。

最后一点,鱼和熊掌不可兼得。很多人会这么想:如果这个实习不能转正,我来实习的意义是什么?我在暑期腾讯实习面试后就知道不能转正了,但是我真的非常喜欢腾讯广告部门的岗位,最后还是选择去了。我后来了解到,转正和不转正都是有原因的,之所以能转正,可能是因为虽然他业务还不是很成熟,但是岗位很缺人,也可能是突然来了一个新的业务，需要召集人去做。在业务不是很成熟的情况下，你需要去斟酌一下，你作为一个校招生是不是有这样的信心去参与到一个不太成熟的业务过程中。除此之外，像腾讯广告这样的部门，是业务相对比较核心的。我之所以能定岗到腾讯广告部门，就是因为腾讯广告校招只要产培生，对于学生的门槛要求比较高，所以后续转正非常难。这种情况下，我建议大家更多地去考虑，去衡量一下，岗位的工作内容是什么，你是不是喜欢这个岗位，这个岗位在公司里的地位是不是比较重要。适当地把转正的因素往后面放一下。还有很多部门，它可能现在告诉你不能转正，但过了一段时间，又可以转正。我的同事就是个例外，他是腾讯广告这么多年实习生中唯一一个转正的。他在腾讯广告实习了半年多，每天都是晚上12点下班，每周末都会加班，他一个人扛起了一块业务。在这种情况下，因为那个业务非常缺人，即使不要他，也要再去社招一个人，那还不如就把社招的岗位给他，所以他就是在起初没有转正机会的情况下转正的。

所以说，转正真是变幻莫测，不确定性比较大。除此，很多同学会在大公司和小公司之间的选择上纠结。大公司是自带光环的，这样的经历对秋招找工作，或者以后跳槽也都很有帮助。但是问题在于，你可能成为螺丝钉。给大家举个例子，腾讯拥有七大事业群，腾讯云和腾讯地图在CSIG，我们实验室有很多人去了腾讯地图，还有IEG游戏部门以及PCG，PCG就是包括微信以外的大家平时用的所有C端产品，比如QQ、腾讯视频，都在PCG这个部门。还有一个叫做财经线，以及包含QQ音乐的TME部门，不过腾讯音乐已经单独分离出来上市了。

也就是说，腾讯有七大事业群，每个事业群下面有很多线，以我们CDG来说，我们CDG已经是人数倒数第二的一个部门。下面有两条线，每条线下面有十几个部门，每个部门下面有十几个组，每个组里面还有很多人。大家可以发现，在这样的公司里面，你很有可能成为螺丝钉，校招进来的员工不多，很多是统招，你可能最后是被"统一"到这样的岗位上来的，只能做一些粗浅的工作。小公司发展空间很大，但是它的工作流程经常不规范。一个产品经理要做测试，也要身兼运营等其他工作，你可能会养成习惯，等进到大公司的时候，会不太适应，所以鱼与熊掌是不可兼得的。

我不知道在座的有多少人是已经经历过秋招的，2019年的秋招情况不是那么的乐观。我们有个小群叫做"互联网盛夏"，大家都在挑offer。据我了解，群里面每个人手上都至少有一家大公司的实习，很多人是BAT，TMD都实习过。有这样一位大神，6个大公司，他应该实习了5~6家。我当时产培双选会面试时认识的那些同学，他们手上BAT至少有两家，TMD可能都不算。面试者学历都非常优秀，来自牛津大学和剑桥大学的学生非常多。2019年整体经济环境不太好，我认识的很多学金融的同学，比如复旦大学金融系的同学，以及之前做投行的那些人都很厉害，而他们2019年都转产品了。推荐大家在有条件的情况下尽量去实习，如果条件不允许，我建议大家最好在校内去找一些社团。

在没有时间去实习，又没有时间参加校园的社团活动的情况下，我们该怎么办？这种情况下，我推荐大家平时看一些竞品分析，自己做一些竞品分析，平时可以玩一些App，多了解一些，然后制作一些竞品分析的报告，这些报告可以呈现在你的简历中。在这么紧张的情况下，这是相对来说比较好完成的，且比较有收益的一件事情。或者大家也可以写一些公众号文章，可以把自己对于产品的一些学习经历等进行分享。2019 年我见了一个东南大学的本科生，他进入腾讯视频实习，最后转正了，他之前其实没有什么实习经历，就是在学校里面有一些社团活动经历，他有自己的公众号，经常把自己对于产品的想法、竞品分析等写在公众号里，这就得到了面试官的认可，这也是一个比较好的展示自己的方式。

关于报培训班，我自己没有报过，但是我身边的同学有经历过，大家可以根据自己的需求去选择。如果你觉得报班非常有必要的话，就报一个，这可能会对你的面试有一些帮助，但是不需要同时报多个培训班。

以上就是我的分享，谢谢大家！

【互动交流】

主持人：刚刚的报告，李韫辉同学结合自身的就业经历，为我们介绍了她对于产品经理的工作心得，相信大家有很多的收获。那么接下来就让我们进入提问环节，大家有什么关于就业的问题都可以提出来，请李同学为我们解答。同时提问的观众还会收到来自 GeoScience Café 的小礼品，机会难得，大家抓紧时间提问。

提问人一：请问产品经理这个岗位对英语有要求吗？或者说英语好的话会不会成为一个加分项？

李韫辉：首先，产品经理的岗位对英语是没有特殊要求的。但是不同的公司可能会对英语水平的需求不同。比如微软，会要求你有较高的英语能力。同时有的公司的总部设在国外，如果你去应聘他们总部的岗位，就会有一个英文的面试。所以说英语的要求会与公司的地点有关。

提问人二：请问您是通过怎样的渠道找到实习的？是不是日常实习要比暑期实习要求简单一些呢？

李韫辉：首先，日常实习是不是比暑期容易，总体来说，是的。因为日常实习要求你尽快到岗，所以它会常年招人，竞争没有那么激烈，可能不会在同一时期内有很多人都进入这个岗位，这是第一点。第二点，不同的公司，它会区分日常和暑期实习。相对来说，可能暑期实习要求会更高一些。关于找实习的途径，我建议你们关注一些互联网招聘软件，上面会发布一些日常实习的信息。比如你可以去关注"实习僧""拉勾"这些网站，在上面可以找到一些可以日常实习的工作。

（主持：刘婧婧；摄影：李涛；摄像：杨美娟；录音稿整理：赵佳星；校对：程露翎、王昕、刘林、杨婧如）

3.4 从 idea 到 SCI 论文发表
——关于科研那些你想知道的事儿

(徐 凯)

摘要：武汉大学测绘遥感信息工程国家重点实验室 2017 级博士生徐凯，师从张过教授、张庆君研究员，主要研究方向是星载 SAR、光学影像数据高精度几何处理。目前已发表学术论文 9 篇，其中 EI 1 篇，SCI 论文 8 篇（一作/通讯 6 篇）。获得博士研究生国家奖学金、光华奖学金、武汉大学优秀研究生等荣誉奖项。

【报告现场】

主持人：欢迎大家来到 GeoScience Café 第 247 期线上讲座，本期讲座我们邀请到了武汉大学测绘遥感信息工程国家重点实验室 2017 级博士生徐凯，本期线上讲座的主题是科研经验分享。在讲座过程中，如果大家有任何问题，都可以在腾讯会议的聊天面板中提出，我会收集大家的提问，等嘉宾分享完之后再为大家解答。接下来我们就把时间交给本期嘉宾。

徐凯：尊敬的各位老师、各位同学，大家晚上好。很荣幸被邀请来参加 GeoScience Café 本期的线上讲座，我报告的主题是"从 idea 到 SCI 论文发表——关于科研那些你想知道的事"。本期讲座我主要想和大家分享自己在研究生阶段的一些科研心得，希望能帮助大家在科研的道路上少走一点弯路，并能更顺利、更快地发表属于自己的 SCI。今天的汇报主要分为以下三块内容：

①个人简介；②科研心得；③论文写作那些事儿。

1. 个人简介

我是实验室 2015 级"2+3"硕博连读生，导师是张过教授和张庆君研究员。在这里补充一句，如果师弟师妹们已经笃定地要走学术这条路，建议你们早一点决定，然后选择"1+4"或"2+3"的硕博连读培养模式。这样的选择相对而言会缩短时间，也更划算。我的研究方向是星载 SAR、光学影像数据高精度几何处理，简单而言，就是将遥感卫星下传的原始数据经过一系列的几何处理后，形成一个基础的标准产品，进而分发给用户使用，相对而言更靠前端一些。如果同学们对我的研究方向感兴趣，我们线下可以更进一步讨论。

2. 科研心得

下面和大家分享一下我的研究生成长历程。刚进课题组，大家可能都是很迷茫的状态，比如本科专业和导师做的方向不对口，或者编程能力欠缺，这会使我们产生焦虑的情绪，不知道从何做起。其实我们大多都是这么过来的，不必太过焦虑，这时候你可以先静下心来，仔细地梳理一下自己欠缺的方面，然后进行对应的专业基础知识的积累。比如我本科是测绘工程专业，而导师课题组主要是做几何遥感这个方向的，所以我的摄影测量、遥感知识就比较欠缺，我就会进行相应的专业基础知识的补充。

这里建议大家先从经典教材开始，然后学习本课题组师兄师姐的毕业论文，按照这样的学习顺序。一方面，对于经典教材，网上有很多精品视频课程可以学习，像在线课程、慕课；另一方面，可以学习硕博论文，因为毕业论文的整个知识体系比较系统，也比较好读，你会发现很多毕业论文都是对多篇论文的凝练。

另外很重要的一点，就是编程能力的提升，因为在后期你想实现自己的某个想法或做导师的项目，很大程度上都依赖于编程能力。根据不同课题组的要求，以研究为主的，可能用 MATLAB 比较多；以项目为主的，就需要将代码布置到系统中，更多会用到 C++、Java 等编程语言。关于编程（图 3.4.1），网上有很多优秀的培训视频，像 Chuanzhiboke，可以专门花一个星期进行系统的恶补。

- ➢ 编程能力：网络很多培训视频+课题组内部代码+开源代码学习
  - Chuanzhiboke
  - GitHub
  - 遥感影像处理常用的库：Opencv、GDAL、Eigen
- ➢ 学术积累同时注重表达输出（到代码层次）
  - 论文公式推导
  - 使用 MATLAB 复现算法

图 3.4.1 编程能力培养与学术积累

有了编程基础，你就可以运行组内的一些代码来进一步学习，看看师兄师姐们是如何设计自己的代码的，带着这样的思考，再去 GitHub 上找一些优秀的开源代码进行学习。像涉及遥感影像处理的，常用到以下三个库：OpenCV（一个计算机视觉库）、GDAL（常用的影像读写处理库）和 Eigen（矩阵计算库），网络上相关的学习材料也有很多，比如每个库的编译配置，大家可以自行学习。有了以上的专业知识和编程能力后，导师再安排任务，你就不会那么慌张了。

实践出真知。在前期打好基础之后，要将所学应用起来，比如结合课题，或者尝试复现某篇论文中看到的一个算法。复现算法时，我一般会先推导一遍论文中的公式，将公式推导的过程再输入到 word 文档里。一般我会选择用 MATLAB 实现，因为无论是矩阵计算，还是数据读写，MATLAB 相对来说都更加方便、简单和快速。一定要将所学的东西应用到代码层，你才会有更深刻的体会，整个过程也会越来越熟练。当然，有的论文代码是开源的，你也可以对比学习。

这些不经意的工作，都可能是在为后面的学习铺路，可能某一天，论文审稿人要求你加上与某一个算法的对比实验，刚好这个算法你曾经学习过，就会节省很多时间。还想和大家分享的一点，就是导师给你安排的任务，一定要及时给导师反馈，这样既是对导师负责，也是对自己负责，进而可以形成一种良性的师生关系。

此外，要善于学会文件夹分类管理。如果你的桌面特别凌乱，文件夹没有条理，就不利于资料的查找。一个好的文件夹分类，能够让你迅速定位所需的资料。如图 3.4.2 是我的 D 盘根目录，我大致会分为项目文档、代码、数据、工具、软件、学习资料、杂项和待办事项，而处于低一级的文件夹，我会按照重要性或时间顺序进行分类。大家可以尝试使用适合自己的方式进行分类。

图 3.4.2 文件夹分类管理

最后向大家介绍几个我经常使用的科研小工具。第一个是天若 OCR，它是一个可以截屏、识别文字并能直接翻译的工具，你可以用它对图片中包含的文档进行文字识别，或者识别、翻译外文文献；第二个是 Everything，它是一个基于名称快速搜索文件的软件，你想找某个文件时，就可以用它搜索；第三个是 Xmind，它是一个强大的思维导图软件，你可以用它来进行文献的整理、制订计划等；第四个是网易有道词典，它自带一个自动取词翻译功能，当你阅读外文文献时，就不需要把文献里的单词复制到翻译软件进行翻译；第五个是 Grammarly，它是一个 word 插件，用于纠正写作中语法的错误。

3. 论文写作那些事儿

（1）论文写作前的准备

一篇论文最重要的是要有灵感，有好的创新点，根据我自身的经验，大致将创新点的来源归纳为以下几点（图 3.4.3）。

第一点，把握好团队传承和项目理念。首先，每一个团队都有自己多年的积累，你需要快速吸纳这些精华，这样站在前辈的肩膀上相对比较容易出成绩。其次，你要关注已经毕业的师兄师姐们的毕业论文，尤其是他们在下一步工作展望中提出的研究点，如果你完成了这些点中提及的研究，论文也就出来了。最后，你要关注项目中甲方提出的一些需求，因为在你追求创新的时候，甲方单位也在追求创新，如果你把他们的需求点解决了，创新点也就有了。

第二点，定时追踪本专业前沿论文。测绘专业好的期刊，像 ISPRS、RSE、ICCV、《测绘学报》等，我每个月都会抽出固定的时间来阅读这些期刊上最新的论文，无论是相关领域的论文还是不相关的论文。建议大家可以建一个专门记录所读文献的文档，比如像前面介绍的思维导图工具，做好总结，大量的提取后，总会受到启发的。

第三点，要有"三新"，即新数据、新方法、新选题。新数据，这一点得看各个课题组能不能拿到最新的数据。新方法，就是方法上的改进，比如你用常规的方法进行数据处理时，可能得不到预期的结果，大家往往就会怀疑这是数据的瑕疵造成的，从而舍弃这些有问题的数据，但其实这可能是实际与理论有出入的一个实验结果，如果你设计一个新方法，然后加以分析和解决，往往也可以产生论文创新点。新选题，就是你要做别人没有做过的内容。

第四点，要与大同行交流，这样可能会碰撞出不一样的火花。之前我和一个做定量遥感的同学聊天，他说目前国产光学遥感影像，每一景影像中只提供了中心像元的方位角和高度角信息，而这已经无法满足定量遥感的相关研究。特别像高分1号这种宽幅影像，整个边缘影像的观测信息相对景中心变化很大，而 BRDF(双向反射率分布函数)尤其依赖这样的信息，这时候提供一种计算逐像元的方位角和天顶角的方法很有必要。而实现它，对做几何的人而言是非常简单的，我就着眼于这个需求背景，发表了一篇相关的文章。

> Good Idea 来自哪里？
> - 团队传承(下一步工作展望)和项目凝练(甲方需求)
> - 追踪本专业最新论文成果(ISPRS、RSE、ICCV、《测绘学报》等)
> - 新数据、新方法、新选题
> - 与大同行交流，挖掘需求点

图 3.4.3　论文写作创新点

有了创新点后，你就可以确定要投的期刊。你要做的就是去期刊官网上了解每个期刊具体的投稿要求，以及它的论文格式模板，然后进行整个论文框架的搭建，能具体到论文当中的小标题就足够了。

最后想说的是，你在写论文的时候一定不要怀疑自己，感觉自己做的工作没什么用，你越怀疑自己，就越没劲头，所以一定要相信自己写的论文是有用的。还有一点，如果时间允许，我鼓励大家往高水平的期刊投，比如你本来想投二区，你可以大胆一点往一区投。其实有的时候很难去定量地比较一篇二区文章和一篇一区文章到底谁好，这也是我的导师一直灌输给我的一种乐观精神。

（2）论文写作中的技巧

有了以上的准备后，我们就可以开始正式写论文（图 3.4.4）。一般一篇论文的结构可以概括为以下一段话：在某一个背景下，X 的问题很重要，前人 A、B 曾经研究过这个问题，但是 A、B 都存在某一个缺陷（引言部分）；故此我们提出了一个方法 D（方法部分）；我们对 D 进行了一个实验，和 A、B 进行比较，实验表明 D 比 A、B 优越（结果部分）；分析了为什么 D 是更优的，而其他的思路 E 是不行的，并阐述方法 D 的有效性和局限性（讨论部分）；最后进行总结，并对方法 D 做进一步的发展讨论（结论部分）。综上，就是一篇完整的论文应该涵盖的几部分。下面说一下各个部分具体该如何写。

一篇文章首先要有一个好的题目，总的要求是要做到精和简。因为题目反映了研究最核心的内容，它要能展现本研究最关键的点，然后加上方法使用的策略，方法核心内容具备的特点，为了达到怎样的目的等进行修饰。题目多由名词性短语构成，例如，Auto-calibration of GF-1 WFV Images，这篇文章的核心就是相机自定标的问题，使用的策略就是用平台进行约束；再比如 Integrating Stereo Images and Laser Altimeter Data of the ZY3-02 Satellite，这篇文章的核心就是立体影像和激光数据的复合测绘，达到的目的就是提高测绘精度。

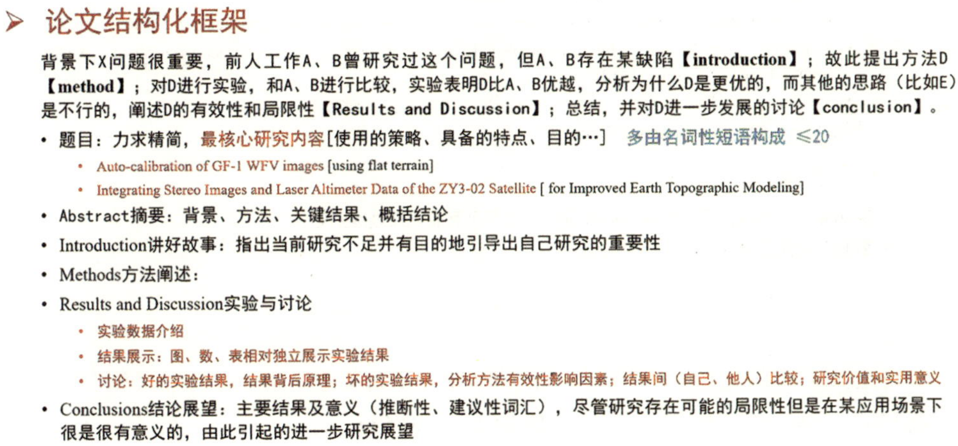

> **论文结构化框架**

背景下 X 问题很重要，前人工作 A、B 曾研究过这个问题，但 A、B 存在某缺陷【introduction】；故此提出方法 D【method】；对 D 进行实验，和 A、B 进行比较，实验表明 D 比 A、B 优越，分析为什么 D 是更优的，而其他的思路（比如 E）是不行的，阐述 D 的有效性和局限性【Results and Discussion】；总结，并对 D 进一步发展的讨论【conclusion】。

- 题目：力求精简，最核心研究内容[使用的策略、具备的特点、目的…]　多由名词性短语构成 ≤20
  - Auto-calibration of GF-1 WFV images [using flat terrain]
  - Integrating Stereo Images and Laser Altimeter Data of the ZY3-02 Satellite [for Improved Earth Topographic Modeling]
- Abstract 摘要：背景、方法、关键结果、概括结论
- Introduction 讲好故事：指出当前研究不足并有目的地引导出自己研究的重要性
- Methods 方法阐述：
- Results and Discussion 实验与讨论
  - 实验数据介绍
  - 结果展示：图、数、表相对独立展示实验结果
  - 讨论：好的实验结果，结果背后原理；坏的实验结果，分析方法有效性影响因素；结果间（自己、他人）比较；研究价值和实用意义
- Conclusions 结论展望：主要结果及意义（推断性、建议性词汇），尽管研究存在可能的局限性但是在某应用场景下很是很有意义的，由此引起的进一步研究展望

图 3.4.4　论文结构化框架

摘要部分，主要包含背景、方法、结果以及概括结论（高度概括）这四个方面。引言部分，相对来说是整篇文章中最难写的，需要综合大量文献，指出当前研究的不足之处，有目的地引导出自己研究的重要性。方法部分，则需要阐述你提出来的方法。

实验和讨论主要包含三个部分，第一部分是对实验数据的介绍，第二部分是结合图、数、表等形式对结果的展示，第三部分就是讨论。其中，讨论是比较重要的一个部分，建议大家可以从正面（分析好的实验结果背后的原理）、反面（针对不理想的实验结果，分析

其有效的影响因素)、比较(不同方法实验结果之间的对比分析)、意义(指出研究成果延伸出来的理论意义或应用价值)这四个方面展开,来写出一个有深度且审稿人无法挑剔的讨论。

最后的结论部分,首先要指出本研究得出的最主要的结果及意义。因为结论是由前面的讨论推测得来的,所以要注意避免用肯定的思维,转而使用一些推断性或建议性的词汇,比如像 suggest、might、may 等,进行反话正说,即虽然我这个研究存在某些方面的局限性,但是在某个应用场景下还是很有意义的,然后针对局限再指出接下来要开展的工作。

关于论文中的表达,主要有两部分:语言的表达和图表的表达。语言方面,平时在读文献的时候,就可以有意地去积累各种各样优秀的表达句式,像图 3.4.5 就是我经常会用到的句式,比如:在摘要里,"相对于传统方法的优越性是……";在引言里,"这种传统的方法已经广泛地被研究者研究了,大概可以分为……";在结论里,"尽管本文的方法可能会受到……因素的影响,但影响的因素值得未来的研究"。针对这部分,向大家分享一个神器——Academic Phrasebank,该网站针对论文的各个部分,提供了大量丰富的学术写作语料库。

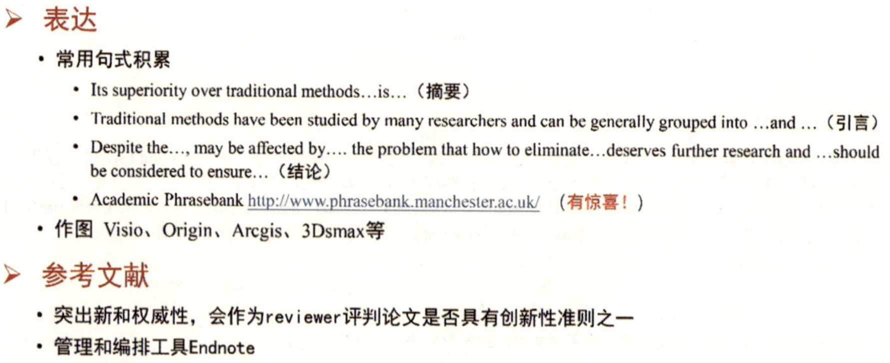

➢ **表达**
- 常用句式积累
  - Its superiority over traditional methods…is… (摘要)
  - Traditional methods have been studied by many researchers and can be generally grouped into …and … (引言)
  - Despite the…, may be affected by…. the problem that how to eliminate…deserves further research and …should be considered to ensure… (结论)
  - Academic Phrasebank http://www.phrasebank.manchester.ac.uk/ (有惊喜!)
- 作图 Visio、Origin、Arcgis、3Dsmax等

➢ **参考文献**
- 突出新和权威性,会作为reviewer评判论文是否具有创新性准则之一
- 管理和编排工具Endnote

图 3.4.5 论文写作常用句式

另外是论文当中的配图,有时候一张图片胜过千言万语,幸运的话,你的图还可能会被选为期刊的封面。常用的作图工具,比如 Visio 画流程图、Origin 画线图、ArcGIS 画一些专业的地图、3ds Max 画特效图等,当然还有很多其他的作图软件,大家选几样用精就行。

论文参考文献这部分也希望大家重视起来,其中一个比较重要的原则是要引用一些较新的和权威性的文献,因为有的审稿人会据此来评判你的论文是否具有创新性,如果引用的都是 20 世纪 90 年代的论文,审稿人肯定会质疑。对于文献的管理和插入工具,我使用较多的是 Endnote 插件。

最开始写论文的时候,大家一定会碰到关于在论文当中如何正确使用时态的问题,如图 3.4.6 就帮大家整理了 SCI 论文写作中时态如何使用的问题。英文当中一共有 16 种时

态，而 SCI 写作当中最主要的就是一般现在时和一般过去时。

我们可以先复习一下英语语法中关于这两种时态相关的知识，一般现在时表示不受时间限制的客观存在的事实或真理，简单来说，就是写作时觉得是正确的或者正在发生的内容都可以用它，我们简记为 now。一般过去时则用于表示发生在本篇论文写作之前的事情，包括所做的研究、研究工作的结果，我们简记为 past。有了这样的认识后，我们再根据论文结构具体来看论文当中各个部分的时态组合应该怎样使用。

摘要部分包含 4 个方面：背景(阐述某一个事实，一般现在时)、方法(在写论文前就已经提出来了，一般过去时)、结果(在写作之前实验结果就已经有了，一般过去时)和意义(一般现在时)。

引言部分时态相对多一些，一般可分为以下四种情况：第一种阐述经典的原理，用一般现在时；第二种描述一个已经完成的研究，并且这个研究到目前为止一直是正确的，用现在完成时，从句用一般现在时，比如某某研究一直展现出加从句（一般现在时）；而第三种以研究者为主语，阐述他的研究结果，并且这个研究结果是正确的，谓语动词就用过去时，从句中用一般现在时；最后一种是描述某种已经失效的方法，用过去时或过去完成时，但是这种情况最好少使用。

方法部分一般用一般过去时。结果与讨论部分有两种情况：一种是单纯地描述一个研究成果，它发生在写作之前，所以用一般过去时；另一种是以图表为主语，比如说它展示了什么、显示了什么结果，因为单纯在描述这个事实，所以使用一般现在时。结论部分如果和摘要一样阐述研究意义，则用一般现在时，若谈及未来的工作，用一般将来时。

整个论文当中时态使用的情况就大概如上面所述，大家写完一篇论文后，就能慢慢地运用自如了。

图 3.4.6　论文中的时态

(3) 论文发表前的工作

论文投稿后，便要等待审稿意见，不同的期刊审稿时间为 1 个月到 6 个月不等。我一直信奉的理念是：只要给我大修，我就还你一篇论文。所以大家投稿后，如果最后的审稿意见给的是大修，也不用太恐慌，你要坚信自己即将就会收割一篇论文。

从大修到录用，我采取的一个策略是：无论审稿人多么不友好，我一定要用诚恳的态度，笑面相迎审稿人，针对意见逐一认真回复，像"Dear Reviewer/thanks to/valuable/meaningful/insightful/prudent/constructive/be sorry for/apologize for/much helpful for revising and improving"，这些都是我回复审稿人的惯用词，审稿人的每一个问题，在回答前我一般都会加上"Dear Reviewer"，像"有价值的、有意义的、有洞察力的、建设性的"词也会轮番用，然后再具体地回答审稿人提出的问题。

另外一个很重要的点，就是回复一定要力求做到详尽，像我之前投了一篇ISPRS，两个编辑一共提出了28个问题，给的意见是大修，我大概用了一个月的时间，针对审稿人的问题共回复了40页，最后编辑就直接录用了。

下面具体介绍一些审稿人的常见问题及回答策略。首先强调一点，并不是审稿人给出的所有修改意见，你都必须要采纳，但是审稿人提出的问题都必须逐个回复。根据审稿人提的意见是否需要修改，我将审稿人的问题大致可以分为以下三类：

第一类问题是必须要改的，比如审稿人说论文语言需要润色、格式不对，或者要求更细致的讨论、要有成熟的结论，等等。针对这类问题，回答的策略，首先要感谢审稿人的高屋建瓴，其次表达我们的歉意，然后根据审稿人的具体要求进行修改就可以。

第二类问题是示意性修改的，有的问题我们已经在论文当中提到了，但审稿人可能没看到，这种情况下你可以选择用折中的方式去满足审稿人的要求，在原文当中换种形式去展示这些信息。

第三类是你不想再修改它了，比如说审稿人提出让你开展一些新的研究，但明明我们的论文在谈A，审稿人却扯到了B上，或者审稿人压根就没有看懂我们的文章。碰到这种情况，老规矩，首先你要表达感谢之情，承认他提出的问题中合理的部分，然后进行一个转折，告诉他本文的研究侧重点是什么，耐心解释就行。

以上就是大致的回答策略。最后，如果你不幸被拒稿怎么办？一种情况是编辑在邮件里没有明确说你是否可以再投，这种情况下你就要厚着脸皮去咨询编辑。如果可以再投，修改再投时一定要给编辑发一个邮件，并用附件告诉他上一次他提的意见自己都处理了，改完后再重新投稿的。另一种情况是邮件里明确说了你不适合再投他们的期刊，那就要修改重投其他期刊，相信一切都是最好的安排。

以上就是我关于科研的一些心得以及论文写作的一些经验，感谢聆听，也祝大家以后在科研的道路上多姿多彩。

【互动交流】

主持人：感谢徐凯博士，嘉宾的分享让我们受益匪浅，现在我们将选择两个问题来请嘉宾回答一下。

提问人一：在写科技论文的过程中，如何加深论文的深度？在阅读文献时应该从什么角度去发掘其他文献的深层次内容？

徐凯：加深论文的深度其实就是看你的"忽悠能力"，即在引言部分，你要给你的文章树立一个很好的背景需求，要向别人说清楚你为什么要做这个研究，有什么意义。我自己也做过几个期刊的审稿人，审别人的论文时，我第一眼会看他的引言部分，看他有没有把问题说清楚，有没有梳理好背景。在整个论文的撰写过程中，比如前面谈到的在结果讨论这部分，要具有深度，不能仅仅简单地介绍自己的实验结果，还要从正面、反面和对立面引导出论文具有的研究意义。你从这些方面出发，论文就能达到审稿人的要求了。

针对第二个问题，其实你单从一篇文章当中很难去发掘，建议大家就像深度学习一样，为自己准备大量的文献，读完一篇再读另一篇，对比着看他着眼于哪个需求点，这样可能你在读这篇论文的时候，就会联想到之前看的论文是怎样的结构。

提问人二：一个月前我投了英文期刊，也专门发了邮件向编辑询问情况，但都没有回复，这应该是什么情况？

徐凯：我不知道你论文投出去之后具体是什么状态，可以在期刊的官网上看一下，追踪你的论文动态，比如可能是等待审稿，或者压根一直没有安排审稿人，后者的情况，你就可以发邮件示意性地催促一下。但有的期刊的特点就是特别慢，所以在投稿之前要酌情考虑。

（主持人：李皓；摄影：王翰诚；录音稿整理：王克险；校对：王雪琴、王昕）

3.5　InSAR 三维地表形变监测及科研经验分享

(刘计洪)

摘要：三维地表形变对于地质灾害监测、解译和分析具有重要意义，本次报告将介绍一种基于地表应力应变模型的 InSAR 三维地表形变监测方法。该方法优化了现有 InSAR 三维形变估计方法中的函数模型和随机模型，显著提高了三维地表形变的监测精度，进而为后续地质灾害解译与分析提供了可靠的数据支撑。

科研之路漫长而艰辛，实用的方法技巧将极大地提高我们的科研兴趣与效率，进而更快地感受到科研的"成就感"。从初涉科研到成果发表，本期嘉宾将为大家分享其科研经历及经验，希望能对大家有所启发。

【报告现场】

主持人：欢迎大家来到 GeoScience Café 第 248 期线上讲座。本期讲座我们邀请到了中南大学博士研究生刘计洪。在我们的讲座过程中，如果大家有任何问题，都可以在腾讯会议的聊天面板中提问，我会收集大家的提问，在嘉宾分享完之后，再请他来为我们解答。接下来让我们有请刘计洪来为我们做分享报告。

刘计洪：大家好，我是刘计洪，来自中南大学，今天很高兴能有机会和大家分享我做的关于 InSAR 三维形变监测方面的一些工作，以及在这个过程中我个人的一些经验，希望能帮助到大家。我将从以下两个方面来和大家分享：一方面是个人简介；另一方面是科研历程及经验分享。

1. 个人简介

我本硕博都就读于中南大学，本科专业是测绘工程，硕士、博士的研究方向都是 InSAR 三维形变，现在是"1+4"硕博连读生。我的研究方向是 InSAR 三维地表形变监测及其应用，下面开始我的科研历程和经验分享，其中科研历程主要结合自己的研究方向进行介绍，从一开始接触科研，中间穿插了自己做的一些工作，以及遇到的问题和积累的一些经验。

2. 科研历程及经验分享

(1) 初入科研门：积极主动，不断积累

3.5 InSAR 三维地表形变监测及科研经验分享

一开始接触科研的时候，我认为一定要积极主动。中南大学在本科的时候（大二）就给每个学生都分配了学业导师，于是我就去联系了我的导师。导师当时就说："小伙子我看你不错，就跟着我学 InSAR 了（图 3.5.1）。"

图 3.5.1 InSAR 学习的缘由

相信大家应该都有经验，如果一开始没接触过导师做的方向，一定会疑惑这到底是什么。一开始我也不知道 InSAR 是什么，后来我就去了解了一下，它的全称是合成孔径雷达干涉测量，利用两幅卫星影像来实现地表形变的测量，是目前进行大范围地表形变监测的一种最有效的技术手段。然后我就去申请了创业项目，这个时候我又主动去找了老师，告诉他我想做创业项目，问老师那边是否有合适的课题。这个时候老师可能心想，这小伙子不错，做事很主动，我相信老师们应该都喜欢这种主动找事情做的学生。

于是，老师就让我开始做 InSAR 三维形变的相关工作。刚开始我还不明白为什么要做 InSAR。后来了解过才明白，原来 InSAR 只能监测到三维形变在视线向的一维投影（图 3.5.2），像两种完全不同的断层运动，就可能导致相同的 InSAR 观测结果。也就是说，三维形变只有一个观测值，而我们都知道，一个方程解不了三个未知数。

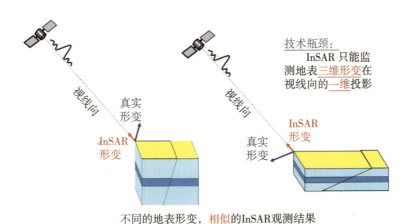

图 3.5.2 InSAR 监测地表形变的技术瓶颈

比较简单的解决方法是多给两个方程,这也是传统方法比较常用的一种做法。求三维形变时,因为 InSAR 是图像,相当于手机拍的照片,是由一个一个像素组成的,例如现在给定了 4 个观测值,需要求解的未知数有三个,这个问题可以采用测量学中的最小二乘平差方法进行求解。

如图 3.5.3 所示,以第一个蓝色像素点为例,计算三维地表形变时,会利用 4 个观测值影像上蓝色点对应的观测值组建方程,然后再依次求出红色、黄色、绿色、紫色等点的三维形变。但实际上当地表发生形变时,即一个块体在动的时候,地表临近点的三个形变是相互关联的,例如红色点动的时候,绿色点肯定也会动。

图 3.5.3 传统方法求解

传统的方法只采用逐像素的方法求解,使三维形变的精度达到了上限。此外,由于有 4 个观测值,那么它们的精度肯定不一样,有的点精度高,有的点精度低,而精度的问题在测量平差里面需要用定权来解决。

怎么用定权进行解决呢?传统方法可分为三种,第一种是不定权的方法,采用非常简单的等权处理,即认为它们精度都是一样的,不定权的方式是不合理的,因为在实际过程中它们的精度肯定是不一样的;第二种是远场估计的方法,InSAR 是一幅影像,比如在监测地震时(图 3.5.4),中间这一块红色区域是形变场,而一般认为在远场的地方,没有发生形变,并且认为整幅图像上所有像素的精度都是一样的。这样,就可以用远场区域的观测值来估计一个先验方差,作为整张影像上的先验方差,但这种方法在实际情况中无法满足精度需求,因为 InSAR 的范围比较大,不同空间位置的测量值精度也是不一样的。比如 InSAR 中有一个比较严重的误差就是大气,大气在空间上的分布不一样,其对 InSAR 产生的影响也不一样,就会导致空间上的精度不一样。所以,远场估计的方法也是不准确的;第三种是基于平稳假设的方法。该假设认为一个小窗口里的形变是一样的,对小窗口里的数据求方差,求得的结果就认为是中心点观测值的先验方差。在实际情况下,尤其像地震这种形变梯度比较大的情况,得到的方差肯定是不对的,因为无法满足平稳假设的条件。

本科学过测量的同学肯定都知道方差分量估计(图 3.5.5),其在定权的时候优势很明显,不需要任何方差先验信息,通过迭代来进行观测值的定权,然后实现观测值的精度评估,以及未知参数的精度评估。但因为传统方法是逐像素求解的方式,只有 4 个观测值,每一类观测值只有一个,而方差分量根据观测值的统计特性来进行定权。统计特性需要比较多的独立观测值,传统方法的观测值数量达不到要求,统计特性完全显示不出来,所以无法采用方差分量来进行定权。

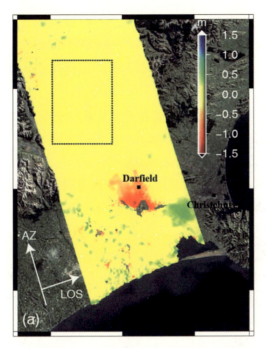

图 3.5.4 远场估计(Hu 等,Journal of Geodesy,2012)

➢ InSAR三维地表形变监测时,不同观测值的权重难以准确确定,影响结果精度

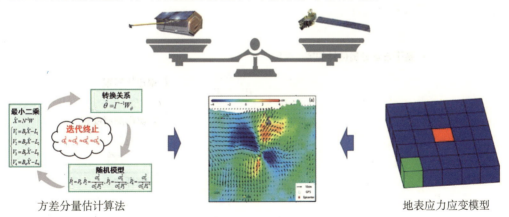

图 3.5.5 不同的权重确定方法

在前面我们提到了相邻的地表形变有关联性,如果利用关联性能把周围像素的观测值都用于解算中心像素的三维形变,那么观测值的数量就会增多。这时就可以用方差分量估计来进行定权。由此,我们提出了一种基于应力应变模型和方差分量估计的 InSAR 三维地表形变监测方法,并简称为 SMVCE。

首先，我们基于地表应力应变模型建立了观测值与未知参数之间的函数关系（即函数模型）。应力应变模型描述的是邻近点三维地表形变之间的物理力学关系，如公式(3.5.1)。

$$d^i = H \cdot \Delta_{XYZ} + d^0 \tag{3.5.1}$$

式中，d^0 和 d^i 是邻近两点的三维形变，Δ_{XYZ} 表示两点间的坐标增量，H 表示应力应变参数矩阵，大小为 3×3，然后把它写成公式(3.5.2)的形式。

$$d^i = B^i_{sm} \cdot x \ (x \text{ 包含 } d^0) \tag{3.5.2}$$

式中，x 包含了 d^0，就是三维平面包含了 d^0，B 是一个系数矩阵。然后假设 d^i 处的 InSAR 观测值为 L^i，根据 SAR 卫星的成像几何，即可建立下式：

$$L^i = B^i_{geo} \cdot d^i \tag{3.5.3}$$

联立式(3.5.2)和式(3.5.3)即可建立周围一点范围内像素点的 InSAR 观测值和中心点三维地表形变之间的函数关系：

$$L^i = B^i \cdot x \tag{3.5.4}$$

其中，$B^i = B^i_{geo} \cdot B^i_{sm}$。

考虑到中心点像素周围有很多个 L^i，由此可以建立很多个观测方程。传统的方程只能建立中心点的观测方程，即 L^0 和 d^0 之间的关系，而我们的方法可以建立大量的 L^i 和 d^0 的关系，进而显著增加了观测方程的数量，为方差分量估计确定随机模型提供了契机（图3.5.6）。

随机模型就是刚刚提到的权重，利用方差分量估计可以确定单位权方差以及各类观测值权重，进而根据权重的定义，反算各类观测值的方差，也就是精度，这样就可以实现对观测值的准确定权和精度评估。

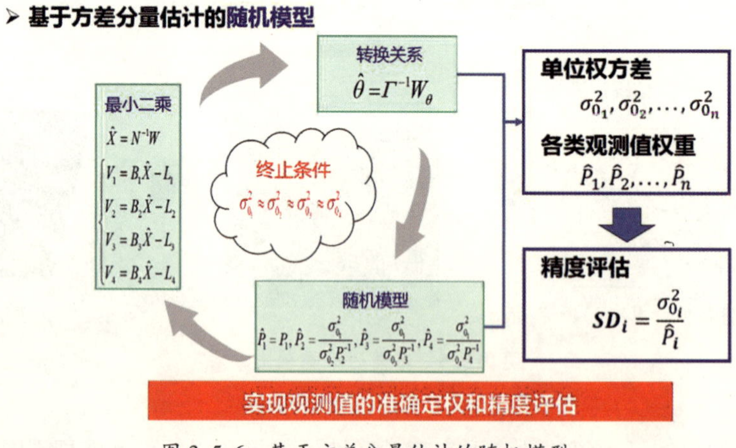

图 3.5.6 基于方差分量估计的随机模型

在 InSAR 领域，提出一个方法一般都需要进行模拟实验，图 3.5.7 就是用模拟实验模拟观测数据。

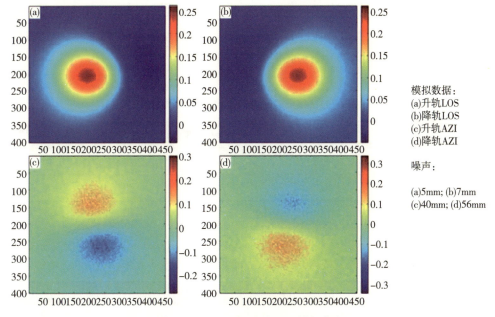

图 3.5.7　SMVCE 方法——模拟实验

分别用我们提出的方法和传统的方法对观测数据求解三维形变,定性地来看,都能得到三维形变的结果,如图 3.5.8 所示。

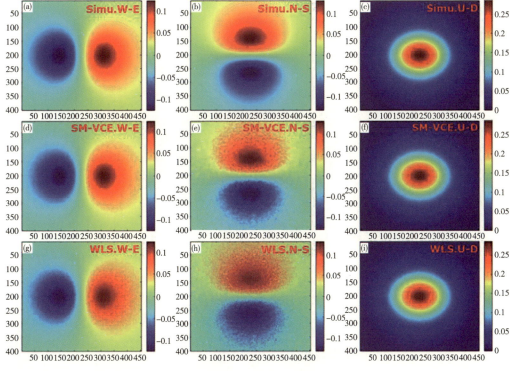

图 3.5.8　SMVCE 方法——模拟实验结果

之后我们定量对比了实验结果,见表 3.5.1 和表 3.5.2,因为模拟实验的优势是知道真值,和真值进行对比,发现我们的方法得到的均方根误差都比较小,并且确定的权重也比较精确,所以通过模拟实验论证了我们方法的可行性。

表 3.5.1 　　　　　　　　不同方法得到的三维形变均方根误差对比

	东西向(mm)	南北向(mm)	垂直向(mm)
新方法	0.6	2.9	0.7
传统方法	10.7	35.1	10.8

表 3.5.2 　　　　　　　　不同方法得到的观测值权重对比

	观测 1	观测 2	观测 3	观测 4
理论值	1	0.0156	0.5102	0.0080
新方法	1	0.0156	0.5127	0.0080
传统方法	1	0.0228	0.5901	0.0117

后期我们还进行了实验,如图 3.5.9 所示。该实验的目的是获取 2007 年夏威夷的一个火山活动导致的三维形变。

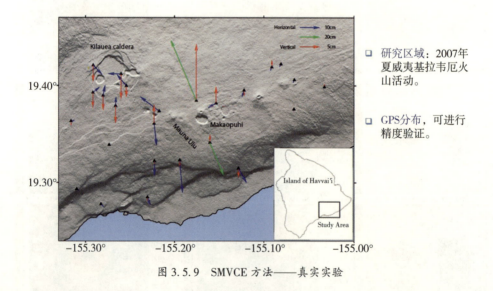

图 3.5.9　SMVCE 方法——真实实验

图 3.5.10 是我们用到的 4 类观测值。

3.5 InSAR 三维地表形变监测及科研经验分享

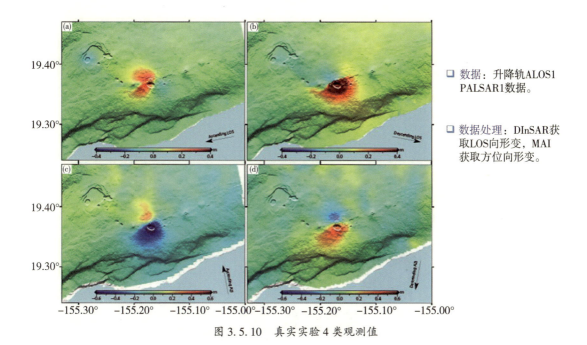

图 3.5.10 真实实验 4 类观测值

- 数据：升降轨 ALOS1 PALSAR1 数据。
- 数据处理：DInSAR 获取 LOS 向形变，MAI 获取方位向形变。

类似地，我们同样采用两种方法分别求解三维形变（图 3.5.11），发现整体结果也和之前类似。但是从图中红色方框区域可以看出，传统方法所得结果的噪声更大。为了找到问题的原因，我们展示了方差分量估计的定权结果（图 3.5.11 右）。

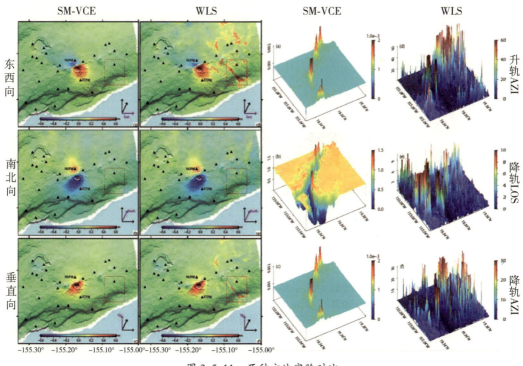

图 3.5.11 两种方法实验对比

最后，发现我们新的方法确定权重更合理一些，而传统方法得到的权重明显偏离实际。然后我们将结果与 GPS 数据进行了对比，发现用我们的方法得到的三维形变结果，精度提高了 20% 以上。

做完以上实验，我就又去找导师了(图 3.5.12)，跟老师说，这个程序我写完了，结果也改进了不少，还有没有其他任务呢？

图 3.5.12　积极主动与老师沟通

这里给大家提一个编程方面的建议，不管大家本科有没有学过专业的编程，在读研的时候肯定还是要更加系统地学习编程。我的建议是，你可以找本课题组或者国内外本领域知名课题组编写的专业软件代码，每个领域肯定都会有一些开源代码和开源软件，在学习算法的同时，也可以学习一下代码编写的技巧和规范，技巧可以自己学习和了解，规范是为了方便自己以后看以及分享给课题组的其他同学。

写论文是大家都避免不了的事情，并且也都会下笔写自己的第一篇论文。通过不断的积累，我也有了一些论文写作的经验(图 3.5.13)，在这里与大家分享一下。

科研历程及经验分享——积极主动，不断积累

➢ 第一篇论文
 ● 中文初稿？——梳理思路，列中文提纲
 ● 英语写作——天下文章一大"抄"，平时积累"美词"、"美句"
 ● 摘要、引言——讲故事
 ● 方法、实验——就事论事，讲述事实，模仿相关论文的表述方式
 ● 讨论——方法的优越性、方法不同场景下的效果、实例应用的价值/意义
 ● 结论——总结论文的创新、实验结果，适当地展望可继续进行的研究

➢ 常用工具
 ● 参考文献 —— Endnote
 ● 翻译软件 —— 有道词典
 ● 熟练使用 Word 编号和交叉引用等功能

图 3.5.13　论文写作经验

很多同学在第一次写英文论文的时候，都会涉及一个问题——要不要写中文初稿？在这里我个人建议，没必要写中文初稿，因为中文和英文的表达方式、表达思路都不一样。中文写完了，写英文的时候很多地方还是要推倒重来。所以我建议用中文梳理一下思路，列一下提纲，在脑海里把思路理清，知道哪一部分要写什么，然后在纸上稍微写一下，没必要把初稿全部写完。

大家一开始写英文论文时，肯定会出现很多笑话。我给的建议就是天下文章一大"抄"，这句话大家肯定也都听说过，但这里的"抄"，并不是说让大家去抄别人的创新、抄人家的内容，而是鼓励大家去抄别人句式的表达。因为英文的学术论文和英文作文还不太一样，因此需要大家平常的积累。看学术论文的过程中，需要注意分析作者是怎样通过英语来表达自己的观点，又是用哪个单词表达出来的。所以，英语写作方面需要注重平常的积累。

摘要和引言部分，我认为就是在讲故事。写一篇论文要让别人有兴趣看，就需要把这个故事讲顺、讲得动听。一般看论文首先看的就是摘要，摘要写得不好，大家可能就没有欲望了；而引言就是引出你要做的东西，那首先就要说明你的研究有什么意义。此外，你研究的内容肯定不是只有你一个人在做，我们需要写清楚别人的研究现状，存在的问题，与此同时引出自己研究的意义，这是我认为的引言大致的框架；方法和实验部分，其实是比较固定化的，要说清楚你是怎么做的，以及实验做出来是什么样子。方法部分也会涉及一些公式，而公式和公式之间的连接词也就那么几个，所以说还是要模仿一些已发表的论文，看他们怎么使用公式和公式之间的连接词；再就是讨论部分，很多人都说讨论部分是一篇论文的精髓。因为我做的研究方法比较多，该部分我主要就是讨论方法的优越性，方法在不同场景下的效果和适用程度，进而讨论对实际应用的价值意义，最后总结一下这篇论文的主要内容。

在写论文的时候，会有一些常用工具，我推荐给大家一个参考文献的管理工具——Endnote，它用起来比较方便，可以直接插入。尤其是你一开始想投一个比较好的期刊，但如果很不幸被拒了要改投期刊，这时候如果不用这种文献管理工具，还得手动去改参考文献格式。而使用 Endnote，刷新一下就可以全部改过来。此外，因为我们的母语毕竟不是英语，还是要用一个翻译软件，我比较常用的是有道词典。然后还要熟练运用 Word，因为 Word 的功能其实真的非常强大，我在进行文档编辑的时候就会不断地学习一些新的操作技能。

在写论文的时候，我还是希望大家能够熟练使用编号和交叉引用功能，因为论文里的公式、插图、插表都要编号。比如说哪里漏写，或增删了一个公式或图片，就需要把全文的编号全部改变，但如果使用编号或交叉引用功能，直接刷新一下就可以了。

记得我第一次写完论文后，感觉就是除了图片和公式，导师好像把能改的字全改了。但第一次写论文，大家应该都会经历这个过程。

上述内容希望能对大家有所帮助，也希望能让大家少走一些弯路，也给老师减轻一些负担。后来我再写论文，导师修改的地方就明显少了很多。大家也需要注重平时的积累，写论文的技能就会慢慢提升上来。

然后回到大标题：积极主动、不断积累。大家也都听过这句话：机会是留给有准备的人。但是现在人太多了，有准备的人也太多了。因此，你在做足准备的同时，也需要积极主动地去开展科研，这里的积极主动我想表达的有两层含义。

第一层是像我发表第一篇论文的时候，完全是依靠导师，导师给了我 idea，然后我完成了相应的工作。但这也是因为我一开始主动去联系了导师，主动做了一些事情，主动和导师、同学、其他人进行交流；另一层意思就是希望大家从内心里真正地想去做科研，用积极的态度去对待科研，这也是很重要的。如果用一种消极的态度对待它，那么做起来就很痛苦。图 3.5.14 是我在读本科时做的一些工作，在本科毕业的暑假，一篇 TGRS 就出来了，一审只是小修，从投稿到接收历时三个月。

IEEE TRANSACTIONS ON GEOSCIENCE AND REMOTE SENSING, VOL. 56, NO. 1, JANUARY 2018 239

A Method for Measuring 3-D Surface Deformations With InSAR Based on Strain Model and Variance Component Estimation

Ji-Hong Liu, Jun Hu, Zhi-Wei Li, Jian-Jun Zhu, Qian Sun, and Jie Gan

一审“minor revision”，历时3个月accepted

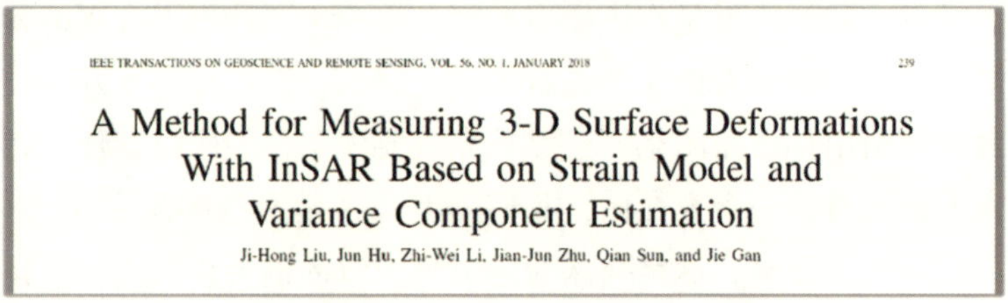

图 3.5.14　本科毕业时的暑假完成了一篇 TGRS

(2)科研过程中：遇到问题不怕难，解决问题是关键

第一步做完了，需要继续往下做，老师就主动和我说，你可以尝试应用这个新方法到其他方向上，试过后我就想，好像又可以发论文，当时的感觉就是科研真简单(图 3.5.15)。

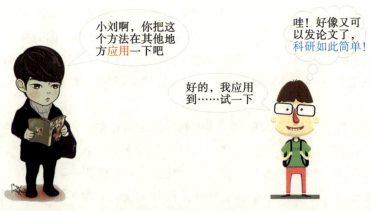

图 3.5.15　“科研如此简单”

然后我就准备将这个方法运用到新的研究区域，但在新的研究区域观测值遇到了问

题。如图 3.5.16 左上角黑色虚线区域内，InSAR 数据的误差很大，精度很低，得到的效果不好。这时我导师就告诉我：遇到问题就解决问题，遇山劈山，遇水造船。遇到问题不怕，解决了遇到的问题也不失为一种创新。说的稍微功利一点，解决完问题就又可以发表论文了。

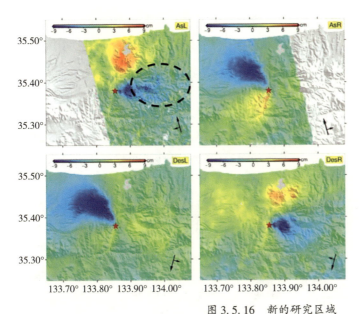

- 将新方法应用到新的研究区域
- 但是，新的研究区域其中一幅 InSAR 数据的精度较低，新方法的求解精度受到影响。

- 基于抗差估计的改进SMVCE方法获取鸟取地震三维地表形变场

图 3.5.16　新的研究区域

所以我又做了一篇基于抗差估计的改进 SMVCE 方法，来获取新研究区域的三维地表形变，实验做完就又开始投稿了，但这个时候我就改变了看法（图 3.5.17）：科研果然没那么简单。

➤ 论文投稿与期刊展开的回合战
- 2018年4月，投稿JGR：SE
- 2018年7月，两个审稿人，其中一个意见比较负面，主编给了"拒稿重投"
- 2018年11月，再投JGR：SE
- 2019年2月，大修
- 2019年6月，大修
- 2019年9月，小修
- 2019年10月，接收（历时18个月）

NO！！！
果然没那么简单！

图 3.5.17　论文投稿与期刊展开的回合战

这篇论文投到了地学领域的一个期刊：JGR：SE，做地学的同学可能都知道，这是地学里面非常顶级的期刊。我的第一篇论文历时 3 个月，而这篇论文历时 18 个月，这个时候我才真正地领会了做科研果然没有那么简单。这 18 个月，也让我积累了不少经验教训，积累的经验教训在这里也和大家分享一下，希望大家能在论文投稿的过程中避免这些错误，提高论文生产的效率，我总结了以下几点注意事项：

第一，论文里面提到的所有非常识性的信息均需事出有因，事出有因可以加参考文献，或者通过语言解释来让审稿人或者读者明白你表达的观点。比如我在之前写一篇论文介绍时，就直接写了一句："三维形变对我们很重要。"但有时候在一些领域里面，三维形变对他们并不是太重要，于是审稿人就质疑了我的这个观点。后来我在回复的时候说，很多文献里都说三维形变很重要，并且现在有很多关于三维形变的研究，也说明了它很重要，后来审稿人就不提这个问题了。

第二，我们要直面自身研究的不足，必要时在论文中委婉地指出尚未解决的问题。因为一个研究不可能解决所有问题，肯定会存在不足之处，这时候如果刻意地避而不谈，审稿人的水平都是很高的，他们肯定会抓住这个问题来问你，到时候只会增加你的负担，还不如直接就在第一稿的时候，把自己解决了哪些问题、没解决哪些问题直接说出来，这样审稿人也会认为你比较诚实，觉得你考虑问题比较全面。

第三，要全面分析实验结果中的异常现象，因为我们做 InSAR 三维形变时必须要进行 InSAR 数据处理，因为它里面的大气噪声非常严重。但我在做的过程中，只是说 InSAR 大气噪声很严重，但是不影响我们的结果，在论文里面就没有太多地去解释大气误差或者大气的影响。但是论文审稿人审完稿后提到了这个问题，说大气噪声很严重。后来我在回稿的时候说，我通过多种途径去尝试进行了解决，已经达到了一个最好的结果，是目前最高的水平，并不是我们自身能力不足，并且这也不是我们专门研究的领域。将这些和审稿人解释清楚后，他们后来也就没有提这个问题了。

第四，论文的写作质量要足够高。因为我们的母语不是英语，用英文写作，尤其是学生主笔的情况下，写得可能没那么熟练，质量也会比较差。这一方面会影响审稿人的心情，比如审稿人认为你英文水平都不高，从而推测你做的工作质量也不高，当然这个话有点绝对，但确实会给审稿人一种比较负面的印象。另一方面也会增加论文的出版周期，如果写作质量不行，期刊会让你反复地润色。

第五，在引用参考文献的时候，尽量避免引用过多本课题组的成果。因为我们一开始读论文，可能读本课题组的论文稍微多一点，导致引用得也会稍微多一点。当时我做的时候，就比较多地引用了我们课题组的成果，就给了审稿人一种负面的印象，他们可能会觉得你只看中本课题组的研究内容，没有好好了解别人的一些成果。

第六，心急发不了好论文，还是希望大家能平心静气地把能解决的问题全部解决完，然后再提交给期刊。

在回复审稿人论文意见时，可以用不同颜色来表示不同的内容。因为回复的时候一般都是一条一条地进行回复，审稿人写的意见可以用黑色字体，我们回复审稿人就用蓝色。在论文里做了相应更改的，就把它粘贴到这个回复意见里面，省得审稿人再去论文里面翻。对于可以支撑你的观点、但没必要放在论文里的图表或过程中的一些实验结果，也可以放到这里给审稿人看，让他相信你做的结果，审稿人在看的时候就会一目了然。我也帮导师审过其他人的论文,如果一大片全都是一个颜色,看起来效果会差一点。这种是在"讨好"审稿人,吸引他们审我们的论文,毕竟他们决定了你的论文是否通过。

最后回到主题——出现问题时要保持敏感,尤其是在做实验的时候。我刚刚和大家介绍了我做的研究,当换了一个应用方向时,发现数据误差比较大,而当我解决了这个问题后,又可以作为一个创新点来写论文,这是科研的一个正常思路。因为你所用的方法肯定没有那么完善,如果能通过不断的尝试,来改进方法,并找寻其中的创新点,就可以凝练出一篇比较好的论文。

对出现的问题保持敏感性,很可能还会发现新的研究方向。比如你在实验过程中,发现了一个问题,在排除了自身代码或自身失误的情况下,你可能就发现了一个前人没有发现的问题,如果再尝试着去解决这个问题,就可能是一个新的研究方向。所以,在做科研的过程中遇到问题并不可怕,你要想方设法去解决问题,去发现问题,这样你才能不间断地把科研做下去。最后给大家一个建议,在时间允许的情况下,使创新点更加凝练,使实验结果更好,尝试投行业内比较认可和顶级的期刊。

(3)独立做科研:书中自有"黄金屋",文献中确有"颜如玉"

当我做完上述的工作,还想继续往下做,这个时候我就又去找了老师,问老师我接下来该做什么。这个时候,老师就有点"反感"了,因为我一直在找他,自己没有成长,这时候他就建议我自己去读论文,去寻找可研究的方向(图 3.5.18)。

图 3.5.18 老师感到"反感"

这个情况可能很多同学都会碰到,因为老师并不可能帮你理清所有的研究方向,主要是靠你自己去发现,这个时候大家可能都是比较懵的状态。但是我们都听说过一句古话:书中自有黄金屋,而我觉得文献中确有"颜如玉"。

我们在看论文的过程中会发现很多新的知识,并可以此来丰富自己,打开自己的思路。这里我向大家简单分享一下我看论文的收获:

①学会使用文献管理工具,它可以分类别地管理文献,你也可以用文件夹分类的方式,我常用的是 MENDELEY 软件,这也是很有必要的。

②关于文献获取的途径，第一可以订阅本领域的热门期刊，本领域肯定会有一些大家比较认可的期刊，像遥感类的 TGRS、ISPRS、RSE 等；第二像 ResearchGate，一些学者发表了论文都会上传到 ResearchGate，大家可以关注行业内的一些知名学者，一般新上传的文章也会有提醒；第三个是谷歌学术，有时候我就会直接到谷歌学术搜关键词，看最近的一些文献。

③谷歌浏览器插件——谷歌上网助手的使用，谷歌浏览器插件可以打开谷歌以及谷歌学术等，可以帮助大家到外网上查找一些资料。在看论文的时候，我建议大家可以多看一些本领域已有的综述论文，它们比较全面地叙述了相关领域的研究工作，以及一些中文论文，看中文论文是为了帮你更好地理解一些比较成熟的算法。虽然现在国家也在鼓励把论文发在祖国大地上，但目前大家还是会把一些比较高质量的研究写成英文，然后发到英文期刊上。

④看论文的过程中，首先要看摘要。我简单地总结了一下，摘要分几个问题：第一是研究的意义，第二是现存的问题，第三是文章的创新之处，第四就是结果。摘要一般是有层次的，虽然它只有短短的几句话，但每句话都是高度凝练的。看完摘要就可以大概了解这篇论文是不是你感兴趣领域的，相关的你再继续研读，不相关的这篇论文就可以略过。

⑤在学习论文的同时，要有意识地学习论文中的英语表达和论文结构。对我们研究生等初级科研工作者来说，英语写作能力大部分还是比较欠缺的，因此在看论文的时候要有意识地去积累这方面的东西，包括论文结构，看别人是怎么规划论文结构的，把论文结构表达清楚。当然也可以适当地涉猎大同行领域的论文，来拓展研究思路。有时候别人做的一些东西，可能和你做的东西有点相似，你就可以把他们用的方法，类比到你这个领域，来解决你遇到的问题。

（4）个人科研经验/技巧漫谈

下面还有其他方面的一些小技巧，以及疫情期间居家办公的情况跟大家大概分享一下。

第一是几个有用的工具。我们在做科研的时候肯定避免不了会有各种密码，在这里我推荐一个密码管理工具——Lastpass；还有可以通过截图识别公式的 Mathpix Snipping Tool 工具，它能把公式转成文本可编辑的格式。

第二是代码方面的。在联合开发网、GitHub 等代码分享平台上，一些比较成熟的算法，比如蚁群算法、独立分量分析等一些公认的比较好的算法，网站上基本都有。GitHub 上可能更加专业一点，大家会把自己写的比较系统的东西放在上面，供大家学习。平常大家如果遇到问题，可以先到上面搜索，看看有没有代码可以学习。以及网易公开课、bilibili 站上面也会有一些视频来讲解算法，也可以帮助大家学习它的一些原理。

第三，刚开始接触科研的时候，我建议大家能读一下自己导师或者研究室的学术论文，这样大家可以了解自己导师做的是什么，也方便之后更好地和导师沟通，以及可以与研究室内部其他同学相互帮助和分享。

第四，在开展实验前，大家一定要对实验的可行性进行分析，你可能在看论文时会突发奇想，这个方法是不是可以运用到我这里，就直接开始做实验，写完最后发现不行，中间漏了一个环节，发现这个方法对我们并不适用，这样就浪费了时间和精力，还打击了自己的自信心。

第五，在写论文的时候，我建议大家可以打印几篇与要写的主题相关的参考文献，模仿他里面的词、句子的表达，当然我们不能原模原样直接套用别人的句子。

最后一点，大家在做完工作后，一定要及时整理自己的数据代码，对于重复性的工作，必定是可以通过代码来进行解决的。比如我研究的这个领域，将前期用到的方法写成了一个软件包，以函数的形式进行调用，也方便自己以后再用这些代码，或者分享给实验室的其他同学以及代码的传承，因此一定要对自己的代码进行整理、规范。

(5) 疫情期间居家办公

再来简单讲一下疫情期间居家办公的心得(图 3.5.19)，在学习资料、条件允许的情况下，我们要自律，有效地开展科研工作。因为毕竟我们现在是科研工作者，在学校要按时开展科研，在条件允许的情况下，在家也要正常地开展科研工作。

➢ 在学习资料、条件允许的情况下，要自律，有效地正常开展科研工作；
➢ 抓住居家机会看论文、充实自己；
➢ 利用现有的条件选择性地开展科研工作；
➢ 锻炼身体，提高自身抵抗力；
➢ ……

图 3.5.19　疫情期间居家办公

居家的时候，可能大家的电脑、资料都在学校，但是基本上都有自己的笔记本电脑，可以利用笔记本看论文，通过抓紧时间看论文来拓展自己的思路，积累一些专业知识。可以利用现有的条件选择性地开展科研工作，比如如果我们没办法利用学校的数据，可以在笔记本上利用新方法和新思路尝试着编写一些代码和实验。就像我在家这段时间就用自己的笔记本电脑，利用 MATLAB 开展了一些模拟数据的实验，对一些算法进行了验证，到学校之后就可以直接用学校一些性能比较好的电脑，处理真实数据，完善结构等。当然在家也要适当锻炼身体，不能总是晚睡晚起，要适当地锻炼，提高自身免疫力。

我今天的分享就到这里，希望能对大家有一定的帮助，如果有一些不合适的地方，也请大家多多包涵，谢谢大家。

【互动交流】

主持人：好的，非常感谢刘计洪博士给我们带来的分享。它的分享可以说是非常的生动形象，也有很多实用的技巧和经验，让大家受益匪浅。接下来有一些问题希望嘉宾能够解答。

问题一：请问 InSAR 技术可以用来识别水面的升降吗？

刘计洪：我看到过相关论文，如果水面完全是水，没有任何其他植被的话，好像做不了，因为 InSAR 是电磁波，发射到水面上之后，卫星接收到的信号很弱，是没办法监测到水面的。但是我了解到有人的研究做的是湖面，湖面上可能会长一些芦苇和植被，通过打到植被上，植被再反射到水面，又反射回卫星，这种好像是可以做水面的升降，目前有相关做这方面工作的论文。但是，我身边的人没有做这方面的工作，具体不太了解。

问题二：代码方面是零基础，有时在改写现成的代码时，也会有不理解的地方，而且也没有找到有效的解决方法，怎样才能快速上手并能够服务自己的研究呢？

刘计洪：我给的建议是在学习代码的过程中，不能只看，还要动手，必须要自己动手解决一个问题。你解决完这个问题后，代码就会在解决问题、编写程序的过程中得到提高。快速上手我觉得没有捷径，必须要自己慢慢地去积累。当然在做的过程中，如果在网上找不到相关解决办法的时候，也可以去请教一下身边的师兄、师姐、同学之类的。

问题三：如果课题组代码较少，外课题组很少提供，请问这种情况如何获取代码？可不可以提供一些获取代码的网站。

刘计洪：如果 GitHub 上面找不到，其他地方就更难获取了。可能就需要通过人脉，从导师或者其他人那里获取一些相关的代码。因为每个领域的代码都大不一样，肯定还是要采用自己小领域的这些人的代码。

问题四：看论文的时候，论文里所用的方法和模型等是不是也要认真看？

刘计洪：如果这篇论文和你做的很相关，我觉得方法模型还是要详细看一下。一方面可以拓展思路，另一方面让你能更加系统地了解这个工作，即别人做到什么程度了。和你不太相关的方法，可以大概看一下，要知道他们做的那些方法的输入输出是什么，中间是因为哪个过程对结果起到了改进作用，它就相当于一个黑盒子，你只需要了解这个方法的功能就行。把这个方法放在自己脑子里，后期如果遇到相关问题了，可以想到运用这个方法模型，这个时候才体现了它的价值。

问题五：硕博连读期间您是如何规划每一年的工作的？

刘计洪：我是 2017 年读的硕士研究生，我当时读硕士的时候，其实没想那么早读博士，当时是因为机缘巧合。读博士之后，自己大概的一个规划是：前一两年要在国内把专业基础打得扎实一点，后一两年打算到国外去寻找知名的学校联合培养，一方面是拓展自己的视野，多学一点东西，另一方面也可以集中精力，把国内的一些想法完善一下，大概就是这样的规划。

（主持人：李皓；摄影：丁锐；录音稿整理：王克险；校对：舒梦、熊曦柳、王雪琴）

3.6 学术发展之路与公派出国留学
——机遇与挑战

（代　文）

摘要： 南京师范大学地理科学学院2018级博士生代文，做客 GeoScience Café 第250期，带来了题为"学术发展之路与公派出国留学——机遇与挑战"的主题分享。在本期报告中代文博士详细介绍了公派与留学申请相关的问题，包括如何联系学校与导师、录取后有哪些流程，如何提高自身竞争力等。

【报告现场】

主持人： 大家晚上好，欢迎大家参加 GeoScience Café 第250期讲座，本期讲座我们很荣幸地邀请到了南京师范大学2018级博士生代文，为大家带来科研经验分享。大家在讲座过程中有任何疑问，欢迎在聊天框内进行提问，我们会有工作人员进行整理。下面我们有请代文同学为我们带来"学术发展之路与公派出国留学——机遇与挑战"的报告，详细介绍公派留学申请的经验，大家欢迎。

代文： 谢谢主持人，很高兴有这个机会参加 GeoScience Café 的交流与分享。前几期嘉宾的报告学术性很强，都是关于如何学习和科研，今天我分享一个不那么严肃的话题——留学。我从以下几个方面向大家做介绍：首先是自我介绍，然后再谈一谈为什么要留学，以及怎样选择学校、导师和如何准备材料，最后介绍一下海外的生活状态。

1. 个人简介

我是2018级硕博连读的博士生，导师是汤国安教授。我现在正在瑞士的洛桑大学留学，研究方向是无人机变化监测和地表过程建模。

在进入正题之前，我想先介绍一下我们的团队——南京师范大学数字地形分析课题组（图3.6.1），课题组的研究方向主要为数字地形分析。以著名学者、教学名师汤国安教授为核心，我们团队共有四位老师，其他三位老师分别是杨昕教授、李发源教授以及熊礼阳副教授。这里为什么介绍我们课题组？因为我们课题组有丰富的留学经验，在公费联培博后或者双学位项目上，累计出国留学超过了40人，也是南师大留学比例最高的课题组。所以后面的经验分享，不仅仅是我个人的，也是我们课题组这么多人共同的经验。

南京师范大学数字地形分析课题组

- 研究方向：数字地形分析
- 导师组：汤国安教授（核心）
  杨昕、李发源教授，
  熊礼阳副教授
- 课题组留学经验：
  攻博、联培、博后、硕士双学位，
  每年出国留学 5 人次以上，
  累计出国留学 40 余人。
  南师大留学比例最高的课题组。

图 3.6.1　课题组介绍

2. 出国留学趋势

我们先来谈一谈为什么要出国留学。这个问题最简单的回答就是提升自己，不管你是出国读本科、读硕士还是读博士，基本上都属于学习技能，提升自己。另外一点就是工作的要求，从一些大学的招聘表中我们可以看到，无论什么专业，现在基本上都是有海外求学经历的优先，要有海外教育背景。

怎么来定义海外求学经历或者海外教育背景？根据现在一个比较官方的证明，你出国留学之后，当地的大使馆会有一个留学归国证明，它就相当于海外的留学经历。另外，如果你能在海外取得学位，不论是硕士学位还是博士学位，那就更好了。

如果你是属于交流这一类，或者是联合培养或访学，又要怎么拿到留学证明？有个最基本的要求，你必须留学连续 6 个月以上，也就是说你不能先出去 3 个月，中间 3 个月回国了，后面又去 3 个月。

为什么要留学？还有一个原因是身边的人都在出国留学。

图 3.6.2 展示了从 1980 年到现在全国的出国人数，可以看到从 2008 年左右开始急剧上升，现在已经超过了 500 万。其中本科、硕士人数比较多。在海归越来越多的今天，很多人都会选择让自己也成为其中的一员。

最后一个也是最简单的一个想法，就是世界那么大，想出去走走。这句话在前两年特别火，大家都想出去看看外面的世界。不管是什么样的理由，我想大家现在还在听这个报告，估计也是有些出国的念头。

- 近年留学生人数迅速增加
- 出国机会增加
- "洋学历"贬值
- 用人单位越来越"挑"

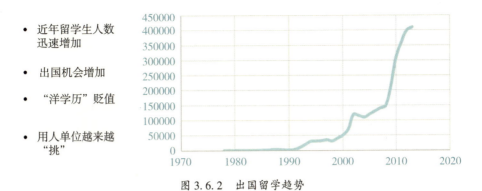

图 3.6.2　出国留学趋势

3. 留学的重要性

接下来先说一下留学经历是否那么重要，在决定出国之前大家要先考虑这个问题。我现在谈的问题主要是针对硕士或者博士，他们以后可能会继续在科研圈发展，进入高校或者研究院工作。如果大家硕士毕业之后就工作的话，可能留学经历就没有那么重要。我们先来看一下，如果你在学术圈发展，留学经历重不重要。

图 3.6.3 展示了"长江学者"特聘教授的海外留学经历的分布图。第一点，我们可以看到在"长江学者"的所有统计人数里，有超过89%的人都是有海外求学经历的，仅仅只有11%的"长江学者"是本土博士，没有任何的海外经历。第二点，在这种海外经历里面，海外访问和海外博士后又占了50%，而海外的博士学位全部加起来不到35%。这些数据都说明了留学经历还是比较重要的。

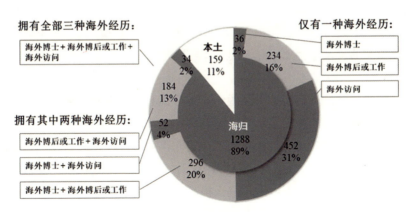

图 3.6.3　"长江学者"特聘教授的海外经历类型分布图①

另外一点，出国读博士或者出国读书在海外拿学位重不重要？从这张图来看，其实攻

---

① Li F, Tang L. When international mobility meets local connections: Evidence from China[J]. Science and Public Policy, 2019, 46(4): 518-529.

读海外学位并没有那么重要，因为有 50%的人只有海外访学或联培经历，并没有出国攻读博士。有一点要注意，在海外读博士，学制比国内的长一年，国内的学制基本上是博士 3 年，但海外读博士至少 4 年。比起留学经历，还有更重要的一点，就是在评选国家级人才的时候，有 56%的人都是在毕业留校之后由母校推荐的。

通过现在这些数据，我们可以考虑一下如果以后要在学术圈发展的话，我们有几条出路。出路一：百舸争"留"，增加海外履历。现在百分之八九十的博士都有海外经历，而且评副教授或者教授时，海外履历也是不可或缺的。出路二：厚积薄发、英雄不问出路。比如去年（2019 年）有个新闻，报道了中科院的克隆猴团队中最年轻的博士后（30 岁），被破格评为了研究员。这说明了两点，首先，打铁还需自身硬。其次，选对研究方向和平台很重要。

所以从目前来看，如果大家能够在自己的学校读博或者能留校，对自己的学术发展也会更好。海外经历确实也有助于大家的发展，但也只有在你自身实力比较强的时候，这个光环才能够直接体现出来。

综合以上观点，如果以后要在学术圈发展的话，最简单的一句话就是："普通玩家选择'标配'，高端玩家可自定义"。

4. 留学误区分析

下面我们看一下关于留学的几个常见的误区：

第一，留学需要花很长的时间准备。我发现很多打算读海外博士或者出国留学联培一年的同学，可能在研一的时候就开始准备了，花一两年的时间准备考雅思。但其实没必要这么长，可以根据你的留学目标而定，如果你只是短期求学访问的话，最快的话一个月就可以搞定。

第二，留学必须先考雅思、托福。如果你是出国攻读博士学位、硕士学位或者本科学位，只要是学位类的，基本上都要考雅思。但是访学经历类的，其实很多学校是不做要求的。

第三，留学费用高昂。其实这个问题大家不必担心，现在有各种奖学金项目，比如国内留学基金委，还有国外的各种奖学金。

第四，留学一定要去名校。真相就是不一定非得去名校，比起名校更重要的是专业和导师的综合选择。

第五，出国不安全。年轻人可能不怎么担心出国安全的问题，反而是大家的父母比较担心。我在国外待了大半年了，我个人的感觉是这边还是相对比较安全的。虽然说欧洲的治安现在稍微乱了一点但也没有大家想象得那么差。

第六，公费出国只有申请 CSC（Chinese Scholarships Council，国家留学基金委）。其实有很多途径，具体我会在后面讲。

5. 申请途径

现在来谈一下，申请出国资助的途径有哪些，主要可以分为国外资助、国内资助和自费这三种。

(1) 国外资助

国外资助，可以分成国际组织奖学金、各国政府奖学金、地方政府奖学金和外导项目。国际组织的奖学金，像 MSCA（Marie Sklodowska-Curie Actions）、EPU2020（欧亚-太平洋学术协会 Eurasian Pacific Union 2020）、欧盟伊拉斯姆奖学金等，可能很多人没怎么关注过这些国际奖学金，但他们提供了一个很好的机会。还有各国政府的奖学金，当然相对来说名额会少一些。地方政府和学校奖学金因学校和地区而异。

最后是外导资助项目，这个比较常见的就是全额资助，比如瑞士有 SNSSF（瑞士国家留学基金委），就相当于瑞士的国家自然科学基金委员会的项目，也就相当于国内的国家自然科学基金。接触一点学术或者申报过基金的人都知道，国家自然科学基金里面，博士生或者硕士生是可以作为成员参与的，会有相应的劳务费支出发给学生。

国内的招生名额是学校和教育部控制的，而国外的招生名额主要是靠项目控制的。在国外，讲师、副教授、教授都可以招博士，这和他们的职称没关系，和他们的项目有关系。如果他们的项目有这笔博士生费用，就可以招博士生。国外相对保障比较好的一点是，从导师的项目招博士生，只要导师确定要你后，他项目里面对应的那笔博士生的支出就会被扣留下来，作为博士生的培养基金，每个月发给你。这也是和国内区别比较大的一点。

(2) 国内资助

下面我们看看国内的资助情况。大家最开始想到的肯定就是 CSC（国家留学基金委），其中被大家广泛了解的就是国家建设高水平大学公派研究生项目，简单地说就是在校的学生申请联培或者攻读学位的项目。除了这个项目之外，还有一些专项项目，是基金委和国外的一些政府建立的，比如中美"富布赖特联合培养"项目。

还有一些地方奖学金，像江苏省就有"江苏—英国高水平大学 20+20"行动，资助 6~12 个月的留学访问项目，每个省都应该有类似的项目。

其次就是学校的奖学金，每个学校都有，但大部分都只针对短期访问，像南师大之前只资助 3~6 个月。但我上面讲过，如果你留学的时间不超过 6 个月，是拿不到留学归国证明的，就相当于没有留学经验。不过这两年学校也在改革，有些学校也逐渐在资助超过 6 个月的访学项目。

最后是校际合作项目，其实在硕士阶段比较多，比如南师大-奥地利莎尔茨堡大学的双学位项目、南师大-马里兰大学的双学位项目，还有武汉大学-慕尼黑工大的双学位项目，但在博士期间这种双学位项目比较少。

(3) 自费

最后，还有一类就是自费，这一类大家可以视自己的情况选择。

接下来我们来看一下这些资助有什么区别。

首先是资助强度，也就是 money。从目前我了解的信息来看，一般外导的资助项目的费用是最高的，像在欧洲这边，他们如果是自然基金的模式，每个月的工资大概是 3500 瑞法。如果是 CSC 的项目，资助 2100 瑞法，比那边本校的资助项目要少一些。再往下到地方资助就越来越少，比如江苏省，它是一年资助 10 万人民币左右。往上要看国外的国际组织资助情况，其实再往上的话，它的资助水平在变低，力度也是在变小的，因为国际组织奖学金，一般只资助基本的生活费，像 EPU 大概每个月资助 1000 多欧元，比 CSC 的稍微少一点，但其实也够用。

这么多项目，大家可以综合考虑，不一定就只有 CSC 这一条出国之路。我建议如果大家在自身水平比较高的情况下，能申请外导的项目是最好的，因为各方面待遇相对来说都会好很多。

6. 选择学校/联系导师

（1）选择学校

我选择学校时也面临了一个问题。我联系了三所学校，分别是澳大利亚的新南威尔士大学、澳大利亚的墨尔本皇家理工大学，以及现在就读的瑞士洛桑大学，然后都成功地拿到了 offer。但是都拿到 offer 后该怎么选择，我当时也比较犹豫。从学校排名来看，当时新南威尔士学校排名最高，全球排名在 40 名左右，其次是洛桑大学，排名在 100 名左右，而墨尔本皇家理工大学的全球排名在 200 名左右。

当时选这三个学校也有一个策略，就是要有一个梯度，不能非牛津、哈佛不去，这样很有可能在材料准备不充分的情况下，一所学校的 offer 都拿不到。有一个梯度的考量，好的、中等的、一般的学校各选一个，这样能保证大家至少被一所学校录取。大家以后如果申请到海外留学，可以参考一下。

拿到三个 offer 之后，我和我们课题组的师兄、老师进行了讨论，最后得出的意见是，优先考虑外导的课题组、学术背景和方向的对口性，也就没有考虑另外两所大学。但如果是申请读博，那新南威尔士大学肯定更好，因为如果大家拿海外学位，肯定是学校和导师越厉害越好。但如果大家只是交流访问，课题组的学科专业背景、导师的学术背景以及他在国际上的声望和资源就更重要。因为你不拿学位，作为一个经历，不管选好的学校还是一般的学校都是一样的，但好的导师和不好的导师对你以后的学术发展、所走的道路以及能学习到的专业知识都是不一样的。

我们课题组主要是做数字地形分析。我联系的洛桑大学的导师的研究方向是地表过程建模，同时也做地形分析，不过他更侧重于动力过程，而我们更侧重于地表形态，所以选择的导师也比较对口。因为联培的学生是要回国毕业的，博士论文也是以国内课题组的方向为主，所以更重要的是选老师和方向。我很庆幸当时自己选对了，因为来这边就发现专业确实很对口，现在博士论文的整体思路和体系基本上都清楚了，回国后基本上能够把核心实验做完，然后顺利毕业。如果当初只看学校的排名，而不是选择合适的导师和方向，可能博士论文就不会那么顺利，所以方向对口很重要。

（2）联系导师

接下来，我再说一下怎么联系老师。

第一条路就是国内的导师或者是师兄、师姐推荐。我最开始联系的是新南威尔士大学的 Shawn 教授，他是著名期刊 IJGIS（*International Journal of Geographical Information Science*）的副主编。我知道他是因为我的一个师兄刚好在新南威尔士大学留学，我请他帮忙引荐。后来去澳大利亚开会的时候，我就和这位教授见面聊了聊，当时聊的情况比较好，他让我回国之后把自己的科研经历发给他，他看了之后就同意给我发邀请信。国内导师和师兄的推荐是一个不错的资源。

第二条路就是在学术会议上"搭讪"知名学者，这其实是比较重要的一个途径。如果大家的课题比较强，导师人脉广，出国的师兄师姐也比较多，有人推荐是非常幸运的一件事情，就避免了自己去找。但如果没人能帮你推荐，学术会议"搭讪"就是一个不错的选择。我去墨尔本参加第 10 届全球地理信息大会的时候，认识了墨尔本皇家理工的一个教授。当时他是会议的主持人，我做完报告后找他聊了聊，问他们那边接不接受联合培养，他听完我最近在做的研究后比较感兴趣，后面也同意给我发邀请函。所以大家应该有一个开放的心态，其实很多外国人很欢迎大家去交流访问的。所以，大家有机会参加学术会议时，如果遇到厉害的或者你想做的研究方向的知名学者，你一定不要错过这个"搭讪"的机会，说不定就成功了。

第三条路，也是用得比较多的一个方法，特别是在 CSC 的申请里面，就是发邮件。你可能不认识老师，也没和他当面聊过，但在平常写论文时，读了这个老师的文章，发现他和你做的是同一个方向，你就可以找到他的邮箱地址，然后发邮件给他。或者你就按学校来找也行，但是我建议大家根据自己感兴趣的方向去找老师。因为读到博士以后，大家会发现研究方向更重要。比如你在一个全球排名前 50 的学校读了一个很一般的方向，虽然专业没有好坏之分，但对于你之后的发展是有好坏之分的。目前来看，测绘地信方面，像美国的马里兰大学、德国的慕尼黑工大、瑞士的苏黎世联邦理工这些都是比较好的。

写邮件发自荐信有一点大家需要注意，现在很多人会直接在网上搜索模板，但是我不太建议大家复刻网上的模板。因为 CSC 已经资助二三十年了，相关的模板总会有很多人用，如果重复的话就会很尴尬，很多老外也一眼就能看出来。所以我建议大家写自荐信时还是根据自己对老师的了解，以及自己的研究方向、科研经历，不要去轻易套用网上的那些模板。

7. CSC 的申请材料

接下来主要说一下 CSC 的申请材料（图 3.6.4），因为百分之八九十的人主要是通过国家建设高水平大学公派研究生项目出国的，能拿国外全额奖学金的毕竟是少数，所以现在就重点介绍 CSC 的申请。

CSC 的申请有 12 份材料，但需要提前准备的只有 4 个：第 1 个是邀请信和入学通知书复印件，第 2 个是学习计划，第 3 个是外导的简历，第 4 个是外语水平，比如雅思成绩之类的，下面我们一个个来看，这 4 个材料分别该怎么准备。

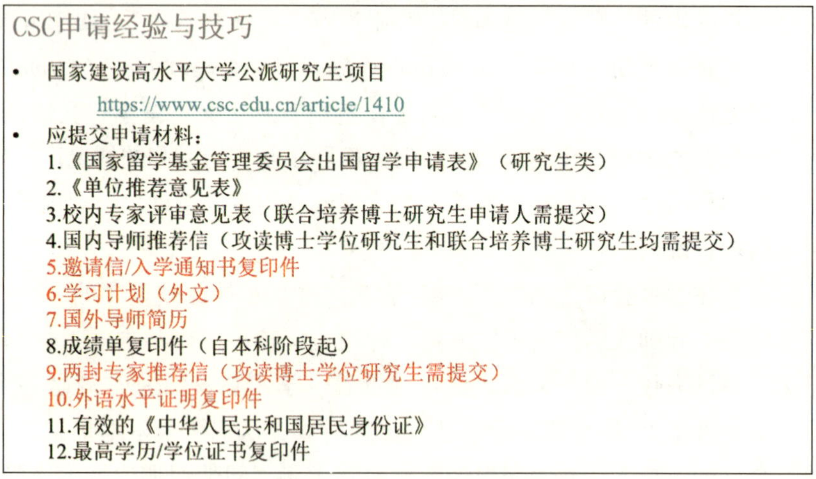

> **CSC 申请经验与技巧**
> - 国家建设高水平大学公派研究生项目
>   https://www.csc.edu.cn/article/1410
> - 应提交申请材料：
>   1.《国家留学基金管理委员会出国留学申请表》（研究生类）
>   2.《单位推荐意见表》
>   3. 校内专家评审意见表（联合培养博士研究生申请人需提交）
>   4. 国内导师推荐信（攻读博士学位研究生和联合培养博士研究生均需提交）
>   5. 邀请信/入学通知书复印件
>   6. 学习计划（外文）
>   7. 国外导师简历
>   8. 成绩单复印件（自本科阶段起）
>   9. 两封专家推荐信（攻读博士学位研究生需提交）
>   10. 外语水平证明复印件
>   11. 有效的《中华人民共和国居民身份证》
>   12. 最高学历/学位证书复印件

图 3.6.4　CSC 申请经验与技巧

首先是正式录取通知书(图 3.6.5)，我们可以看到官方要求是必须使用学校的专用信纸，而且应该是无条件的录取通知书。"无条件"是指：不能在邀请信里面写你应该怎样才能被录取，比如只有当你拿到 CSC 的奖学金时才录取你，这样的邀请信就不行。

另外还有一些基本的内容，比如申请人的基本信息、留学身份等，我们可以看图 3.6.5 中这个模板，并一条一条地对应起来：第 1 个是申请人的基本信息，包括你的出生年月日以及当前所在的学校；第 2 个是你的留学身份，你是 PHD 还是联合培养 PHD；第 3 个是你留学的起始时间，如果你是留学攻读学位，基本上是 4 年，如果是交流访问、联合培养的话一般是 12~24 个月；备注外方导师，还有留学费用情况，比如他要收多少注册费，或者你每年要交多少学费，这些都需要在邀请信上说明。

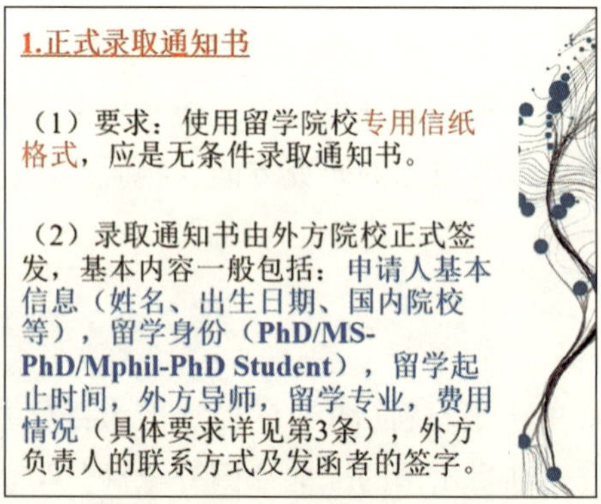

> **1. 正式录取通知书**
>
> （1）要求：使用留学院校专用信纸格式，应是无条件录取通知书。
>
> （2）录取通知书由外方院校正式签发，基本内容一般包括：申请人基本信息（姓名、出生日期、国内院校等），留学身份（PhD/MS-PhD/Mphil-PhD Student），留学起止时间，外方导师，留学专业，费用情况（具体要求详见第3条），外方负责人的联系方式及发函者的签字。

图 3.6.5　录取通知书要求

第二个材料是外方导师的简历(图 3.6.6),应该包含导师的姓名、专业、院校、职称、职务等。外方导师的选择,我建议大家选学术建树比较强、学术名声比较响的导师,说白了就是选知名学者,因为导师的学术能力是 CSC 的一个评分标准。

有些同学会问每年有那么多人联系知名学者,我联系不上怎么办?有一个"曲线救国"的方法,就是你可以联系和这位知名学者在同一个课题组的其他老师,进了同一个课题组之后可以再和自己想要的老师交流。这是一个"曲线救国"的套路,大家如果后面用得上,可以考虑一下。当然如果大家自身的学术实力就很强,用不上最好。

第三个材料是学习计划(图 3.6.6)。我以一个模板为例,挑几点来和大家讲一下。

首先是研究计划,基本上都是中英文的,因为这个自己的导师会看,在送外审的时候,外方导师也会看,所以一些基础信息都用中英文写比较好。然后,研究背景是肯定要写的,写完后列出其相应的核心参考文献。其次,是你当前做了哪些准备工作,这一点很重要,说明你出国留学不是心血来潮想出来的,而是在出国之前就有了计划、目标和准备,出国留学只是最后一步而已。再次,是你预期的学习目标,这一点对 CSC 申请比较重要,因为在评审的时候专家会看你们的目标是否明确,比如你在留学期间应该做哪几个实验,某几个课题应该怎么做,每个阶段应该做什么,预期成果是什么……都应该在这里面列出来。最后,介绍你将留学所学的学科专业水平和优势,这样有助于评委了解你为什么要去这个地方,进而给你打高分。一切做完之后还需要双方导师签字,包括国内导师和国外导师,但如果是攻读学位,就只需要国外导师签字。

- **2.外方导师的简历**
- 内容应包括:姓名、专业、所在院校、职称、职务、学术建树、近5年论文发表、课题、科研成果、专利和获奖等情况。
- 内容简要,重点突出,篇幅以1~2页为宜,并注明信息来源。
- 外方导师的简历需由其本人提供并签字。
- **3.学习计划**
- 内容应包括:研究课题的名称,课题背景介绍,申请人国内科研准备工作概述,出国学习预期目标,科研方法,科研工作时间安排,回国后的后续工作等。
- 学习计划应由外方导师签字。联培还需国内导师签字。
- 研修计划/学习计划须用外语撰写,篇幅须在1500个单词以上。

图 3.6.6 外方导师的简历要求

第四个材料是语言成绩,估计也是让很多人都头疼的一份材料。像我们课题组内很多准备出国留学的师弟师妹们,可能从研一就开始准备考雅思、托福。但像我之前所说,如果你是到国外去拿学位,最好还是考雅思或托福。但如果你只是交流访学、联合培养,其实雅思、托福并没有那么重要。因为我们可以看到申请中关于语言的标准里,有一条是通过全国外语水平考试——WSK,号称小雅思,但它没有雅思那么难,而且它比雅思便宜很多,考一次只需要 200 元左右,考雅思则要 2000 多元。如果大家不是必须考雅思,我建议大家先考一次 WSK 试一下。

除了参加这些考试之外，还可以通过国外单位组织的面试或考试来证明。就是你与外导视频交流，他觉得你的英语去那边读书没问题，然后给你发一个证明就可以了。在我接触的出国留学的人中，有大约 1/3 的都是通过外导给的语言证明来申请的，并不是都有语言成绩。

然后是其他材料，像本科成绩单、导师推荐信，在这儿就不多说了。最后会在网上填报一个研究生申请表，里面的基础信息大家肯定也早就准备好了，其中比较重要的一点，也是我们组总结出来的经验，就是"重点资助学科专业及代码"这栏一定要填写。大概有 20 个重点资助学科和代码在选项里面，我们测绘地理信息里面有一个高分辨率对地观测系统，是国家中长期规划里面的重点资助学科，你一定要选上，这样你的 CSC 申请命中率至少会增加 20%。另外需要大家注意的一点，如果你所在的部门单位有国家重点学科、国家/教育部重点实验室、国家重大项目，你一定要列出来。

8. CSC 申请技巧总结

在填报完研究生申请表之后，CSC 会组织评委评审。我们可以先看一下官方列出的考察因素（图 3.6.7），包括申请人的综合素质、留学目的国、留学单位学科的专业水平、国外导师情况、留学专业情况、留学的必要性、留学的可行性和所在单位的意见。说那么多官方的文件其实也没多大用处，所以我们课题组总结了一些提高成功率的技巧。

> 留学基金委组织评审的考察因素主要包括：
> - （一）申请人综合素质：包括申请人的专业基础、学习成绩、经历及能力、综合表现、国际交流能力（含外语水平）和发展潜力等；
> - （二）留学目的国、留学单位在所选学科专业领域的研究水平；
> - （三）国外导师情况；
> - （四）拟留学专业情况；
> - （五）出国留学必要性和学习计划的可行性；
> - （六）所在单位对申请人的推荐意见。

图 3.6.7 CSC 的官方考察因素

第一点肯定是打铁还需自身硬。如果你有七八篇 SCI，一两篇 TOP，英语成绩也够了，就基本上不用担心，国家肯定大力支持你出国留学，然后再回国为国家作贡献。毕竟这种精英还是少数，我们普通大众最重要的还是要提高自己的科研学术水平，比如说多参加 GeoScience Café 的学术讲座。

第二点是要有明确的出国目标，包括学校、专业和导师。学校的话，肯定存在一定的名校效应，好学校肯定会有一些影响。但如果你是联培，专业和导师会更重要。因为有些学校可能特别好，但是它的相关专业可能还不如国内的强，CSC 的评委就会疑惑为什么你要找一个学科水平差的学校去留学。

第三点是准备的材料要充分，我为大家提供了以下两个具体案例，告诉大家在准备材料的时候到底应该怎么写。第一个案例是我的一个同学填的研究计划，我们来看看他是怎么写的："在归国后，我将继续从事高分辨率遥感图像处理和分析相关领域的工作研究，在已有工作研究基础上，研究更多前沿技术及多元数据，解决更多该领域的实际问题，同时我会保持与 ITC(美国国际贸易委员会)等知名国际机构相关研究人员的交流与合作，以期为我国的地理信息对地观测系统相关领域作出贡献。"整体来看，他其实写得中规中矩，属于比较正常的范畴。

我们接下来看另外一个同学的模板(第二个案例)以作对比，内容如下："人生的价值取决于对社会做了多大的贡献，国家培养了我，让我有机会学习法语这门外语，我也想为国家培养优秀外语人才作贡献。通过本科、研究生 7 年的锻炼，我具备了一定的语言能力和科研能力。如果有机会到世界一流评估与测试研究实验室学习，利用国外学校和导师的教育和学术资源，我一定会学到先进的知识，做出一定的科研成果，回国之后进入高校法语系成为一名人民法语教师。在教学的同时，继续从事法语测试研究工作，促进中国法语界对测试的理解和对测试技术的提升。教育是《国家中长期科学与技术发展规划纲要(2010—2020)》中国家和社会发展的重要领域，也是国家重点扶持的专业。同时，国家对人文学科重点支持非通用语人才培养，优先支持国家教育体制改革中紧缺专业的高层次人才培养，又因为法语工作作为人文社科专业，很难得到其他的资助，因此我希望能够得到国家的资助，有机会从事该领域的研究。我有一个成为高校法语教师的梦想，一个继续科研的梦想，一个到国外学习先进理论的梦想，这三个梦想一直支撑着我继续努力。因此，我非常希望得到国家留学基金委的资助，到日内瓦大学攻读博士学位。"

大家可以细品一下这两个模板的区别，我相信如果 CSC 的评委仔细读了第二个案例中的申请，肯定会被感动。

再介绍一下 CSC 的评审细则，这也是我们多年总结出来的经验：第一个是学习成绩优异、专业技术扎实，参与国家重大工程、重大攻关项目；第二个是研究能力要强，这个主要是看大家的论文或者专利。第三个是留学目的国的研究水平、学校、导师以及学科背景的影响力。第四个是学习计划的必要性和可行性，主要看你申请书的质量，上面提到的两个案例供大家参考，大家可以思考除了专业内容之外，还有哪些内容可以打动评委。

如果大家都按上面说的进行准备，我相信百分之八九十都会拿到 CSC 的资助。

9. 海外生活

最后一部分我将介绍海外的生活。大家眼中的海外生活是不是每天进出各种充满中世纪建筑的校园、在各种高大上的图书馆自习、在朋友圈晒各种优美的风景照……我相信如果大家的朋友圈里面留学的人比较多，肯定会觉得他们日常生活是这样的，但这其实只是留学生活的一部分。大部分时间我们还是办公室、寝室两点一线，像我们专业基本上有一台电脑在办公室就可以了。在国内，至少是办公室、寝室、食堂三点一线。出国的话，食堂其实就已经搬到家里了，所以大部分的时间我们都在为今天该吃什么而发愁。我把海外生活分为了四块——酸、甜、苦、辣，具体如下文所述：

> 酸

第一个是婚恋问题。大家选择读博，婚恋本来就是一个问题。如果你再出国读博士，就是让原本并不丰富的情感生活更加雪上加霜。当然很多同学也考虑了如何解决这个问题，像我认识的很多人，他们在有对象的情况下，为了避免出国影响感情，选择在出国之前就结婚，这样会更稳定一些。

第二个是生活方式，其实中西方的生活方式区别很大。一方面是饮食，国外的东西大家基本上都吃不惯，所以大部分中国的留学生都是自己做饭。

第三个是工资。一方面是来自没有继续深造的同龄人，他们基本上都有了工作，可能也买了车买了房，会对还在读研、读博的你造成无声的打击。另一方面，对于国外的留学生，我还是建议大家尽力去申请国外全奖，因为 CSC 的资助相对来说确实不算高，而国外全奖的待遇会好很多。

> 甜

首先是优美的自然风光。像我所在的国家瑞士的这个地方，就在日内瓦湖旁边，每天晚上都会有特别漂亮的晚霞，还有很多雪山，空气也特别新鲜，给人美如画卷的感觉。

其次是可以体验不同的文化，中西方文化的差异还是比较大的。中国是传统的农业大国，基本上可以认为是农耕文明的一个代表，而西方国家主要是游牧文明，即使发展了这么多年，还是能看到历史遗留的痕迹。

最后是学业取得的进步，你出国一趟肯定是有收获的。不管是在学习上面，你顺利地通过了硕士或博士答辩，拿到了硕士学位、博士学位，还是你来联合培养，在这边学到了知识和技能，这些都是你学业上的收获，都是值得高兴的地方。

> 苦

一方面是孤独，刚来时大家的心情都是开心的，但一般 3 个月后，就会产生一种孤独感。另一方面是毕业压力大，如果在这边读博士，基本上要待 4 年，对毕业成果的要求也会比较高。

> 辣

首先因为疫情的暴发，国外会有一些反华言论，虽然主要还是一些政客的煽动性言动，但还是会影响到民众。像我在德国和意大利的同学，他们之前有被吐口水或者被别人竖中指的情况，这都是一些不太好的事情。当然也有好的情况，比如瑞士的民众对大家都比较友好，之前还在其著名的马特宏峰上投影了中国的国旗(图 3.6.8)，来表达瑞士的人民和中国人民团结一心，传递希望和勇气。

我的分享就到此结束了，感谢大家的聆听，也预祝各位准备出国的小伙伴们都能够收到基金委的贺信。

3.6 学术发展之路与公派出国留学

人民网
4-19 05:30 人民网微博

【#瑞士阿尔卑斯名峰投影五星红旗#❤️】据@瑞士驻华大使馆,北京时间4月19日上午8点至10点,一面五星红旗被投影在瑞士著名的马特宏峰上。采尔马特谨以此行动祝福远方朋友,特别是姊妹城市丽江,盼望与大家早日重逢。瑞士阿尔卑斯名峰将和中国人民团结一心,借此方式传递希望和勇气,共克时艰!

图 3.6.8　马特洪峰

(http://yn.people.com.cn/n2/2020/0421/c378439-33965005.html)

【互动交流】

主持人:非常感谢嘉宾的分享,相信想要出国的同学收获颇丰。现在我们进入最后一个环节——交流环节。

提问人一:受2020年疫情的影响,我出国材料还没有准备好,有极大的可能要延迟一年,那么在接下来的这一年里,我们应该做点什么,您有没有什么好的建议?

代文:这个问题取决于你自身的情况,如果你是出国攻读学位,正好今年(2020年)毕业,在国内学校也没有什么安排,那这段时间就是一个空窗期。你如果只是材料没准备好,但已经联系了导师,你就可以先和导师联系,看你们接下来要做什么,这样你在国内的时候就可以做一些相应的文献综述,加深自己对这个领域知识背景的了解。但如果你的材料没有准备好,导师也没联系,我觉得现在首当其冲的就是选择学校和联系导师。

提问人二:现在摆在我面前的有两个选择,一是在本校硕博连读,本校学科水平中等,如果选择本校之后可能有出国交流的机会;二是放弃本校的机会,申请国外的学校或考其他学校的博士。考虑到现在国外疫情,师兄有什么建议吗?

代文:刚才我也提到了,很多国家级的人才,他们都是回到母校之后发展变得更快。但是读博士这个事情是不一定的,还是要看学科水平。如果自己学校的学科水平一般,我建议选择去学科水平好的学校继续读博。因为你在学科水平中等的学校继续读博,最多留校做老师。但如果你去一个有着一流学科水平的学校,比如南师大的地理学或者武大的测绘学，博士毕业之后，你就可以有更高的平台，也有机会再回到你的母校。

提问人三：我是三年的学硕，如果出国读博，时间会很长，在目前这种情况下您建议出国读博吗？如果要申请的话，什么时候开始呢？

代文：关于你的第一个问题，我前面也介绍了出国读博的几个因素，你首先要想清楚自己为什么要出国读博。如果你是对学科领域感兴趣，以后想在学术圈发展，我认为出国留学是值得的。如果你并不是为了做学术，而是为了找工作，其实在哪儿读博区别不大。因为国内的情况就是很多人想在高校里面工作，而博士学位是个门槛。针对第二个问题，如果要申请出国读博，什么时候开始申请，这和你走什么途径有关系。如果你要拿国外的全额奖学金，一般像欧洲的学校有两个开学季——春季入学和秋季入学。如果是春季入学（1月），那在2019年底的时候，就应该联系老师并把材料准备好；如果你是在秋季入学（9月），就应该在2020年上半年联系老师并把材料准备好。如果你是申请CSC的资助出国，每年的申请时间是3月，所以你在3月之前就应该把我刚才讲到的几个材料都准备好。2020年因为受疫情的影响，CSC好像是4月填报，联合培养的则推迟到了5月填报，这是一个大概的时间节点，大家可以根据自身情况来考虑。

提问人四：我目前研二，正在准备申请出国读博，手里只有一篇中文核心被接收，一篇SCI刚刚完成初稿，还来不及被接收，请问这会在多大程度上影响我的申请结果？我是否可以在简历里提及这篇文章？

代文：第一个问题，对联系外导而言，其实文章并不重要。因为在联系国外导师的时候，我的文章也是在投阶段，发表的文章也只有一篇。所以以我个人的经历来回答这个问题，其实文章并不是那么重要，反而是你本身的学术水平和研究方向比较重要。因为在国内，不论是专家评审还是项目申请，都是文章越多就越好。但国外他们更看重你实际做的东西。像我现在联系的老师，他做的方向和我们课题组的比较相近，所以当时和老师联系的时候他也比较感兴趣。结合这个例子主要是想表达，对于外导来说，他更看重你本身的学术水平以及你的研究方向和他的课题组是否切合。第二个问题，我建议你在简历里提及这篇文章，然后和外导发邮件的时候，可以说一下你近期做的工作。另外，在文章比较少的情况下，你的申请书就要尽量写好一点。你的研究计划尽量和国家的中长期发展规划、重点学科、重大专项这些进行结合，以及回国计划、留学目的等要尽量写得能够打动评委，这样评审才可能在你没有文章的情况下也尽量给你打高分。

提问人五：我的SCI文章正在评审还没有接收，在联系老师和申请留学基金时，请问我要如何更好地展示自己的科研能力？

代文：科研能力的展示其实有很多方面，文章只是其中比较直观的体现，但不是唯一的途径。联系导师时，可以先从你们的研究方向的契合点入手，找寻能够打动他的地方。比如你的知识背景和研究方向能为他的课题组带来什么发展，或者说你能为他们的课题组解决什么问题，这些都是有亮点的地方，你可以在发邮件的时候展示出来。比如你认识一个老师，他以前是做图像处理的，但你发现他最近这两年开始有一两篇深度学习相关的论文了，就说明他可能最近在转方向，考虑做深度学习。如果你的知识背景也是做深度学习，你就可以通过邮件搭话，得到回应后争取进行视频聊天，直接和老师聊一聊，能够解决很多问题。我认识的很多外导，他们都更倾向于当面聊天来了解你的学术水平。

提问人六：请问 2020 年的疫情会影响明年 CSC 联培申请吗？感觉 2020 年申请的人比较少，会不会都挤在 2021 年，导致申请难度增大？

代文：这是一个比较宏观的问题，我只能说一下我的猜测。受疫情的影响，2020 年申请 CSC 的同学确实会变少。像我知道的有些同学都准备取消了，因为一开始就耽误半年，可能就要到 2020 年 12 月或者 2021 年 1 月才能出国。整套手续办下来，今年的人会变少以及明年的人会变多，这算是一个趋势。但是 2021 年的申请难度我觉得不会变大，因为这些年来 CSC 的资助比例是稳定的，而且对于联合培养来说，这个比例是在增加的。按现在的力度来看，联培的录取率算是比较高的。而且国家现在有增加联培名额的趋势，因为我们国家也算是一个强国，所以会更加鼓励大家在国内读博士，然后增加海外经历。所以你不用担心，只要把材料都准备好，应该就没问题。

（主持人：张文茜；摄影：彭宏睿；录音稿整理：王雪琴；校对：张文茜、赵康、幺爽）

3.7 审稿人视角下的学术论文撰写与留学经验分享

(雷少华)

摘要：南京师范大学地理科学学院 2017 级博士雷少华做客 GeoScience Café 第 251 期，带来题为"审稿人视角下的学术论文撰写与留学经验分享"的报告。本期报告，雷少华师兄与大家分享了审稿人视角下的学术论文撰写与留学经验，为我们讲述如何换位思考，以审稿人视角来撰写学术论文，介绍审稿人或者编辑更关注的细节，常见的拒稿原因以及应对策略，随后为我们讲解如何顺利通过留学面试官的面试，拿到签证，并利用多年的科研经验告诉我们，如何在繁忙的学业生活中不断充电，并激励自己。

【报告现场】

主持人：欢迎大家来到 GeoScience Café 第 251 期讲座，我是本次讲座的主持人王克险。今天我们有幸邀请到了南京师范大学地理科学学院 2017 级的博士生雷少华作为嘉宾。雷少华师兄，主要研究方向为湖泊光学和环境遥感。以第一作者发表学术论文 6 篇，其中 SCI 5 篇，受邀成为 Science of the Total Environment 等 Top 期刊的审稿人。主持校级、省级国家重点实验室项目共 6 项，研究成果在省级、国家级学术会议中获奖 6 次，获校级、国家级科技竞赛奖三项，校级个人荣誉两项。曾获南京师范大学朱敬文奖学金、中国电信奖学金、飞 Young 奖和博士研究生国家奖学金。目前受国家留学基金委资助在美留学。让我们有请雷少华师兄为我们带来他的科研故事。

雷少华：各位老师和同学，大家好。我是来自南京师范大学地理科学学院的雷少华，师从李云梅教授。我现在在美国印第安纳州印第安纳波利斯市 IUPUI 进行联合培养，外导是 Lin Li 教授。接下来我将以"审稿人视角下的学术论文撰写与留学经验分享"为题，从 7 个方面向大家做一个汇报：

① 个人简介；
② 如何以审稿人视角撰写学术论文；
③ 常见的拒稿原因和应对策略；
④ 出国留学：挑战与机遇；
⑤ 全球抗疫后半场：如何进行学术成长；
⑥ 彩蛋：校园掠影与城市风貌；

⑦ 致谢。

1. 个人简介

我是 2015 年考入南京师范大学地理科学学院的，师从李云梅教授，研究方向为湖泊光学和环境遥感。我们组目前在研多项国家重点研发和重大专项任务，包括城镇黑臭水体高分遥感与地面协同动态监测关键技术研究，城市黑臭水体遥感监测技术研究，内陆湖泊水体水质多参数水平垂向分布遥感研究和环境遥感等多个方向，欢迎各位师弟师妹报考南师大地理环境遥感专业硕士/博士研究生。

2. 如何以审稿人视角撰写学术论文

接下来我们就步入正题：如何以审稿人视角撰写学术论文。一般情况下，审稿人会重点关注以下 4 个方面：图表专业清晰；引言背景研究充分、问题清晰；解决方法得当、改进明显；讨论部分合理充分。

在这里由于篇幅有限，先简述方法与讨论，再详述图表与引言。

各个领域、各个学科在方法部分的研究思路不同，所以我只讲一些大概的、通用的方法。一般情况下，只要作者的解决方法得当，描述清晰，方法改进部分介绍清楚，结果正确就可以了。关于创新程度，审稿人主要看作者如何改进某个方法或者如何突破某些假设。在高光谱遥感领域，主要的研究方法包括偏最小二乘（PLSR）、主成分分析（PCA）、逐步回归（STEP）、决策树（DT）和机器学习（ML）等。在这里也非常推荐大家去挖掘已发表文献中补充材料里面的快速实现代码。如 CNSP 这些顶刊，一般会要求作者把代码或者数据公布出来。这时候如果研究领域或者研究方法相似，可以边读文章边用文章中的代码快速重现实验，对我们科研起步有非常好的促进作用。讨论部分的内容包括强化研究的重要性、算法误差的来源、算法比较、算法局限性、应用前景或其他一些重要发现的讨论。讨论的主要目的是证明结果的正当性，进而使问题在一定背景下得以解决，以升华文章主题。

方法与讨论部分我就简单介绍到这里。接下来详细阐述图表与引言。专业的图表能给读者留下很好的第一印象。我主要强调一下图形摘要的加分作用。当然了，如果把图形摘要放到论文里面，做成流程图也是一个非常好的亮点。

如图 3.7.1 所示，这是我们组发表的一篇追踪湖泊颗粒有机碳（POC）来源的论文里的图形摘要。可以看到在图形摘要的 C 位，是一个表征 POC 来源的关键指标，称之为 S_{POC}，旁边是两个区别明显的特征光谱。S_{POC} 下方延伸出两个箭头，一个表征陆源：如图，在陆地上，草地、林地、城镇等发生地表自然、人为过程的地方，POC 通过冲刷、淋溶、搬运等作用汇集到湖里，最左边有个非常细节的箭头表示 POC 从河里流过来。另外的内源部分又分为两个：浮游藻类和水生植被。内源和陆源两种 POC 在遥感影像光谱图中会有比较明显的差异性特征，这个特征量化后的指标就是 S_{POC}，进而可以通过遥感手段追踪 POC 的来源。一般的图像摘要没有多余的东西，比如太阳与卫星的相对位置，太阳与卫星在同一个方向观测得到的水体信号是最理想的,可以尽量避免太阳耀光等无用信息的影响。又比如,POC 陆源部分占比高的水体偏黄色,这类水体以悬浮泥沙为主;而 POC 内源部分占比高的水体偏绿色,这类水体以浮游植物为主,正是这种水体颜色的明显差异,奠定了对 POC 来源遥感追踪的光学基础。

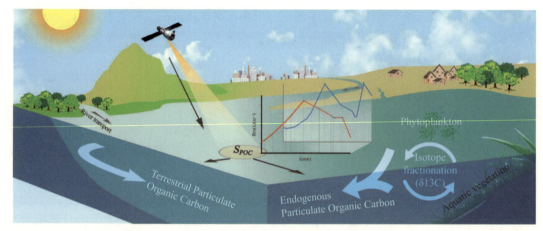

Jie Xu, Yunmei Li, et al. Tracking spatio-temporal dynamics of POC sources in eutrophic lakes by remote sensing. Water Research 2019: 115162. DOI: org/10.1016/j.watres.2019.115162.

图 3.7.1　典型的原理解释型图形摘要

以上图形摘要是用专业 Ps 软件绘制的,如果不会 Ps,可以退而求其次用 PPT,同样可以达到美观大方的展示效果。图 3.7.2 是一个典型的流程图式的图形摘要,用 5 个步骤和多种箭头等表示了研究对象从获取、转化、反演到验证的全过程:第 1 步,获取每个层的光学量;第 2 步,将实测光学数据转化为逐层的总悬浮物浓度(TSM);第 3 步,在自然水体辐射传输过程中,水柱中逐层的 TSM 信息会传递到水表面遥感反射率信号上,最终被卫星传感器获取;第 4 步,通过多元线性逐步回归的方法得到表层 TSM;第 5 步,通过递归迭代的方法,把水柱逐层的 TSM 全部做出来。如果大家不会用 Ps,用 PPT 也是一个非常棒的选择。另外,这篇文章的补充材料里面也有 R 语言代码,大家有兴趣可以下载参考。

另外,审稿人也非常关心曲线拟合的问题。比如在实践中,通常使用线性、指数、幂函数等曲线进行两个参数的拟合。如果所有函数拟合的 R^2 都很高,可能会给人一种用何种函数去拟合并不重要的错觉。但是审稿人通过关注制图细节,可以考察作者的理论功底。如 $x=0$ 的时候,截距的正负代表什么;截距是否应该为 0 等。又比如,如果横、纵坐标表示的是同一个指标,如进行精度验证,我们一般认为对角线是 1∶1 线,这就要求横纵坐标的显示数值范围是一致的。而在用 R 语言制图时,一般默认 1∶1 线不在对角线上,这一点需要引起注意。

3.7 审稿人视角下的学术论文撰写与留学经验分享

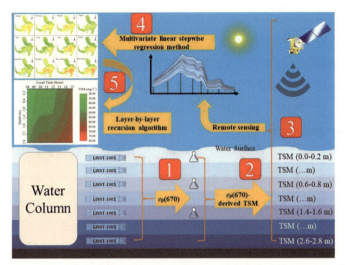

Shaohua Lei, Yunmei Li, et al. 2019. An approach for retrieval of horizontal and vertical distribution of total suspended matter concentration from GOCI data over Lake Hongze. Science of the Total Environment; 134524. DOI: 10.1016/j.scitotenv.2019.134524.

图 3.7.2　典型的流程图式图形摘要

接下来重点阐述第二块 Introduction 部分。这一部分我特地用一个漏斗图形来表示(图 3.7.3)，希望强化我们在写 introduction 时的思维。这个思维就是一步一步收窄，最后落到你所要研究问题上的一个过程。漏斗的第一框，也可以认为是第一段，说明这个研究有什么用。一般情况下帽子都扣得比较大，比如研究水体透明度的时候，透明度与水色三要素有关，与水质、渔业生产、环境变化也有关系，甚至透明度通过影响光合作用的深度对全球碳循环产生影响，也可以在一定程度上反映出气候变化，这就需要去挖掘当前研究有什么作用。这一段一般不同的期刊会有不同的要求，可以根据期刊主旨(Scope)进行对应的阐述。Introduction 第二段和第三段一般阐述当前的研究现状和深入研究需要面临的问

图 3.7.3　利用漏斗图形展示撰写 Introduction 的思维

353

题。我们在研究的时候往往不是一点。如果仅仅是一点，也尽量把它拆成两点，用当前研究现状和深入研究需要面临的问题这种逻辑循环去重复第二框和第三框。比如研究透明度时，可以把透明度作为环境变化的指标，也可以做一些透明度算法的改进研究，也可以解决算法的适用性问题，这都可以在第二框和第三框进行迭代阐述。漏斗的第四框开始阐述研究区域对象的特殊性或者重要性，但是要注意和前三框的内容前后呼应，不能凭空臆想。接下来就可以引出你的 subjects。这个漏斗图从形式上强调了思维从发散、循环到收紧的全过程，便于审稿人接受和认可。

那么审稿人喜欢的写作方式有什么呢？第一个应用最广泛的是归纳式，也可以称为分层论述式。如图 3.7.4 所示，通过大量阅读文献，总结归纳研究对象遥感反演方法的种类大致可以分为几类或者几种。本质上，用不同的分类标准分出来的种类是不一样的，因此需要花点心思去研究和归纳各个遥感反演方法的异同点。在这部分用归纳式写法可以特别体现笔者对问题背景的充分研究，可以在很大程度上说服审稿人，当然也非常考验作者的理论功底和文献阅读归纳水平。

第二个比较推荐的是递进分析式，如果要落实到写作上就是总—分—递进的关系。图 3.7.4 举了一个例子：当前的研究怎么样，在某些方面需要进一步的研究。用递进分析式可以增强文章的逻辑性。经常听到评论说有的文章写得毫无逻辑，怎样在形式上具有逻辑性呢？就是用总—分—递进这种高阶分析模式来进行阐述。在形式上这样做会更容易使审稿人落入我们刚刚阐述的大背景里面，进而让审稿人关注我们的方法和结果，引导审稿人认为我们这篇文章是有科学依据和创新成果的。特别需要注意的是，很多人在这里都会"翻车"，我自己也是这样，仅仅在罗列研究，在陈述参考文献的时候不做归纳和总结，就更别提用分层或者递进式来写，这样强推 subjects，难以令审稿人信服。因此，一定要对阅读的大量参考文献做归纳和分层论述，这也是两种最容易吸引审稿人的方法。

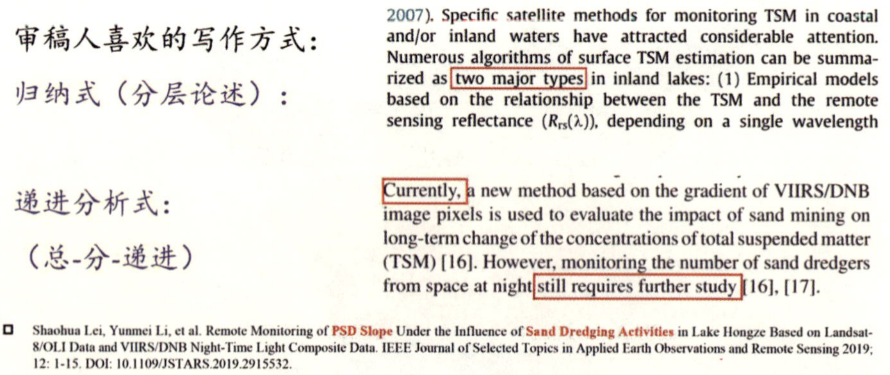

审稿人喜欢的写作方式：

归纳式（分层论述）：

递进分析式：

（总-分-递进）

2007). Specific satellite methods for monitoring TSM in coastal and/or inland waters have attracted considerable attention. Numerous algorithms of surface TSM estimation can be summarized as two major types in inland lakes: (1) Empirical models based on the relationship between the TSM and the remote sensing reflectance ($R_{rs}(\lambda)$), depending on a single wavelength

Currently, a new method based on the gradient of VIIRS/DNB image pixels is used to evaluate the impact of sand mining on long-term change of the concentrations of total suspended matter (TSM) [16]. However, monitoring the number of sand dredgers from space at night still requires further study [16], [17].

❶ Shaohua Lei, Yunmei Li, et al. Remote Monitoring of PSD Slope Under the Influence of Sand Dredging Activities in Lake Hongze Based on Landsat-8/OLI Data and VIIRS/DNB Night-Time Light Composite Data. IEEE Journal of Selected Topics in Applied Earth Observations and Remote Sensing 2019; 12: 1-15. DOI: 10.1109/JSTARS.2019.2915532.

图 3.7.4　审稿人喜欢的写作方式

绝美的图表、精巧的思路、重大的发现或者诚恳的态度都可以打动审稿人。文章的创新点在文章生成的时候基本就已经定了,能给你文章加彩的可能就是图形和图像了。如果编辑喜欢你做的图形或图像等,是可以不考虑审稿人意见的。但是需要注意,审稿人可以左右编辑的意见,但是拒稿或者接受是编辑决定的。

3. 常见的拒稿原因和应对策略

面对编辑的神力,我们引出下一个话题——常见的拒稿原因和应对策略。我总结了主要的四个拒搞原因和应对策略。

第一是创新性不足。多数 SCI 一区的文章毫无疑问对文章的创新性要求非常高。因此,需要我们提交准确的 highlights、cover letter 和 graphical abstracts 等描述性材料。

第二是不符合期刊 scope。这一块特别需要注意,一定要在 introduction 和 conclusion 部分提及该研究对谁有用,对某个领域可能有用,对某一类的研究者有用。因为审稿人往往更关注的是该研究对自己是否有用,如果这个研究他不感兴趣,或者编辑觉得不感兴趣,其实在很大程度上就是 introduction 和 conclusion 部分没有做出契合期刊主题的描述。

第三就是重复率高。可以用这个网站(http://www.chaessay.com/turnitin.html)查询后对稿件进行修改。

第四是找不到审稿人。建议填写推荐审稿人,一般是 3~5 个,中外(平时多积累文献中相关的方向,也可以发邮件咨询学术问题)兼有。因为审稿人做这项任务不计报酬,是一种自愿行为,所以多推荐几个审稿人没有什么坏处。在这里需要强调的是,要准确描述审稿人的推荐理由,平时也要多积累。

我觉得写文章或者做科研最重要的还有心理因素。要相信一分耕耘,一分收获,做到极致,不要心存侥幸,这一点我也和大家共勉。同时也要相信"文章是肯定会发表的"。这句话是一个很好的激励,激励自己不断积累思路和经验,树立学术自信心。

4. 出国留学:挑战与机遇

接下来和大家探讨出国留学的挑战与机遇。Opendoors 显示,2018 年全球出国留学的学生人数最多的国家是美国(109 万人),其次是澳大利亚(55.6 万人)和加拿大(49.4 万人),中国(48.92 万)排第四。美国的留学生去哪里了呢?第一是去英国,第二是意大利,第三是西班牙。如果中美关系受到一些影响,去美国有障碍,你也可以选择美国学生想去留学的地方,这也是一个比较好的逆向思维。那么,这么多留学生在美国做什么呢?主要从事科学、技术、工程和数学,也就是 STEM。其中,印度和孟加拉针对 STEM 的留学人员约占 80%,我们国家为 48%,如图 3.7.5(a) 所示。如果各位想更深入了解这一块,可以登录 Opendoors 查询。

在美各州留学生人数分布如图 3.7.5(b) 所示,排名前六的分别是加利福尼亚州、马萨诸塞州、纽约州、伊利诺伊州、得克萨斯州和宾夕法尼亚州这些经济比较发达的地方。

在疫情初期，这几个州也是首当其冲。在印第安纳州，留学生比较多的就是普渡大学、印第安纳大学和我所在的 IUPUI。

改革开放以来，赴美留学生的总数不断攀升，但是趋势正在放缓。从数据来看，2010 年到 2015 年是出国潮，2016 年以后是归国潮，近 30 年有五百万学生带着梦想留学出国（其中也包括移民），然后有三百多万人返回祖国，继续为中国的学术事业发光发热。

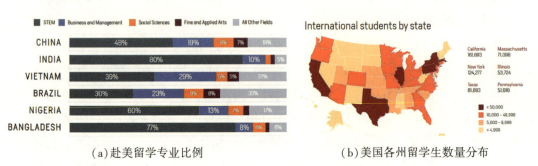

(a) 赴美留学专业比例　　　　　　　　(b) 美国各州留学生数量分布

图 3.7.5　美国留学生专业比例和数量分布

谈了这么多背景，我来讲关于赴美 J1/2 的面签官签证的干货经验。面签官关注的第一个问题就是你会不会在签证结束后滞留当地享受本地的高福利，或者生活来源是否满足在外校学习和生活的需求。因此，需要提供资助证明。最好也携带结婚证、房产证等备用。

第二个是你的专业或者研究领域是否被美政府"重点关注"。要注意，在面签官面前不用刻意隐瞒研究领域，一问一答就可以。因为面签官也很"专业"，什么都知道，包括你专业的专有名词、具体的研究内容和领域等，所以没有必要支支吾吾，否则会让面签官心生疑问。比如我是做遥感的，他问我本科专业是什么，我就说是 GIS，然后他说你是不是用到了卫星数据，还给我比划了卫星绕地球转。我说是的，然后紧接着说我用的卫星数据属于 open access。因为我们本身也不涉密，一定要强调研究用的是开源数据。

第三个是看面签官的心情。我当时还真遇到了，我很明显地看到某个面试官，面一个拒绝一个，没有什么规律可言，因为面签本来就是一个很主观的判断。如果遇到这种情况怎么办呢？你可以重新排队。因为不分先后顺序，花点时间重新排队就行了，好事儿多磨！所以你在排队的过程中就要多多观察各个窗口，提早准备。

5. 全球抗疫后半场：如何进行学术成长

接下来是一个比较沉重的话题，如何在全球抗疫中成长？刚刚（2020 年 5 月 5 日）我访问了 Johns Hopkins University 关于 COVID-19 的网站（https：//coronavirus.jhu.edu/map.html），全球已有 360 万人确诊新冠肺炎。

全球新冠肺炎疫情之下，我们能做什么呢？在谣言四起的时候，我们需要一定的判断力；每个人做好自己的事情，各司其职；同时要保持健康的生活习惯，提高免疫力。最后就是我们做学术还需要一定的定力。

接下来我推荐一种学术策略：构建自己的知识树。就好像整理电脑里面东西的时候用一个文件夹树，文件整理才会比较规范，方便二次检索和查阅。同样的道理，我推荐两个实现这种知识树的小程序，一个是脑图，一个是云笔记。这是我去年做的一张脑图（图3.7.6），把我们水环境遥感领域的一些分支，或者叫研究领域，做了一些归纳和总结。这张图左边是以藻类颗粒物或者是以碳为主的一些特征，右边是以悬沙或者无机物组成的一些特征。这里分别用不同的图形表现出了不同的过程，还有一些正演、反演、分类的方法。我们在做这种脑图的时候，其实也是梳理自己学科知识体系的过程。如果有时间，强烈建议大家做一下这个图，从中可以发现很多有趣的问题。

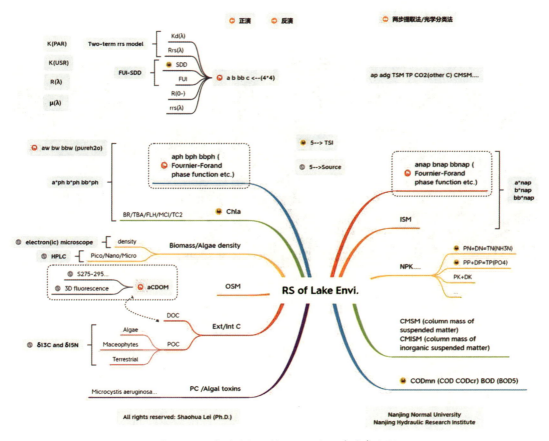

图 3.7.6 典型的知识树——以水环境遥感为例

其次推荐云笔记，比如有道云笔记。这里以一个应用场景为例来说明：我们去参加学术会议的时候，同时打开云笔记、ResearchGate 和 Endnote。听讲座的时候用有道做笔记，记录重要的思路和关键知识点；如果你对报告人的研究领域感兴趣，可以在 ResearchGate 搜索这个人并关注他的最新研究进展；最后再把你感兴趣的文章导入

Endnote。在会后进行二次学习的时候，从云笔记里面找到当时做的记录，引用时直接用 Endnote 就行了。当整理你自己编写的程序时，也建立一个目录树。之所以强烈推荐有道云笔记，因为它是一个可以和手机互通的软件，无论何时何地都可以记录、查阅和更新。

6. 校园掠影与城市风貌

2013 年，我在福建师范大学丁凤老师"遥感与 GIS 综合"这门课程中做过一个实验报告，我们当时做分类的研究区就是印第安纳波利斯(Indy)这个城市，当时就与这座城市结下了不解之缘。请允许我带着大家欣赏一下印第安纳州的美景。图 3.7.7 中左图是在 Indy 城市郊区拍摄的。可以看到，近景是类似国内村庄的独栋，特别好的一点是各家各户门前的大草坪，房屋和房屋之间间隔非常大，整体上是地广人稀的感觉。远景是 Indy 的城市天际线。右图是 Indy 市中心的俯视远景，高层建筑也仅存在市中心。

图 3.7.7　印第安纳州城市风貌

图 3.7.8 是 Indy 市中心网络公司 Salesforce 的内景。在美国，如果在类似 Salesforce 或者谷歌这样的公司就职程序员，只需要编程工作就行了。公司除了保证绝佳的工作条件，也提供工作以外娱乐和休憩的便利，比如零食、饮料、健身、下午茶等。其中包括一个比较特殊的，也是我比较感兴趣的设施——冥想室。冥想室是一个很空的没有窗户和光源、相对密闭和幽暗的房间，里面仅有一地席子。以上基础设施毫无疑问会给员工提供一个比较好的工作环境和舒适的工作氛围。

图 3.7.9(a)左图和右图是学校的游泳池，也是奥运选手跳水、游泳等训练的主要场所。中图是印第安纳州立博物馆里面的照片。我特别想强调的是，每个国家这类的设施都一样，都在宣传自己的爱国主义。我们国家也要加强这方面的设施建设，以此加强爱国主义教育，增强为国争光的信念。

3.7 审稿人视角下的学术论文撰写与留学经验分享

图 3.7.8 Salesforce 公司工作环境

(a) 校园游泳池、州博物馆　　　　　　　　　(b) 消防演习

图 3.7.9 校园风貌与消防演习

我 2019 年 9 月刚到这里时，正好发生了枪击案，我每天下午 3：00 就从图书馆回到了我住的地方。每天都有直升机在天上盘旋，我当时想如果出动直升机去执行任务，肯定是遇到了什么劣性犯罪。但是后来我才知道，这个城市每天上午、下午和晚上都用直升机执行巡逻任务。

图 3.7.10 是印第安纳州 Brown County State Park，是一个森林公园，这些美景和南京的栖霞山、北京的香山相媲美，也非常漂亮。

图 3.7.10　印第安纳州森林公园

我在国内也参与过我们课题组关于城市黑臭水体的调查。国内也会把城市河流底部进行硬质化，但是把水体做完底质硬质化以后，往往会导致一些像水体黑臭化或者水质变差等问题，即使使用了生态浮床和曝氧装置等，水质也难以好转。但是在这里，可能雨污分流做得比较好，水质会好很多，希望我们国家在 2030 年全面消除黑臭的时候也能达到这种效果。

图 3.7.11 是印第安纳大学布鲁明顿校区，建筑是像哈利波特城堡那种中世纪风格。如果有机会，还是希望大家能够去外面多见识，的确是不虚此行。

最后特别感谢家人对我出国深造的支持，尤其是爱妻这 12 年以来的默默付出和悉心照顾，我爱你们！非常感谢各位同学的聆听，谢谢大家，有什么疑问大家可以提出来，我会在力所能及的范围内为大家解答，谢谢。

图 3.7.11　印第安纳大学布鲁明顿校区

【互动交流】

主持人: 非常感谢雷少华师兄为我们带来的分享。刚刚师兄展示了自己学校优美大气的风景。师兄是 Top 期刊的审稿人,所以能够以一个审稿人的身份向大家展示写论文的要点:他们想要的是什么样的文章?喜好如何?针对这些建议完善论文,投稿成功的几率会大一些。师兄关于出国申请的分享也是干货满满,包括面试官的心情这种问题也是第一次听到。大家对于刚刚的讲座还有什么问题吗?

提问人一: 请问读博期间,想出去交流,或者打算出国读博,如何去了解出国学校?

雷少华: 出国学校的选择,我个人建议大家从两方面去考虑。

第一是学校的排行榜,比如 QS 排行,这也是 CSC 进行评选的一个依据,具体信息可以参考上次我们南师大的代文师弟的出国留学经验分享(第 250 期)。

第二看外导与国内院校合作的情况。比如你认识的人有没有推荐的外导?或者在参加学术会议的时候,有没有机会碰到一些知名学者,是否跟他们有过交集?

第二点更多的是从人际交往和合作的角度去考虑。前面说的 QS 排行更多的是从学术平台上面去考虑的。其实我自己的选择是后者,选择与自己单位联系比较紧密的,研究方向也比较契合的学校和外导,这样在做出指导或者修改论文方面会更有针对性。这就需要我们去广泛地参加学术会议。平时在看论文的时候,也和这些作者发邮件问一些问题,他们很乐意回复邮件,我以前就与阿根廷的一个博士聊过一些关于大气校正的问题。实际上包括我自己收到一些学术信息交流的时候(如通过 ResearchGate 平台),也会很及时地去回复,因为我觉得我做的东西如果有人有兴趣去研究或者学习的话,对我本人而言是一件非常开心的事情。毕竟大家以后要一直从事这个行业,身边的交际圈基本上也就在这个圈子里面,这也是一种机遇。

(主持人:王克险;摄影:邱中航;录音稿整理:卢小晓;校对:王克险、田雅、幺爽)

附录一　薪火相传：
GeoScience Café 历史沿革

编者按：没有一段成长不曾经历曲折，11 年间无数师生的辛勤劳动耕耘出 GeoScience Café 这一以武汉大学为中心，辐射全国的地学科研交流活动品牌；没有一段历史不曾经历传承，本附录记录了 GeoScience Café 在 2018—2019 年的点滴故事，并邀请了 11 位 Café 人共同分享了"他/她与 GeoScience Café 的故事"，串联出 GeoScience Café 文化的印记。

材料一：《我的科研故事(第四卷)》新书发布会

主持人：敬爱的老师、亲爱的同学们，大家晚上好！非常高兴各位老师和同学们能来到此次发布会的现场。首先，请允许我介绍一下莅临此次新书发布会的嘉宾：测绘遥感信息工程国家重点实验室党委书记——杨旭老师；测绘遥感信息工程国家重点实验室副主任——吴华意老师；遥感信息工程学院，同时也是 GeoScience Café 的创始人——毛飞跃老师；最后是我们可爱的辅导员——郭波老师，感谢你们的到来。第四卷新书发布会第一个环节，让我们先了解一下《我的科研故事(第四卷)》的内容，下面有请书稿负责人李涛同学和修田雨同学来为我们介绍这本书的故事。

附图1.1 主持人进行介绍

附图1.2 新书发布会现场

李涛：尊敬的杨书记、吴老师、毛老师、郭老师，各位同学，大家晚上好，我是李涛。非常高兴大家能够来参加《我的科研故事(第四卷)》的新书发布会，也很荣幸能在这里为大家介绍一下《我的科研故事(第四卷)》的基本情况。这本书收录了 GeoScience Café

从 2018 年 2 月到 2019 年 1 月所举办的 24 场报告的内容，分为三大模块：模块一是特邀报告，包括李必军教授勾勒的自动驾驶蓝图，陈亮教授介绍的室内定位前沿技术等；模块二是经典报告，涵盖了激光点云、遥感、图像处理、卫星导航以及时空数据挖掘等测绘遥感的前沿研究领域；模块三是第四卷新增的一个板块，取名为"他山之石：GeoScience Café 人文报告"，此部分内容包括了 Science 校庆特刊封面设计团队分享他们的创作心路历程，也包括求职就业的学习经验分享，如去年举办的 2018 级新老生交流会等。我们希望第四卷不仅在学术科研上给大家带来一定的启发，同时也在人文关怀、求职就业方面给大家一定的帮助。

作为第四卷出版编辑工作团队的一员，在这里我有几点感悟要与大家分享一下。Café 的前辈们将前三卷的工作做得非常好，每一卷都倾注了他们大量的心血，看着每卷主编们写的编者按，都觉得文采飞扬。前辈们给我们做了很好的表率，实验室的老师们也给我们树立了好的榜样。2019 年是实验室成立 30 周年，在短短一个多月的时间内，实验室的老师们就组织策划了《我与实验室》这本文集的出版，当时我真的感到非常震惊。实验室老师们这种极强的战斗力，在我负责《我的科研故事（第四卷）》出版工作中，给予了我很大的激励作用。

另外还有一个小故事想和大家分享：2019 年 7 月的时候，在离《我的科研故事（第四卷）》初稿交给出版社只剩两周的时间，当时我们确定了要将李必军老师的报告放在第四卷的首篇，但因为文稿还有一些不完善的地方，我们就让郭波老师去请关琳老师帮忙，联系李必军老师要 PPT。李老师当时人在境外，网络不好，他甚至花钱买了流量，将 PPT 传了回来。从这次经历中就可以看出不管是实验室的老师们，还是来做报告的嘉宾老师，对我们书稿的出版工作都给予非常大的支持。

图 1.3　李涛同学发言

最后，我想谈一下我在整理书稿这个工作当中的一些收获。虽然书稿整理多多少少会占用自己的学习科研时间，但现在回过头来看，我觉得我为第四卷所付出的时间与精力是值得的。我很享受整理书稿带给我的专注感，有时候甚至能够达到"发愤忘食乐以忘忧，不知老之将至"那种境界。同时因为有整理书稿的工作，我也有意识地去培养自己的时间管理能力。一分耕耘一分收获，很感谢 Café 给了我这么一段难忘的经历。最后感谢每一位作报告的嘉宾和来听报告的观众，以及为第四卷付出辛勤劳动的所有 Café 小伙伴。再次感谢大家对 GeoScience Café 的支持！

修田雨：杨书记、吴主任、毛老师、郭老师，以及各位同学，大家晚上好。我叫修田雨，我和李涛都是第四卷书稿整理的负责人。刚才，李涛介绍了这本书的一些相关内容与他的感受，我也来讲一下我和它的故事。我 2018 年 9 月加入了 Café，11 月正式接手了 Café 的文稿整理工作。上一届负责人为我们留下了 10 篇文稿，其中有 6 篇正在校对中。日常工作中，我们只需要按照流程及时下发文稿以及督促同学们按时上交，工作相对比较轻松。但是在出版整理阶段，我们需要在将书稿交给编辑前对全部内容进行检查，这时就发现了很多问题，比如书稿中有许多格式没有改正过来，图片的清晰度不够，很多图片没有经过嘉宾的审核及版权确认，要是有版权问题就不能出版，所以这其中有很多急需解决的问题。但幸运的是，我们得到了 Café 往届师兄师姐们的帮助，孙嘉师姐在百忙之中仍然抽时间为我们检查了其中的两篇英文稿件，陈必武师兄负责了一篇长达 30 多页的书稿，对每一句话进行了逐字逐句的修改，耐心又细致地完成了去口语化工作，真的非常感谢他们的付出。同时，也非常感谢嘉宾们的支持，任畅师兄是我印象特别深的一位嘉宾，当初我们要求他进行图片版权审核时，任畅师兄特地发了一篇文档给我们，里面详细地介绍了每一张图片的来源以及版权说明，甚至还查阅了相关的法律法规，对图片进行了批注，包括很普通的百度截图。我当时收到那份详细文档的时候真的非常感动，也非常感谢他们的支持。同时，也非常感谢实验室老师们的支持与编辑们的帮助，编辑们经过了一系列的校对、排版、美术设计等工作，才出版了这么好看整洁的《我的科研故事（第四卷）》书籍。

所以，这本书是 Café 所有报告嘉宾和全体工作者共同努力的结果，凝聚着我们的付出与梦想，见证了 Café 的收获与成长。大家可以看到，我们的书包括了专业学术和人文内容两方面，而且人文内容占比是非常高的，因为我们希望这本书不仅能在学术上给大家支持与参考，而且也能在科研生活上为大家引领方向，解决大家生活中的一些烦恼，希望大家能从中得到一些帮助。

接下来我想说一下我的个人感悟。我感觉 Café 的文稿整理并不仅仅是一项工作，也是一次极好的锻炼机会，你可以通过整理文稿收获一些更深刻的知识及道理，还可以提高自己的文笔。同时，我觉得极为关键的一点，就是你可以从文字中感受到演讲者的语言魅力与逻辑思想框架，这一点只听报告是获得不了的。我也很开心能担当起负责人的责任，审核了很多同学的稿件，也确确实实感受到了很多同学在文字功底上的进步，也由衷地为他们感到高兴。

我们在工作中也发现了很多的问题。例如，当报告人出现口语化问题的时候，整理人若缺乏专业知识就很难准确表达并校对其中的含义。我们由此建立了一个反馈机制，同时也修改了录音稿计酬的方式，希望能给大家更多酬劳的同时，让大家能付出更多的努力和时间来整理这份文稿。同时，我们还将此次校对过程中所出现的问题进行了整理归纳，提前发放给整理和校对的同学，希望能就此规避这些问题的再次出现。最后我们还整理了 word 版的模板，希望可以减少格式上的问题。我们希望这些改进能为大家提供更高质量的文稿，更好地展现这本书，也为大家提供更多的帮助，谢谢大家！

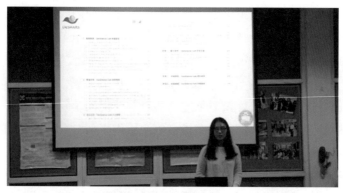

附图 1.4 修田雨同学发言

主持人：非常感谢李涛同学和修田雨同学的介绍和分享，我想在这本书的开花结果过程中，感慨颇多的人不仅有我们的学生，还有为我们辛勤付出的老师。下面首先邀请杨书记来分享一下他的感慨和体会。

杨旭：各位同学，非常高兴今天能拿起这本书，我有一种沉甸甸的收获感，闻着墨香就很幸福！感谢 Café 为我们实验室的同学、老师创造了这么一个成果，首先表示热烈的祝贺！

这是第四卷书籍，我记得第一卷是在 2016 年推出的，在不算短的时间内完成了第一本书，当时还觉得很艰难，因为无论是在时间、经验还是其他方面，我们都是欠缺的。但是第一本创作完之后，我们就有了一个理想，能不能每一年都出版一本书。面对每年都要出一本书的节奏，我们感觉这可能就是一个奢望，用那么短的时间一边报告，一边整理，马上第二年就出版，是非常有挑战性的。但令人非常欣慰的是，我们连续三年都实现了当初的这个计划。这也说明一件事情从零开始是很难的，但是一旦建立起了一个起步的状态，形成了一些经验的积累，后面就不会那么难。

第四卷书能够如期出版，我要感谢三个方面的人。首先要感谢来做报告的老师和同学们，是他们把自己的工作研究成果和心得，无私地、热情地分享给大家；其次要感谢的是我们 Café 这个团队，他们辛苦组织了很多精彩的报告，又将好的报告进行了整理，最后才得以出版。我想这是一个付出，但更是一个收获的过程。刚刚两位同学在上面讲时，我就在下面对他们做"变化检测"。他们是一年前刚入学时加入的 Café，但是现在他们的表达落落大方，思路非常清晰，我认为这个是他们在 Café 一年多来一个非常大的变化。当然从中获得收获的，是以他们为代表的 Café 团队成员。刚才听完他们的分享，我也产生了分享的愿望。比如修田雨同学，她通过编辑出版这本书得到了非常重要的一个收获，是她以前从来不可能接触到的有关编一本书的标准和要求。编辑的三审三校是非常严谨的，每一步流程都是有标准且需要一丝不苟的，我相信这样的标准和要求，可以推用到做学问和工作上，就像李院士讲的，在做人、做事、做学问的方方面面都会形成指导，帮助我们提升。还有刚才李涛同学讲他的收获时，说自己学会了时间管理，这一点是我之前没想到的。他的这点收获，和前面的收获相比，高了一个层次，他学会了怎样有机地对时间进行协调，来做一个促进。我觉得这是做社会工作、志愿者工作，与其他工作不一样的地方。我们会在付出中提升境界和格局，会找到更高明的方法，去协调这个事情和其他事情之间的关系，我觉得这一点也是我们这些同学从 Café 得到的收获。

此外，我们还要感谢的是像今天这样来参加 Café 活动的各位同学和老师，正因为你们有这个需求，我们 Café 才有存在的价值和意义，同时也让我们有了继续做好这项工作的动力。实际上，每一位在座的同学，现在是听众，但可能以后就是做报告的人，这个角色是变换的。在此，我还要插一句感谢，这来源于我刚才看到的生动的一幕。在这个发布会之前，我们几位做准备的同学要把这一卷书从一楼的储藏室搬到四楼来，估算一下也有三四十斤，当爬到二楼、三楼的时候，我们其中一位女同学就说："去搬另外的，我把这搬上去。"我当时就在想，这么大一捆书，一位如此纤瘦的女同学，她能搬上去吗？而这位女同学二话没说，非常干脆地抱着这些书上到了四楼报告厅。我想当我们拿起这书时，不仅仅是读其中的思想，读同学编辑在当中的劳动，还要读我们那么多同学、老师们付出的热情，如此看来这本书的价值是非同小可的。

附图 1.5　测绘遥感信息工程国家重点实验室党委书记杨旭讲话

最后，我们还是要展望未来。Café 从 2009 年开始到现在，十年磨一剑，这个剑已经慢慢地成形了，我们还要继续往前走。在这个过程中，我发现我们兄弟单位如测绘学院也陆续成立了他们学院的交流平台，测绘学院的叫坚白学术论坛，是用夏坚白先生的名字命名的。对一个学术报告而言，每一期编号的作用非常之大，没有期数我们可能就不知道做到什么时候就没了，有了期数对后面接力的同学就是鞭策，因为这是上一代同学传下来的，一定不能在我们这一代让它中断了。这是要持续做下去的一个事业，只要实验室在，只要我们还在做学问，我们 Café 的分享就会永远地持续下去。最后，祝我们的同学把报告做得更好，也祝我们 Café 的同学在组织报告、整理报告和出版报告的这个工作当中也做得越来越好！谢谢大家！

主持人：非常感谢杨书记的分享以及杨书记的祝福，那么下面我们有请吴老师上台分享。

吴华意：在座的各位老师和同学，大家晚上好，刚才听了同学们的发言和杨书记的讲话，我感觉收获很大。首先在这本书中我看到了很多熟悉的名字，但最熟悉的名字还是我自己的——在编委会指导老师中。但我要说声抱歉，因为在这本书以及我们 Café 的活动里面，我投入的时间太少，关心也不够。我是实验室分管研究生培养的副主任，本来应该有更多的时间投入进去，但实际上没有，所以说声抱歉。下面我就从我自己的角度来谈几点，也是我这几十年来很大的一个体会。

第一，一件事情天马行空地想很容易，但要真正落地却很难。我估计全世界大概 80% 的人的想法基本上就停留在想为止了，只剩下 20% 的人会去做。但是不同的人也不一样，有的人比如李院士是想到了就会去做，有 80% 去做的概率；还有很大一部分人，他的 80% 只到想为止，而没有去做。

第二，一件事情去做很容易，但要把它做好很难。它需要你动脑筋，而这源于你的思考和经验。比如组织会议，有的人可能只把会议室的门打开就算完成了，但要把会议组织好其实是件非常难的事：首先你要发通知邀请嘉宾来参加，嘉宾到达之前要把位置安排好，还有谁先讲谁后讲、讲的过程中要不要拍照、会议开完以后要不要总结、需不需要发新闻……有一大堆需要考虑的细节。如果把这个事情从头到尾都想好、安排好、做好，这就很不错。假如没有经过培训，或者不去思考，80% 的人会停留在开了会议室的门为止；20% 的人会在开了门以后做更多的事儿，在这 20% 的人里面可能有 80%（也就是 16%）的人只做了所有开会准备里面的一部分，另外 20% 的人能全部做到。这也就是我所补充的第二点：一件事，只要你用心了总能做好，但要把事情做到极致，非常难。

我一直和我的学生说，全世界有这么多人，每一个领域、每一个方向、每一个问题都有成千上万的人在想，凭什么你想的点比别人好？凭什么你想的东西有创新，别人想的不行？因此，只有持之以恒地学习，反复地锻炼，才能把研究做得越来越好。至于越来越好后是不是能够做到极致，可能还要靠运气等各种各样的因素。

回过头来说，我们 Café 活动已经从"想到"到"做到"，进而到"做好""做到极致"，非常值得我们实验室骄傲与表扬。每次我到外面介绍实验室的时候，Café 是必不可少的。我要感谢 Café 所有的组织者，还有相关的老师和同学们，等等，感谢你们把 Café 的活动做好了。这些东西会慢慢地都沉淀到我们的书中，并一直传承下去！当我们有了第二十卷、第五十卷，我们将它们一同排开摆置时，那种沉甸甸的收获感和喜悦的心情是难以言表的，也会是一辈子的荣光。

在已经做得很好的基础上,我们如何把 Café 做得更好,我觉得有三个地方可以再去思考,我写了三个关键词:第一个词是坚持,我们已经坚持了 200 多期,坚持每个星期组织报告,那么我相信只要继续坚持下去,每一次的坚持都在思考,每一次的坚持都在提高,将来一定会做得最好;第二个词是团队,团队协作很重要。我们每个人都有自己的工作,也会毕业离校,但团队是"铁打的营盘流水的兵",我们的团队不是一个固定的团队,是一个一直在进步的团队。正因为有这么一个向上的团队,所以有了我的第三个词:感恩。我们实验室的条件非常优越,对 Café 的活动以及其他学术活动,在财务上的支持也从来没有吝啬过,基本上就像对待儿女一样,她要什么东西就赶紧去买,所以要感恩实验室。实验室也感谢各位同学为我们做出了这么好的品牌,我们的同学和 Café 的组织者,当然也要感谢实验室创建了这么好的平台,如果不是这个平台,我们可能也做不下去,这个平台里面有资金的支持和很多优秀的人。这就是我想说的三点——坚持、团队和感恩,谢谢大家!

附图 1.6　测绘遥感信息工程国家重点实验室副主任吴华意教授讲话

主持人: 非常感谢吴老师的祝福,我们的确非常感谢实验室给了 Café 这样一个好的平台,有这么多优秀的小伙伴还有老师的支持。接下来我们有请毛飞跃老师上台讲话,大家掌声欢迎!

毛飞跃: 首先非常感谢大家能够来参加第四卷的发布会,我今天还是和以前的发布会一样,没什么准备就上来讲了。我发现杨老师和吴老师讲得都很热情洋溢,我就在思考自己要分享的主题,发现我本来想讲两个感谢——一个感谢实验室,一个感谢同学们,两位老师都已经感谢过了;再想讲分享的意义,结果分享的主题也被谈过了。那么今天我另辟蹊径,谈一下书名的由来。

在人类社会的文化或精神文明传播中,真正传播得比较深远、对人类造成很大影响的,并不是那些条条框框,而是故事。西方流传最为广泛的《圣经》,里面都是故事,中国传播最为广泛的《论语》,里面也都是孔子与他的弟子们的故事。就像发生在我们实验室的故事,《我的科研故事》这个书名是张翔——Café 的负责人之一,建议的,其实我们当时一听觉得这名字过于平凡了,但我现在发现它很有生命力。"我的科研故事"这个题目非常妙，最重要的一点肯定是落到"故事"这个词上，它对文化的继续传播很有意义，而我们讲的不是别人的科研故事，讲的是自己周围的、身边的、实验室的科研故事，也就有了这个书名。这个故事里收录了武大测绘遥感很多的科研成果，能够产生广泛的影响力，这也是 Café 传播的意义。我们是这个故事的收集者，它讲述了老师、学生在科研和学习生活上的故事，我觉得这是一个十分有意义的文化传播，需要传承发扬。

不过做了这么多年，其实我自己也有个疑问，《我的科研故事》现在越来越厚了，是不是有变薄的可能？打一个问号在这里，也请各位老师和同学们以后寻求更多的创新，在面对更多的故事时寻求更精简的总结讲述方式，说不定我们的 Café 又能上升一个台阶。开放性的一小段发言，谢谢！

主持人：谢谢毛老师的肯定和刚刚的建议，我们也会认真思考。接下来我们有请郭波老师来讲一下。

郭波：我想从几个不同的身份来讲一下我对 Café 和对 Café 出版这本书的感受。

首先，我想说说作为一个曾经参与过一本书籍，或者说参与过出版工作的一员的感受。2019 年上半年，正值实验室 30 周年，我们当时采访了很多老师，有一些老师是亲手写下了他和实验室的故事，有一些老师是我们面对面进行了采访，我们把采访的内容进行了录音，然后利用录音进行的整理。和电脑上敲字或用笔在纸上写字不同，口述时，主讲人的逻辑是相对欠缺的，这就给了整理文稿的人很大的工作压力。有时候为了让一处口语的表达，能够更书面、更正式地在一本出版的文集中呈现出来，你要花费很多精力去反复地听，甚至要揣摩他前后话语间的关系，这个过程非常磨人，同时也非常锻炼人。之前我们采访了李斐副校长，用时 20 分钟左右，但最后整理出了一篇一千字左右的文稿。这篇文稿是我负责整理的，我还专门请教了李斐校长的学生，他说这篇文稿感觉就像是李校长亲自写的一样。我想这是因为在这个过程中我花了很多的精力，理顺了李校长所讲内容前后间的逻辑关系，同时还增加了一些我所了解到的但李校长可能没有讲到的内容，但确实是他做过的一些工作，所以最后文稿的效果还是很好的。从这个过程中，我就真正了解到出版一本书背后的艰辛，参与其中的人需要付出非常多的努力。所以我很感谢参与第四卷书出版的每一位同学，也很感谢我们的编辑。GeoScience Café 作为一个学生社团，它的专业性是值得认可的，可能在学校里面，很多其他的社团都没能像你们这样专业、严谨地对待社团的日常工作。

其次，我想讲一下作为主讲人的感受。因为我曾经也在 Café 做过一期分享，分享的内容是关于我们实验室过去三年毕业生的就业数据分析。当我知道我要来 Café 这个平台做分享的时候，我很惶恐，因为我知道会有很多听众到现场来听，所有我很早就开始做 PPT，认真地准备讲稿和分享的内容，一直到分享前还在修改。在这个过程中，我感受到了作为一名主讲人的心态，他对每一位听众和自己都是很负责的，所以我们的听众也是非常幸福的。这也是我们 Café 的宗旨，能让大家用比较短的时间，领略到主讲人分享的内容，促进相互间的交流。

最后,作为 Café 的组织者或者说指导老师,我想以这个身份来谈谈我的感受。其实,我们安排每一期讲座的主讲人都是很有讲究的,以接下来的新老生交流会为例。主讲的三位同学,首先是来自三个不同的学术背景、代表不同的方面,一位是博士生,一位是学术硕士,一位是专业硕士。他们也各自代表了不同的方向,比如博士生可能更侧重于科研的分享,学术硕士可能更侧重于对外交流的分享,专业硕士则更侧重于实习、找工作。所以 Café 主讲人的邀请,其实是非常严谨的一个过程,会考虑很多的因素,会思考怎样在最短的时间内,传达给同学们更多的有效信息,所以这个组织的运行是非常专业的,同时也是非常辛苦的。

以上就是我以三个不同的身份参与到 Café 工作里的一些感受,感谢 Café 团队同学及老师们的辛苦付出,祝愿 Café 越来越好,谢谢!

附图 1.7　实验室学生工作办公室郭波老师讲话

主持人：谢谢各位老师精彩的发言,我们会谨记老师们的教诲,然后心怀感恩,继续向前努力。最后,我们在新书发布会的尾声,请老师、Café 的成员以及观众同学们一起上台合影留念。

附图 1.8　老师与获得赠书同学合影

材料二：GeoScience Café 2020 届毕业生欢送会

GeoScience Café 2020 届毕业生欢送会于 2020 年 6 月 28 日晚 19:00 于腾讯会议线上举办，参会人员有实验室主任陈锐志老师、书记杨旭老师、副书记汪志良老师、副主任龚威老师、副主任蔡列飞老师、研究生办公室主任关琳老师、辅导员郭波老师、遥感学院副教授同时也是 Café 的创始人毛飞跃老师、Café 本年的毕业生同学以及 Café 往届和本届的负责人，历时近两个半小时。欢送会分为以下几个流程进行：

Café 近况介绍

首先，本届负责人黄文哲对 Café 近半年来的工作近况做了介绍（附图 2.1）。她讲到，在讲座举办方面，Café 在 2020 年总共举办了 17 场讲座，邀请了 31 位嘉宾，三大宣传平台的粉丝数量也在持续增长；在录音稿整理方面，《我的科研故事（第五卷）》暂定录入报告 21 篇，其中有 5 篇已经定稿；在特色活动方面，科研经验分享系列活动、博士沙龙、青年地理信息科学论坛、第 330 期弘毅讲堂都已经顺利举办；在评奖评优方面，申报"珞珈风云学子"进入了 50 强，申报十佳社团也进入了 20 强。

附图 2.1　Café 近半年工作概况介绍

介绍完后，主持人播放了 Café 负责人精心准备的视频，视频中有相关毕业生的毕业照（附图 2.2）、办讲座的照片、一起聚餐郊游的照片等，带着大家一起回忆在 Café 时的温暖时光。

材料二：GeoScience Café 2020 届毕业生欢送会

附图 2.2　Café 2020 届毕业生毕业照（部分合集）

老师们的祝福

其后，参会的老师们也对毕业生们说了他们想要嘱咐的话，他们的深入浅出与谆谆教诲，给大家带来了满满的感动。

陈锐志主任："我们每个人的一生中，都要做三次非常重要的选择。第一要选择自己的专业，这个选择你们已经做了并且非常好，也恭喜同学们能够顺利毕业；第二要选一个志同道合的伴侣度过一生，在人生的道路上选择与谁同行，可能比选择要去哪个远方更重要；第三要选择一个自己喜欢的事业，Café 有句话叫"谈笑间成就梦想"，如果在未来你们能够在谈笑间成就事业，那将会是很潇洒的一种生活方式。对于很多硕士和博士毕业的同学们而言，现在的选择应该是最轻松的，因为你们不需要放弃任何东西，是最没有负担的，如果再过 5 年、10 年你再去重新选择想做的事情，就会有很多的考虑。

事业无关大小，不管你是开咖啡厅，还是做上市公司，最重要的是你在做自己喜欢的事。当然，你们还需要做计划和总结，比如在目标的实现过程中，我到底做了些什么，或者我有没有坚持我自己要做的事情。最后，祝各位同学在未来的人生道路上一帆风顺。"

杨旭书记："各位同学大家晚上好，非常高兴能够用这种方式和大家一起交流。Café 的各位同学，特别是已经或正在准备离开学校的各位同学，都为实验室、为 Café 作了非常多的贡献。在这之中，Café '互帮互助、互学互鉴、互促互进'的理念不言而喻，我觉得我们已经非常好地实现了这个价值。而这些好东西，我们也通过各种文本、视频等记录下来，尤其是《我的科研故事》，以正式出版物的方式，把实验室老师和同学们在研究工作中的进展、学习当中的体会，进行了很好的总结与沉淀，是我们宝贵的精神财富。同时 Café 的同学还协助实验室开展了一系列相关方面的工作，充分发挥了自身的作用。作为实验室的领导，我们也由衷地感谢各位同学的付出。而最重要的一点是 Café 的各位同学在这些实践当中，自己本身也在学习和成长，同时也建立了非常宝贵的革命情谊，形成了我们独特的文化，而这种文化也在一代一代地传承。

从 2009 年 Café 正式启动，到现在已经 200 多期，大家都是我们这个团队中的一分子，也都非常尽心尽责，工作中团结合作、相互帮助，不断奉献也不断升华自己。我相信大家从 Café 走向社会，不仅仅获得了专业的知识和技能，还获得了全面能力素质的培养，获得了全方位的锻炼和提高，这些对我们今后去解决工作、生活和学习方面的各种问题，都会有所帮助和启发。最后，我对 Café 今年的毕业生表示由衷的祝贺，也感谢大家！"

汪志良书记："Café 在杨书记多年细心的指导下，前后已经 10 年了，相关的工作也做得有声有色。我们也希望能通过这个平台向所有同学传达我们实验室党委行政对学生工作的大力支持。时光流转一年又一年，但我们传承了一种精神、一种力量，在这个过程中，通过大家的共同努力，我们既能战胜目前的一些困难，也能克服在今后人生道路中的各种困难，成就自己，也为国家做些事情。"

龚威老师："各位同学大家好，很高兴能够在网上以这种形式和大家欢聚，Café 是一个非常好的平台，也非常有特色，是在大家汗水的浇灌下，茁壮成长的一棵大树。大家通过为这棵大树作贡献，自己也得到了一些锻炼的机会，学着把事情做好、把 Café 越办越好。

不管是在平台工作的，还是马上要离开这个平台的同学，这个平台将永远是我们联系的纽带，是我们的一面旗帜。预祝暂时离开这个平台的各位同学，在新的岗位、新的平台得到更好的发挥，把 Café 和实验室的精神继续发扬、壮大和推进。"

蔡列飞老师："看到本届负责人们精心制作的短片，我其实很感动，这些画面都像放电影一样一幕幕地出现在眼前。我和同学们的心情是一样的，我们都很热爱实验室，每天都迫不及待地来到我们的工作或者学习岗位，因为觉得自己是被在意的、被需要的，很多学生也是这样跟我讲的。我想我其实是跟着同学们一起成长的，每一届 Café 的同学都给了我很多灵感，我非常感谢大家。我想留给大家三句话：第一句是做有心人，第二句是干困难事，第三句是立大格局。"

毕业生们的感想

接着，Café 2020 届的其中几位毕业生们也发表了自己的毕业感言。

龚婧："首先感谢师弟师妹们给我们带来了这样的一份惊喜，即使在我换届之后，我依然感觉 Café 对我的影响是无处不在的。对我而言，在作为 Café 负责人的一年里有收获

材料二：GeoScience Café 2020 届毕业生欢送会

也有遗憾。收获是自己的性格和观念发生了很大的转变，与一群有着相同价值观且各有特点和想法的人相处了一年后，我不会再封闭自己。遗憾的是由于自己能力有限，性格比较谨慎和保守，所以在这一年里没有把社团很好地宣传出去。最后，很想对与我一起共事了一年多的即将毕业的朋友们说一声感谢，希望大家都前程似锦，毕业之后也能多联系，有机会回星湖园再聚。"

郑镇奇："我觉得大家现在能坐在一起感觉真的挺好，其实在 Café 的日子里我经历了太多的第一次，比如第一次举办讲座、第一次作为负责人参加月会、第一次失败、第一次团建……说实话挺感谢大家的支持和理解，每当大家听说 Café 要做一件事情的时候，真的是排除万难，挤出时间来帮忙，当完成这项任务的时候，我感觉大家真的像是一家人一样。"

史祎琳："真的挺开心有这样的机会可以跟老师、同学们聚在一起，时间过得飞快，转眼间就到了要和研究生生涯说再见的时候了，而我的研究生生涯也是从加入 Café 开始的。回首发现自己的收获比想象中的多得多。首先 Café 给了我成长的机会，师兄师姐们也给予了我很多帮助，无论是 Café 的日常事务还是学习生活，我都学到了很多；其次 Café 给予了我很强的归属感，让我感觉 Café 非常重视团队里面的每一个成员；最后非常感谢师弟师妹们的用心，让我可以再次有机会听到老师们的嘱咐，见到好久没有见到的小伙伴，这些都给了我很大的心理上的支持。祝大家都可以实现自己想做的事情，在今后的道路上越走越顺。"

Café 前辈们的感想

Café 的创始人、往届负责人也应邀参加了本次的欢送会，作为前辈他们分享了自己在 Café 的经历与感受，并为毕业生们送上了满满的祝福。

毛老师："我觉得今天让我特别感动的是，我们实验室的各位领导、老师、我们 Café 历届的主要负责人都到了。我觉得自己做的非常骄傲的一件事情，就是和大家一起创建了 Café，而求同存异的包容精神也一直贯穿在 Café 的发展里。我希望毕业生出去后能够坚持和别人分享，然后善于聆听，成为一个有着包容开放思想的人。我自己也在尝试着这样去做，希望我们都不要让自己失望。"

孙嘉："前几天收到 Café 同学的邀请，我觉得 Café 的同学们特别有心。再看到今天参会的老师名单，发现实验室有这么多老师都特别支持 Café，愿意亲自来参加欢送会，我很惊喜也很感动。到现在我已经毕业一整年了，但还是特别怀念实验室，怀念我的机位，怀念实验室 4 楼的休闲厅。听了前面的报告，我觉得 Café 在一届又一届的同学们的努力之下完成了非常多的事情,也取得了非常多了不起的成果,我为 Café 感到自豪,也为我们新的小伙伴感到骄傲和自豪。我在 Café 待了好多年,从中收获了非常多,也让我相信办法一定比困难多。

今年毕业的各位师弟师妹们,我觉得你们非常了不起。在新的人生征程当中,希望你们可以一直记得在 Café 度过的这一段时光,也希望这段回忆可以一直激励着你、温暖着你,祝你们在新的舞台上找到自己的价值。在生活中,不管多晚回家,都有一盏灯为你而亮。最后,希望我们的毕业生能常回家看看,武汉大学和 Café 永远是你们温暖的港湾。"

陈必武:"我觉得 2020 年是非常艰难的一年,对于各位毕业生来说更是如此,在此我想恭喜大家顺利毕业。今晚看到各位毕业生的名字以及面容,觉得特别熟悉,看到你们顺利毕业,我也非常开心。对我而言,我非常高兴能够和大家在 Café 相遇,我从大家、从各位老师身上也学到了很多。最后,我祝已经毕业的你们在新的生活中都可以成为更好的自己,拥有更好的生活,在新的征程中一路顺风。"

许殊:"很高兴有这个机会能和大家一起聊一聊,我现在在中科院(空天院)地面站工作,到目前为止已经工作一年了。听了大家的分享,通过对粉丝的数量、和外界的交流合作,还有《我的科研故事》系列图书的出版等方面的了解,我感觉现在 Café 的工作真是越做越好,当然这也和各位同学的努力密不可分。结合我工作一年的经历,我发现在 Café 的那段时间确实能学到很多东西,这些东西你一开始可能没有意识到它的重要性,但是越往后这些价值会逐渐彰显出来。比如说举办讲座,落实到工作中就是要搞闭环管理,一件事情要有始有终。还有陈主任说的做规划,我们部门每周要交周报,每月要交月报,而我自己在 Café 时就有做总结计划这种习惯。

最后,祝愿战胜种种困难顺利毕业的各位同学,在今后的日子里能够坚持体育锻炼,练就强健体魄,发扬抗疫精神,克服困难挑战,创造美好生活!"

许杨:"在 Café 时,我发现从老师到师兄师姐都很温暖友善,他们是在以一种春风化雨的方式关心和引导我们,每当我们带着问题去找他们咨询、帮忙时,他们都是有求必应,这种润物细无声的方式,使得 Café 特别有感染力和魅力,这也是我们总能在这里感受到温暖的原因。在短短一年的时间里,我看到了大家身上很多的闪光点,也收获了不少的感动和思考。大家特别乐于分享,也非常善于思考和创新,会主动将一些新的想法与 Café 的工作相结合,所以我们总能看到 Café 在与时俱进,这也是 Café 可以不断传承、不断创新的源动力。

最后,希望毕业的各位此去一别都能找到各自的大海,珞珈会是我们永远的家。不管我们在哪里,都会一直关注着 Café,也永远期待看到 Café 的下一张海报,祝福 Café 越来越好。"

材料二：GeoScience Café 2020 届毕业生欢送会

听完大家的发言，杨书记、关老师和郭老师也有感而发，谈到了自己的体会。

杨书记："刚才谈话的同学有的从可能不是 Café 的负责人，但也秉承了 Café 的精神，很好地发挥自己的作用，把自己的工作做得很棒。这里面有许多默默无闻、不为人知的工作，但是做相关工作的同学还是会努力把它做好。我想我们 Café 是一个可以让每位同学都发挥自己的一个平台，也感谢每一位同学的付出。"

关老师："我有一个感受，每隔一段时间，Café 都会邀请我们这样一起聊一聊。每次聊的时候，我就会发现过去的这一段时间，我又有一些关于 Café 的新的感触，今天我想分享我最近的三个感触。

Café 就好像是我的一个同事，以前它的关键词我会想到青春、学术、训练有素、专业，而现在又增加了一个关键词——powerful，很强大。因为这个同事让我越来越敬仰，它的成长速度实在是太快了，而我对于这样一个同事是非常的感谢与敬佩的，这是第一点。

第二点是我在参加实验室的行业调研时，听到阿里巴巴的讲座中有一个反复出现的高频词——场景，Café 也展现出了其育人的场景，在这个过程当中，同学们可以通过学术讲座获取知识，通过举办活动锻炼自己的团队协作能力和组织能力。

第三点是想和现在热议的话题——"乘风破浪的姐姐"联系起来，因为这是一个关于团队的娱乐节目，而我们 Café 就是一个很棒的团队。我们 Café 的同学其实也是乘风破浪的青年，因为你们在不断地挑战自己，走出自己的舒适圈，在做一些对自己、对他人都非常有意义、有价值的工作。

毕业的同学可能会暂时离开校园，但是 Café 的精神，我相信会永远在你们的血液里面。也希望同学们能够不断地在这样一个团队中吸取力量，并为团队带来更多的价值，祝大家未来的日子能够越来越好，乘风破浪！"

郭老师："刚听完大家的分享，我感触比较多的是 Café 的社团文化，它有着开放的思想、包容的性格，同时能够让参与其中的成员，吸取这些优秀文化后，再把这些文化内化到自己的日常生活和学习当中。前段时间 Café 也被批准成立了功能型的党支部，而这样的一个方向的把握非常契合学校对于社团的要求。在这个过程当中，我也是一直在观察，一直在学习。

对于已经毕业的学生，我非常感谢大家的付出。对于还在校的同学，我觉得大家很幸福，可以继续在这样一个组织中继续学习和感受。对于将来，我还是想和我们的 Café 一起相互学习、相互进步。"

在欢送会的最后，杨书记做了总结发言，并读了写给毕业生们的寄语（附图 2.3），参加座谈会的老师和同学们也应邀打开了摄像头，并期待下一次相聚时刻的到来。

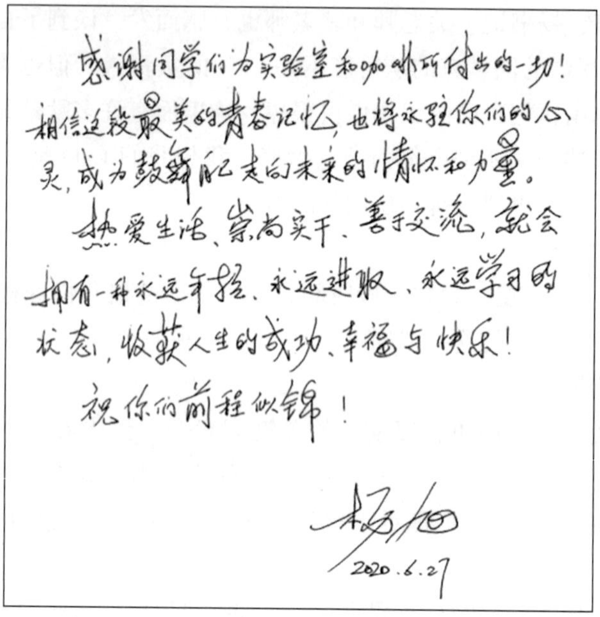

附录一　薪火相传：GeoScience Café 历史沿革

> 感谢同学们为实验室和咖啡厅付出的一切！
> 相信这段最美的青春记忆，也将永驻你们的心灵，成为鼓舞你走向未来的情怀和力量。
> 热爱生活、崇尚实干、善于交流，就会拥有一开永远年轻、永远进取、永远学习的状态，收获人生的成功、幸福与快乐！
> 祝你们前程似锦！
>
> 杨（签名）
> 2020.6.27

附图 2.3　杨书记的手写寄语

（主持人：黄文哲；录屏：王雪琴；录音稿整理：王雪琴；校对：黄文哲）

材料三：2020 年更新的 GeoScience Café 线上+线下活动流程和注意事项

一、GeoScience Café 线下讲座活动流程和注意事项

活动流程	时间节点	经办人	需要完成的任务和注意事项
联系嘉宾	至少提前两周，尤其是小长假附近	当期负责人	1. 确定报告主题和报告时间； 2. 和受邀嘉宾取得联系后，建立 QQ 讨论组，包含本次负责人和两位辅助，以及宣传部的联系人、Café 负责人； 3. 可以预先查看 PPT，如有必要则给予修改意见，并询问 PPT 是否可以转 PDF 后公开，如果可以，讲座之后，加上 GeoScience Café 水印后上传 QQ 群； 4. 协助嘉宾填写嘉宾信息表
确定报告厅	在确定报告人之后立马执行	当期负责人	1. 四楼休闲厅(主要)：当天布置会场时要摆放桌椅，活动结束后要恢复原位； 2. 二楼报告厅(次要)； 3. 在实验室网站上预订会议室
海报制作及发布	务必在周二晚上前完成	当期负责人	1. 务必按时完成，发到团队群里面让大家检查错误，并立即修改(很重要)； 2. 周二晚海报 PDF 发给龙腾快印，打印 7 张，A1 大小，周三中午在龙腾快印取海报并务必在周三晚上之前贴海报； 3. 在实验室网站、实验室走廊电子屏幕、二楼报告厅上面的小电视机、微信公众号中发布电子海报； 4. 和嘉宾确定海报内容与报告内容是否相符
张贴海报及宣传	周三	当期所有参与人员	1. 在各个学院张贴海报(资环院、遥感院、测绘院、实验大楼、南极中心、二教、实验室(如果允许张贴纸质海报))； 2. 编辑 QQ 宣传语，将连同海报的 QQ 宣传语发给官方 QQ 号(3134824186)，官方 QQ 将在各个 QQ 群里面发布(GeoScience Café Ⅰ、Ⅱ、Ⅲ、Ⅳ群，各学院各年级群)； 3. 在已建立的各学院讲座联系群中，发动其他学院的同学帮忙转发 QQ 宣传语

续表

活动流程	时间节点	经办人	需要完成的任务和注意事项
人员安排	周四之前	当期负责人	1. 每期报告至少有 4 人在场,分别负责主持、拍照、摄像和直播,GeoScience Café 负责人至少有一人到场; 2. 再次提醒嘉宾报告时间和地点; 3. 如果嘉宾是老师,需要准备礼物
借设备	周五下午	当期负责人安排	1. 联系摄影协会的同学借单反; 2. 取设备,确保 GeoScience Café 的单反、录音笔、摄像机、麦克风充电电池都有电
准备酬劳和礼物等	周五下午	当期负责人安排	1. 报告嘉宾如果是学生则给以现金酬劳; 2. 准备书籍,一本写好赠语送给嘉宾,剩下的作为提问奖励,每本书都要盖章
买水果	活动开始前一小时	当期负责人安排	1. 联系 GeoScience Café 负责人,告知讲座举办地,根据预计的报告人数买水果,一般为 9 盘,如果二楼报告厅可以增加到 20 盘; 2. 给嘉宾准备一瓶水
布置会场	活动开始前一小时	当期所有参与人员	1. 摆放桌椅和水果; 2. 调试投影、电脑、麦克风(换上我们的充电电池)、录音笔、激光笔; 3. 晚上 6:30 开始在四楼休闲厅大触摸屏上播放暖场 PPT(需要根据当期报告做修改); 4. 提前和负责开实验室门的师傅沟通,让门常开;如果师傅不在,留一个人提前半个小时开门; 5. 把嘉宾 PPT、问卷反馈 PPT、合影 PPT 复制在投影仪所连接的电脑里
与嘉宾见面	活动开始前半小时	当期负责人安排	1. 给嘉宾送上水、激光笔; 2. 告诉嘉宾话筒产生杂音的消除方法,不要站得太靠后
开始报告	活动中	当期负责人安排	1. 打开录音笔(只有当录音笔绿灯闪烁时才表示正在录音,录音笔在录音的同时 USB 连接电脑避免没电,同时采用手机同步录音); 2. 开始拍照、摄像; 3. 主持人开场白,介绍当期嘉宾的简历; 4. 嘉宾开讲; 5. 主持人致谢,并稍微总结其报告内容; 6. 引导现场观众提问、交流; 7. 引导现场观众填写反馈问卷; 8. 主持人谢幕

材料三：2020年更新的 GeoScience Café 线上+线下活动流程和注意事项

续表

活动流程	时间节点	经办人	需要完成的任务和注意事项
整理会场	活动结束后	当期负责人安排	1. 全体人员合影(要有 GeoScience Café 的背景)； 2. 给嘉宾送上纪念品，劳务表签字； 3. 请嘉宾在留言簿上留言； 4. 整理桌椅； 5. 关掉投影仪(合影完成之后再关掉投影仪和电脑)； 6. 拿出麦克风的充电电池，换上原来的普通电池； 7. 清理果盘和垃圾
清点物品	活动结束后	当期所有人员	根据物资清单表逐条目对照清点，清点现有物品，在对应表格打钩，若出现物品丢失，及时告诉运营中心的设备管理小组
资料整理	活动结束后	当期负责人	1. 讲座负责人联系设备管理人把当期的所有资料录音、录像上传到网盘，并在询问嘉宾意见后决定是否把视频上传到 B 站；录像需要从内存卡里剪切，确保内存卡下次使用时有足够内存；讲座负责人把海报、PPT、新闻稿、活动信息表、照片收集整理好，上传到网盘； 2. 对本次报告进行总结，填写"讲座工作总结本"(电子版)； 3. 确定写新闻稿的人，如果当期没有人可以写，则另外安排 GeoScience Café 的其他同学来写新闻，注意在照片上加上水印； 4. 将录音文件发给工作群，并通知文稿负责人，由文稿负责人将录音文件转写成 Word 文档
发布活动资料	活动结束后	当期负责人	1. 征询嘉宾意见，请嘉宾提供可以共享的资料版本，首页加上 GeoScience Café 的 logo，转成 PDF 版本，在4个 QQ 大群中发布； 2. 若本期讲座视频可以上传至 B 站，负责人联系运营 B 站的同学，让该同学联系讲座负责人上传视频； 3. 当期负责人与讲座负责人沟通本期讲座质量，考虑是否收录进《我的科研故事》文集
写新闻稿	下周一之前	当期负责人	1. 第一次初稿仿照之前的新闻稿写，多看几期新闻稿，注意一定要概略；新闻稿字数在 3000~6000 字； 2. 联系文稿负责人获取讲座的录音转写文档； 3. 初稿写好后，由其余两位同学检查一遍，再交由讲座负责人审核一遍； 4. 发给报告人审核； 5. 在实验室网站(给 GeoScience Café 宣传负责人官方 QQ)和公众号(给新媒体)中发布

续表

活动流程	时间节点	经办人	需要完成的任务和注意事项
整理录音稿（若讨论后决定选入文集）	最好在一个月之内		1. 负责人安排人员整理录音稿； 2. 整理完之后交由报告人修改； 3. 最后交给审稿人； 4. 删掉录音文件的复制文件，保证录音文件的唯一性

备注：

拍照片不仅是为了纪念，最重要的是为了保证新闻稿的照片使用。新闻稿一般使用4~5张照片，拍摄过程中随时检查这几张照片的质量，如果不行要马上在现场补照。

第1张：开场抓拍，报告人和PPT同时出现的照片，看到正面脸，PPT上是讲座标题。

第2张：报告人作报告的照片，一定要清晰，看到正面脸。

第3张：观众听报告的现场照片，最好在人最多的时候照相，尽量体现坐得很满，活动火爆。

第4张：观众提问环节的照片。

第5张：观众和嘉宾交流的照片（如果有就拍，放在新闻稿中）。

第6张：团队和嘉宾合影的照片。

（于2013年4月李洪利统制，2017年3月陈必武、孙嘉等修订，2018年4月龚婧等修订，2019年6月董佳丹等修订，2020年12月黄文哲等修订）

二、GeoScience Café 线上讲座活动流程及注意事项（疫情期间）

活动流程	时间节点	负责人	需要完成的任务和注意事项
联系报告人	至少提前两周	当期负责人	1. 确认报告主题与时间； 2. 联系嘉宾创建 QQ 讨论组，包含本次报告负责人和两位辅助人员以及宣传部的联系人、GeoScience Café 负责人； 3. 协助嘉宾填写嘉宾信息表； 4. 审核嘉宾的 PPT，必要时可以给予修改意见； 5. 询问嘉宾是否可以发布 PPT，是否可以将视频放在 B 站上； 6. 提前一天提醒嘉宾讲座的时间
确认腾讯会议房间	在上一期讲座结束当天	当期负责人	申请腾讯会议，并记下会议号
海报制作及发布	上一期讲座结束当天完成	当期负责人和辅助	1. 根据嘉宾信息表制作海报； 2. 编辑宣传语； 3. 海报和宣传语放在 GeoScience Café 工作群中让大家查错； 4. 让嘉宾确认海报内容是否与报告内容相符； 5. 将海报和宣传语提交给 GeoScience Café 的官方 QQ，在各个 QQ 群中转发； 6. 将海报提交给新媒体中心的同学
现场工作分配与准备	讲座开始前	当期负责人和辅助人员	1. 做好分工，包括如下分工：主持人、录音录屏、观众提问整理、截屏； 2. 录音录屏提前下载安装 EV 录屏软件，根据附录一设置选项，提前测试； 3. 修改暖场 PPT（暖场 PPT 包含两份，一份是 GeoScience Café 的介绍，一份是讲座信息），确保有声音； 4. 准备好问卷反馈的二维码
讲座开始布置	讲座开始前半小时	当期负责人和辅助人员	1. 联系嘉宾，检查 PPT 播放是否正常，声音是否清晰； 2. 播放暖场 PPT； 3. 录音录屏准备妥当； 4. 工作人员修改备注名字
线上讲座现场	讲座进行中	当期负责人和辅助人员	1. 录音录屏开始； 2. 主持人开场白，介绍活动和嘉宾； 3. 嘉宾开讲； 4. 整理观众提问，形成合集，交给主持人； 5. 嘉宾提问交流； 6. 播放调查问卷 PPT，收集反馈表； 7. 注意讲座时观众峰值数目和观众单位组成，截图记录下来

续表

活动流程	时间节点	负责人	需要完成的任务和注意事项
资料整理	讲座结束后	当期负责人	1. 负责人把当期的所有资料（嘉宾信息表、海报、嘉宾PPT、录音、录像、截图）收集整理好，交给讲座负责人； 2. 确认写新闻稿的人，文稿负责人会提供由嘉宾语音转写的稿件
发布活动资料	讲座结束后	当期负责人	1. 收集嘉宾对 GeoScience Café 的寄语； 2. 收集嘉宾的地址，开学后邮寄《我的科研故事》； 3. 征询嘉宾意见，请嘉宾提供可以共享的资料版本，首页加上 GeoScience Café 的 logo，转成 PDF 版本，在 4 个 QQ 大群中发布；
写新闻稿	讲座结束一周内（预留 2 天时间给新媒体同学排版）		1. 第一次初稿仿照之前的新闻稿写，多看几期新闻稿，注意一定要概略；新闻稿字数在 3000~6000 字； 2. 写完初稿之后给新闻小组同学修改； 3. 发给报告人审核； 4. 在实验室网站和公众号中发布
整理录音稿（若讨论后决定选入文集）	最好在一个月之内		1. 负责人安排人员整理录音稿； 2. 整理完之后给报告人修改； 3. 最后交给审稿人； 4. 删掉录音文件的复制文件，保证录音文件的唯一性

（于 2020 年 4 月黄文哲等修订）

三、bilibili 网站上传讲座视频/录屏流程

1. 时间节点：讲座当天上传视频
2. 上传流程：
（1）接收当期负责人提供的剪辑好的视频以及嘉宾 PPT 首页的截图；
（2）登录 bilibili 网站，点击"投稿管理"→"投稿"→"上传视频"（附图 3.1、附图 3.2）；

附图 3.1　bilibili 网站首页

附图 3.2　bilibili 网站投稿管理

（3）上传封面（附图 3.3），即上传收到的嘉宾 PPT 首页的截图，如果尺寸不合格，可以向当期负责人重新要一份；

附图 3.3　投稿内容填写 1

(4)类型选择"自制",分区选择"演讲·公开课"(必须要选),表明视频的类型;

附图 3.4　投稿内容填写 2

(5)标题一栏的书写格式:【GeoScience Café】×××期 嘉宾姓名 报告题目。

例如:【GeoScience Café】255 期 朱其奎战疫,Sigma 在行动——新冠肺炎智能诊断平台简介;

(6)标签一栏根据当期讲座内容选取或者手动添加;

(7)简介一栏虽然为非必填,但可以提供本期讲座的海报和新闻稿(附图 3.5)。对讲座的介绍可以自由发挥,尤其注意两点内容,一个是"海报传送门:www…(网址)",另一个是"新闻稿传送门:www…(网址)"。相应的网址到 GeoScience Café 的微信公众号中找到当期推送,将网址复制,问卷反馈的网址可固定。

附图 3.5　投稿内容填写 5

例如:

GeoScience Café 第 255 期,作为与北师大联合举办的跨学科学术沙龙"战疫在行动",

我们有幸邀请到北师大张军泽博士生、北师大李一丹硕士生、武大朱其奎博士生，为我们分享在疫情期间的科研成果。本视频为朱其奎博士生部分。

"分享嘉宾：朱其奎

所在院校：武汉大学计算机学院

报告主题：战疫，Sigma在行动——新冠肺炎智能诊断平台简介

海报传送门：https：//mp.weixin.qq.com/s/DgbMZkznJuF6V3fXASaUQQ

新闻稿传送门：（待添加）

问卷反馈：https：//www.wjx.cn/jq/74279734.aspx"

编辑工作已经完成，点击"立即投稿"。

(8)注意查看稿件的审核状态，可能发生视频审核不通过的情况，及时申诉；

(9)由于新闻稿出来的时间会晚一周，需要在新闻稿推送后，再次编辑添加新闻稿的网址。

（于2020年6月丁锐等修订）

材料四：GeoScience Café 成员感悟

我的 Café 故事
李皓

题记：能力和经验没有固定的获取渠道，只要用心，任何一件事都蕴藏着丰富的价值，都可以丰富我们的事业和人生。

——杨旭老师

2019 年 4 月我加入了 GeoScience Café，2019 年 12 月成为 Café 第二负责人。2020 年我和 Café 的故事，从角色转变开始。

一件有意义的事情

和大部分小伙伴所写的感悟一样，我最开始也是被 Café 的文化、氛围和精神所吸引。具体来讲，是分享、责任、奉献的精神吸引着我，这也成了我在 2020 年担任 Café 负责人时，想要做好 Café 的主要动力，并且我始终相信这是一件非常有意义的事情。

一年任期的体会

2020 年确实是特殊的一年，Café 的工作几乎有一半的时间都在线上开展的。上半年，我们将原来所有的线下活动都搬到了线上，日常讲座由原来线下的每周一次增加到线上的每周两次。新的线上形式是挑战也是机遇。从负责人的角度，我们不仅需要负责好每一项工作，也需要去思考如何将 Café 的影响力扩大。因此在上半年我们积极寻找与国内院校研会的合作，去做跨学科跨校的学术沙龙，去做院校合作的经验分享讲座，去做院校联合的博士生论坛，等等。这一系列线上活动的开拓和尝试，都有了不错的效果，让更多专业领域的师生知道了武汉大学测绘遥感信息工程国家重点实验室有一个分享讲座的 GeoScience Café，这也让我无比自豪。

但有些遗憾的是，在作为负责人一年任期的结尾，我认为自己并没有交出一份满意的答卷，心里知道自己还有很多地方做得不够好。不出意外的话明年就博一了，应该能把遗憾和不足的地方弥补回来。

角色转变下的不同理解

作为负责人并不轻松，从团队管理，到任务的分配，再到活动策划，都是对自己一个很大的考验。这些考验带来了能力的锻炼、见识的增长以及面对陌生环境场景的适应能力提高，都使我受益匪浅。同时让我感触很深的是，作为负责人，在和其他团队、各院校研讨会及其他老师同学的对接宣传中，承担着 Café 对外的形象。负责人角色的转变使得自己身上的担子、责任更加沉重，顾及的因素更多，考虑的问题更全面。在作为负责人的这段时间里，我对 Café 的定位和理解也在不断加深。而我所理解的应该是，以服务测绘遥感地理领域师生为宗旨，并且我也以此为荣。

致 谢

犹如所有的毕设论文，都会有一段致谢，而这往往是最有感触的部分。特别感谢国家重点实验室和 GeoScience Café 的各位指导老师对 Café 的支持和帮助。Café 像是一艘不大不小的船，老师们是经验丰富的船长，而我们则是年轻的船员，在船长的指导下 Café 这艘船得以朝着一个正确的方向乘风破浪。杨书记给我的感觉很不一样，他对同学们、对 Café 的关心真的很多，给予我们的启发和指导也很多、很深刻。"说话三步走"，杨旭书记教我们的说话方法让表达更有条理和逻辑。杨旭书记说过"能力和经验没有固定的获取渠道，只要用心，任何一件事都蕴藏着丰富的价值，都可以丰富我们的事业和人生"。我的研究生生活因 Café 而丰富，而留下深刻而美好的记忆。杨旭书记说 Café 是"以奉献为价值，以参与为乐趣，因纯粹而轻松、而自在、而自由"。我特别喜欢这两句话，也在 Café 的过程中不断体验和验证。

最后，想感谢负责人们在 2020 年的付出，特别是第一负责人黄文哲同学，她是一位非常有责任心的负责人，也为 Café 付出了很多的时间和精力。

祝 愿

祝愿 GeoScience Café 不断向好，不忘初心！

珞珈即吾家　Café 叩心扉

王雅梦

不知不觉与 Café 相识相遇已经两年有余。这两年多的时光里，Café 成长壮大，飞速发展，影响力日渐扩大，我也有了不一样的心境。

初识 Café 我便有冲动一定要加入这个团体。因为错过了集中面试，郑镇奇师兄和戴佩玉师姐在遥感院二楼单独面试了我。郑镇奇师兄提了一个问题，给我留下了深刻的印象，他问我为什么要加入 Café，我说想在 Café 中认识更多的人，吸取科研的养分。郑镇奇师兄略带严肃地说，这些都没错，但是他更希望听到我能给 Café 带来什么。师兄这句话我一直记在心中，指导我在团体中的处世态度。见了许多前辈同仁为 Café 忘我的投入后，再仔细咀嚼郑镇奇师兄的话更能品出大家对 Café 的热忱与发自肺腑的爱。

融入 Café 后我发现她积极有活力，能给人强烈的归属感。我一直在新媒体运营部工作，刚开始时因为没有经验，经常会麻烦舒涵学妹，学妹一直耐心解答。后来学妹问我是否愿意担任部长，我对这份信任受宠若惊，此后便开始了跌跌撞撞的部长之旅。我经历了两届负责人，大家好像时时都拉紧发条似的准备着一场又一场讲座，永远在为 Café 的未来想新的点子。看着他们忙碌的样子，我总会觉得自己做得太少，却收获了太多。收获了为把一件事做到极致的专注力，收获了像小太阳般的朋友们……

师兄师姐们毕业后或深造或工作，迈向光明的未来，Café 也迎来了青涩却坚毅的新面孔。Café 同她其中的人一样，从未停止前进的脚步：除日常讲座外，与兄弟院校合办讲座，承办实验室的一些重要活动，微信公众号 GeoScience Cafe 的粉丝数量达到了近 8000 人……

我们终将离开，但 Café 的发展就是我们奋斗过的痕迹。

爱咖啡，更爱 Café
卢祥晨

Café 给我的感觉是传承与成长并存，真诚和品牌结合的力量。

我不像其他同学，很早就知道或者听到过、参与过 Café 的活动，我的确是在来到国家重点实验室以后才知道的，但是自知道以后就真的"爱"上了。可谓是"起于缘浅，忠于情深"。

很有幸在融入 Café 的第一年就陪 Café 度过了它的 10 岁生日，在它成长的十年里，虽然没有目睹它的"学步走"，但是已经亲身感受到它成长传承至此的成果结晶。在后来的日子和大家一起组织运营中心，来团结 Café 每一个小伙伴，在自己的岗位上发光发热。从 2018 年到 2020 年，不知不觉已经在 Café 有三年了，让我感受最深的是 Café 负责人们的奉献与分享，他们总是以最大的耐心和细心协助完成每一期讲座，他们可以在杂事缠身的情况下有条不紊地完成讲座的所有内容，正是这份责任心，让 Café 团队的气氛友善和谐，自带一种归属感与亲切感。在获得成功的同时也不会沾沾自喜，而是在讲座后进行总结寻求更大的改进与突破，是真心希望可以从方方面面把讲座做得更好。也因为如此，Café 获得了越来越多的关注，可以在更多事物上贡献自己的力量。

能做到这一切其实真的不是为了名权利益，而是靠大家所秉持的一份对学术的热爱与赤诚，从最初为了成员个人学识素养的培养，到为所有热爱学术学习与热爱分享的人提供平台，拉近交流与学习的距离，说起来很简单，但是能始终如一地做到却不是一件容易的事。这让我想起了在研一时采访北斗星通的联合创始人之一李建辉老师时提出的疑问。还记得当时我曾问他，怎样的毕业生才能进入他们公司，他用他们公司恪守的原则作为回答："诚实人（诚信、求实、坚韧）"。虽说两者不是一个类型的组织，但是试问 Café 中的哪个人不是秉持着这样的品质去对待 Café 的，这也是 Café 能够一直前进的原因之一。这就是 Café，怀揣真诚树立品牌，在成长中传承，也在传承中继续成长，简单纯粹而又伟大。在这里已经不知不觉迎来了自己的第三年，马上也要面临自己的重要选择阶段，但是我相信，在 Café 中让我学习到的东西，足以支持着我继续去面对接下来的挑战。

多少文字也无法诠释我内心的全部感受，唯有亲身经历过才会明白其中的酸甜苦辣，收获自己的果实。希望未来自己能陪伴 Café 走过每一个十年，见证《我的科研故事》越做越好。

醇香 Café

丁　锐

初识 Café——追逐开放的心

还记得研究生刚入学的时候，在教学实验大楼下路过 Café 张贴的招新海报。我看着海报上详细的介绍，知道在这里可以听取各行各业的讲座，可以接触很多的人，对于开放学术视野、增长见识有着很大的意义。怀着求学、益己、传播的心态，我加入了 Café 这个大家庭，并承担着一系列的工作。在这里，我不仅在参与讲座、筹备讲座的过程中，学到了做人做事做学问的态度，也在开放包容、积极进取的氛围中感受到了向上成长的乐趣。

参与 Café——锻炼责任的心

Café 是个神奇的组织，它依赖社员主动且积极的参与，你可以不负责任地糊弄一期讲座而没有太多人指责你，但是你身边的人都会尽全力办好一期讲座，和嘉宾保持充足的沟通，和同事分担各项工作，每周三你都能在武大信息学部那几处固定位置看到海报，每周五你都会在测绘国家重点实验室的四楼听到讲座，准时是作为 Café 人的第一个优秀品质。在 Café 除了举办讲座，还会遇到各种各样的突发状况，这就很考验一个人的责任心和能力，有幸在这里遇到了这么多值得信任和尊敬的伙伴。

离开 Café——迎接期待的心

随着《我的科研故事（第五卷）》的出版，这一年的讲座已经圆满完成，我们将迎来新一届的小伙伴，他们将再次让 Café 走出新的高度，这一点永远都让人期待，Café 的活力与能量只有经历过的人才会知道。Café 除了要举办每周一次的讲座，还要负责实验室的临时讲座任务。甚至有一周，Café 连续负责四期讲座，QQ 群里连续发送多期讲座，以至于让人眼花缭乱。即便如此，Café 第五卷依旧能如期出版，不禁让人期待明天的 Café 又会迸发出什么样的神奇活力。

衷心祝愿 Café 越办越好，保持自己开放、包容、交流的态度。

为者常成，行者常至

李　涛

转眼间已在 Café 待了两年半，从初入 Café 的新人到担任书稿负责人，在 Café 经历的一幕幕如同放电影般闪过脑海，沉淀下来就是这八个字："为者常成，行者常至"。

加入 Café 之后我负责的第一个任务是邀请武汉大学就业指导办公室副主任朱炜老师做"当前就业形势与求职应对"的报告。2018 年 10 月 29 日，我给朱老师发了第一条邀请短信，当时计划的报告时间是 11 月 16 日。但是由于朱老师两次出差，报告时间最终推迟到了 12 月 13 日。这期间，我和两位报告负责人沟通调换时间，甚至一度朱老师都想帮我邀请其他嘉宾来做报告。虽然经历了一个多月的等待和协调，终于还是顺利地举办了该期报告。犹记得报告当天四楼休闲厅坐得满满当当，报告结束后仍有许多同学向朱老师请教交流。

举办报告需要多次协调，出版书籍更需耐心坚持。《我的科研故事》已经出版四卷，每一卷背后都凝聚了一大批 Café 人的认真整理、仔细校对的汗水。从录音材料到精美的书籍，其间经过了初次整理、三轮校对、嘉宾审核、编辑校对、出版审核等一系列过程。作为书稿负责人，我有几点体会：①整理录音稿是一次再学习的过程，你需要体会嘉宾做报告时的逻辑，并将其精华部分提升凝练成文字，这是一个完整的输入再输出的闭环；②出版一本大部头，少不了使用一些排版技巧，而这种技巧的获得和训练对于日后写学位论文和项目申请书都是大有裨益的；③学到出版书籍的一整套完整流程，培养了一定的版权保护意识，并在与出版社编辑打交道的过程中体会到一丝不苟的工作态度对于做成一件事情是多么的重要。

GeoScience Café 就像一个温暖的大家庭，为我们提供了实践、认识、再实践、再认识的平台，在这个平台我们不仅可以锻炼各方面的能力，还能结交志同道合的朋友。在 Café，一分耕耘一分收获，有时你播种的是一粒种子，收获的可能是整个春天。感恩 Café，感谢在这里结识的每一个有趣的灵魂，衷心祝愿 Café 越来越好！

有幸与你相遇

李浩东

与 GeoScience Café 相识时我还是本科生，那时的我对于研究生、科研一无所知，也未曾想过以后会加入这个优秀的团队，或许这就是薪火相传吧。本科时期的学生工作体验让我觉得研究生时期应该多参加一些兴趣社团，而 Café 不仅能了解行业的前沿、开阔自己的眼界，更能认识一群志同道合的朋友，这正是我想做的事情。

进入 Café 的第一项工作就是整理潘元进老师的报告文字稿——《基于大地测量观测研究青藏高原质量迁移与全球气候变化》，他也是我"时间序列分析"这门课的老师。整理稿件期间，为了一个不确定的专业名词，我会去查找各类文献，Café 精益求精的精神激励着我，将每个细节都做到最好。之后，我们收到了 Café 受邀参加国家重点实验室迎新晚会的通知，对于我们来说是又喜又惊。于我而言，虽然已有多次上台表演的经历，但那时的我刚加入 Café，对伙伴们还有些陌生。然而，大家的团结超出了我的想象，在短短几天的时间内迅速完成了节目的准备和编排。最终呈现的效果也算没有辜负大家的辛苦付出，让别人知道我们不仅可以学术，也很会娱乐。更有缘的是，这次活动的微信推送也是我负责的。至今仍清晰地记得，"十一"期间，我花了一整天在图书馆中完成了推送消息的编辑，我已经忘记了在提交之前修改了多少次，不过这种全新的体验让我获益匪浅。

转眼间我已经在 Café 一年了，由于研一期间学业和项目比较繁重，和大家在一起的时间并不多。现在想起甚是后悔，因为这里是我值得花时间的地方，Café 里的伙伴也是我愿意陪伴的人。今年（2020年）上半年受到疫情的影响，讲座被迫改成线上，但讲座的热度却丝毫没有减少，而且这也能让外校的同学更方便地参加和融入。还记得在第 261 期讲座举办期间，我正在北京出差，在忙碌的工作中完成了讲座的筹备工作，最后在高铁上完成了初稿的编辑。Café 就像一味调合剂，让枯燥的出差生活有了别样的乐趣。

很荣幸在武大的第五年认识了 Café 和你们，在这里没有名与利，大家靠着对科研学术的热情走到了一起，并始终如一地坚持一件事，筚路蓝缕，十分不易。"新竹高于旧竹枝，全凭老干为扶持。下年再有新生者，十丈龙孙绕凤池。"希望 Café 能越办越好，我也会一直关注着这个优秀的集体。

我的 Café 印象

程露翎

时间轮转，忽地也轮到我要回忆在 Café 的匆匆时光了。在 Café 运营的十多载岁月里，当我想到自己也是这个青春组织里的匆匆过客，便觉得甚是美好。

在这里，我遇见了很多很棒的人和事，也有许多成长和收获。从小伙伴身上学习到很多，尤其是感受到了让人如沐春风的耐心，这些温和的力量在组织里如磁铁般地让组织团结与黏合在一起。同时，我也认识到执行力和责任心的重要性，每一场讲座需要许多成员一起配合协调，任意一个环节都不可落下，否则就做不到每周的"惯性"讲座。尽管有时候一期讲座举办起来涉及邀请嘉宾、制作海报、公众号宣传、讲座举办、整理文稿等工作，但做完后都会觉得这是一项值得延续且有意义的"公益"。

在这一年的时光里，我很幸运地能和 Café 小伙伴们一起去桂林参加 IGBD 的会议，并一起参与组织其中的 panel discussion 环节。那一次我需要写一份一天报告的新闻稿，那也是我第一次非常深刻地感受到精炼表达新闻要点、传输并提炼有价值信息的难处。在这个过程中我需要先录音及拍摄，后续再继续整理录音稿和写新闻。由于在录音转化成文字的过程中，需要去口语化，同时提取要点，这让我对每个主讲人的内容更加印象深刻了，即使那一天很忙碌，但是也是一次新的体验和充实的体会。

最后，作为 Café 的成员，这个组织和这段经历带给我最深的体会是关于奉献的践行和坚持，我们都是酿蜜者，也是吃着蜜糖的人。

Café 文稿整理经验分享

王翰诚

来 Café 已经一年了，也负责过两期讲座的主办和四期讲座的辅助，虽然我参与的讲座数量比不上每次都辛苦到场的负责人们，但也想谈一谈自己对文稿整理的一点小小的看法，以方便将来的学弟学妹们将文稿整理得更好。

讲座结束之后，大概两天后就会由负责人将录音转为转写稿交给负责文稿整理的小伙伴手中。一般新闻稿撰写所花费的时间稍短一些，录音稿的整理时间相对较长，所以先推荐同学们把转写稿中的关键部分校对后直接进行新闻稿的撰写，新闻稿撰写完后再慢慢校对录音稿。

新闻稿由于字数限制，不可能容纳转写稿中的全部内容，所以同学们要学会提炼讲座的核心内容并组织成句，让读者不必读完录音稿就可以了解讲座的内容，所以这对同学们的提炼重点能力有一定的要求，当然撰写新闻稿的锻炼对日后撰写论文也是很有帮助的。此外，新闻稿撰写完成后要及时发给嘉宾检查，嘉宾的检查对稿件质量的提升帮助很大。

其次就是整理录音稿。第一次整理时要对转写稿中的错字漏字、语言不通的地方进行校对，并且在适当的位置插入 PPT 截图，还要记得整理文稿的格式。二次校对时要将嘉宾口语化的一些内容改为书面语，以便将来的汇编出版。

以上就是我对在 Café 做文稿整理工作的一些经验分享，希望能对将来的学弟学妹们整理稿件有一点小小的帮助。

与 Café 一起进步

王克险

与大多数人不同的是，由于错过了招新，我是在学期末加入 Café 的。这得益于室友是 Café 的一员，让我有机会了解并加入这一学术组织。

算起来加入 Café 也有一年的时间了，在这一年里，我做过推送，办过讲座，也整理过新闻稿，当然最难忘的还是与小伙伴们一起工作的时光。在 Café 让我印象最为深刻的是举办讲座，从联系嘉宾到讲座预告，从主持讲座到新闻稿整理。三个人完整地办完一期讲座，是对自己组织能力的一次大的提升。在 Café，我听过数次学术讲座，也有幸拥有一本《我的科研故事》，或许在下一本书中，也可以在参编者里面找到自己的名字。疫情宅家的这段时间里，因为时间比较宽松，接了几次整理书稿的任务，从初次整理到后期校对，一篇稿子的诞生是需要几个人共同努力来完成的。小到一个字符，大到整篇格式。每个人都是一再检查，严防出错。

虽然在 Café 只有一年的时间，但结识了很多优秀的师兄师姐，积累了丰富的经验。最后，祝 Café 越办越好，走出武大，走向全国，走向国际。

遇见 Café，遇见你

赵佳星

不是我在最美的时光遇见了你们，而是遇见了你们，是我最好的时光，感谢诸位 Café 小伙伴陪我一同走过了美好的岁月。

相遇即是缘分。研二那年，我参加了第六届"普适定位、室内导航和位置服务国际会议室内定位比赛"，利用互联网上提供的公开数据，我勉强完成了比赛。从那之后也逐渐对室内定位领域产生了浓厚的兴趣，在此期间我查阅了各种资料，意外地发现了柳景斌老师、陈亮老师在 Café 做的报告，报告发布在哔哩哔哩官网，我认真地聆听了报告，充分了解与认识了室内定位这一全新的科研领域，于是，我马上关注了 Café 公众号并申请加入了 Café 官方 QQ 群，在那里遇到了很多人，大家都是一样带着激情、带着知识渴求的人。

偶尔一次在 Café 群里看到了招新宣传，我抱着试一试的态度提交了申请，之后就加入了 Café 新媒体部门，主要是做一些关于报告内容整理与发布的任务。但与其说是一种工作任务，更像是在与各位报告人深情对话。在整理各位报告者演讲稿的内容时，严谨地推敲报告者的意图以及想展示的内容，字斟句酌，认认真真地整理稿件，确实是一个锻炼人的过程。对于小伙伴提出的问题，及时做出修改，从中我还学会了不少新的知识，这也是意外收获。

2020 年上半年的日子里，我参与了几次 Café 的报告组织工作，才知道要做的工作有很多，但是有一群同进退的小伙伴，所以我并不担心。我还负责了导航与位置服务实验室本科生宣传内容的排版工作，由于刚开始没有接触过此类任务，当收到关琳老师提供的需要整理的材料时，我思考了一整夜，形成了初步的版式，并经过反复的修改，以及与同学和老师们的多次沟通交流，终于圆满完成了本次任务。

这是一段难忘且深刻的岁月，是游走在科研与生活交汇处的岁月，也是成长的岁月，感谢 Café，感谢你们。

Café 新人新声

卢小晓

在 2020 这个特殊的年份，我加入了 Café。清楚地记得那是在武汉全面复工后的五月，万象更新，我也开始了一段新的体验。到如今短短半年却让我感触颇多。

起初加入 Café 只是接了一些校对稿件的工作，在校对的过程中反复观看讲座视频，几乎每一份校对或整理的讲座稿件都刻在我的脑海中，也很开心能有这样的机会开阔眼界，同时还可以丰富专业及专业以外的知识。除此之外，在校对的过程中也锻炼了自己的耐心和细心，这份工作还是很有意思的。

后来我开始承担讲座的组织工作，虽然我只负责协助过一期线上讲座，但也学到了很多东西，知道了一期讲座的开展需要准备哪些工作，并且第一次撰写了讲座的新闻稿件，这些经历都很新奇且珍贵。

加入了新媒体之后，我第一次做的公众号推文就是星湖大讲坛的预告，当时讲座的推文在老师的指导下经过反复修改才达到合格的效果，此次经历让我感受到了老师们认真严谨的工作态度。

我加入 Café 只有短短半年的时间，还是一个在摸索中前进的新人，但也确实感受到了 Café 是一个开放、自由、包容的平台，这个平台的后面是一个优秀团结、热情善良的团体。所以，我真的很荣幸能加入到其中，感谢相遇，未来仍需继续努力。

我的 Café 初体验

陈佳晟

第一次听说 GeoScience Café 是在疫情期间旁听毛飞跃老师的《科技写作》线上课程中，当时大三的我对科研还十分懵懂，但仍然毫无抵抗地被这样一个"谈笑中成就梦想"的社团所吸引，而毛飞跃老师作为 Café 的创始人之一，更是令我肃然起敬。在后来的国家重点实验室招生宣讲中我对 Café 举办的讲座又有了更多的了解，并很荣幸地获得了厚厚的一本《我的科研故事（第三卷）》作为奖品，我发现 Café 的讲座不仅仅包括最新学术成果的介绍与汇报，还涵盖了院士教授等知名学者的精彩座谈、研究生科研经历与心得、人文领域的相关交流分享等，对观众来说这是一个拓宽视野、追踪学术前沿的好平台，对报告者而言则是一个分享观点、寻求思想碰撞的乐园，而《我的科研故事》更是将这一期期过往的精彩与回忆用纸张和文字存留下来，如一艘满载知识的巨轮，在时间的长河里遨游，无数的后来者得以瞻仰巨轮以吸取前辈们的力量。

后来在新学期的招新中，我十分有幸加入了心心念念的 Café 文编组，除了每学期的日常讲座外还直接接触《我的科研故事》的编辑出版任务，虽然繁琐单调的校对工作并不总是有趣的，有时面对上万字的审核稿和总是改不好的文档格式也会心烦，但或许是我自己对文字编辑的兴趣，让我仍然觉得心愿得到了满足，一直在享受这个过程。与此同时，Café 也让我收获了很多新的"第一次"，认识了很多非常优秀的人，感悟到了人生中新的成长。

虽然至今我加入 Café 的时间还不长，但我已经感受到了这个大家庭的力量与温暖，体会到了小伙伴们的热情与关怀，最重要的是，完成一些很有意义的事情时自我价值实现的满足感，我想多年后回首，Café 必将是我在武大很美好的一段记忆，我和 Café，未完待续！

材料五：GeoScience Café 的日新月异

一、GeoScience Café 新媒体的发展

微信公众号"GeoScienceCafe"和 bilibili 主页"GeoCafe"是目前 GeoScience Café 的主要新媒体平台。

作为 GeoScience Café 的主要新媒体之一，微信公众号"GeoScienceCafe"以"小咖"的形象为用户及时推送每期讲座预告、讲座内容速递、星湖咖啡屋系列活动等 GeoScience Café 相关活动动向，并不定期转推测绘遥感领域的前沿讲座信息。自 2014 年 10 月 1 日建立以来，公众号不断地在功能和内容上进行完善，努力为一直关注 GeoScience Café 的朋友们提供更加便捷的线上服务。从 2017 年开始，公众号每年年底进行年终讲座盘点并举行留言送书活动，受到了朋友们的广泛支持。公众号用户量呈逐年上升趋势，从 2015 年的 61 人，2016 年的 305 人，2017 年的 1282 人，2018 年的 2570 人，2019 年的 4710 人，截止统计时间 2020 年 11 月 5 日，订阅用户量已达 7860 人。

2016 年至今（2020 年 11 月 5 日）累计发出图文 589 篇，随着 GeoScience Café 影响力的扩大，推送阅读量逐年上升。2019 年 5 月至 2020 年 11 月，公众号共推送图文 159 篇，其中 40 篇阅读数超过 600。最高的阅读量来自"GeoScience Café 第 258 期暨第 8 届青年地理信息科学论坛"，达 2634 次。

bilibili 主页"geocafe"作为 GeoScience Café 的另一种形式的新媒体，为大家提供了观看往期精彩视频的平台。GeoScience Café 活动的每期视频经嘉宾允许后，会上传至 bilibili 主页"geocafe"（https：//space.bilibili.com/323070303/）。2018 年 Café 视频平台由优酷（http：//i.youku.com/geosciencecafe）转到 bilibili，截至目前已上传 67 个视频，累计播放量超过 4 万，截至统计时间 2020 年 11 月 19 日，粉丝数已达 4102 人。其中，播放量达 200 次以上的有 61 期，达 1000 次以上的有 8 期。单期播放量最高达 5685 次，为"GeoScience Café 第 227 期-境外访学经历-认识更好的自己-高华-冯鹏"。

此外，Café 还提供了 bilibili 直播，致力于让更多的观众通过更便捷的方式来认识 GeoScience Café，了解武汉大学在测绘遥感领域的研究工作，并参与到相关主题的讨论与交流中。随着工作流程的逐渐完善，目前已基本解决了画面与音频质量问题，观众对直播效果的反馈越来越好。同时，直播内容不仅限于 Café 讲座，也扩展到了实验室举办的各类会议活动，取得了较好的反响。

(2017 年 4 月史祎琳、王源撰写，2019 年 4 月杨舒涵修改，2020 年 11 月王雅梦修改)

二、新冠肺炎疫情下的 GeoScience Café

2020 年注定是不平凡的一年，受疫情影响，广大研究生群体宅家学习、做科研，因此与老师、同门的沟通效率降低，难以获得及时有效的学术交流。基于此，GeoScience Café 选择开展线上学术交流活动，于 2020 年 4 月开始，到 7 月结束，连续举办 20 期线上讲座，共邀请国内外嘉宾 29 位，单期讲座参与人数超百人，为全国地学领域研究生团体带来新颖丰富的学术盛宴。

2020 年 4 月，GeoScience Café 应武汉大学第 23 届社团文化节号召，以"共克时艰·助力科研"为主题，举办了 6 期线上科研经验分享活动，邀请了来自武汉大学(6 人)、同济大学(1 人)、中南大学(1 人)、南京师范大学(2 人)的硕博士研究生，分享嘉宾在疫情期间办公、科研进展、学术经验、出国留学等方面的所思所感。同时将嘉宾分享的视频及时公开至 bilibili 网站，扩大了 GeoScience Café 在兄弟院校的影响力和知名度，拓展了 GeoScience Café 的全国属性，获得了老师、同学们的肯定和支持。

2020 年 5 月底，全国疫情防控工作初显成效，我们也遇到更多的问题：如何正确认识医患关系？如何用自身专业去服务疫情工作？如何评价武汉市采取的疫情防控措施？这些问题不断冒出，让科研工作者以及大众们陷入沉思。疫情给我们带来了很多启示，基于此，GeoScience Café 联合北京师范大学地理学部，共同举办了"战疫在行动"博士研究生跨学科学术沙龙活动。活动有来自北京师范大学地理科学学部傅伯杰院士团队成员张军泽，为我们系统总结了中国抗击疫情的成功经验与在全球范围内采取抗击疫情的系统综合方案；有来自北京师范大学田怀玉研究团队成员李一丹，介绍了流行病传播和控制的定量评估效果；有武汉大学张良培、杜博教授领导的团队成员朱其奎，介绍了如何利用先进的 AI 技术精准提取重点病灶区域和纹理特征，和团队所开发出的一套基于自底向上影像特征的新冠肺炎智能诊断平台。本次学术沙龙系统地展现出疫情下科研工作与思考。

2020 年是方兴未艾的一年，GeoScience Café 不忘初心，继续服务于全国的科研学子。在此对辛勤付出的 Cafer 们表示感谢，高频率的讲座安排、及时的反馈沟通，让 2020 年的 GeoScience Café 展现新的身姿。

(2020 年 12 月黄文哲撰写)

三、承办协办国内国际会议

GeoScience Café 在经过几期线上讲座的摸索后，形成了完善成熟的线上活动开展流程，并以此为桥梁，顺利与国内外会议主办方达成合作，成功完成了第 8 届地理信息科学论坛的承办与第 18 届网络与无线地理信息系统国际研讨会(18th International Symposium on Web and Wireless Geographical Information Systems,W2GIS 2020)的协办工作。

第 8 届地理信息科学论坛于 2020 年 6 月 6 日举办,为期 2 天,邀请到了 GIS 青年一代(微信群)中的 5 位地理信息青年学者分享地理信息在不同领域的发展与应用,带我们领略地理信息技术的高效与智能。此次论坛在 GeoScience Café bilibili 网站账号上进行直播(附图 5.1),观看人气峰值达到 1.3 万,增加粉丝 260 人,获得了师生们的一致好评。

附图 5.1　第 8 届地理信息科学论坛在 B 站直播人气创新高

W2GIS 2020 国际研讨会(附图 5.2)的会议时间为 2 天。本次会议直播由 GeoScience Café 组织并完成,共进行了 28 个在线报告、18 个线下报告,在线峰值人数达 3700 人,进行了 175 多次讨论,其中,特邀报告板块在 bilibili 网站直播平台科技板块热榜排名前 3。

附图 5.2　W2GIS 2020 国际研讨会开幕式专家致辞

本次会议通过线上线下相结合的方式，为青年学者提供了一个很好和高效的学术交流和成果分享平台，也扩大了 GeoScience Café 在学术交流分享中的影响力。

（2020 年 12 月李皓撰写）

四、"风扬珞珈，雨润山人"——校友经验交流系列分享活动的开展

校友文化在高校精神文化传承上发挥着重要作用，是高校影响社会、社会影响高校的有力纽带，也是提高高校办学影响力、社会影响力的可靠途径。为了当面向优秀校友学习与交流，依托于实验室及老师们的支持，GeoScience Café 于 2020 年 11 月初开展了"风扬珞珈，雨润山人"——校友经验交流系列分享活动，邀请重点实验室及信息学部其他院系的优秀校友，为我们分享他们的人生经历与经验感悟，扬起珞珈风尚，滋润山人心境。

通过实验室老师们的推荐及同学们的评选，我们采用线下讲座交流和线上直播互动相结合的方式，并借助微信公众号和 B 站等新媒体方式实现讲座内容的共享，让活动受惠于更多武大人和校外人，传播珞珈精神。

截至 2020 年 12 月，本次系列活动已举办两期，已邀请两位校友分享了就业与技术前沿，这两期活动观众的参与积极性都很高且反响良好，应邀的校友不仅为同学们分享了他们的经验，而且解答了同学们的许多疑惑。往后，"风扬珞珈，雨润山人"——校友经验交流系列分享活动还会继续举办，力求让更多的同学受益。

（2020 年 12 月王雪琴撰写）

五、GeoScience Café 周边和宣传物资

为了提升 GeoScience Café 的宣传力和影响力，打造 GeoScience Café 周边形象，GeoScience Café 在 2020 年上半年设计了第一张名片，名片分为正面和背面，正面有简略版（附图 5.3(a)），详细版（附图 5.3(b)），以及统一的背面样式（附图 5.3(c)）。GeoScience Café 名片用于线下的宣传，也可夹在《我的科研故事》中，作为 GeoScience Café 介绍的补充。2020 年 GeoScience Café 重新设计了微信推文的最后一栏宣传图案，更加突出了学科特色，独具风格，如附图 5.3(e)。同时，我们设计并制作了 GeoScience Café 的第一款周边产品——帆布袋，并将帆布袋作为我们每周讲座的礼品送出，受到了同学们的喜爱（附图 5.3(d)）。

材料五：GeoScience Café 的日新月异

(a) GeoScience Café 名片正面简略版

(b) GeoScience Café 名片正面详细版

(c) GeoScience Café 名片反面图

(d) GeoScience Café 帆布袋

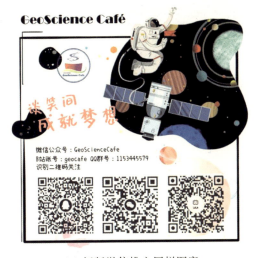

(e) 新版微信推文尾栏图案

附图 5.3　GeoScience Café 衍生产品展示

(2020 年 12 月李皓撰写)

材料六：2019—2020年度荣誉合集

一、"共克时艰，助力科研"活动获评"武汉大学研究生学术科技节"重点项目

"共克时艰，助力科研"科研经验线上分享系列活动获评武汉大学第十五届研究生学术科技节重点项目（附图6.1），该活动是疫情期间举办的特别活动，我们邀请了测绘遥感信息工程国家重点实验室，信息学部测绘、遥感、资环三院及测绘遥感领域兄弟院校的优秀前辈们，分享他们的科研及竞赛经验、居家办公心得、自身科研等内容，受众较广。

附图6.1 "武汉大学研究生学术科技节"项目申请答辩

二、挺进2019年度"十大珞珈风云学子"50强

"十大珞珈风云学子"（附图6.2）是由武汉大学党委学生工作部、党委研究生工作部、校团委、港澳台事务办公室、国际教育学院主办，自强网络文化工作室承办，是武汉大学最盛大的杰出学生代表评选活动。

GeoScience Café于2019年度申请本次评选活动（附图6.3），提交了满意的答卷，在老师和同学们的支持下，最终挺进了2019年度"十大珞珈风云学子"50强。

三、入选"武汉大学十佳学生社团"20强

为更好地发挥学生社团在丰富校园文化建设和促进学生成长成才中的作用，提高广大学生参与校园文化活动的积极性，武汉大学校团委开展了2019—2020学年度"武汉大学十佳学生社团"评选工作。

GeoScience Café积极参与本次的评选活动，于2020年5月提交了相关材料，经过初审、网络公开投票、终评环节后，最终入选了"武汉大学十佳学生社团"20强（附图6.4）。未来我们将再接再厉，争取再创佳绩。

附图 6.2 "十大珞珈风云学子"官方宣传

附图 6.3 GeoScience Café 团队合影

附图 6.4 "武汉大学十佳学生社团"评选答辩

(2020 年 12 月王雪琴撰写)

材料七：后　记

"呦呦鹿鸣，食野之苹，我有嘉宾，鼓瑟吹笙。"GeoScience Café 已经陪伴大家度过了十多个年头，200 多个难忘的周五傍晚。从业界泰斗到"千人计划""长江学者"，再到科研学者、就/创业达人，他们无私地和我们分享他们成功路上的经验与汗水。这些精彩不应该仅仅留存在当晚的回忆里，如何让这些经验得到更好的传播，能够更持久地、更广泛地使更多的人获益？这就是《我的科研故事》系列丛书的意义所在。

《我的科研故事（第一卷）》出版于 2016 年 10 月，内容覆盖范围为 GeoScience Café 第 1~100 期学术交流活动，包括了 5 期特邀报告和 24 期精选报告，时间跨度为 2009 年到 2015 年 5 月。《我的科研故事（第二卷）》内容覆盖范围为 GeoScience Café 第 101~136 期学术交流活动，包括了 6 期特邀报告和 9 期精选报告，时间跨度为 2015 年 6 月到 2016 年 7 月。《我的科研故事（第三卷）》内容覆盖范围为 GeoScience Café 第 137~186 期学术交流活动，包括了 10 期特邀报告和 13 期精选报告，时间跨度为 2016 年 8 月到 2018 年 1 月。《我的科研故事（第四卷）》内容覆盖范围为 GeoScience Café 第 187~219 期学术交流活动，包括了 9 期特邀报告、8 期精选科研报告和 7 期精选人文报告，时间跨度为 2018 年 2 月到 2019 年 1 月。《我的科研故事（第五卷）》内容覆盖范围为 GeoScience Café 第 220~257 期学术交流活动，包括了 7 期特邀报告、6 期精选报告和 7 期专题报告，时间跨度为 2019 年 2 月到 2020 年 6 月。

年轻的 GeoScience Café 十年间也从未停下成长的脚步，团队规模也在不断地扩大，目前设立了三个部门：运营中心、新媒体中心和文编部。运营中心的职能是增强团队内部的凝聚力，具体负责团队建设与活动组织，例如月会和素质拓展；新媒体中心的职能是扩大宣传面，提升品牌形象，主要负责 Café 的微信公众号及 QQ 群维护；文编部的职能是负责社团文字编辑相关工作，并辅助《我的科研故事》系列丛书顺利出版，把握好文字关。

回首过去一年，GeoScience Café 的发展遇到过许多阻碍，但终能披荆斩棘，找到属于它的前进方向。

2019 年 9 月，GeoScience Café 开始了新一轮的秋季招新，组建了拥有 42 名成员的"cafe19-20 工作群"。

11 月，GeoScience Café 举办了《我的科研故事（第四卷）》发布会，现场迎来了很多 Café 的粉丝们。

2020 年 3 月~8 月，受疫情影响，GeoScience Café 将线下讲座改为了线上（腾讯会议），并在 3 月 10 日开展了第一期（即第 245 期）线上讲座活动。在这期间：

4 月，为了帮助大家更好地居家科研，由 GeoScience Café 牵头，并联合多所兄弟院校举办了"科研经验线上交流系列活动"（共 6 期），带来实用的科研经验和居家办公心得。

5 月，GeoScience Café 入选"十大珞珈风云学子"五十强。未来，GeoScience Café 将再

接再厉,输出更多优质讲座,让更多学子受益。

6月,GeoScience Café 积极辅助实验室推出的"星湖大讲坛"之"云讲坛"系列活动,帮助进行相关推文的排版与推送,为弘扬学术、增进交流、推动合作尽自己的一份力。

"谈笑间成就梦想",平淡的语言,将学术用直白的话语表述出来,希望可以帮助读者们更好地理解相关的研究领域,早日实现自己的科研梦想。

(2017年3月孙嘉、郝蔚琳撰写,2019年7月董佳丹、龚婧修订,2020年11月王雪琴修订)

附录二 中流砥柱：GeoScience Café 团队成员

编者按：在 GeoScience Café 品牌成长的背后，站着一批又一批的 GeoScience Café 团队成员，他们穿梭于台前幕后，孕育了一期又一期精彩绝伦的学术交流活动。本附录尽可能准确地记录下 2020—2021 学年在 GeoScience Café 工作过的成员名字和部分合影照片，见证 GeoScience Café 羽翮已就。

- **指导教师**

  陈锐志　杨　旭　吴华意　龚　威　汪志良　蔡列飞　关　琳

- **负责人**

  2009.03—2010.09：熊　彪　毛飞跃

  2010.09—2011.08：毛飞跃　陈胜华　瞿丽娜

  2011.09—2012.08：毛飞跃　李洪利

  2012.09—2013.08：李洪利　李　娜

  2013.09—2014.02：李洪利　李　娜

  2014.03—2015.02：张　翔　刘梦云

  2015.03—2016.01：肖长江　刘梦云

  2016.01—2016.12：孙　嘉　陈必武

  2017.01—2017.11：陈必武　许　殊　孙　嘉

  2017.12—2018.10：龚　婧　郑镇奇　么　爽

  2018.11—2019.11：董佳丹　杨婧如　李　涛　修田雨

  2019.12 至今：　　黄文哲　李　皓　王雪琴　丁　锐　王雅梦　卢祥晨

- **其他成员**

  2009.9—2010.8：袁强强　于　杰　刘　斌　郭　凯　陈胜华

  2010.9—2011.8：焦洪赞　李　娜　张　俊　李会杰　李洪利

  2011.9—2012.8：李　娜　张　俊　李会杰　刘金红　唐　涛　张　飞

  　　　　　　　　李凤玲　王诚龙

  2012.9—2013.8：毛飞跃　刘金红　唐　涛　张　飞　李凤玲　付琬洁

  　　　　　　　　宋志娜　章玲玲　赵存洁　程　锋　刘文明

  2013.9—2014.8：毛飞跃　李凤玲　付琬洁　宋志娜　章玲玲　赵存洁

  　　　　　　　　董　亮　程　锋　张　翔　刘梦云　李文卓

  2014.9—2015.8：毛飞跃　李洪利　李　娜　董　亮　程　锋　李文卓

  　　　　　　　　郭　丹　熊绍龙　韩会鹏　孙　嘉　张闰臣　钟　昭

  　　　　　　　　肖长江

  2015.9—2016.8：毛飞跃　李洪利　李　娜　董　亮　李文卓　郭　丹

  　　　　　　　　熊绍龙　韩会鹏　孙　嘉　张闰臣　钟　昭　肖长江

  　　　　　　　　张少彬　李韬辉　张宇尧　简志春　徐　强　王彦坤

  　　　　　　　　王　银　张　玲　杨　超

  2016.9—2017.11：毛飞跃　李洪利　李文卓　张　翔　郭　丹　韩会鹏　肖长江

  　　　　　　　　　张少彬　李韬辉　张宇尧　简志春　徐　强　王　银　张　玲

  　　　　　　　　　杨　超　幸晨杰　刘梦云　阚子涵　黄雨斯　徐　浩　杨立扬

  　　　　　　　　　沈高云　陈清祥　戴佩玉　刘　璐　马宏亮　赵颖怡　雷璟晗

  　　　　　　　　　李传勇　王　源　许慧琳　赵雨慧　袁静文　李　茹　赵　欣

411

附录二 中流砥柱：GeoScience Café 团队成员

	顾芷宁	张　洁	霍海荣	许　杨	金泰宇	张晓萌
2017.12—2018.8： 毛飞跃	李洪利	张　翔	肖长江	孙　嘉	陈必武	许　殊
李韫辉	张　玲	幸晨杰	刘梦云	黄雨斯	徐　浩	沈高云
陈清祥	戴佩玉	刘　璐	马宏亮	赵颖怡	雷璟晗	李传勇
王　源	许慧琳	赵雨慧	袁静文	李　茹	赵　欣	顾芷宁
张　洁	许　杨	史祎琳	于智伟	纪艳华	王宇蝶	顾子琪
赵书珩	韦安娜	曾宇媚	杨支羽	龚　瑜	彭宏睿	黄宏智
云若岚	陈博文	崔　松	邓　玉	唐安淇	胡中华	王璟琦
邓　拓	刘梓荆	杨舒涵				
2018.9—2019.8： 毛飞跃	张　翔	孙　嘉	陈必武	许　殊	龚　婧	郑镇奇
么　爽	杨舒涵	于智伟	许慧琳	戴佩玉	许　杨	张　洁
史祎琳	马宏亮	黄雨斯	龚　瑜	王宇蝶	韦安娜	彭宏睿
赵书珩	陈博文	崔　松	唐安琪	邓　拓	云若岚	陈菲菲
米晓新	夏幸会	张彩丽	张逸然	崔宸溶	李俊杰	刘　骁
卢祥晨	王雅梦	杜卓童	李雪尘	王　琦	李　皓	薛婧雅
陈佑淋	程露翎	王葭泐	李　敏	王浩男	赵　康	陈　敏
2019.9 至今： 董佳丹	修田雨	杨婧如	李　涛	王翰诚	米晓新	韩佳明
何佳妮	黄宏智	李浩东	刘婧婧	刘梓锌	马宏亮	彭宏睿
舒　梦	田　雅	王葭泐	王　昕	伍讷敏	许　杨	薛婧雅
张文茜	张晓曦	赵　康	程露翎	王克险	熊曦柳	徐明壮
杨美娟	张艺群	龚　婧	卢小晓	么　爽	邱中航	赵佳星
郑镇奇	杜卓童	陈佳晟	胡承宏	刘　林	刘广睿	罗慧娇
王　妍						

附录二 中流砥柱：GeoScience Café 团队成员

黄文哲，女，测绘遥感信息工程国家重点实验室 2019 级硕士研究生，地图学与地理信息系统专业。师从陈泽强副研究员，研究方向是产品融合。于 2019 年 9 月加入 GeoScience Café。参与并监督了自第 245 期起至今各期讲座的筹备和开展工作，参与 GeoScience Café 官方微信公众号"GeoScienceCafe"及 bilibili 账户"geocafe"的运营、协助星湖大讲坛等工作的开展。

联系方式：814855471@qq.com。

王雪琴，女，测绘遥感信息工程国家重点实验室 2019 级硕士研究生，地图制图学与地理信息工程专业。师从陈能成教授，研究方向是土壤水分的时空挖掘与感知。于 2019 年 9 月加入 GeoScience Café，参与了多期讲座的筹办与开展工作，并负责了第五卷书稿的出版工作。

联系方式：1755607561@qq.com。

丁锐，男，中国南极测绘研究中心 2019 级硕士研究生，摄影测量与遥感专业。师从刘婷婷副教授，研究方向是冰川动力学模拟。于 2019 年 9 月加入 GeoScience Café。参与多期讲座的筹备与开展工作，负责讲座设备的使用与调试，视频 bilibili 上传等工作。

联系方式：dingruilxm@whu.edu.cn。

李皓，男，遥感信息工程学院 2018 级硕士研究生，地图学与地理信息系统专业。师从乐鹏教授，研究方向是图神经网络、出行推荐等。于 2019 年 4 月加入 GeoScience Café。参与了 GeoScience Café 第 245 期起至今各期讲座的筹备和开展工作。参与 GeoScience Café 官方微信公众号"GeoScienceCafe"的运营。

联系方式：leehomm@foxmail.com。

王雅梦，女，遥感信息工程学院 2018 级硕士研究生，摄影测量与遥感专业。师从季顺平教授，研究方向是遥感图像检索。于 2018 年 9 月加入 GeoScience Café。任新媒体运营部部长，负责 GeoScience Café 官方微信公众号"GeoScienceCafe"的管理和运营。组织了第 230 期、244 期的学术交流活动，并参与第 227 期、228 期的辅助工作。

联系方式：648323137@qq.com。

卢祥晨，男，测绘遥感信息工程国家重点实验室 2018 级硕士研究生，测绘工程专业。师从陈亮教授，研究方向是卫星信号处理。于 2018 年 9 月加入 GeoScience Café。参与了 GeoScience Café 第 219、226 期的学术交流活动组织，以及部分讲座的协助工作。

联系方式：809724048@qq.com。

董佳丹，女，测绘遥感信息工程国家重点实验室 2018 级硕士研究生，地图制图学与地理信息工程专业。师从陈晓玲教授，研究方向是大气遥感。于 2018 年 9 月加入 GeoScience Café。参与了 GeoScience Café 第 215 期至 244 期讲座的筹备和开展工作。

联系方式：847458675@qq.com。

修田雨，女，遥感信息工程学院 2018 级硕士研究生，摄影测量与遥感专业。师从贾永红教授，研究方向是湿地信息提取与变化检测。于 2018 年 9 月加入 GeoScience Café。参与了 GeoScience Café 多期学术交流活动的组织工作，并负责了第四卷与第五卷书稿的出版工作。

联系方式：389431901@qq.com。

杨婧如，女，遥感信息工程学院 2020 级博士研究生，遥感科学与技术专业。师从毛飞跃副教授，研究方向为大气激光雷达算法。于 2018 年 9 月加入 GeoScience Café，参与了第 215 期到 244 期讲座的筹备和开展工作。

联系方式：2899668984@qq.com。

李涛，男，测绘遥感信息工程国家重点实验室 2020 级博士研究生，大地测量学与测量工程专业。师从陈锐志教授，研究方向是卫星导航定位。于 2018 年 9 月加入 GeoScience Café。参与了 GeoScience Café 第 208、215、218、233、236、249、270 期的学术交流活动的组织工作，并负责了第四卷书稿整理工作。

联系方式：355532972@qq.com。

王翰诚，男，遥感信息工程学院 2019 级硕士研究生，地图学与地理信息系统专业。师从乐鹏教授，研究方向是地理信息服务等。于 2019 年 9 月加入 GeoScience Café。参与了 GeoScience Café 第 243、256 期讲座的筹备和开展工作。

联系方式：936075790@qq.com。

米晓新，女，测绘遥感信息工程国家重点实验室 2016 级硕士研究生，摄影测量与遥感专业。师从杨必胜教授，研究方向为点云分割、分类等。于 2018 年 9 月加入 GeoScience Café。参与了 GeoScience Café 第 184、220 期学术交流活动的组织工作。

联系方式：mixiaoxin@whu.edu.cn。

韩佳明，男，测绘遥感信息工程国家重点实验室 2019 级硕士研究生，摄影测量与遥感专业。师从夏桂松教授，研究方向是目标检测。于 2019 年 9 月加入 GeoScience Café。参与了 GeoScience Café 第 254 期、263 期讲座的筹备和开展工作，以及 GeoScience Café 官方微信公众号"GeoScienceCafe"的运营。

联系方式：hanjiaming@whu.edu.cn。

何佳妮，女，测绘遥感信息工程国家重点实验室 2019 级硕士研究生，测绘工程专业。师从钟燕飞教授，研究方向是热红外高光谱。于 2019 年 9 月加入 GeoScience Café。参与了 GeoScience Café 第 247 期、260 期讲座的筹备和开展工作，以及 GeoScience Café 官方微信公众号"GeoScienceCafe"的运营。

联系方式：hejiani@whu.edu.cn。

黄宏智，男，测绘学院 2017 级本科生，测绘遥感信息工程国家重点实验室 2021 级硕士，摄影测量与遥感专业。师从罗斌教授，研究方向是 SLAM。于 2018 年 9 月加入 GeoScience Café。参与了 GeoScience Café 多期讲座的筹备和开展工作。参与 GeoScience Café 官方微信公众号"GeoScienceCafe"的运营。

联系方式：huanghongzhi@whu.edu.cn。

李浩东，男，卫星导航定位技术研究中心 2019 级硕士研究生，大地测量学与测量工程专业。师从赵齐乐教授，研究方向是多源传感器融合定位。于 2019 年 9 月加入 GeoScience Café。参与了 GeoScience Café 第 243 期、260 期、261 期讲座的筹备和开展工作，以及 GeoScience Café 官方微信公众号"GeoScienceCafe"的运营。

联系方式：haodongli@whu.edu.cn。

刘婧婧，女，测绘遥感信息工程国家重点实验室 2019 级硕士研究生，地图学与地理信息系统专业。师从王伟教授，研究方向是流域水循环。于 2019 年 9 月加入 GeoScience Café。参与了 GeoScience Café 第 235 期、229 期讲座的筹备和开展工作，以及 GeoScience Café 官方微信公众号"GeoScienceCafe"的运营。

联系方式：liujingjing@whu.edu.cn。

附录二 中流砥柱:GeoScience Café 团队成员

刘梓锌,男,遥感信息工程学院 2019 级硕士研究生,测绘工程专业,师从梁顺林教授,研究方向是深度学习反演,遥感数据产品叶面积指数(LAI)反演等。于 2019 年 9 月加入 GeoScience Café。参与了第 256、261 期讲座的筹备和开展以及新闻稿的撰写工作。

联系方式:zixinliu@ whu. edu. cn。

马宏亮,男,测绘遥感信息工程国家重点实验室 2016 级硕博连读生,地图制图学与地理信息工程专业。师从陈能成教授,研究方向为主被动多传感器协同土壤水分反演与干旱监测应用。于 2016 年 9 月加入 GeoScience Café。参与了第 149、163、180、193、203 和 212 期等讲座的筹备和开展工作。

联系方式:mhl0310@ whu. edu. cn。

彭宏睿,男,测绘学院 2017 级本科生,地球物理学专业,研究方向为固体地球物理学。于 2017 年 9 月加入 GeoScience Café。曾参与多期讲座及导师信息分享会的筹备及展开工作,以及 GeoScience Café 官方微信公共号部分推送信息的撰写工作。

联系方式:hrpeng@ whu. edu. cn。

舒梦,女,测绘遥感信息工程国家重点实验室 2019 级硕士研究生,摄影测量与遥感专业,师从钟燕飞教授,研究方向为视频卫星处理。于 2019 年 9 月加入 GeoScience Café。参与了第 254、260 期讲座的筹备和开展工作。

联系方式:mengshu@ whu. edu. cn。

田雅,女,遥感信息工程学院 2018 级硕士研究生,测绘工程专业,师从肖锐副教授,研究方向为地理空间分析与建模,大数据、城市可持续发展等。于 2020 年 5 月加入 GeoScience Café。主要负责书稿的修订,参与了 GeoScience Café 官方微信公众号"GeoScienceCafe"的运营工作。

联系方式:ygxinxity@ whu. edu. cn。

王葭泐,男,测绘遥感信息工程国家重点实验室 2019 级硕士研究生,地图学与地理信息系统专业。师从陈碧宇教授,研究方向为图卷积神经网络与智能交通。于 2019 年 4 月加入 GeoScience Café。参与了 GeoScience Café 第 227、233、239、240、252 和 255 期学术交流活动的组织,并参与了武汉专场校友分享交流会。

联系方式:wangjiale@whu.edu.cn。

王昕,女,测绘遥感信息工程国家重点实验室 2019 级硕士研究生,地图学与地理信息系统专业,师从龚威教授,毛飞跃副教授,研究方向为大气遥感,云与气溶胶交互。于 2020 年 5 月加入 GeoScience Café,参与了多期学术交流活动的筹备与开展工作,以及新闻稿的撰写和录音稿校对、公众号信息推送等工作。

联系方式:913430992@qq.com。

伍讷敏,女,资源与环境科学学院 2016 级地理信息科学专业本科生,于 2019 年 9 月加入 GeoScience Café,参与并协助了第 236、237、242、253、256、262、264 期讲座的筹备和主持、新闻稿的撰写以及录音稿的校正等工作。

联系方式:neminwu@gmail.com。

许杨,女,测绘遥感信息工程国家重点实验室 2017 级硕士研究生,摄影测量与遥感专业。师从冯炼老师,研究方向为水环境遥感。于 2017 年 3 月加入 GeoScience Café。参与了 GeoScience Café 第 170 期学术交流活动的组织工作。

联系方式:1120058861@qq.com。

薛婧雅,女,遥感信息工程学院 2018 级硕士研究生,模式识别与智能系统专业。师从姚剑教授,研究方向是点云数据处理。于 2019 年 4 月加入 GeoScience Café。参与了 GeoScience Café 第 237 期、259 期、262 期讲座的筹备和开展工作,以及 GeoScience Café 官方微信公众号"GeoscienceCafe"的运营。

联系方式:1397445994@qq.com。

附录二　中流砥柱：GeoScience Café 团队成员

张文茜，女，测绘遥感信息工程国家重点实验室 2019 级硕士研究生，测绘工程专业，师从钟燕飞教授，研究方向为高光谱遥感影像变化检测。于 2019 年 9 月加入 GeoScience Café，参与并协助了第 250 期、254 期、264 期讲座的筹备和主持、新闻稿的撰写以及录音稿的校正等工作。

联系方式：wenqianzhang@whu.edu.cn。

张晓曦，女，文学院古典文献学 2019 级博士研究生，研究方向为传统语言学典籍整理与研究。于 2019 年 12 月加入 GeoScience Café，参与第 260 期和第 272 期讲座的筹备和开展工作。

联系方式：786303466@qq.com。

赵康，男，遥感信息工程学院 2019 级硕士研究生，测绘工程专业。研究方向是大气激光雷达的云气溶胶分类等。于 2019 年 9 月加入 GeoScience Café。参与了 GeoScience Café 第 250 期和 261 期讲座的筹备和开展工作。

联系方式：frankzhao1997@foxmail.com。

程露翎，女，测绘遥感信息工程国家重点实验室 2019 级硕士研究生，师从唐炉亮教授，研究方向为时空建模、时空大数据挖掘与分析等。于 2019 年 9 月加入 GeoScience Café。参与了 GeoScience Café 第 231、239、241、256、259 期等学术交流活动的筹备与开展运营工作。

联系方式：chengluling@whu.edu.cn。

王克险，男，遥感信息工程学院 2019 级硕士研究生，地图学与地理信息系统专业，师从方圣辉教授，研究方向是遥感图像解译，语义分割等。于 2019 年 11 月加入 GeoScience Café。参与了第 251、263 期讲座的筹备和开展工作。

联系方式：kxwang@whu.edu.cn。

熊曦柳，女，华南农业大学资源环境学院 2019 级硕士研究生，资源利用与植物保护专业，研究方向是土地资源利用与信息技术。师从刘洛副研究员，研究方向是遥感地物识别。于 2020 年 7 月加入 GeoScience Café。参与了 GeoScience Café 第 271 期新闻稿的推送，也参与了第 248 期录音稿的校对整理工作。

联系方式：373904220@qq.com。

徐明壮，男，资源与环境科学学院 2019 级硕士研究生，研究方向为地图制图与地理信息系统。于 2019 年 9 月加入 GeoScience Café。负责部分讲座新闻稿的撰写，参与 GeoScience Café 官方微信公众号"GeoScienceCafe"的运营工作。

联系方式：1028251397@qq.com。

杨美娟，女，测绘遥感信息工程国家重点实验室 2019 级硕士研究生，地图学与地理信息系统专业，师从陈能成教授。于 2019 年 9 月加入 GeoScience Café。参与了 GeoScience Café 第 239、241、242、248、262 期学术交流活动的筹备与开展工作，以及新闻稿的撰写和录音稿校对、公众号信息推送等工作。

联系方式：meijuanyang_2018@163.com。

张艺群，女，测绘遥感信息工程国家重点实验室 2019 级硕士研究生，地图学与地理信息系统专业，师从马盈盈副研究员，研究方向为大气遥感。于 2019 年 9 月加入 GeoScience Café。参与了 GeoScience Café 第 234、249、257 期学术交流活动的筹备与开展工作，以及新闻稿的撰写和录音稿校对、公众号信息推送等工作。

联系方式：yqzhang@whu.edu.cn。

龚婧，女，测绘遥感信息工程国家重点实验室 2017 级硕士研究生，地图学与地理信息系统专业。师从邓跃进副教授，研究方向为视觉定位，于 2017 年 9 月加入 GeoScience Café。

联系方式：gongjing1126@126.com。

卢小晓，女，华中师范大学城市与环境科学学院 2019 级硕士研究生，人文地理专业，区域发展与城乡规划方向。师从罗静教授，研究方向为乡村振兴与规划，参加了 GeoScience Café 第 265 期学术交流活动的筹备和开展工作。参与了新闻稿的撰写以及录音稿校对、公众号信息推送等工作。

联系方式：lushaw1996@foxmail.com。

附录二　中流砥柱：GeoScience Café 团队成员

么爽，女，测绘遥感信息工程国家重点实验室 2017 级硕博连读生，地图学与地理信息系统专业，师从陈能成教授。于 2017 年 9 月加入 GeoScience Café。参与了 GeoScience Café 第 184、186、213、218 期学术交流活动的组织工作。

联系方式：yaoshuang@ whu. edu. cn。

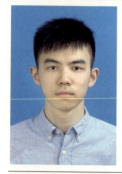

邱中航，男，资源与环境科学学院 2019 级硕士研究生，地图制图学与地理信息工程专业。师从沈焕锋教授，研究方向为图像超分辨率重建。于 2019 年 10 月加入 GeoScience Café。参与了 GeoScience Café 第 238、251 和 255 期学术交流活动的组织工作，并参与了 GeoScience Café 官方微信公众号 "GeoScienceCafe" 的运营工作。

联系方式：qiu_zh@ whu. edu. cn。

赵佳星，男，安徽理工大学空间信息与测绘工程学院 2018 级硕士研究生，大地测量学与测量工程专业。师从余学祥教授，研究方向及兴趣是导航位置与服务、自动驾驶、GNSS 水汽反演等。于 2019 年 9 月加入 GeoScience Café。参与了 GeoScience Café 第 253 期和第 265 期讲座的筹备和开展工作。参与了 GeoScience Café 官方微信公众号 "GeoScienceCafe" 的运营等工作。

联系方式：jachine0413@ gmail. com。

郑镇奇，男，遥感信息工程学院 2017 级硕士研究生，测绘专业。师从付仲良教授。于 2017 年 10 月加入 GeoScience Café。参与了 GeoScience Café 第 178 期至第 215 期的学术交流活动的组织工作。2018 年 10 月至今负责部分讲座的协助工作。

联系方式：909840341@ qq. com。

杜卓童，女，测绘遥感信息工程国家重点实验室 2018 级硕士研究生，摄影测量与遥感专业，师从眭海刚教授。于 2018 年 9 月加入 GeoScience Café，参与并协助了 5 期学术交流活动的组织、主持以及新闻稿撰写工作。

联系方式：1047833787@ qq. com。

陈佳晟，男，遥感信息工程学院 2017 级地理信息系统方向本科生，师从张彤教授。于 2020 年 9 月加入 GeoScience Café，参与第五卷部分文章的审核与定稿工作。

联系方式：386509698@qq.com。

胡承宏，女，测绘遥感信息工程国家重点实验室 2020 级硕士研究生，资源与环境专业，师从陈能成教授。于 2020 年 9 月加入 GeoScience Café，参与第五卷部分文章的定稿工作。

联系方式：1910104050@qq.com。

刘林，女，华中农业大学地理信息科学专业 2018 级本科生，于 2020 年 9 月加入 GeoScience Café，参与了第 273 期与第 275 期学术交流活动的筹备工作，承担新闻稿撰写与第五卷部分文章定稿工作。

联系方式：1165872568@qq.com。

刘广睿，女，测绘遥感信息工程国家重点实验室 2020 级硕士研究生，资源与环境专业，师从王磊副研究员。主要研究方向是低轨卫星导航增强。于 2020 年 9 月加入 GeoScience Café，参与第五卷部分文章的定稿工作。

联系方式：lliuguangrui@163.com。

罗慧娇，女，测绘学院 2017 级地球物理班本科生，本科期间研究方向为重力学，师从汪海洪副教授，参与课题"基于重力多尺度边缘的城市隐伏断层探测方法研究"。于 2020 年 9 月加入 GeoScience Café，参与第五卷部分文章的定稿工作。

联系方式：HJ.Luo@whu.edu.cn。

附录二 中流砥柱：GeoScience Café 团队成员

王妍，女，测绘遥感信息工程国家重点实验室 2020 级硕士研究生，资源与环境专业，师从李熙副教授。于 2020 年 9 月加入 GeoScience Café，参与第五卷部分文章的定稿工作。

联系方式：1246694718@qq.com。

- **团队合照精选**

第一排左起分别是：罗慧娇、魏敬钰、王宇、王妍、王雅梦、李涛、郭真珍；第二排左起分别是：陶晓玄、程昀、谢梦洁、黄文哲、杨婧如、史祎琳、丁锐、李皓；第三排左起分别是：魏聪、侯翘楚、杨鹏超、董佳丹、王雪琴、修田雨、王浩成、冯玉康

第一排左起分别是：郑镇奇、陈必武、蔡列飞老师、杨婧如、么爽、沈高云、孙嘉、史祎琳、薛婧雅、程露翎、李涛、卢祥晨；第二排左起分别是：柳景斌老师、夏桂松老师、李锐老师、龚瑜、董佳丹、修田雨、杨旭老师、陈能成老师、唐炉亮老师、韩承熙；第三排左起分别是：龚婧、邵振峰老师、王源、许殊、崔松、肖长江、王葭泐

附录三 往昔峥嵘：
GeoScience Café 历届嘉宾

编者按：转眼间，GeoScience Café 已过"外傅之年"，方寸讲台流转过无数嘉宾的灵感与韬略，丰盈的思想铸就了 GeoScience Café 的核心吸引力。本附录完整收录了第 1 期到第 257 期 GeoScience Café 的所有嘉宾信息，他们在讲台上的风采和语言里的智慧，印刻在了书页间。

GeoScience Café 第 1 期(2009 年 4 月 24 日)	
演讲嘉宾：谢俊峰	演讲题目：基于星敏感器的卫星姿态测量
演讲嘉宾：胡晓光	演讲题目：计算机软件水平考试经验谈
演讲嘉宾：张云生	演讲题目：基于近景影像的建筑物立面三维自动重建方法
GeoScience Café 第 2 期(2009 年 5 月 8 日)	
演讲嘉宾：李乐林	演讲题目：基于等高线族分析的 LiDAR 建筑物提取方法研究
演讲嘉宾：程晓光	演讲题目：一种从离散点云中准确追踪建筑物边界的方法
演讲嘉宾：张帆	演讲题目：当文化遗产遭遇激光扫描——数字敦煌初探
GeoScience Café 第 3 期(2009 年 5 月 15 日)	
演讲嘉宾：邱志伟	演讲题目：顾及相干性的星载 SAR 成像算法研究
演讲嘉宾：赵珊珊	演讲题目：星载 InSAR 图像级仿真
演讲嘉宾：彭芳媛	演讲题目：基于特征提取的光学影像与 SAR 影像配准
GeoScience Café 第 4 期(2009 年 5 月 22 日)	
演讲嘉宾：袁名欢	演讲题目：基于自适应推进的建筑物检测
演讲嘉宾：付东杰	演讲题目：基于粒子群优化算法的遥感最适合运行尺度的研究
GeoScience Café 第 5 期(2009 年 6 月 5 日)	
演讲嘉宾：栾学晨	演讲题目：3S 技术与智能交通——交通中心研究工作概述
演讲嘉宾：马盈盈	演讲题目：基于层次分类与数据融合的星载激光雷达数据反演
GeoScience Café 第 6 期(2009 年 6 月 12 日)	
演讲嘉宾：钟成	演讲题目：LiDAR 辅助高质量真正射影像制作
演讲嘉宾：高志宏	演讲题目：基于多源遥感数据的城市不透水面分布估算方法研究
GeoScience Café 第 7 期(2009 年 6 月 19 日)	
演讲嘉宾：黑迪	演讲题目：毕业生专题之飞跃重洋
演讲嘉宾：朱春皓	演讲题目：毕业生专题之飞跃重洋
演讲嘉宾：胡君	演讲题目：毕业生专题之飞跃重洋
演讲嘉宾：欧阳怡强	演讲题目：毕业生专题之飞跃重洋

GeoScience Café 第 8 期（2009 年 9 月 25 日）	
演讲嘉宾：陆建忠	演讲题目：Coupling Remote Sensing Retrieval with Numerical Simulation for SPM Study
GeoScience Café 第 9 期（2009 年 11 月 6 日）	
演讲嘉宾：钟燕飞	演讲题目：关于科研和写作的几点体会
GeoScience Café 第 10 期（2009 年 11 月 13 日）	
演讲嘉宾：胡晓光	演讲题目：摄影选材与思路
GeoScience Café 第 11 期（2009 年 11 月 27 日）	
演讲嘉宾：Marcin Uradzinski	演讲题目：The Usefulness of Internet-based（NTrip）RTK for Precise Navigation and Intelligent Transportation Systems
演讲嘉宾：于杰	演讲题目：在读研究生因私出国手续办理
GeoScience Café 第 12 期（2009 年 12 月 4 日）	
演讲嘉宾：黄亮	演讲题目：分布式空间数据标记语言
GeoScience Café 第 13 期（2009 年 12 月 11 日）	
演讲嘉宾：曾兴国	演讲题目：空间认知在中华文化区划分中的应用模型探究
演讲嘉宾：张翔	演讲题目：居民地综合中的模式识别与应用
GeoScience Café 第 14 期（2009 年 12 月 18 日）	
演讲嘉宾：麦晓明	演讲题目：科技创新与专利入门
GeoScience Café 第 15 期（2010 年 1 月 8 日）	
演讲嘉宾：李妍辉	演讲题目：专利的法律保护
演讲嘉宾：刘敏	演讲题目：测绘遥感科学与环境法学的关系
GeoScience Café 第 16 期（2010 年 3 月 12 日）	
演讲嘉宾：黄昕	演讲题目：高分辨率遥感影像处理与应用
GeoScience Café 第 17 期（2010 年 3 月 19 日）	
演讲嘉宾：杜全叶	演讲题目：新一代航空航天数字摄影测量处理平台——数字摄影测量网格（DPGrid）
GeoScience Café 第 18 期（2010 年 4 月 1 日）	
演讲嘉宾：王腾	演讲题目：合成孔径雷达干涉数据分析技术及其在三峡地区的应用

GeoScience Café 第 19 期(2010 年 4 月 23 日)	
演讲嘉宾：曹晶	演讲题目：交通时空数据获取、处理、应用
GeoScience Café 第 20 期(2010 年 5 月 21 日)	
演讲嘉宾：杜博	演讲题目：高光谱遥感影像亚像元目标探测
GeoScience Café 第 21 期(2010 年 6 月 3 日)	
演讲嘉宾：罗安	演讲题目：基于语义的空间信息服务组合及发现技术
GeoScience Café 第 22 期(2010 年 6 月 11 日)	
演讲嘉宾：林立文	演讲题目：出国留学的利弊分析和申请过程介绍
演讲嘉宾：李凡	演讲题目：出国留学的利弊分析和申请过程介绍
演讲嘉宾：程晓光	演讲题目：出国留学的利弊分析和申请过程介绍
GeoScience Café 第 23 期(2010 年 6 月 22 日)	
演讲嘉宾：瞿莉	演讲题目：基于动态交通流分配系数的网络交通状态建模与分析
GeoScience Café 第 24 期(2010 年 10 月 15 日)	
演讲嘉宾：张洪艳	演讲题目：高光谱影像的超分辨率重建
GeoScience Café 第 25 期(2010 年 10 月 22 日)	
演讲嘉宾：马盈盈	演讲题目：基于多平台卫星观测的大气参数反演方法研究
GeoScience Café 第 26 期(2010 年 10 月 29 日)	
演讲嘉宾：陈龙	演讲题目："中国智能车未来挑战赛"亚军团队解读"智能驾驶无人车 SmartVII 系统"
演讲嘉宾：麦晓明	演讲题目："中国智能车未来挑战赛"亚军团队解读"智能驾驶无人车 SmartVII 系统"
演讲嘉宾：张亮	演讲题目："中国智能车未来挑战赛"亚军团队解读"智能驾驶无人车 SmartVII 系统"
演讲嘉宾：方彦军	演讲题目："中国智能车未来挑战赛"亚军团队解读"智能驾驶无人车 SmartVII 系统"
GeoScience Café 第 27 期(2010 年 11 月 5 日)	
演讲嘉宾：于之锋	演讲题目：基于 HJ-1A/B CCD 影像的中国近岸和内陆湖泊水环境监测研究——以南黄海和鄱阳湖为例

附录三 往昔峥嵘：GeoScience Café 历届嘉宾

GeoScience Café 第 28 期(2010 年 11 月 12 日)	
演讲嘉宾：陆建忠	演讲题目：遥感与 GIS 应用：从流域到湖泊——以鄱阳湖为例
GeoScience Café 第 29 期(2010 年 11 月 19 日)	
演讲嘉宾：蒋波涛	演讲题目：GIS 技术人员的自我成长
演讲嘉宾：王东亮	演讲题目：矢量道路辅助的航空影像快速镶嵌
GeoScience Café 第 30 期(2010 年 11 月 26 日)	
演讲嘉宾：救护之翼组织	演讲题目：一切"救"在身边
GeoScience Café 第 31 期(2010 年 12 月 10 日)	
演讲嘉宾：胡晓光	演讲题目：赴美参加 ASPRS 2010 会议见闻
GeoScience Café 第 32 期(2010 年 12 月 14 日)	
演讲嘉宾：史振华	演讲题目：新西伯利亚交流报告会
演讲嘉宾：沈盛彧	演讲题目：新西伯利亚交流报告会
演讲嘉宾：陈喆	演讲题目：新西伯利亚交流报告会
演讲嘉宾：史磊	演讲题目：新西伯利亚交流报告会
演讲嘉宾：顾鑫	演讲题目：新西伯利亚交流报告会
GeoScience Café 第 33 期(2011 年 3 月 11 日)	
演讲嘉宾：毛飞跃	演讲题目：分享科研与写作的网络资源
GeoScience Café 第 34 期(2011 年 3 月 25 日)	
演讲嘉宾：周宝定	演讲题目："车联网"应用之"公路列车"
GeoScience Café 第 35 期(2011 年 4 月 15 日)	
演讲嘉宾：孙婧	演讲题目：可视媒体内容安全研究
GeoScience Café 第 36 期(2011 年 4 月 22 日)	
演讲嘉宾：万雪	演讲题目：SIFT 算子改进及应用
GeoScience Café 第 37 期(2011 年 5 月 6 日)	
演讲嘉宾：呙维	演讲题目：四位青年教师畅谈学习和科研方法
演讲嘉宾：陆建忠	演讲题目：四位青年教师畅谈学习和科研方法
演讲嘉宾：马盈盈	演讲题目：四位青年教师畅谈学习和科研方法
演讲嘉宾：张洪艳	演讲题目：四位青年教师畅谈学习和科研方法

GeoScience Café 第 38 期（2011 年 5 月 27 日）	
演讲嘉宾：袁强强	演讲题目：基于总变分模型的影像复原及超分辨率重建
GeoScience Café 第 39 期（2011 年 6 月 24 日）	
演讲嘉宾：李晓明	演讲题目：大规模三维 GIS 数据高效管理的关键技术
演讲嘉宾：张云生	演讲题目：香港交流访问经历
GeoScience Café 第 40 期（2011 年 9 月 16 日）	
演讲嘉宾：刘大炜	演讲题目：全脑奇像记忆法基础——数字信息记忆以及英语单词记忆
演讲嘉宾：李凤玲	演讲题目：全脑奇像记忆法基础——数字信息记忆以及英语单词记忆
GeoScience Café 第 41 期（2011 年 10 月 21 日）	
演讲嘉宾：Steve McClure	演讲题目：Social Network Analysis, Social Theory and Convergence with Graph Theory
GeoScience Café 第 42 期（2011 年 11 月 12 日）	
演讲嘉宾：曹晶	演讲题目：武汉大学第六届学术科技文化节之"博士生学术沙龙"走进"GeoScience Café"
演讲嘉宾：邹勤	演讲题目：武汉大学第六届学术科技文化节之"博士生学术沙龙"走进"GeoScience Café"
演讲嘉宾：常晓猛	演讲题目：武汉大学第六届学术科技文化节之"博士生学术沙龙"走进"GeoScience Café"
GeoScience Café 第 43 期（2011 年 12 月 2 日）	
演讲嘉宾：田馨	演讲题目：走进"GeoScience Café"——Summary of FRINGE 2011 and International Exchange Experiences
GeoScience Café 第 44 期（2011 年 12 月 2 日）	
演讲嘉宾：邵远征	演讲题目：走进"GeoScience Café"——网络环境下对地观测数据的发现与标准化处理
GeoScience Café 第 45 期（2012 年 1 月 6 日）	
演讲嘉宾：屈孝志	演讲题目：三个签约腾讯同学的经验分享
演讲嘉宾：陈克武	演讲题目：三个签约腾讯同学的经验分享
演讲嘉宾：李超	演讲题目：三个签约腾讯同学的经验分享

GeoScience Café 第 46 期(2012 年 2 月 17 日)	
演讲嘉宾：毛飞跃	演讲题目：大气激光雷达算法研究和科研经验分享
GeoScience Café 第 47 期(2012 年 2 月 24 日)	
演讲嘉宾：黄昕	演讲题目：高分辨率遥感影像处理与应用
GeoScience Café 第 48 期(2012 年 3 月 23 日)	
演讲嘉宾：魏征	演讲题目：2012 年武汉大学地理信息科学技术文化节博士沙龙系列活动"LiDAR 之夜"
演讲嘉宾：方莉娜	演讲题目：2012 年武汉大学地理信息科学技术文化节博士沙龙系列活动"LiDAR 之夜"
演讲嘉宾：陈驰	演讲题目：2012 年武汉大学地理信息科学技术文化节博士沙龙系列活动"LiDAR 之夜"
GeoScience Café 第 49 期(2012 年 4 月 13 日)	
演讲嘉宾：张乐飞	演讲题目：遥感影像模式识别研究暨第一篇 SCI 背后的故事
GeoScience Café 第 50 期(2012 年 5 月 4 日)	
演讲嘉宾：栾学晨	演讲题目：第一篇 SCI 背后的故事——城市道路网模式识别研究
GeoScience Café 第 51 期(2012 年 5 月 21 日)	
演讲嘉宾：陈泽强	演讲题目："第一篇 SCI 背后的故事"之传感器整合关键技术研究
GeoScience Café 第 52 期(2012 年 6 月 1 日)	
演讲嘉宾：胡腾	演讲题目：无人机影像的稠密立体匹配技术研究
GeoScience Café 第 53 期(2012 年 6 月 8 日)	
演讲嘉宾：李华丽	演讲题目："第一篇 SCI 背后的故事"之高光谱遥感影像处理研究
GeoScience Café 第 54 期(2012 年 6 月 21 日)	
演讲嘉宾：李家艺	演讲题目：第四届 Whispers 会议感受与体会
GeoScience Café 第 55 期(2012 年 9 月 14 日)	
演讲嘉宾：栾学晨	演讲题目：参加第 21 届 ISPRS 大会和出国交流的感受与体会
演讲嘉宾：张乐飞	演讲题目：参加第 21 届 ISPRS 大会和出国交流的感受与体会

GeoScience Café 第 56 期(2012 年 9 月 21 日)	
演讲嘉宾：史磊	演讲题目："第一篇 SCI 背后的故事"之极化合成孔径雷达(PolSAR)图像处理研究
GeoScience Café 第 57 期(2012 年 10 月 12 日)	
演讲嘉宾：谢潇	演讲题目：赴俄罗斯参加 GeoMIR 2012 学术交流的感受与体会
演讲嘉宾：曹茜	演讲题目：赴俄罗斯参加 GeoMIR 2012 学术交流的感受与体会
演讲嘉宾：黎旻懿	演讲题目：赴俄罗斯参加 GeoMIR 2012 学术交流的感受与体会
GeoScience Café 第 58 期(2012 年 10 月 19 日)	
演讲嘉宾：徐川	演讲题目：这些年，我们一起走过的日子："水平集理论用于 SAR 图像分割及水体提取"
GeoScience Café 第 59 期(2012 年 10 月 26 日)	
演讲嘉宾：冯炼	演讲题目：水环境遥感研究——以鄱阳湖为例
GeoScience Café 第 60 期(2012 年 11 月 02 日)	
演讲嘉宾：吴华意	演讲题目：从地理数据的共享到地理信息和知识——兼谈学术过程中的有效沟通技巧
GeoScience Café 第 61 期(2012 年 11 月 23 日)	
演讲嘉宾：张乐飞	演讲题目：高光谱数据的线性、非线性与多维线性判别分析方法
GeoScience Café 第 62 期(2012 年 12 月 7 日)	
演讲嘉宾：李慧芳	演讲题目：多成因遥感影像亮度不均匀性的变分校正方法研究
GeoScience Café 第 63 期(2013 年 3 月 8 日)	
演讲嘉宾：袁伟	演讲题目：不做沉默的人
GeoScience Café 第 64 期(2013 年 3 月 15 日)	
演讲嘉宾：张志	演讲题目：缔造最完美的 PPT 演示
GeoScience Café 第 65 期(2013 年 3 月 29 日)	
演讲嘉宾：凌宇	演讲题目：2013 求职分享报告
演讲嘉宾：欧晓玲	演讲题目：2013 求职分享报告
演讲嘉宾：孙忠芳	演讲题目：2013 求职分享报告
GeoScience Café 第 66 期(2013 年 5 月 17 日)	
演讲嘉宾：胡楚丽	演讲题目：对地观测网传感器资源共享管理模型与方法研究

GeoScience Café 第 67 期（2013 年 6 月 14 日）	
演讲嘉宾：石茜	演讲题目："第一篇 SCI 背后的故事"之高光谱影像分类研究
GeoScience Café 第 68 期（2013 年 9 月 13 日）	
演讲嘉宾：焦洪赞	演讲题目："第一篇 SCI 背后的故事"之科研心得体会
GeoScience Café 第 69 期（2013 年 10 月 25 日）	
演讲嘉宾：李洪利	演讲题目：新西伯利亚国际学生夏季研讨会交流体会
演讲嘉宾：李娜	演讲题目：新西伯利亚国际学生夏季研讨会交流体会
GeoScience Café 第 70 期（2013 年 11 月 22 日）	
演讲嘉宾：张云菲	演讲题目：多源矢量空间数据的匹配与集成
GeoScience Café 第 71 期（2013 年 11 月 29 日）	
演讲嘉宾：李星星	演讲题目：实时 GNSS 精密单点定位及非差模糊度快速确定方法研究
GeoScience Café 第 72 期（2013 年 12 月 13 日）	
演讲嘉宾：王晓蕾	演讲题目：地理空间传感网语义注册服务
GeoScience Café 第 73 期（2014 年 1 月 3 日）	
演讲嘉宾：刘立坤	演讲题目：美国北得克萨斯大学访学经历分享
GeoScience Café 第 74 期（2014 年 2 月 28 日）	
演讲嘉宾：毛飞跃	演讲题目：大气激光雷达数据反演和论文写作经验谈
GeoScience Café 第 75 期（2014 年 3 月 28 日）	
演讲嘉宾：陈敏	演讲题目：遥感影像线特征匹配研究
GeoScience Café 第 76 期（2014 年 4 月 25 日）	
演讲嘉宾：郑杰	演讲题目：地理空间数据可视化之美
GeoScience Café 第 77 期（2014 年 5 月 9 日）	
演讲嘉宾：程晓光	演讲题目：一种非监督的 PolSAR 散射机制分类法
GeoScience Café 第 78 期（2014 年 5 月 16 日）	
演讲嘉宾：熊彪	演讲题目：机载激光雷达三维房屋重建算法与读博经验谈
GeoScience Café 第 79 期（2014 年 5 月 23 日）	
演讲嘉宾：王挺	演讲题目：高光谱遥感影像目标探测的困难与挑战
GeoScience Café 第 80 期（2014 年 6 月 19 日）	

演讲嘉宾：刘湘泉	演讲题目：2014 求职/考博经验分享报告
演讲嘉宾：李鹏鹏	演讲题目：2014 求职/考博经验分享报告
演讲嘉宾：颜士威	演讲题目：2014 求职/考博经验分享报告
演讲嘉宾：朱婷婷	演讲题目：2014 求职/考博经验分享报告
GeoScience Café 第 81 期（2014 年 9 月 19 日）	
演讲嘉宾：李昊	演讲题目：空间信息智能服务组合及其在社交媒体空间数据挖掘中的应用
GeoScience Café 第 82 期（2014 年 9 月 26 日）	
演讲嘉宾：曾玲琳	演讲题目：基于 MODIS 的农业遥感应用研究
GeoScience Café 第 83 期（2014 年 10 月 10 日）	
演讲嘉宾：冯如意	演讲题目：高光谱遥感影像混合像元稀疏分解方法研究
GeoScience Café 第 84 期（2014 年 10 月 17 日）	
演讲嘉宾：黄荣永	演讲题目：由最近点迭代算法到激光点云与影像配准
GeoScience Café 第 85 期（2014 年 10 月 31 日）	
演讲嘉宾：李家艺	演讲题目：高光谱遥感影像分类研究
GeoScience Café 第 86 期（2014 年 11 月 5 日）	
演讲嘉宾：武辰	演讲题目：遥感影像火星地表 CO_2 冰层消融监测研究及法国留学经历
演讲嘉宾：郭贤	演讲题目：遥感影像火星地表 CO_2 冰层消融监测研究及法国留学经历
GeoScience Café 第 87 期（2014 年 11 月 21 日）	
演讲嘉宾：曾超	演讲题目：时空谱互补观测数据的融合重建方法研究
GeoScience Café 第 88 期（2014 年 11 月 27 日）	
演讲嘉宾：吴华意	演讲题目：大牛的 GIS 人生
演讲嘉宾：孙玉国	演讲题目：大牛的 GIS 人生
GeoScience Café 第 89 期（2014 年 12 月 5 日）	
演讲嘉宾：朱映	演讲题目：高分辨率光学遥感卫星平台震颤研究
GeoScience Café 第 90 期（2014 年 12 月 12 日）	
演讲嘉宾：刘冲	演讲题目：城市化遥感监测
GeoScience Café 第 91 期（2014 年 12 月 19 日）	

演讲嘉宾：方伟	演讲题目：TLS 强度应用
GeoScience Café 第 92 期(2014 年 12 月 26 日)	
演讲嘉宾：幸晨杰	演讲题目：中德双硕士生活一瞥
演讲嘉宾：喻静敏	演讲题目：中德双硕士生活一瞥
GeoScience Café 第 93 期(2015 年 3 月 13 日)	
演讲嘉宾：袁乐先	演讲题目：我眼中的南极
GeoScience Café 第 94 期(2015 年 3 月 20 日)	
演讲嘉宾：李建	演讲题目：多源多尺度水环境遥感应用研究与野外观测经历分享
GeoScience Café 第 95 期(2015 年 3 月 27 日)	
演讲嘉宾：马昕	演讲题目：地基差分吸收 CO_2 激光雷达的软硬件基础
GeoScience Café 第 96 期(2015 年 4 月 3 日)	
演讲嘉宾：Michael Jendryke	演讲题目：Urban dynamics in China
GeoScience Café 第 97 期(2015 年 4 月 17 日)	
演讲嘉宾：冷伟	演讲题目：珈和遥感创业经验分享
GeoScience Café 第 98 期(2015 年 4 月 24 日)	
演讲嘉宾：史绪国	演讲题目：雷达影像形变监测方法与应用研究
GeoScience Café 第 99 期(2015 年 5 月 8 日)	
演讲嘉宾：张文婷	演讲题目：好工作是怎样炼成的?
演讲嘉宾：罗俊沣	演讲题目：好工作是怎样炼成的?
演讲嘉宾：王帆	演讲题目：好工作是怎样炼成的?
演讲嘉宾：张学全	演讲题目：好工作是怎样炼成的?
GeoScience Café 第 100 期(2015 年 5 月 13 日)	
演讲嘉宾：李德仁	演讲题目：李德仁院士讲"成功"
GeoScience Café 第 101 期(2015 年 5 月 15 日)	
演讲嘉宾：王晓蕾	演讲题目：答辩 PPT 早知道
GeoScience Café 第 102 期(2015 年 5 月 22 日)	
演讲嘉宾：李英	演讲题目：美国留学感悟
GeoScience Café 第 103 期(2015 年 6 月 3 日)	

演讲嘉宾：王乐	演讲题目：从武大学生到美国教授一路走来的经历
GeoScience Café 第104期(2015年6月5日)	
演讲嘉宾：向涛	演讲题目：来，我们谈点正事儿——遥感商业应用(创业)
GeoScience Café 第105期(2009年6月25日)	
演讲嘉宾：陶灿	演讲题目：为爱而活：音乐伴我一路前行
GeoScience Café 第106期(2015年9月18日)	
演讲嘉宾：叶茂	演讲题目：月球重力场解算系统初步研制结果
GeoScience Café 第107期(2015年9月24日)	
演讲嘉宾：秦雨	演讲题目：地图之美：纸上的大千世界
GeoScience Café 第108期(2015年10月16日)	
演讲嘉宾：罗庆	演讲题目：留学达拉斯——UTD学习生活经验分享
GeoScience Café 第109期(2015年10月23日)	
演讲嘉宾：赵伶俐	演讲题目：极化SAR典型地物解译研究
GeoScience Café 第110期(2015年10月13日)	
演讲嘉宾：许明明	演讲题目：高光谱遥感影像端元提取方法研究
GeoScience Café 第111期(2015年11月6日)	
演讲嘉宾：Pedro	演讲题目：西班牙人眼中的中德求学之路
GeoScience Café 第112期(2015年11月13日)	
演讲嘉宾：韩舸	演讲题目：CO_2探测激光雷达技术应用与发展及论文写作经验分享
GeoScience Café 第113期(2015年11月20日)	
演讲嘉宾：熊礼治	演讲题目：遥感影像共享时代的安全性挑战
GeoScience Café 第114期(2015年11月27日)	
演讲嘉宾：臧玉府	演讲题目：多源激光点云数据的高精度融合与自适应尺度表达
GeoScience Café 第115期(2015年12月4日)	
演讲嘉宾：王珂	演讲题目：水文观测传感网资源建模与优化布局方法研究
GeoScience Café 第116期(2015年12月11日)	
演讲嘉宾：任晓东	演讲题目：GNSS高精度电离层建模方法及其相关应用
GeoScience Café 第117期(2015年12月18日)	

演讲嘉宾：樊珈珮	演讲题目：基于时空相关性的群体用户访问模式挖掘与建模
GeoScience Café 第 118 期（2016 年 1 月 8 日）	
演讲嘉宾：严锐	演讲题目：数据挖掘：数据就是财富
GeoScience Café 第 119 期（2016 年 1 月 15 日）	
演讲嘉宾：桂志鹏	演讲题目：第四范式下的 GIS——一个武大人的 GIS 情怀
GeoScience Café 第 120 期（2016 年 3 月 4 日）	
演讲嘉宾：贺威	演讲题目：基于低秩表示的高光谱遥感影像质量改善方法研究
GeoScience Café 第 121 期（2016 年 3 月 11 日）	
演讲嘉宾：张觅	演讲题目：计算机视觉优化在遥感领域的应用——以鱼眼相机标定和人工地物显著性检测为例
GeoScience Café 第 122 期（2016 年 3 月 18 日）	
演讲嘉宾：康朝贵	演讲题目：城市出租车活动子区探测与分析
GeoScience Café 第 123 期（2016 年 3 月 25 日）	
演讲嘉宾：申力	演讲题目：学习科研经历分享
GeoScience Café 第 124 期（2016 年 3 月 31 日）	
演讲嘉宾：汪韬阳	演讲题目：太空之眼：高分辨率对地观测
GeoScience Café 第 125 期（2016 年 4 月 8 日）	
演讲嘉宾：屈猛	演讲题目：我在武大玩户外
GeoScience Café 第 126 期（2016 年 4 月 15 日）	
演讲嘉宾：袁梦	演讲题目："最强大脑"圆梦之旅
GeoScience Café 第 127 期（2016 年 4 月 22 日）	
演讲嘉宾：郑先伟	演讲题目：面向 3D GIS 的高精度 TIN 建模与可视化
GeoScience Café 第 128 期（2016 年 5 月 6 日）	
演讲嘉宾：王梦秋	演讲题目：基于 MODIS 观测的大西洋马尾藻时空分布研究
GeoScience Café 第 129 期（2016 年 5 月 13 日）	
演讲嘉宾：颜会间	演讲题目：人文筑境：珞珈山下的古建筑
GeoScience Café 第 130 期（2016 年 5 月 20 日）	
演讲嘉宾：佘冰	演讲题目：网络约束下的时空数据
GeoScience Café 第 131 期（2016 年 5 月 27 日）	

演讲嘉宾：陈锐志	演讲题目：移动地理空间计算——从感知走向智能
GeoScience Café 第 132 期（2016 年 6 月 3 日）	
演讲嘉宾：杨曦	演讲题目：武大吉奥云技术心路历程——三年走向高级研发经理
GeoScience Café 第 133 期（2016 年 6 月 17 日）	
演讲嘉宾：卢宾宾	演讲题目：地理加权模型——展现空间的"别"样之美
GeoScience Café 第 134 期（2016 年 6 月 23 日）	
演讲嘉宾：苏小元	演讲题目：从计算机博士到电台台长——旅美华人学者的人文情怀
GeoScience Café 第 135 期（2016 年 6 月 24 日）	
演讲嘉宾：冯明翔	演讲题目：考博 & 就业专场——经历交流会
演讲嘉宾：刘文轩	演讲题目：考博 & 就业专场——经历交流会
演讲嘉宾：马志豪	演讲题目：考博 & 就业专场——经历交流会
GeoScienceCafé 第 136 期（2016 年 7 月 1 日）	
演讲嘉宾：张帆	演讲题目：Deep Learning for Remote Sensing Data Analysis
GeoScience Café 第 137 期（2016 年 9 月 23 日）	
演讲嘉宾：班伟	演讲题目：GNSS 遥感的研究与进展
GeoScience Café 第 138 期（2016 年 10 月 14 日）	
演讲嘉宾：郭靖	演讲题目：导航和低轨卫星精密定轨研究
GeoScience Café 第 139 期（2016 年 10 月 21 日）	
演讲嘉宾：李礼	演讲题目：全景及正射影像拼接研究
GeoScience Café 第 140 期（2016 年 10 月 28 日）	
演讲嘉宾：勾佳琛	演讲题目：行走的力量
GeoScience Café 第 141 期（2016 年 11 月 4 日）	
演讲嘉宾：宋晓鹏	演讲题目：基于卫星遥感的区域及全球尺度土地覆盖监测
GeoScience Café 第 142 期（2016 年 11 月 11 日）	
演讲嘉宾：雷芳妮	演讲题目：土壤湿度反演与水文数据同化
GeoScience Café 第 143 期（2016 年 11 月 18 日）	
演讲嘉宾：张豹	演讲题目：联合 GPS 和 GRACE 数据探测冰川质量的异常变化

GeoScience Café 第144期（2016年11月25日）	
演讲嘉宾：柳景斌	演讲题目：智能手机室内定位与智能位置服务
GeoScience Café 第145期（2016年12月2日）	
演讲嘉宾：季青	演讲题目：北极海冰遥感研究进展及"七北"海冰现场观测
GeoScience Café 第146期（2016年12月8日）	
演讲嘉宾：Sarah Yang, R. P. L. S.	演讲题目：The Life of a Surveyor in Texas
GeoScience Café 第147期（2016年12月16日）	
演讲嘉宾：李杰	演讲题目：遥感影像的空-谱联合先验模型研究
GeoScience Café 第148期（2016年12月23日）	
演讲嘉宾：杨龙龙	演讲题目：直击就业——经验交流会：互联网实习与面试，轻松应对
演讲嘉宾：高露妹	演讲题目：直击就业——经验交流会：个人Job Hunting经验分享
演讲嘉宾：李琰	演讲题目：直击就业——经验交流会：腾讯对产品经理的要求与标准
演讲嘉宾：刘飞	演讲题目：直击就业——经验交流会：求职经验在这里
GeoScience Café 第149期（2016年12月29日）	
演讲嘉宾：彭漪	演讲题目：基于遥感光谱数据的植被生长监测
GeoScience Café 第150期（2017年1月6日）	
演讲嘉宾：张磊	演讲题目：美国联合培养留学感悟
GeoScience Café 第151期（2017年3月3日）	
演讲嘉宾：鲁小虎	演讲题目：聚类分析和灭点提取研究
GeoScience Café 第152期（2017年3月10日）	
演讲嘉宾：唐伟	演讲题目：InSAR对流层延迟校正及大气水汽含量反演
GeoScience Café 第153期（2017年3月17日）	
演讲嘉宾：张翔	演讲题目：面向干旱监测的多传感器协同方法研究
GeoScience Café 第154期（2017年3月24日）	
演讲嘉宾：桂祎明	演讲题目：一个中国背包客眼中的伊斯兰世界

GeoScience Café 第 155 期(2017 年 3 月 31 日)	
演讲嘉宾：王锴华	演讲题目："学科嘉年华-博士学术沙龙"——热膨胀对 GNSS 坐标时间序列的影响研究
演讲嘉宾：旷俭	演讲题目："学科嘉年华-博士学术沙龙"——基于智能手机端的稳健 PDR 方案
特邀嘉宾：李德仁院士、杨元喜院士、龚健雅院士	
GeoScience Café 第 156 期(2017 年 4 月 7 日)	
演讲嘉宾：王美玉	演讲题目：独爱那一抹绿
GeoScience Café 第 157 期(2017 年 4 月 14 日)	
演讲嘉宾：赵辛阳	演讲题目：美国宪法的诞生
GeoScience Café 第 158 期(2017 年 4 月 20 日)	
演讲嘉宾：凌云光技术集团	演讲题目：科学成像技术研讨会
GeoScience Café 第 159 期(2017 年 4 月 28 日)	
演讲嘉宾：范云飞	演讲题目：旧体诗词的音乐性漫谈
GeoScience Café 第 160 期(2017 年 5 月 5 日)	
演讲嘉宾：王德浩	演讲题目：从 RocksDB 到 NewSQL——商业数据库的发展趋势
GeoScience Café 第 161 期(2017 年 5 月 12 日)	
演讲嘉宾：陈维扬	演讲题目：心理学与生活
GeoScience Café 第 162 期(2017 年 5 月 19 日)	
演讲嘉宾：董燕妮	演讲题目：高光谱遥感影像的测度学习方法研究
GeoScience Café 第 163 期(2017 年 6 月 10 日)	
演讲嘉宾：傅鹏	演讲题目：时序遥感分析——算法和应用
GeoScience Café 第 164 期(2016 年 6 月 2 日)	
演讲嘉宾：沈焕锋	演讲题目：资源环境时空连续遥感监测方法与应用
GeoScience Café 第 165 期(2017 年 6 月 2 日)	
演讲嘉宾：李志林	演讲题目：研究生学习是从技能到智慧的全面提升
GeoScience Café 第 166 期(2017 年 6 月 9 日)	
演讲嘉宾：杜文英	演讲题目：洪涝事件信息建模与主动探测方法研究
GeoScience Café 第 167 期(2017 年 6 月 10 日)	

演讲嘉宾：范子英	演讲题目：经济学研究方法兼谈夜光遥感数据在经济学中的应用
GeoScience Café 第 168 期（2017 年 6 月 16 日）	
演讲嘉宾：王心宇	演讲题目：基于无人机遥感的区域供暖管网热能泄漏检测
演讲嘉宾：卢云成	演讲题目：基于无人机遥感的区域供暖管网热能泄漏检测
演讲嘉宾：贾天义	演讲题目：基于无人机遥感的区域供暖管网热能泄漏检测
演讲嘉宾：徐瑶	演讲题目：基于无人机遥感的区域供暖管网热能泄漏检测
演讲嘉宾：向天烛	演讲题目：基于无人机遥感的区域供暖管网热能泄漏检测
GeoScience Café 第 169 期（2017 年 6 月 23 日）	
演讲嘉宾：杨健	演讲题目：荧光激光雷达及其对农作物氮胁迫定量监测的研究
GeoScience Café 第 170 期（2017 年 9 月 19 日）	
演讲嘉宾：史硕	演讲题目：LiDAR Team Research Report
演讲嘉宾：毛飞跃	演讲题目：LiDAR Team Research Report
GeoScience Café 第 171 期（2017 年 9 月 23 日）	
演讲嘉宾：Christopher Small	演讲题目：基于遥感的地表过程时空动态研究
GeoScience Café 第 172 期（2017 年 9 月 28 日）	
演讲嘉宾：Prof. Jean Brodeur	演讲题目：ISO/TC 211 Standardization initiative on geographic information ontology
演讲嘉宾：C. Douglas O'Brien	演讲题目：ISO/TC 211 WG6 Imagery
GeoScience Café 第 173 期（2017 年 9 月 29 日）	
演讲嘉宾：钟燕飞	演讲题目：RSIDEA 研究组导师信息分享会
GeoScience Café 第 174 期（2017 年 10 月 9 日）	
演讲嘉宾：翟晗	演讲题目：高光谱遥感影像稀疏子空间聚类研究
GeoScience Café 第 175 期（2017 年 10 月 20 日）	
演讲嘉宾：袁伟	演讲题目：如何高效学习演讲
GeoScience Café 第 176 期（2017 年 10 月 23 日）	
演讲嘉宾：苏铭彻	演讲题目：创客苏铭彻："硅谷精神"中的教育理念人工智能工程师求学新概念
GeoScience Café 第 177 期（2017 年 11 月 3 日）	

演讲嘉宾：祁昆仑	演讲题目：基于关联基元特征的高分辨率遥感影像场景分类
GeoScience Café 第 178 期（2017 年 11 月 17 日）	
演讲嘉宾：李加元	演讲题目：多模态影像特征匹配及误匹配剔除
GeoScience Café 第 179 期（2017 年 11 月 24 日）	
演讲嘉宾：张祖勋	演讲题目：背后的故事——我国首套数字摄影测量系统
GeoScience Café 第 180 期（2017 年 12 月 1 日）	
演讲嘉宾：汪志良	演讲题目：新西伯利亚"3S"见闻与"一带一路"
演讲嘉宾：康一飞	演讲题目：新西伯利亚"3S"见闻与"一带一路"
演讲嘉宾：安凯强	演讲题目：新西伯利亚"3S"见闻与"一带一路"
GeoScience Café 第 181 期（2017 年 12 月 8 日）	
演讲嘉宾：肖雄武	演讲题目：无人机影像实时处理与结构感知三维重建
GeoScience Café 第 182 期（2017 年 12 月 15 日）	
演讲嘉宾：袁鹏飞	演讲题目：直击就业——就业经验分享
演讲嘉宾：杨羚	演讲题目：直击就业——就业经验分享
演讲嘉宾：贾天义	演讲题目：直击就业——就业经验分享
演讲嘉宾：王若曦	演讲题目：直击就业——就业经验分享
GeoScience Café 第 183 期（2017 年 12 月 29 日）	
演讲嘉宾：胡凯	演讲题目：使用科学计量学探索科研之路
GeoScience Café 第 184 期（2018 年 1 月 5 日）	
演讲嘉宾：秦雨	演讲题目：CorelDRAW 竟有这种操作——学长的地图设计学习笔记
GeoScienceCafé 第 185 期（2018 年 1 月 12 日）	
演讲嘉宾：李小曼	演讲题目：信息革命的传播学解释
GeoScience Café 第 186 期（2018 年 1 月 14 日）	
演讲嘉宾：卢萌	演讲题目：空间数据挖掘与空间大数据探索与思考
GeoScience Café 第 187 期（2018 年 1 月 19 日）	
演讲嘉宾：潘迎春	演讲题目：光荣属于希腊 伟大属于罗马
GeoScience Café 第 188 期（2018 年 3 月 16 日）	
演讲嘉宾：杨雪	演讲题目：基于众源时空轨迹数据的城市精细路网获取研究

GeoScience Café 第 189 期(2018 年 3 月 30 日)	
演讲嘉宾：李艳霞	演讲题目：高德地图数据生产前沿技术分享
演讲嘉宾：王拯	演讲题目：高德地图数据生产前沿技术分享
演讲嘉宾：刘章	演讲题目：高德地图数据生产前沿技术分享
GeoScience Café 第 190 期(2018 年 3 月 31 日)	
演讲嘉宾：John Lodewijk van Genderen	演讲题目：How to Write SCI Research Papers and How to Find a Job after Graduation
GeoScience Café 第 191 期(2018 年 4 月 4 日)	
演讲嘉宾：赵羲	演讲题目：海冰遥感的不确定性与局限
GeoScience Café 第 192 期(2018 年 4 月 13 日)	
演讲嘉宾：龙洋	演讲题目：大规模遥感影像智能检索系统
GeoScience Café 第 193 期(2018 年 4 月 20 日)	
演讲嘉宾：佘敦先	演讲题目：气候变化背景下中国干旱的变化趋势
GeoScience Café 第 194 期(2018 年 4 月 26 日)	
演讲嘉宾：陈亮	演讲题目：基于机会信号的室内外无缝定位与导航研究
GeoScience Café 第 195 期(2018 年 4 月 27 日)	
演讲嘉宾：许磊	演讲题目：季节尺度的降雨及干旱预测方法
演讲嘉宾：胡顺	演讲题目：土壤水分及叶面积指数在作物生长数据同化模拟中的应用
GeoScience Café 第 196 期(2018 年 5 月 4 日)	
演讲嘉宾：聂晗颖	演讲题目：亲密关系中的心理真相
GeoScience Café 第 197 期(2018 年 5 月 11 日)	
演讲嘉宾：张觅	演讲题目：基于深度卷积网络的遥感影像语义分割层次认知方法
GeoScience Café 第 198 期(2018 年 5 月 18 日)	
演讲嘉宾：陈仕坤	演讲题目：亿级产品背后，都有一个产品经理
GeoScience Café 第 199 期(2018 年 5 月 25 日)	
演讲嘉宾：李必军	演讲题目：从导航与位置服务到无人驾驶
GeoScience Café 第 200 期(2018 年 6 月 6 日)	

演讲嘉宾：石蒙蒙	演讲题目：就业经验交流分享会
演讲嘉宾：简志春	演讲题目：就业经验交流分享会
演讲嘉宾：梁艾琳	演讲题目：就业经验交流分享会
GeoScience Café 第 201 期（2018 年 6 月 8 日）	
演讲嘉宾：董震	演讲题目：地基多平台激光点云协同处理与应用
GeoScience Café 第 202 期（2018 年 6 月 15 日）	
演讲嘉宾：李斌	演讲题目：应用特征向量空间过滤方法降低遥感数据回归模型的不确定性
GeoScience Café 第 203 期（2018 年 6 月 29 日）	
演讲嘉宾：曾江源	演讲题目：被动微波土壤水分反演——原理、观测、算法与产品
GeoScience Café 第 204 期（2018 年 9 月 10 日）	
演讲嘉宾：倪凯	演讲题目：立足中国，面向量产——禾多科技自动驾驶解决方案
演讲嘉宾：骆沛	演讲题目：立足中国，面向量产——禾多科技自动驾驶解决方案
演讲嘉宾：戴震	演讲题目：立足中国，面向量产——禾多科技自动驾驶解决方案
GeoScience Café 第 205 期（2018 年 9 月 19 日）	
演讲嘉宾：程涛	演讲题目：智慧城市与时空智能
GeoScience Café 第 206 期（2018 年 9 月 21 日）	
演讲嘉宾：季顺平	演讲题目：智能摄影测量时代
GeoScience Café 第 207 期（2018 年 10 月 12 日）	
演讲嘉宾：孟庆祥	演讲题目：GIS 工程建设中相关问题的探讨
GeoScience Café 第 208 期（2018 年 10 月 19 日）	
演讲嘉宾：朱祺琪	演讲题目：面向高分辨率遥感影像场景语义理解的概率主题模型研究
GeoScience Café 第 209 期（2018 年 10 月 26 日）	
演讲嘉宾：冷伟	演讲题目：遥感应用的产业环境
GeoScience Café 第 210 期（2018 年 11 月 2 日）	

演讲嘉宾：刘博铭	演讲题目：华中地区大气边界层与污染传输的研究
GeoScience Café 第 211 期（2018 年 11 月 16 日）	
演讲嘉宾：李明	演讲题目：基于三维模型与图像的智能手机视觉定位技术
GeoScience Café 第 212 期（2018 年 11 月 23 日）	
演讲嘉宾：何涛	演讲题目：遥感定量化监测地表特征参量-算法研究、全球产品生产和气候环境应用
GeoScience Café 第 213 期（2018 年 11 月 29 日）	
演讲嘉宾：贾涛	演讲题目：复杂地理网络的结构分析与时空演化
GeoScience Café 第 214 期（2018 年 12 月 7 日）	
演讲嘉宾：郑星雨	演讲题目：室内定位大赛参赛经验分享
GeoScience Café 第 215 期（2018 年 12 月 13 日）	
演讲嘉宾：朱炜	演讲题目：当前就业形势与求职应对
GeoScience Café 第 216 期（2018 年 12 月 20 日）	
演讲嘉宾：彭敏	演讲题目：融人文情怀于科技工作
演讲嘉宾：姚佳鑫	演讲题目：融人文情怀于科技工作
演讲嘉宾：赵望宇	演讲题目：融人文情怀于科技工作
GeoScience Café 第 217 期（2018 年 12 月 21 日）	
演讲嘉宾：彭旭	演讲题目：求职面试经验分享
演讲嘉宾：刘晓林	演讲题目：求职面试经验分享
演讲嘉宾：朱华晨	演讲题目：求职面试经验分享
演讲嘉宾：宋易恒	演讲题目：求职面试经验分享
GeoScience Café 第 218 期（2018 年 12 月 28 日）	
演讲嘉宾：任畅	演讲题目：OpenStreetMap 参与体验及利用
GeoScience Café 第 219 期（2019 年 1 月 4 日）	
演讲嘉宾：王磊	演讲题目：跨入低轨卫星导航增强时代——"珞珈一号"卫星导航增强系统研究进展
GeoScience Café 第 220 期（2019 年 1 月 11 日）	
演讲嘉宾：宋时磊	演讲题目：中国茶叶的全球化与帝国兴衰
GeoScience Café 第 221 期（2019 年 3 月 15 日）	

演讲嘉宾：琳雅	演讲题目：通过色彩更好地了解自己
GeoScience Café 第 222 期（2019 年 3 月 22 日）	
演讲嘉宾：尹家波	演讲题目：基于多源数据的全球气候响应研究：大气热力学视角
演讲嘉宾：赵金奇	演讲题目：多时相极化 SAR 影像变化监测研究：以城市内涝和湿地监测为例
GeoScience Café 第 223 期（2019 年 3 月 29 日）	
演讲嘉宾：郭波	演讲题目：就业数据分析与经验分享
演讲嘉宾：熊畅	演讲题目：就业数据分析与经验分享
GeoScience Café 第 224 期（2019 年 4 月 12 日）	
演讲嘉宾：胡艳	演讲题目：专利基本知识及专利申请流程
GeoScience Café 第 225 期（2019 年 4 月 19 日）	
演讲嘉宾：熊朝晖	演讲题目：一只熊的行迹
GeoScience Café 第 226 期（2019 年 4 月 26 日）	
演讲嘉宾：李聪	演讲题目：深度学习下的遥感应用新可能
GeoScience Café 第 227 期（2019 年 5 月 10 日）	
演讲嘉宾：高华	演讲题目：香港的奇妙"旅行"——香港访学见闻与感悟汇报
演讲嘉宾：冯鹏	演讲题目：访学大溪地
GeoScience Café 第 228 期（2019 年 5 月 17 日）	
演讲嘉宾：时芳琳	演讲题目：如何撰写和发表高影响力期刊论文
GeoScience Café 第 229 期（2019 年 5 月 24 日）	
演讲嘉宾：潘元进	演讲题目：基于大地测量观测研究青藏高原质量迁移与全球气候变化响应
GeoScience Café 第 230 期（2019 年 5 月 31 日）	
演讲嘉宾：蔡家骏	演讲题目：香港中文大学博士申请经验分享
演讲嘉宾：陈雨璇	演讲题目：考博心路历程
演讲嘉宾：王超	演讲题目：拥抱金融科技的未来
演讲嘉宾：王振林	演讲题目：选调生经验分享

GeoScience Café 第 231 期(2019 年 9 月 20 日)

演讲题目：基于信杂比(SCR)的雷达动目标检测方法

演讲嘉宾：龚江昆，武汉大学遥感测绘信息工程国家重点实验室 2016 级博士生，本科毕业于武汉大学电子信息学院。目前研究方向为雷达自动目标识别、低慢小目标雷达信号处理和雷达鸟类学生物信息提取，发表论文 4 篇。联系方式：gjk@whu.edu.cn。

GeoScience Café 第 232 期(2019 年 9 月 27 日)

演讲题目：视觉注意力模型在三维点云中的应用

演讲嘉宾：丁晓颖，武汉大学遥感信息工程学院 2016 级直博研究生，主要研究方向为图像与三维模型显著性检测；曾获得国家奖学金、优秀学生等荣誉；博士期间曾赴新加坡南洋理工大学计算机工程学院交流访学 12 个月，以第一作者身份发表 SCI 论文 2 篇。联系方式：dingxiaoying@whu.edu.cn。

演讲题目：现代测量技术在填筑碾压施工质量控制中的应用

演讲嘉宾：张文，武汉大学测绘学院 2014 级博士研究生，研究方向为精密工程测量、变形监测与灾害预警，导师为黄声享教授。攻读博士期间发表 SCI 期刊论文 2 篇，中文核心 3 篇，被授予实用新型专利权 1 项；软件著作权 6 项；参与横向课题 4 项。联系方式：whuzhangwen@qq.com。

演讲题目：多频率、多角度和多时相的全极化 SAR 观测数据在土壤含水量反演方法中的应用潜力

演讲嘉宾：时洪涛，武汉大学测绘遥感信息工程国家重点实验室 2017 级博士研究生，研究方向为极化 SAR 土壤湿度反演。联系方式：sht9010@whu.edu.cn。

GeoScience Café 第 233 期(2019 年 10 月 11 日)

演讲题目：捷联 PDR 辅助的智能手机多源室内定位算法研究

演讲嘉宾：旷俭，卫星导航定位技术研究中心博士后，主要研究行人航迹推算、磁场匹配定位和多源融合室内外无缝定位；2018 年 4 月参加 NIST 组织的智能手机室内定位比赛，获得全球总冠军；2018 年 9 月，参加 IPIN 室内定位比赛，获得智能手机组冠军和脚上安装惯性传感器组冠军。联系方式：kuang@whu.edu.cn。

GeoScience Café 第234期(2019年10月18日)

演讲题目：基于主被动卫星观测的气溶胶-云三维交互及其气候效应研究

演讲嘉宾：潘增新，武汉大学测绘遥感信息工程国家重点实验室2019届博士毕业生，师从龚威教授、毛飞跃副教授。主要从事联合多源遥感卫星观测三维气溶胶-云交互及其气候效应等研究工作。目前发表SCI论文18篇，其中以第一/通讯作者发表SCI论文9篇，包括RSE、JGR以及JQSRT等国际顶级期刊，获得国家奖学金、优秀毕业生等奖励和荣誉称号。联系方式：pzx@whu.edu.cn。

GeoScience Café 第235期(2019年10月25日)

演讲题目：人生中最后一份职业——创业或投资

演讲嘉宾：万方，武汉大学2007级数理金融数学/经济学双学士、法国图卢兹经济学院经济学硕士/里昂高等商学院管理学硕士；目前任职于同创伟业，主管夹层基金产业并购、投资业务，主要投资领域为教育、物流等现代服务业。曾任职于国泰君安证券投行部，参与包括沙隆达A(000553)30亿美元跨境并购ADAMA重大资产重组、坚瑞沃能(300116)并购沃特玛重大资产重组、中曼石油(603619)等多个IPO，锦江股份(600754)50亿等多个非公开发行股票项目。联系方式：wanfang@cowincapital.com。

GeoScience Café 第236期(2019年11月1日)

演讲题目：博士后申请经验分享会

演讲嘉宾：张舸，哈佛大学在读博士后，英国帝国理工学院生物医学成像专业2019届博士毕业生，英国癌症研究中心访问研究员，主要从事超声造影成像、图像优化、超声治疗、光声成像等研究工作。目前已发表SCI论文9篇，以第一作者发表SCI论文3篇，专业领域顶会论文20余篇，在6个国家做过10余场报告。联系方式：Gz115@ic.ac.uk。

GeoScience Café 第237期(2019年11月8日)

演讲题目：谈谈我的留学生活

演讲嘉宾：张雯，澳大利亚昆士兰大学中英翻译硕士，新航道雅思6年教龄，曾担任2年雅思写作组教学主管，现任英联邦二部副主任，主带雅思听力组，带过的大班以及个性化学生留学英、美、加、澳等各个国家；曾获新航道雅思授课大赛全国三等奖。联系方式：13545106729。

GeoScience Café 第 238 期（2019 年 11 月 15 日）

演讲题目：用 coding 的思路做产品经理——从科研到产品的转型之路

演讲嘉宾：李文青，武汉大学测绘遥感信息工程国家重点实验室 2017 级硕士。目前研究方向为基于深度学习的高光谱遥感影像质量改善，研究成果发表于 *Remote Sensing of Environment*（SCI 一区，IF = 8.218）。入选腾讯 2020 届全球产品经理培训生计划（报录比：0.3%），加入手机管家大数据团队，负责人工智能技术在金融科技领域的大数据产品建设工作。联系方式：liwenqing_rs@whu.edu.cn。

GeoScience Café 第 239 期（2019 年 11 月 22 日）

演讲题目：科研写作与助教的一点经验

演讲嘉宾：宋蜜，武汉大学测绘遥感信息工程国家重点实验室 2018 级博士在读生，导师为钟燕飞教授，研究方向为基于智能优化的遥感影像处理。在 TGRS、RS 期刊上发表 SCI 论文 2 篇，EI 论文 1 篇，获得武汉大学于刚·宋晓奖学金。曾担任精品课程"新型遥感信息处理与应用技术"助教。联系方式：songmi@whu.edu.cn。

演讲题目：工作二三事儿

演讲嘉宾：何欣，2018 级专业硕士，测绘工程专业，师从唐炉亮教授，担任武汉大学测绘遥感信息工程国家重点实验室第 17 届研究生会副主席，2018 级专硕班班长。在 2019 年秋招中，面试岗位为产品经理，斩获阿里、高德、腾讯、美团、滴滴 offer。联系方式：hexin_whuer@163.com。

演讲题目：新加坡南洋理工大学见闻及海外交流申请方法

演讲嘉宾：黄百川，2018 级硕士，武汉大学测绘遥感信息工程国家重点实验室，师从柳景斌教授，第一批实验室资助海外短期研修学生，2019 年研究生国家奖学金得主，先后在旷视科技、华为中央研究院、腾讯科技实习。联系方式：https://whubaichuan.github.io/。

GeoScience Café 第 240 期(2019 年 11 月 29 日)

演讲题目： 抗战、布雷顿森林谈判与中国大国身份的确立

演讲嘉宾：张士伟，武汉大学历史学院副教授。研究方向为第二次世界大战与战后世界史、20 世纪国际关系史等。发表专业论文 10 余篇，多篇论文被《人大报刊复印资料》等转载。出版译著《布雷顿森林被遗忘的基石》、专著《美国与世界经济秩序的变革(1916—1955)》，联系方式：zhangshiwei@whu.edu.cn。

GeoScience Café 第 241 期(2019 年 12 月 6 日)

演讲题目： 就业经历分享——如何加入产品经理大军

演讲嘉宾：李韫辉，武汉大学测绘遥感信息工程国家重点实验室 2017 级硕士，本科毕业于武汉大学测绘学院。曾拿到腾讯、阿里、百度、字节跳动、滴滴等多家互联网公司的产品实习 offer。在 2019 年的秋招中，拿到腾讯产品经理培训生(定岗于腾讯广告部门)、字节跳动商业产品经理、顺丰产品经理的 Super offer。联系方式：liyhlucky@163.com。

GeoScience Café 第 242 期(2019 年 12 月 13 日)

演讲题目： 研究生竞赛那些事儿

演讲嘉宾：彭程威，武汉大学测绘遥感信息工程国家重点实验室 2018 级研究生，师从种衍文教授、潘少明副教授。担任 Intel 学生大使。获得首届研究生人工智能创新大赛一等奖(4/1217)，CV101-计算机视觉青年开发者 OpenVINO 专项奖(5/946)。联系方式：1658675685(QQ)。

演讲题目： 研究生竞赛那些事儿

演讲嘉宾：兰猛，武汉大学计算机学院 2018 级研究生，师从杜博教授和张乐飞教授，获得首届研究生人工智能创新大赛二等奖，主要研究方向为计算机视觉中的图像检测和分割，联系方式：1107513707(QQ)。

演讲题目：基于行人关联的蒙面伪装身份识别

演讲嘉宾：黄宝金，武汉大学计算机学院2019级研究生，师从王中元教授。主要研究方向为行人检索和图像超分，获得首届研究生人工智能创新大赛三等奖。联系方式：huangbaojin@whu.edu.cn。

GeoScience Café 第243期(2019年12月20日)

演讲题目：高光谱激光雷达植被生化参数遥感定量反演

演讲嘉宾：孙嘉，中国地质大学(武汉)地理与信息工程学院特任副教授。目前已发表SCI论文30余篇，其中以第一作者/通讯作者发表论文6篇，EI论文1篇，包括中科院一区SCI论文3篇，分别发表在RSE、ISPRS、AFM期刊。博士期间获得武汉大学学术创新一等奖，全国大学生英语竞赛A类一等奖，获武汉大学优秀研究生标兵、2019届优秀毕业生等荣誉。此外，还担任十余个SCI期刊审稿人。联系方式：sunjia@whu.edu.cn。

GeoScience Café 第244期(2019年12月27日)

演讲题目：城市土地扩张与人口增长的关联机制及演化模型

演讲嘉宾：许刚，武汉大学遥感学院土地资源管理专业博士，地理学博士后，研究兴趣为遥感监测城市扩张及其环境效应。提出了城市人口密度随时间下降的指数模型和城市系统演化概念模型，研究成果发表在 *Landscape and Urban Planning* 等期刊。曾获博士研究生国家奖学金和武汉大学学术创新奖，联系方式：xugang@whu.edu.cn。

GeoScience Café 第245期(2020年3月11日)

演讲题目：空间分析在新冠肺炎疫情防控中的应用

演讲嘉宾：李英冰，武汉大学测绘学院副教授，硕士生导师(大地测量学与测量工程、地图制图学与地理信息工程、测绘工程)，创新创业导师，测绘学院空间信息工程研究所所长，公共安全科学技术学会海洋安全专业工作委员会委员，武汉大学青年联合会常务委员，民盟湖北省委任资环专委会委员，民盟武汉大学信息支部副主委，联系方式：ybli@sgg.whu.edu.cn。

GeoScience Café 第 246 期(2020 年 4 月 17 日)

演讲题目：5 年科研感悟分享

演讲嘉宾：何达，武汉大学测绘遥感信息工程国家重点实验室 2017 级博士，师从钟燕飞、张良培教授。主要研究方向是高光谱遥感亚像元制图、遥感影像的智能化处理及地学应用；目前已发表 SCI 论文 6 篇，其中以第一作者/通讯作者发表论文 4 篇，在投论文 3 篇；获得测绘科技进步一等奖、博士研究生国家奖学金、实验室优秀新生入学奖学金等诸多奖项，联系方式：heda@ whu. edu. cn。

GeoScience Café 第 247 期(2020 年 4 月 21 日)

演讲题目：浅谈如何在科研中发现和解决问题

演讲嘉宾：喻杨康，同济大学测绘与地理信息学院 2017 级硕士生，师从杨玲副教授；主要研究方向是室内外导航与定位；目前已发表 SCI 论文 1 篇，EI 论文 1 篇，EI 国际会议文章 2 篇，被授予发明专利权 1 项；获得 UPINLBS 优秀论文奖，硕士研究生国家奖学金，同济大学优秀毕业生等诸多奖项，联系方式：625011153(QQ)。

演讲题目：从 idea 到 SCI 论文发表——关于科研那些你想知道的事儿

演讲嘉宾：徐凯，武汉大学测绘遥感信息工程国家重点实验室 2017 级博士生，师从张过教授、张庆君研究员；主要研究方向是星载 SAR、光学影像数据高精度几何处理；目前已发表学术论文 9 篇，其中 EI 1 篇，SCI 论文 8 篇，其中以第一作者/通讯作者发表 6 篇)。获得博士研究生国家奖学金、光华奖学金、武大优秀研究生等荣誉奖项，联系方式：kaixu@ whu. edu. cn。

GeoScience Café 第 248 期(2020 年 4 月 24 日)

演讲题目：疫情期间的科研持续性

演讲嘉宾：周屈，武汉大学测绘遥感信息工程国家重点实验室 2018 级硕士生，师从田礼乔教授；主要研究方向是星传感器辐射定标、水环境遥感、农业遥感；目前已发表 SCI/EI 论文 10 篇，其中以第一作者发表 SCI 论文 6 篇，包括 ISPRS J, Optical Express 等 Top 期刊，并担任 Optical Express 审稿人。曾获得武汉大学研究生国家奖学金，国家重点实验室新生奖学金，武汉大学"中海达"奖学金等。联系方式：quzhou@ whu. edu. cn。

演讲题目：InSAR 三维地表形变监测及科研经验分享

演讲嘉宾：**刘计洪**，中南大学地球科学与信息物理学院 2018 级博士生，师从李志伟教授、胡俊教授；主要研究方向是 InSAR 三维地表形变；目前已发表 2 篇 SCI 论文(国际权威期刊 IEEE TGRS 和 JGR：SE)，被授予国家发明专利权 4 项(第一/第二发明人)，参与国家重点研发计划等多个课题项目；曾获硕士研究生国家奖学金等奖项。联系方式：liujihong@ csu. edu. cn。

GeoScience Café 第 249 期(2020 年 4 月 28 日)

演讲题目：科研工作入门——以 LiDAR 点云数据处理为例

演讲嘉宾：**周汝琴**，武汉大学测绘遥感信息工程国家重点实验室 2019 级博士生，师从江万寿教授；主要研究方向是 LiDAR 点云的数据处理，包括点云输电线路三维重建和点云配准；目前已发表学术论文 5 篇，其中 SCI 论文 3 篇，获得硕士研究生国家奖学金和博士研究生国家奖学金。联系方式：zhouruqin@ whu. edu. cn。

GeoScience Café 第 250 期(2020 年 5 月 1 日)

演讲题目：做能解决实际问题的 GISer——以疫情防控系统开发应用为例

演讲嘉宾：**吴冲**，武汉大学测绘学院 2019 级硕士生，师从花向红教授。研究方向是分布式系统设计、开源 GIS 和计算机视觉。大三上学期开始创业，至今完成多个地方政府的智慧城市项目以及地理信息行业应用项目。疫情期间，三天时间完成疫情防控系统的开发，并应用到贵州省多个县市的疫情防控工作中，受到光明日报、新华社、中国测绘杂志等媒体的采访报道。联系方式：17720515579。

演讲题目：学术发展之路与公派出国留学：机遇与挑战

演讲嘉宾：**代文**，南京师范大学地理科学学院 2018 级博士生，师从汤国安教授和 Stuart Lane 教授，研究方向是摄影测量与地形分析。已发表论文 10 余篇，其中以第一作者/通讯作者发表 5 篇(3 篇 JCR1 区)；被授予国家专利权 6 项，软件著作权 2 项。担任 IEEE Access，T-GIS，IJGIS 等知名国际期刊审稿人。获得博士生国家奖学金，全国 GIS 博士生论坛优秀报告，优秀研究生等奖项。联系方式：dwdaerte@ qq. com。

GeoScience Café 第 251 期(2020 年 5 月 4 日)

演讲题目：面向局部语义表达的深度学习遥感场景分类方法研究与经验分享

演讲嘉宾：毕奇，武汉大学遥感信息工程学院 2017 级硕士生，师从秦昆教授；主要研究方向为图像识别、机器学习；以第一作者发表 SCI 论文 4 篇，其中包括图像处理顶刊 IEEE Transaction on Image Processing(IF=6.79)，EI 会议论文 2 篇，另参与发表 SCI/EI 论文 2 篇；被授予国家发明专利权 2 项，软件著作权授权 1 项；获研究生国家奖学金、武汉大学优秀研究生等荣誉称号。联系方式：13545106729。

演讲题目：审稿人视角下的学术论文撰写与留学经验分享

演讲嘉宾：雷少华，南京师范大学地理科学学院 2017 级博士生，师从李云梅教授；主要研究方向是湖泊光学、环境遥感；以第一作者发表学术论文 6 篇，其中 SCI 5 篇；受邀成为 Science of the Total Environment 等 TOP 期刊审稿人；主持校级、省级、国家重点实验室项目共 6 项(PI 5.5 万元)；研究成果在省级、国家级学术会议中获奖 6 次；获校级、国家级科技竞赛奖 3 项、校级个人荣誉 2 项。联系方式：shlei@iu.edu。

GeoScience Café 第 252 期(2020 年 5 月 7 日)

演讲题目：从遥感卫星到信息服务

演讲嘉宾：钟兴，1982 年出生，四川自贡人，研究员，博士生导师。现任长光卫星公司副总经理，"吉林一号"卫星型号总工程师。主要从事空间光学技术研究，发表论文 90 余篇，被授予专利权 20 余项，出版专著 1 本。主持参与多个航天项目研究，获得省部级奖励 3 项。负责"吉林一号"星座系列卫星光学总体技术，提出多种新型光学系统成功在轨应用。先后获得中科院青促会优秀会员，吉林省青年科技奖特别奖等荣誉。联系方式：ciomper@163.com。

GeoScience Café 第 253 期(2020 年 5 月 8 日)

演讲题目：基于区域的图像层次分割评价方法

演讲嘉宾：何琳，武汉大学遥感信息工程学院 2017 级硕士生，师从巫兆聪教授；主要研究方向是高分辨率遥感影像分割、语义分割；曾获优秀学生干部等荣誉称号，获第一届金通尹奖学金、校级一等奖学金和研究生国家奖学金。共发表学术论文 4 篇，包括 IEEE JSTARS 期刊文章(SCI 检索)，中国地信年会青年优秀论文，高分年会优秀论文(EI 检索)，ISPRS Congress 2020 会议论文(EI 检索)。联系方式：helin19950830@gmail.com。

GeoScience Café 第 254 期(2020 年 5 月 15 日)

演讲题目： 旧瓶装新酒：科研 idea 进阶之路

演讲嘉宾： 张强，武汉大学测绘遥感信息工程国家重点实验室 2019 级博士研究生，师从张良培教授和袁强强教授。以第一作者/学生一作身份，在 ISPRS P&RS、IEEE TGRS 等遥感领域权威期刊上发表 SCI 论文 6 篇(1 区 Top 论文 5 篇)，EI 会议论文 3 篇。谷歌学术总引用 170 余次，2 篇入选 ESI 高被引论文，担任 IEEE TCSVT、IEEE Access 等 SCI 期刊审稿人。先后荣获武汉大学研究生"十大励志之星"、研究生国家奖学金、光华奖学金、"乐群学术之星"等奖项荣誉。联系方式：whuqzhang@gmail.com。

演讲题目： 光学图像与 LiDAR 点云的配准

演讲嘉宾： 朱宁宁，武汉大学重点资助博士后，师从杨必胜教授。研究方向为 LiDAR 点云处理、摄影测量与计算机视觉，已发表 SCI 论文 3 篇(第一作者)、EI 论文 4 篇(其中 3 篇为第一或通讯作者)；其论文荣获"2018 年河南省第四届自然科学学术奖——优秀学术论文一等奖""2018 年度领跑者 5000——中国精品科技期刊顶尖论文(F5000)"等多个奖项。联系方式：Ningningzhu@whu.edu.cn。

GeoScience Café 第 255 期(2020 年 5 月 22 日)

演讲题目： 全球落实可持续发展目标的途径与应对重大疫情的挑战

演讲嘉宾： 张军泽，北京师范大学地理科学学部 2018 级博士生，师从傅伯杰院士，主要从事生态恢复、生态系统服务以及可持续发展等研究。发表学术论文 18 篇，其中在国内外一流学术期刊发表论文 15 篇，以第一作者/通讯作者发表论文 9 篇。曾获北京市优秀毕业生(硕士)、北京师范大学优秀毕业生(硕士)、国家奖学金(硕士)、周廷儒奖学金、博士新生特等奖学金等荣誉奖励。联系方式：zhangjunze427@126.com。

演讲题目： 新冠肺炎之流行病统计学研究

演讲嘉宾： 李一丹，北京师范大学全球变化与地球系统科学研究院 2018 级硕士生，师从田怀玉副教授。研究兴趣为传染病统计和生态建模。以第一作者/共同第一作者发表 SCI 3 篇，合作作者 2 篇，文章被 PLOS 编辑部遴选为"科学亮点文章"。以共同第一作者身份发表 *Science* 一篇，获武汉大学优秀本科毕业生，法国优秀硕士暑期学校奖学金等荣誉奖项。联系方式：lydcheer@gmail.com。

演讲题目：战疫，Sigma 在行动——新冠肺炎智能诊断平台简介

演讲嘉宾：**朱其奎**，武汉大学计算机学院 2017 级博士生，师从杜博教授、闫平昆教授，从事医学图像分析与计算方面的理论与应用研究；在博士期间发表论文 11 篇（以第一作者发表 9 篇）。于 2018 年荣获 MICCAI PROMISE12 分割大赛冠军。曾获国家奖学金、学业奖学金等多项奖学金。联系方式：Qikuizhu@163.com。

GeoScience Café 第 256 期（2020 年 5 月 29 日）

演讲题目：基于深度学习的光谱分解——如何融入物理约束？

演讲嘉宾：**戚海蓉**，田纳西大学诺克斯维尔分校电气工程和计算机科学系的冈萨雷斯冠名教授，IEEE fellow，1999 年获得北卡罗来纳州立大学罗利分校计算机工程博士学位。研究领域包括高级成像和协同处理、高光谱图像分析、计算机视觉和机器学习，发表论文 200 余篇。

GeoScience Café 第 257 期（2020 年 6 月 5 日）

演讲题目：人类活动对地表温度的影响——以城市化和灌溉为例

演讲嘉宾：**杨其全**，男，武汉大学遥感信息工程学院 2018 级博士生，师从黄昕教授；主要研究方向是城市环境遥感；目前在 *Science Bulletin*，*Science of the Total Environment* 等期刊以第一作者发表 SCI 论文 4 篇，其中 1 篇入选 ESI 高被引用论文。曾获得研究生国家奖学金，武汉大学创新奖学金。联系方式：yqq@whu.edu.cn。

演讲题目：珞珈山战疫——武汉大学新冠肺炎临床救治工作与科研成果介绍

演讲嘉宾：**陈松**，武汉大学第二临床学院/中南医院 2017 级博士研究生，师从王行环教授；以第一作者/共同第一作者身份发表 SCI 论文 12 篇（二区以上 7 篇），累积影响因子大于 40，任多个 SCI 杂志审稿人；第一发明人被授予国家专利权 8 项；参与国家自然科学基金 2 项、省自然科学基金 2 项；中国青年作家协会会员，四川省作家协会会员；主编《医学英语词汇》，担任《医学生考研宝典》编委。联系方式：song.chen@whu.edu.cn。